"十四五"时期国家重点出版物出版专项规划项目

材料先进成型与加工技术丛书

申长雨　总主编

热塑性聚合物微孔发泡成型原理与技术

赵国群　王桂龙　张　磊　著

科学出版社

北　京

内 容 简 介

本书为"材料先进成型与加工技术丛书"之一。微孔聚合物是指聚合物基体内含有大量微米级泡孔结构的一类高分子材料，不仅可实现聚合物构件的轻量化，而且赋予聚合物构件或制品隔热、隔声、缓冲和吸附等诸多功能，适应轻量化和功能化材料及构件的发展趋势和应用需求。但微孔发泡成型加工工艺过程及参数调控难度大，影响构件的轻量化、使用性能和外观质量。阐明微孔发泡成型原理和凝聚态结构演变行为、建立成型过程工艺控制方法与模具技术、实现其构件的高质高效成型加工，已成为学术与工程界急需解决的瓶颈问题。本书详述了热塑性聚合物微孔发泡成型原理及机理，提出了成型加工的新工艺新方法，旨在为解决轻量化高性能聚合物微孔发泡构件成型加工难题提供基础理论和技术指导。

本书可作为普通高等院校机械类相关专业学生和教师的课程参考书，也可用作研究机构和企业中相关工作人员的技术参考书。

图书在版编目（CIP）数据

热塑性聚合物微孔发泡成型原理与技术 / 赵国群，王桂龙，张磊著.
—北京：科学出版社，2024.3
（材料先进成型与加工技术丛书 / 申长雨总主编）
"十四五"时期国家重点出版物出版专项规划项目
ISBN 978-7-03-078119-2

Ⅰ. ①热… Ⅱ. ①赵… ②王… ③张… Ⅲ. ①热塑性复合材料－成型加工 Ⅳ. ①TB33 ②TQ320.66

中国国家版本馆 CIP 数据核字（2024）第 047378 号

丛书策划：翁靖一
责任编辑：翁靖一 高 微 / 责任校对：杜子昂
责任印制：徐晓晨 / 封面设计：东方人华

科 学 出 版 社 出版
北京东黄城根北街 16 号
邮政编码：100717
http://www.sciencep.com
北京中科印刷有限公司印刷
科学出版社发行 各地新华书店经销
*
2024 年 3 月第 一 版 开本：720 × 1000 1/16
2024 年 5 月第二次印刷 印张：24 1/2
字数：486 000
定价：228.00 元
（如有印装质量问题，我社负责调换）

材料先进成型与加工技术丛书

编 委 会

材料先进成型与加工技术丛书

总　序

　　核心基础零部件（元器件）、先进基础工艺、关键基础材料和产业技术基础等四基工程是我国制造业新质生产力发展的主战场。材料先进成型与加工技术作为我国制造业技术创新的重要载体，正在推动着我国制造业生产方式、产品形态和产业组织的深刻变革，也是国民经济建设、国防现代化建设和人民生活质量提升的基础。

　　进入 21 世纪，材料先进成型加工技术备受各国关注，成为全球制造业竞争的核心，也是我国"制造强国"和实体经济发展的重要基石。特别是随着供给侧结构性改革的深入推进，我国的材料加工业正发生着历史性的变化。**一是产业的规模越来越大**。目前，在世界 500 种主要工业产品中，我国有 40%以上产品的产量居世界第一，其中，高技术加工和制造业占规模以上工业增加值的比重达到 15%以上，在多个行业形成规模庞大、技术较为领先的生产实力。**二是涉及的领域越来越广**。近十年，材料加工在国家基础研究和原始创新、"深海、深空、深地、深蓝"等战略高技术、高端产业、民生科技等领域都占据着举足轻重的地位，推动光伏、新能源汽车、家电、智能手机、消费级无人机等重点产业跻身世界前列，通信设备、工程机械、高铁等一大批高端品牌走向世界。**三是创新的水平越来越高**。特别是嫦娥五号、天问一号、天宫空间站、长征五号、国和一号、华龙一号、C919 大飞机、歼 20、东风-17 等无不锻造着我国的材料加工业，刷新着创新的高度。

　　材料成型加工是一个"宏观成型"和"微观成性"的过程，是在多外场耦合作用下，材料多层次结构响应、演变、形成的物理或化学过程，同时也是人们对其进行有效调控和定构的过程，是一个典型的现代工程和技术科学问题。习近平总书记深刻指出，"现代工程和技术科学是科学原理和产业发展、工程研制之间不可缺少的桥梁，在现代科学技术体系中发挥着关键作用。要大力加强多学科融合的现代工程和技术科学研究，带动基础科学和工程技术发展，形成完整的现代科学技术体系。"这对我们的工作具有重要指导意义。

过去十年，我国的材料成型加工技术得到了快速发展。**一是成形工艺理论和技术不断革新**。围绕着传统和多场辅助成形，如冲压成形、液压成形、粉末成形、注射成型，超高速和极端成型的电磁成形、电液成形、爆炸成形，以及先进的材料切削加工工艺，如先进的磨削、电火花加工、微铣削和激光加工等，开发了各种创新的工艺，使得生产过程更加灵活，能源消耗更少，对环境更为友好。**二是以芯片制造为代表，微加工尺度越来越小**。围绕着芯片制造，晶圆切片、不同工艺的薄膜沉积、光刻和蚀刻、先进封装等各种加工尺度越来越小。同时，随着加工尺度的微纳化，各种微纳加工工艺得到了广泛的应用，如激光微加工、微挤压、微压花、微冲压、微锻压技术等大量涌现。**三是增材制造异军突起**。作为一种颠覆性加工技术，增材制造（3D 打印）随着新材料、新工艺、新装备的发展，广泛应用于航空航天、国防建设、生物医学和消费产品等各个领域。**四是数字技术和人工智能带来深刻变革**。数字技术——包括机器学习（ML）和人工智能（AI）的迅猛发展，为推进材料加工工程的科学发现和创新提供了更多机会，大量的实验数据和复杂的模拟仿真被用来预测材料性能，设计和成型过程控制改变和加速着传统材料加工科学和技术的发展。

当然，在看到上述发展的同时，我们也深刻认识到，材料加工成型领域仍面临一系列挑战。例如，"双碳"目标下，材料成型加工业如何应对气候变化、环境退化、战略金属供应和能源问题，如废旧塑料的回收加工；再如，具有超常使役性能新材料的加工技术问题，如超高分子量聚合物、高熵合金、纳米和量子点材料等；又如，极端环境下材料成型技术问题，如深空月面环境下的原位资源制造、深海环境下的制造等。所有这些，都是我们需要攻克的难题。

我国"十四五"规划明确提出，要"实施产业基础再造工程，加快补齐基础零部件及元器件、基础软件、基础材料、基础工艺和产业技术基础等瓶颈短板"，在这一大背景下，及时总结并编撰出版一套高水平学术著作，全面、系统地反映材料加工领域国际学术和技术前沿原理、最新研究进展及未来发展趋势，将对推动我国基础制造业的发展起到积极的作用。

为此，我接受科学出版社的邀请，组织活跃在科研第一线的三十多位优秀科学家积极撰写"材料先进成型与加工技术丛书"，内容涵盖了我国在材料先进成型与加工领域的最新基础理论成果和应用技术成果，包括传统材料成型加工中的新理论和新技术、先进材料成型和加工的理论和技术、材料循环高值化与绿色制造理论和技术、极端条件下材料的成型与加工理论和技术、材料的智能化成型加工理论和方法、增材制造等各个领域。丛书强调理论和技术相结合、材料与成型加工相结合、信息技术与材料成型加工技术相结合，旨在推动学科发展、促进产学研合作，夯实我国制造业的基础。

　　本套丛书于 2021 年获批为"十四五"时期国家重点出版物出版专项规划项目，具有学术水平高、涵盖面广、时效性强、技术引领性突出等显著特点，是国内第一套全面系统总结材料先进成型加工技术的学术著作，同时也深入探讨了技术创新过程中要解决的科学问题。相信本套丛书的出版对于推动我国材料领域技术创新过程中科学问题的深入研究，加强科技人员的交流，提高我国在材料领域的创新水平具有重要意义。

　　最后，我衷心感谢程耿东院士、李依依院士、张立同院士、韩杰才院士、贾振元院士、瞿金平院士、张清杰院士、张跃院士、朱美芳院士、陈光院士、傅正义院士、张荻院士、李殿中院士，以及多位长江学者、国家杰青等专家学者的积极参与和无私奉献。也要感谢科学出版社的各级领导和编辑人员，特别是翁靖一编辑，为本套丛书的策划出版所做出的一切努力。正是在大家的辛勤付出和共同努力下，本套丛书才能顺利出版，得以奉献给广大读者。

中国科学院院士
工业装备结构分析优化与 CAE 软件全国重点实验室
橡塑模具计算机辅助工程技术国家工程研究中心

前　言

聚合物是人类社会发展中的重要基础材料，随着"碳达峰、碳中和"进程的不断进行，众多行业对轻量化、高性能和功能性材料和构件的需求日益迫切，材料轻量化、结构轻量化、功能轻量化和设计轻量化也成为制造业研究的重要方向。微孔聚合物材料及构件具有密度小、热导率低、隔热吸声性好、抗冲击性能优良、比强度高等特点，这些独特性能使其应用领域非常宽广，如隔热保温材料、轻量化吸波材料、汽车轻量化构件、建筑用隔热泡沫材料、物理吸附材料、生物组织工程用多孔材料等，可满足轻量化、功能化、高性能和绿色环保的迫切需求，被称为"21 世纪的新型材料"。

微孔发泡成型技术是一种以超临界 N_2 或 CO_2 作为发泡剂的成型技术，主要包括注塑发泡成型技术、间歇式发泡成型技术、珠粒发泡成型技术和连续挤出发泡成型技术等。该技术具有增强熔体流动性和改善充填效果，提高制品尺寸精度及稳定性，减少产品残余应力、翘曲变形和减轻产品质量的优势，且发泡剂环保和成本低廉，在成型制造过程中也无污染物排放，属于一种制备轻量化、功能化、高性能微纳孔聚合物材料及构件的绿色环保技术，也被认为是最有应用前景的轻量化高性能聚合物材料及构件的成型方法之一。

超临界流体微孔发泡成型技术涉及高温高压环境下聚合物多尺度凝聚态演变、多相流多场强耦合、非线性非稳态成型等复杂物理过程，但尚无聚合物/超临界流体混合体系凝聚态演变行为的有效观测和表征方法与手段，晶体形核长大理论、凝聚态演变和熔体流动规律也亟待从理论上进行创新和突破。微孔发泡成型技术工艺过程复杂，其工艺参数精确调控难度大，面临发泡倍率小、泡孔结构不均、力学性能较低、外观品质差等产品质量技术难题，涉及工艺过程控制、成型工艺方法、模具结构设计及产品质量控制等诸多技术挑战。主要表现在以下三个方面：

（1）微孔发泡成型过程是一个聚合物/超临界流体在高压宽温域环境中的凝聚态演变过程，其凝聚态演变行为、晶体形核长大理论模型和熔体流动规律是优化成型工艺和控制产品质量的理论基础。但仍未有满足上述高压宽温域多尺度原位表征方法及仪器设备，难以观测和表征聚合物/超临界流体混合体系凝聚态演变行为，制约了晶体形核长大理论模型、凝聚态演变和熔体流动规律等微孔发泡成型理论与技术的发展。

（2）超临界流体的精准计量和稳定注入是实现微孔发泡注塑成型的关键，但工艺过程复杂，精准控制难度大，成型过程对参数变化极其敏感，这对超临界流体持续发生、精确计量和稳定注入提出了极高要求。同时，常规注塑机的塑化、混炼和分散均化能力也不能满足其要求，易使均相熔体在料筒中提前发泡，这给工艺过程和产品质量的有效控制带来了困难。

（3）微孔发泡注塑成型工艺与模具技术仍存在诸多技术瓶颈，单纯通过调控微孔发泡注塑工艺参数的传统方法难以实现其产品质量的有效控制，面临产品发泡倍率小、泡孔结构不均、力学性能低、外观品质差等塑件质量控制难题；模具发泡空间小，模具加热冷却效率低，温度分布不均，直接影响塑件组织性能和表面质量及成型效率，模具热力载荷大，承受周期性热力疲劳，模具寿命低。迫切需要研究微孔发泡注塑件成型质量控制工艺及其模具设计与制造技术。

针对上述挑战，作者团队多年来开展了系统理论研究和技术攻关，首先从聚合物/超临界流体在高压宽温域环境中的凝聚态演变观察和表征方法研究入手，发明并研制了原位多光学观测仪器，解决了高压环境下聚合物原位多尺度同步观测和表征的难题，揭示了气泡形核长大、晶体生长、晶相熔融等凝聚态演变行为，阐明了超临界流体析出引起的吸附能和活化能对晶体二次形核的驱动作用以及增强熔体强度和促进结晶对调控泡孔结构和塑件力学性能的作用机理，建立了二次形核模型和考虑熔体黏弹性的泡孔形核模型，创建了微纳孔聚合物传热数学模型以及微纳孔结构与传热性能之间的构效关系，建立了气泡等温长大和形态演变的非等温多相流数学模型，阐明了塑件表面缺陷形成机理及泡孔形态对塑件性能的影响规律，为工艺模具设计和产品性能调控提供了理论指导。研发了超临界流体发生/计量/注入方法及控制装置、微孔发泡注塑专用螺杆及塑化背压控制装置，实现了超临界流体的高效发生、精确计量、稳定注入及其与聚合物熔体的高效均化和塑化，建立了微孔发泡注塑成型工艺过程控制方法及技术。研发了一种动态模温控制和模腔反压控制技术，开发了微孔发泡注塑、釜压发泡和间歇发泡成型工艺及其模具结构设计方法，建立了微孔发泡注塑件质量调控工艺与技术，提高了塑件的发泡倍率、表面质量和力学性能，在青岛海信模具有限公司、福建鑫瑞新材料科技有限公司等单位获得应用，开发了微孔发泡成型模具及塑件产品，批量生产了轻量化高性能微孔发泡成型塑件，广泛应用于汽车、家电、通信电子、医疗器械等领域。

随着科学技术的持续高速发展和节能减排的迫切需求，轻量化、功能化将成为诸多行业未来的发展趋势，微孔聚合物材料及构件集密度小、热导率低、隔热吸声性好、抗冲击性能优良、比强度高等优势于一身，将在未来国民经济诸多领域发挥越来越重要的作用，其应用前景广阔，市场潜力巨大。然而，受限于微孔发泡成型理论体系的缺乏和技术体系的不完善，其成型过程控制、模具技术、产品质量仍有待进一步突破，构件形状与组织结构性能的协调控制仍面临诸多问题，也制约着此技术在工程领域中的广泛应用。

国内很多高校和研究单位将聚合物注塑成型工艺、模具和设备作为本科生或研究生的必修或选修课程，助力提升未来相关领域技术人员的从业水平，推动聚合物成型技术在工程中的应用。但限于国内有关聚合物微孔发泡成型理论与技术的专著仍极为少见，相关成果的推广与进一步发展较为有限。为满足高校教学以及研究机构和企业中相关技术人员学习、科研和工作的需要，作者在其团队多年研究结果或成果的基础上，参阅了国内外同行研究的最新进展，系统地撰写了本书。同时，为便于读者更全面地查阅与学习，本书结合章节内容，在每一章后面还列出了本团队和国内外学者发表的代表性论文与专利。

本书的主要特点在于：①基础性强。内容涵盖了高压环境下聚合物/超临界流体体系凝聚态演变行为的原位多尺度观测和表征、气泡和晶体形核长大规律分析、泡孔形核模型和非等温多相流数值模拟方法等理论知识与方法，揭示了结晶形核和泡孔形成机理及其形态对产品力学性能的影响机理，可为研究生自学和后续科研提供参考。②技术性强。内容涵盖了微孔发泡成型过程中超临界流体发生、计量、注入及其与聚合物熔体高效均化和塑化等工艺控制方法、动态模温和模腔反压压力控制方法、微孔发泡成型工艺和模具结构设计方法、塑件质量调控方法等实用技术，可为科研院所、企业中的技术人员提供实际参考。③条理清晰。全书按照微孔发泡成型过程的组织演变、理论分析、过程控制、成型工艺、模具结构、产品质量控制技术等顺序进行编排，从基础理论到实际应用层层递进，深入浅出地阐述了从理论研究到技术应用的研究路线和知识体系，便于读者理解。

全书由山东大学赵国群、王桂龙、张磊主持撰写并统稿，所涉及的研究成果是作者课题组多年研究工作的总结和凝练，在此感谢课题组已经毕业和在读的从事聚合物成型加工研究的研究生们的辛勤付出及对本书中的成果所做出的贡献。本书中的研究工作得到了国家自然科学基金项目等的资助，出版工作得到国家出版基金的资助。

尽管作者多年从事聚合物微孔发泡成型技术的研究，但对其中的一些学科前沿问题和关键技术仍处于不断认知的过程中，且水平有限，书中难免存在疏漏或不妥之处，恳请读者批评并不吝指正。

作　者

2023 年 11 月

目　录

总序

前言

第1章　概述 …………………………………………………………………… 1

　1.1　引言 ………………………………………………………………………… 1

　1.2　微孔发泡聚合物分类与功能 ……………………………………………… 1

　　1.2.1　微孔发泡聚合物的分类 ……………………………………………… 2

　　1.2.2　微孔发泡聚合物的特点 ……………………………………………… 2

　　1.2.3　微孔发泡聚合物的应用 ……………………………………………… 3

　1.3　微孔发泡聚合物及其成型工艺发展历程 ………………………………… 5

　　1.3.1　间歇发泡成型技术 …………………………………………………… 5

　　1.3.2　珠粒发泡成型技术 …………………………………………………… 6

　　1.3.3　连续挤出发泡成型技术 ……………………………………………… 7

　　1.3.4　注塑发泡成型技术 …………………………………………………… 8

　　1.3.5　新兴的微孔发泡注塑成型技术 ……………………………………… 9

　1.4　本书提纲 …………………………………………………………………… 11

　参考文献 ………………………………………………………………………… 11

第2章　聚合物/发泡剂气体均相体系 ………………………………………… 14

　2.1　引言 ………………………………………………………………………… 14

　2.2　物理发泡剂 ………………………………………………………………… 15

　2.3　化学发泡剂 ………………………………………………………………… 17

　2.4　扩散理论 …………………………………………………………………… 18

　　2.4.1　扩散行为 ……………………………………………………………… 18

　　2.4.2　扩散系数的测量 ……………………………………………………… 19

　　2.4.3　扩散系数的预测 ……………………………………………………… 21

　2.5　溶解度 ……………………………………………………………………… 24

2.5.1 溶解度的测量 ·· 25

2.5.2 溶解度的预测模型 ·· 28

2.5.3 典型材料体系的溶解度 ·· 31

2.6 流变行为 ··· 33

2.6.1 实验测量 ·· 34

2.6.2 流变模型 ·· 37

2.7 热力学温度 ··· 39

2.7.1 测试研究 ·· 39

2.7.2 预测模型 ·· 41

参考文献 ··· 42

第3章 聚合物/发泡剂气体混合体系的结晶 ································· 47

3.1 引言 ··· 47

3.2 晶体形貌 ··· 48

3.3 结晶度的变化速率 ·· 55

3.4 晶体生长速率 ·· 57

3.5 二次形核理论模型 ·· 61

3.5.1 物理模型 ·· 62

3.5.2 数学模型 ·· 63

3.5.3 理论计算与分析 ·· 68

3.6 晶型转变 ··· 71

参考文献 ··· 75

第4章 泡孔形核、长大与形态演变 ··· 81

4.1 引言 ··· 81

4.2 气泡形核 ··· 82

4.2.1 经典形核理论 ·· 82

4.2.2 经典形核理论的发展 ·· 83

4.2.3 考虑熔体黏弹性的形核理论 ·· 85

4.2.4 黏弹性形核理论的实验论证 ·· 88

4.3 气泡长大 ··· 92

4.3.1 气泡长大模型的发展 ·· 92

4.3.2 考虑黏弹性的气泡长大模型 ·· 93

4.3.3 黏弹性气泡长大模型计算结果及讨论 ······························ 99

4.4 气泡形态演变 ·· 104

  4.4.1 数学建模 ·· 105
  4.4.2 计算方法 ·· 108
  4.4.3 数值模拟结果 ·· 109
 参考文献 ·· 114

第5章 微孔发泡注塑成型技术及装置 ···································· 119
 5.1 引言 ··· 119
 5.2 微孔发泡注塑成型技术发展与现状 ································ 120
  5.2.1 微孔发泡注塑成型技术的发展 ·································· 120
  5.2.2 微孔发泡注塑成型技术的研究现状 ······························ 125
 5.3 微孔发泡注塑成型装备 ··· 126
  5.3.1 超临界流体发生、计量与注入系统 ······························ 127
  5.3.2 微孔发泡注塑专用螺杆与料筒 ·································· 135
  5.3.3 其他配件 ·· 142
 5.4 动态模具温度控制系统 ··· 145
  5.4.1 蒸汽加热动态模温控制系统及模具 ······························ 147
  5.4.2 电热式动态模温控制系统及模具 ······························· 151
 5.5 微孔发泡注塑成型系统组成 ····································· 157
 参考文献 ·· 158

第6章 微孔发泡注塑件泡孔结构与性能 ·································· 162
 6.1 引言 ··· 162
 6.2 微孔发泡注塑工艺中泡孔生长过程 ······························· 164
 6.3 微孔发泡注塑件内部泡孔的形成过程与演变规律 ····················· 165
  6.3.1 泡孔结构形貌对比分析 ·· 167
  6.3.2 内部泡孔结构的形成过程 ······································ 169
 6.4 微孔发泡注塑件不发泡皮层的形成过程与结构特点 ··················· 171
  6.4.1 不发泡皮层结构形态分析 ······································ 173
  6.4.2 不发泡皮层的形成过程与机理分析 ······························ 174
  6.4.3 不发泡皮层的结构特点 ·· 175
  6.4.4 不发泡皮层形成的厚度影响因素分析 ···························· 178
  6.4.5 微孔发泡注塑工艺生产实践 ···································· 180
 6.5 动态模温控制技术辅助微孔发泡注塑成型工艺 ······················ 181
  6.5.1 模具温度对发泡注塑件表面质量的影响 ·························· 181
  6.5.2 模具温度对塑件内部泡孔结构的影响 ···························· 187
 参考文献 ·· 193

第7章　开合模辅助微孔发泡注塑成型技术 ···················· 196

7.1　工艺原理 ··· 197

7.2　聚苯乙烯开合模辅助微孔发泡注塑成型工艺 ················· 198

7.2.1　材料、设备、制备工艺及分析测试 ····················· 198

7.2.2　保压时间对泡孔形貌的影响 ····························· 199

7.2.3　冷却时间对泡孔形貌的影响 ····························· 202

7.2.4　开模距离对泡孔形貌的影响 ····························· 204

7.2.5　开模速度对泡孔形貌的影响 ····························· 205

7.2.6　模具温度对泡孔形貌的影响 ····························· 205

7.2.7　发泡注塑件的隔热性能 ·································· 206

7.2.8　发泡注塑件的介电性能 ·································· 207

7.3　聚丙烯开合模辅助微孔发泡注塑成型工艺 ···················· 208

7.3.1　材料、设备、制备工艺及分析测试 ····················· 209

7.3.2　保压时间对泡孔形貌的影响 ····························· 209

7.3.3　保压压力对泡孔形貌的影响 ····························· 211

7.3.4　开模距离对泡孔形貌的影响 ····························· 212

7.3.5　聚四氟乙烯改性对泡孔形貌的影响 ····················· 212

7.3.6　发泡注塑件的隔热性能 ·································· 216

7.3.7　发泡注塑件的压缩性能 ·································· 218

7.4　尼龙弹性体开合模辅助微孔发泡注塑成型工艺 ·············· 219

7.4.1　材料、设备、制备工艺及分析测试 ····················· 219

7.4.2　保压时间对泡孔形貌的影响 ····························· 220

7.4.3　开模距离对泡孔形貌的影响 ····························· 221

7.4.4　气体含量对泡孔形貌的影响 ····························· 223

7.4.5　保压压力对泡孔形貌的影响 ····························· 223

7.4.6　注射速率对泡孔形貌的影响 ····························· 224

7.4.7　发泡注塑件的弹性 ······································ 225

7.4.8　发泡注塑件的隔热性能 ·································· 227

7.4.9　发泡注塑件的隔声性能 ·································· 228

参考文献 ··· 229

第8章　高压气体辅助微孔发泡注塑成型技术 ···················· 233

8.1　内部气体辅助微孔发泡注塑成型技术 ························· 233

8.1.1　成型原理 ··· 234

8.1.2 内部气体辅助微孔发泡注塑件的性能与质量 ································ 236

8.2 **气体反压辅助微孔发泡注塑成型技术** ································ 247

8.2.1 气体反压辅助注塑工艺 ································ 247

8.2.2 模具型腔气体压力控制系统 ································ 250

8.2.3 气体反压对微孔发泡注塑件表面质量和泡孔形态的影响 ················ 255

8.3 **气体反压辅助化学发泡注塑成型技术** ································ 262

8.3.1 气体反压对熔体发泡行为和泡孔形态的影响 ························ 263

8.3.2 气体反压对熔体流动前沿的影响 ································ 264

8.3.3 气体反压对塑件表面光泽度的影响 ································ 265

8.3.4 气体反压对塑件内部泡孔形态的影响 ······························ 267

8.4 **气体反压参数和注塑参数对塑件内部泡孔的影响** ················ 269

8.4.1 气体反压参数对塑件内部泡孔的影响 ······························ 269

8.4.2 发泡剂含量对塑件内部泡孔的影响 ································ 272

8.4.3 熔融温度对塑件内部泡孔的影响 ································ 273

8.4.4 注射压力对塑件内部泡孔的影响 ································ 275

8.4.5 注射速率对塑件内部泡孔的影响 ································ 276

参考文献 ································ 278

第9章 釜压发泡成型技术 ································ 280

9.1 引言 ································ 280

9.2 降压发泡工艺 ································ 281

9.2.1 工艺原理与过程 ································ 281

9.2.2 聚丙烯的降压发泡工艺 ································ 282

9.3 升温发泡工艺 ································ 288

9.3.1 工艺原理与过程 ································ 288

9.3.2 聚丙烯腈的升温发泡工艺 ································ 289

9.4 熔融降压发泡工艺 ································ 294

9.4.1 工艺原理与过程 ································ 294

9.4.2 聚丙烯的熔融降压发泡工艺 ································ 294

9.5 预等温降压发泡工艺 ································ 302

9.5.1 工艺原理与过程 ································ 302

9.5.2 聚乳酸的预等温降压发泡工艺 ································ 302

9.6 珠粒发泡工艺 ································ 308

9.6.1 工艺原理与过程 ································ 309

9.6.2 珠粒发泡工艺中的预发泡 ································ 310

9.6.3 湿法发泡与干法发泡 ································ 311

参考文献 ·· 314

第 10 章 特殊功能微孔聚合物制备技术 ································ 317

10.1 引言 ·· 317

10.2 导电微孔聚合物 ·· 318

10.2.1 聚合物导电原理 ······································ 318

10.2.2 本征型导电聚合物 ··································· 319

10.2.3 复合型导电聚合物 ··································· 320

10.2.4 本征型导电微孔聚合物实例 ·················· 321

10.2.5 复合型导电微孔聚合物实例 ·················· 325

10.3 电磁屏蔽微孔聚合物 ······································ 329

10.3.1 电磁屏蔽基本原理 ··································· 329

10.3.2 微孔聚合物的电磁屏蔽机理 ·················· 331

10.3.3 电磁屏蔽微孔聚合物实例 ······················ 332

10.4 油水分离微孔聚合物 ······································ 335

10.4.1 开孔发泡聚合物的制备方法 ·················· 335

10.4.2 聚丙烯油水分离微孔聚合物及其性能 ···· 337

10.4.3 PLA/PBS 油水分离微孔聚合物及其性能 ··· 341

10.5 隔热微孔聚合物 ·· 345

10.5.1 热传递基本原理 ······································ 345

10.5.2 微孔聚合物的隔热性能测量方法及原理 ··· 346

10.5.3 微孔聚合物的传热原理 ························· 348

10.5.4 微孔聚合物的微观传热机理 ·················· 349

10.5.5 大发泡倍率 PMMA/CNT 微孔复合材料及其隔热性能 ··· 353

10.6 其他特殊功能微孔聚合物 ······························ 357

10.6.1 用于组织工程支架的微孔聚合物 ··········· 357

10.6.2 用于压阻传感器的微孔聚合物 ·············· 359

10.6.3 用于摩擦发电的微孔聚合物 ·················· 360

参考文献 ·· 361

关键词索引 ·· 366

第1章

概　述

1.1 ▶ 引言

　　热塑性聚合物具有密度低、耐腐蚀、易于成型等优点，广泛应用于国民经济各个领域，尤其是汽车、轨道交通、航空航天、家电、通信电子等行业对聚合物及其复合材料制品的需求巨大。2021 年全国聚合物制品产量 8000 余万吨，产值超过 1.5 万亿元，聚合物材料与成型已成为我国的支柱产业之一。随着全球能源、环境等问题日益突出，轻量化、节能环保、可持续已成为聚合物产业的主要发展方向。高性能轻量化聚合物构件的绿色成型加工技术是减少材料消耗、节能减排和实现可持续发展的重要途径。

　　微孔发泡聚合物是指含有大量微米级孔洞结构的聚合物材料。微孔发泡聚合物具备多种优势，多孔结构的存在不仅实现了聚合物构件的轻量化，微小的泡孔在一定程度上还可使材料内部裂纹的尖端钝化[1]，改善材料的某些力学性能，并且可显著降低材料的热导率和介电常数[2]，赋予聚合物制品隔热[3-5]、隔声[6-8]、缓冲[9, 10]和吸附[11, 12]等诸多功能。因此，微孔发泡聚合物材料也被称为"21 世纪的新型材料" [13]。近些年来，随着航空航天、交通运输、电子电器和医疗器械等领域的不断发展，轻量化和高性能化的微孔发泡聚合物制品得到大范围推广应用。

1.2 ▶ 微孔发泡聚合物分类与功能

　　与常规发泡工艺制备的多孔聚合物不同，微孔发泡聚合物具有更细密的泡孔结构，泡孔尺寸可达微米级，泡孔的数量密度可达 10^9 个/cm^3 以上，这种细密的泡孔结构可以赋予微孔发泡聚合物更多优异的功能属性，从而拓展了多孔聚合物的应用领域。

1.2.1 微孔发泡聚合物的分类

微孔发泡聚合物的种类繁多，分类方法也多种多样，常用的分类方式有如下三种[14]：

（1）根据泡孔的形貌结构分类，可分为开孔发泡聚合物和闭孔发泡聚合物两大类。开孔发泡聚合物的泡孔相互连通，气体相与聚合物相均各自呈连续分布。流体在多孔体系中的通过难易程度与开孔率和聚合物本身的特性有关。闭孔发泡聚合物的泡孔互相分隔，其聚合物相呈连续分布，但气体是孤立存在于各个不连通的空隙之中的。实际的微孔发泡聚合物中往往同时存在着两种泡孔结构，即开孔发泡聚合物中含有一些闭孔结构，而闭孔发泡聚合物中也含有一些开孔结构。

（2）根据发泡材料的密度，微孔发泡聚合物可分为高密度、中密度和低密度三大类。密度在 0.4 g/cm^3 以上，微孔发泡聚合物的发泡倍率（发泡倍率是未发泡固体聚合物表观密度与已发泡聚合物的表观密度之比）小于 1.5，为高密度微孔发泡聚合物；密度为 0.1～0.4 g/cm^3，微孔发泡聚合物的发泡倍率为 1.5～9.0，为中密度微孔发泡聚合物；密度在 0.1 g/cm^3 以下，微孔发泡聚合物的发泡倍率大于 9.0，为低密度微孔发泡聚合物。常用微孔发泡聚合物制品，如床垫、坐垫、包装衬块和包装膜等多属于低密度微孔发泡聚合物，而发泡板、管、异形材等以塑料代木的微孔发泡聚合物多属于高密度微孔发泡聚合物。

（3）根据发泡材料的软硬程度，微孔发泡聚合物可分为硬质、半硬质和软质三大类。在常温下，当微孔发泡聚合物的基体处于半结晶态，或者其玻璃化转变温度高于常温，这类微孔发泡聚合物的常温硬度较高，通常称为硬质微孔发泡聚合物。而当微孔发泡聚合物中聚合物基体的熔点低于常温，或者非晶态聚合物的玻璃化转变温度低于常温，这类微孔发泡聚合物的常温硬度较低，可称为软质微孔发泡聚合物。介于硬质和软质微孔发泡聚合物之间的则可称为半硬质微孔发泡聚合物。根据这种分类方式，常见的硬质微孔发泡聚合物包括微孔发泡酚醛、微孔发泡环氧树脂、微孔发泡聚苯乙烯和多数微孔发泡聚烯烃类聚合物；而常见的软质微孔发泡聚合物包括微孔发泡橡胶、微孔发泡热塑性弹性体和部分微孔发泡聚烯烃类聚合物等。从模量角度来定义，在 23℃和 50%的相对湿度下，弹性模量大于 700 MPa 的多孔聚合物称为硬质微孔发泡聚合物，弹性模量小于 70 MPa 的多孔聚合物称为软质微孔发泡聚合物，而弹性模量介于 70～700 MPa 之间的多孔聚合物则称为半硬质微孔发泡聚合物。

1.2.2 微孔发泡聚合物的特点

尽管微孔发泡聚合物的种类很多，但均含有泡孔结构，所以具有一些共同的特点，如密度小、热导率低、隔热吸声性好、抗冲击性能优良及比强度高等[14]。

（1）相对密度低。

聚合物本身就是一种密度比较小的材料，微孔发泡聚合物中大量的泡孔使得其密度进一步降低，一般仅为未发泡聚合物密度的几分之一，甚至几十分之一。所以，微孔发泡聚合物制品的密度可以很低。

（2）隔热性能优良。

由于微孔发泡聚合物中存在大量的泡孔结构，泡孔内气体的热导率比固体聚合物的热导率低一个数量级，因此微孔发泡聚合物具有比未发泡聚合物基体明显更低的热导率。另外，闭孔微孔发泡聚合物中的气体相互隔离，也减少了气体的对流传热，进一步提高了微孔发泡聚合物的隔热性能。

（3）抗冲击性高。

微孔发泡聚合物在冲击载荷作用下，泡孔中的气体会受到压缩，从而产生滞流现象。这种压缩、回弹和滞流现象会消耗冲击载荷能量。此外，微孔发泡聚合物还可以以较小的负加速度，逐渐分步地耗散冲击载荷，因而能够呈现优良的抗冲击、减震和缓冲特性。

（4）隔声效果佳。

微孔发泡聚合物的隔声效果是通过以下两种途径实现的：一是吸收声波能量，以终止声波的反射传递；二是消除共振，降低噪声。当声波到达微孔发泡聚合物泡孔壁面时，声波冲击泡体，使泡体内气体受到压缩并出现滞流现象，从而将声波冲击能耗散掉。另外，微孔结构可增加泡体刚性，从而减少或消除泡体因声波冲击而引起的共振及产生的噪声。

（5）比强度高。

比强度是材料强度和相对密度的比值。虽然微孔发泡聚合物的机械强度会随发泡倍率的增大而下降，但是其比强度高于发泡倍率相当的多孔金属和多孔陶瓷。

1.2.3 微孔发泡聚合物的应用

微孔发泡聚合物的材料属性及其功能特点使其在传统聚合物产业和新兴产业领域均得到广泛关注和推广应用。目前，微孔发泡聚合物的应用主要有以下几个方面：

（1）替代传统发泡成型构件，实现发泡工艺的绿色化。

对于传统发泡聚合物制备工艺，化学发泡剂分解后易在制品内部形成残留，不但会降低产品物性，还会危害人类健康，而且烷烃类发泡剂易燃易爆，容易引发安全事故，氟氯烃类发泡剂则对环境造成严重危害[15, 16]。随着国际社会对环境保护的高度重视，推广使用绿色无污染无排放的发泡工艺代替传统发泡工艺已是大势所趋。聚合物微孔发泡工艺采用绿色化学发泡剂或者超临界流体作为发泡剂，

其发泡气体是 N_2、CO_2 或者两者的混合物，不仅不会造成环境污染，而且还可以实现对泡孔结构的有效调控。随着微孔发泡成型技术的日趋成熟，微孔发泡聚合物正在逐渐取代传统发泡聚合物，用于制作建筑外墙的保温层、包装材料、隔热餐具等。

（2）替代传统聚合物构件，实现产品的轻量化。

在不损失力学性能的前提下，实现构件的轻量化是诸多工业产品的发展趋势，特别是在航空航天、轨道交通和汽车等运载运输领域。微孔发泡聚合物内部含有大量微米级多孔结构，不仅可以减少聚合物材料用量，还可以实现聚合物构件 10%～40%的减重。聚合物来源于石油化工，聚合物用量的减少可以减少石油消耗。对于交通运输领域，运载工具的减重可以进一步减少动力能源的消耗。随着电动车产业的崛起，车身轻量化不仅是市场要求，欧美国家和地区已经通过立法的形式对民用车能耗和轻量化提出苛刻要求。微孔发泡聚合物制备的车身构件不仅会为新能源汽车产业带来产品优势，还因车辆的节能和长续航特性为消费者带来实惠。运载工具轻量化的发展也将进一步落实人类社会的节能环保理念，助力"碳达峰、碳中和"目标的达成。

（3）提高构件尺寸精度，提升产品合格率。

微孔发泡聚合物内部的多孔结构在形成过程中经历了泡孔的形核长大过程，泡孔对外形成一种膨胀作用，可以抵消聚合物材料在热加工过程中的收缩，从而消除聚合物产品构件表面缩水和翘曲变形等不良问题，获得尺寸精度高、尺寸稳定性好的高精密聚合物构件。这一特性可以让微孔发泡聚合物在一些对构件装配精度、表面平整度、旋转圆度要求高的产品中得以推广，如通用电器、智能电子设备、汽车等领域用构件产品。此外，微孔发泡成型技术还使一些壁厚不均匀或体积厚大构件的成型成为可能，大大提高了产品设计的灵活性，这有可能颠覆传统聚合物构件设计原则和模具结构设计方法，为聚合物成型产业的创新发展开辟新思路。

（4）赋予构件更多功能属性，实现高附加值产品的批量制造。

微孔发泡聚合物具有诸多优良特性，多孔结构为聚合物材料的功能性带来了质的改变，成倍地提升了聚合物材料的产品附加值。例如，微孔发泡的热塑性弹性体具有轻质高弹特性，已经用于制备高端运动鞋的中底，不仅可以降低运动损伤，还有助于提升运动体验和运动成绩；微孔发泡技术制备的开孔型可降解聚合物在组织工程领域获得应用，其泡孔结构不仅为组织培养提供支撑，还可完成物质输运、自动降解等功能，微孔发泡聚合物技术成为制作组织工程支架的重要方法；通过复合导电、磁性材料等，还可赋予微孔发泡聚合物优异的电磁屏蔽和吸波性质，从而拓展微孔发泡聚合物在国防、军工、5G 通信等领域的应用；微孔发泡聚合物还被用于制备亲油疏水材料，对于解决海洋中原油泄漏导致的生态环境问题及泄漏原油的回收再利用具有重要意义。随着微孔发泡聚合物成型技术方法的发展和完善，高性能发泡聚合物构件的高效批量生产成为现实。

1.3 微孔发泡聚合物及其成型工艺发展历程

微孔发泡聚合物最早是在结构泡沫材料的过渡层内发现的，由于其存在量少和生产工艺的限制，没有得到关注。直到 20 世纪 80 年代，美国麻省理工学院的 Suh 课题组开发了微孔发泡成型工艺，微孔发泡聚合物才得到了广泛的关注和研究。随着微孔发泡技术的不断发展，形成了多种微孔发泡聚合物成型技术，包括间歇发泡成型技术、珠粒发泡成型技术、连续挤出发泡成型技术和注塑发泡成型技术等[17-19]。

1.3.1　间歇发泡成型技术

间歇发泡成型工艺最早是由美国麻省理工学院的 Suh 课题组在 1981 年提出。其基本过程如下：第一步，将聚合物试样置于充满一定压力 CO_2 或 N_2 的高压发泡釜中，经过一段时间后，CO_2 或 N_2 逐渐扩散进入聚合物试样中，最后达到饱和状态；第二步，将聚合物试样从等静压容器中取出，并快速加热取出的聚合物试样，使 CO_2 或 N_2 等气体在聚合物中的溶解度迅速降低，从而在含有过饱和气体的聚合物中诱导出极大的热动力学不稳定性，激发气泡的形核和长大。间歇发泡成型工艺的装置示意如图 1-1 所示。

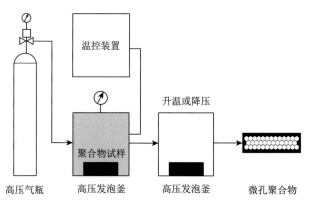

图 1-1　微孔发泡聚合物间歇发泡成型工艺的装置示意图

由于间歇发泡成型工艺系统简单，设备投资规模小，并且发泡过程容易控制，形核效率高，可以制备多种类型的制品，因此在微孔发泡聚合物早期的实验和理论研究及小批量生产方面得到了广泛的应用。但是，由于气体在固态聚合物中达到饱和所需时间很长，因此，间歇发泡成型工艺生产周期通常较长，难以连续生产，导致生产成本相对较高，在实际工业应用中存在一定局限性。

1.3.2 珠粒发泡成型技术

德国 BASF 公司首次研制出发泡聚合物珠粒，为聚合物发泡成型加工领域增添了一种新技术——珠粒模塑发泡成型技术，也称为珠粒发泡成型技术。实际上，珠粒发泡成型技术包含了两种不同的技术，分别是预发泡珠粒生产技术和模压熔结成型技术。珠粒发泡过程本质上是一个间歇式发泡过程，其常规生产设备及组成部件如图 1-2 所示。

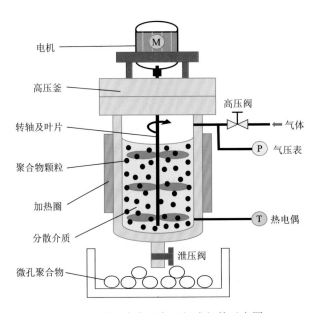

图 1-2　常规生产设备及组成部件示意图

珠粒发泡成型技术的工艺流程如下：①将聚合物、分散介质（如水等）、分散剂共同放入高压釜内，通过加热圈对高压釜系统加热，使聚合物在分散介质内呈软化而不熔融的状态，同时将高压发泡剂气体通入釜内，溶入分散介质，从而形成高压发泡混合介质，并在转轴及叶片所组成的搅拌系统的作用下，使高压气体不断扩散进入聚合物，进而形成气固均相体系；②打开高压釜的泄压阀，在釜内高压的作用下，分散介质及聚合物粒子被快速喷出，造成压力和温度的瞬间剧烈变化，气体在聚合物均相体系内迅速形核；③随着体系内气泡核的形成及气体分子进一步扩散进入气泡核，实现泡孔的稳定生长；④体系温度不断降低，使得泡孔冷却定型，从而得到尺寸均一的高发泡倍率珠粒。这种发泡技术所得到的发泡珠粒是制备具有复杂结构发泡产品的原料。

在模压熔结成型阶段，首先将发泡珠粒填充入模具型腔。随后，在封闭的模具内通入高温蒸汽，促使珠粒表面熔融并进行二次膨胀，从而使珠粒相互黏结得到具有复杂结构的发泡产品。珠粒发泡及其模塑成型是一种可以生产具有各种复杂形状高发泡倍率聚合物产品的技术。

1.3.3　连续挤出发泡成型技术

20 世纪 90 年代，聚合物微孔发泡连续挤出工艺由 Park 等开发成功[20]，为微孔发泡聚合物的大规模工业化生产提供了可能。连续挤出工艺的具体过程如下：聚合物在挤出机中熔融时，在料筒中段某一位置用高压气体泵送系统向料筒内注射适量的超临界流体发泡剂，利用挤出机螺杆良好的混合作用和超临界流体极好的扩散性，实现超临界流体的快速溶解，形成聚合物/气体均相体系。该均相体系经过特殊的形核口模时，体系压力快速降低，使体系中溶解的气体达到过饱和态，进而引发气泡核的形成。最后，通过控制口模的温度，调控泡孔的生长过程，从而得到具有一定截面形状的微孔发泡聚合物[21]。图 1-3 给出了连续挤出发泡成型工艺的系统结构示意图。

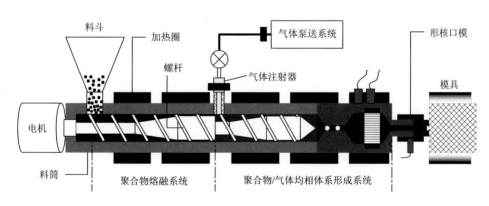

图 1-3　微孔发泡聚合物连续挤出发泡成型工艺的系统结构示意图

在微孔发泡聚合物连续挤出成型工艺中，超临界流体的使用大大缩短了聚合物达到饱和所用的时间，而气体泵送系统及注射装置实现了超临界流体稳定地定量注入，螺杆结构与附加的混合装置进一步加快了气体的溶解和均相体系的形成，特殊形核口模的使用提升了泡孔的形核速率。因此，与间歇发泡成型工艺相比，连续挤出发泡成型生产效率大大提升。目前，工业上已经能够用连续挤出法生产高密度聚乙烯（HDPE）、聚丙烯（PP）、聚苯乙烯（PS）、聚氯乙烯（PVC）等微孔发泡材料。然而不足的是，受工艺和模具整体结构的限制，利用连续挤出法只能生产具有等截面形状的发泡产品，而无法直接成型具有复杂三维形状的微孔发泡聚合物产品[22]。

1.3.4 注塑发泡成型技术

注塑成型技术是一种应用最为广泛的聚合物材料加工方法，具有成型精度高、自动化程度高、生产效率高、可成型复杂形状产品等一系列优点。微孔发泡聚合物的注塑成型工艺（即微孔发泡注塑成型技术，microcellular injection molding，MIM）是将聚合物微孔发泡技术和传统注塑成型技术相结合的一种技术，其技术思想起源于 20 世纪 80 年代美国 Martini-Vvedensky 等提出的微孔聚合物注塑成型技术专利[23]。2001 年，美国 Trexel 公司在取得上述专利授权的基础上，开发了 MuCell® 微孔发泡注塑成型技术，该技术逐渐发展成为应用最为广泛的微孔发泡聚合物注塑成型加工方法，已实现了商业化推广应用。

图 1-4 给出了商业化的微孔发泡注塑成型设备系统组成，其工作原理与工艺过程如下：微孔发泡注塑成型技术一般使用超临界流体（通常为 N_2 或 CO_2）作为发泡剂，在螺杆塑化阶段，处于超临界状态下的 N_2 或 CO_2 通过注射阀注射到聚合物熔体中，经过特制螺杆的混合作用，气体快速溶解形成聚合物/气体均相体系，为防止提前发泡，形成的均相体系须始终保持在一定压力下，直到注射开始；注射开始后，高压状态的聚合物/气体均相体系被注射到低压模腔中，压力的急剧下降引发均相体系的热力学不稳定，使气体在聚合物熔体中的溶解度达到过饱和，气体开始析出并形成大量的气泡核；随后，气泡核周围熔体中的气体扩散进入气泡核中，气泡逐渐长大，并辅助熔体填满模具型腔，同时补偿聚合物由于冷却而引起的收缩；最后，随着熔体的进一步冷却，泡孔停止长大并定型，开模得到具有微孔发泡结构的注塑产品[24, 25]。

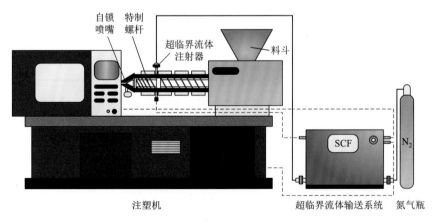

图 1-4　商业化的聚合物微孔发泡注塑成型设备系统示意图

与间歇成型和挤出成型两种方法相比，注塑成型技术提高了复杂结构微孔发泡聚合物的生产效率，降低了生产成本，代表了当今微孔发泡聚合物成型加工产业的前沿发展方向，具有巨大的市场需求和广阔的应用前景。同时，与传统的注塑成型工艺相比较，微孔发泡注塑成型过程中聚合物熔体与超临界流体混合后表观黏度明显降低，流动性提高，可以实现在较小的注塑压力和锁模力及较低的温度下成型，从而降低了能耗。同时熔体内部气体压力的存在可以缩短甚至取消保压阶段，从而缩短了产品成型周期。另外，气泡在聚合物发泡过程中释放的内部压力还可明显降低甚至消除产品的缩痕和翘曲，显著提升产品最终的尺寸稳定性和精度。因此，微孔发泡注塑成型技术是一种先进的注塑成型新技术，也代表着注塑成型工艺发展的新方向。

在当今聚合物加工领域，微孔发泡注塑成型技术和微孔发泡注塑产品已经受到了越来越广泛的关注。特别是近些年来，国内外专家学者、研究机构和注塑企业纷纷投入到该技术的科学研究和产品开发上来，极大地推动了微孔发泡注塑成型技术的发展。目前，微孔发泡注塑成型技术已经成为发泡聚合物材料研究领域和注塑成型加工行业最受瞩目的研究热点之一，微孔发泡注塑产品也已经在汽车、家电、消费电子和生物组织工程等领域实现了成功应用，展现出广阔的市场应用潜力和前景。

1.3.5　新兴的微孔发泡注塑成型技术

伴随着微孔发泡注塑成型技术的发展研究，微孔发泡注塑成型工艺中存在的一些产品缺陷和技术不足逐渐显现。其中，一个重要的问题就是使用微孔发泡注塑成型技术得到的产品表面存在大量流痕、漩涡痕等表面气泡痕迹，导致产品表面粗糙度大，表面质量不高，难以作为外观件直接使用。为了提升产品的表面质量并拓展其应用范围，经大量学者和研究人员的努力，逐渐发展起来动态模温辅助微孔发泡注塑成型工艺[26-29]、型腔反压辅助微孔发泡注塑成型工艺[30-33]、微小气体含量微孔发泡注塑成型工艺[34]等微孔发泡注塑成型新工艺，这些新工艺能够有效地消除表面气泡痕，获得表面光泽度高的微孔发泡注塑产品。

此外，常规发泡注塑成型技术还具有如下缺点：①发泡温度相对较高，熔体强度低，致使发泡能力差，易形成大泡孔尺寸、低泡孔密度泡沫；②发泡过程与熔体填充过程耦合在一起，熔体流动所产生的强剪切会使泡孔产生显著的取向性，并严重破坏泡孔的结构；③发泡过程严重依赖于模具的型腔尺寸，泡孔的长大在很大程度上受到限制，致使发泡倍率一般相对较小，难以获得大发泡倍率的微孔发泡聚合物构件。为解决该问题，进一步实现对微孔发泡注塑成型工艺中气泡形核长大的控制，近些年，开合模辅助微孔发泡注塑技术[35-38]和内部气辅微孔发泡注塑技术[39,40]相继问世，这两种技术可以实现气泡形核长大与注塑充填流动的过程解耦，有效控制塑件内部泡孔结构及其均匀性，获得大倍率发泡聚合物构件。

1. 动态模温辅助微孔发泡注塑成型工艺

动态模温辅助微孔发泡注塑成型工艺的技术思想来源于变模温注塑工艺（也称快速热循环注塑工艺），主要是利用在注射填充阶段保持模具表面温度在聚合物材料的玻璃化转变温度之上，以制备出无熔接痕、气泡痕等外观缺陷的微孔发泡注塑产品。2005 年，Cha 和 Yoon[41]研究了注塑成型过程中的模具温度与发泡产品表面漩涡痕之间的关系，发现在模具温度高于聚合物材料的玻璃化转变温度时，产品表面漩涡痕可明显减轻或消除。Chen 等[27]利用在模具表面涂覆隔热膜的方式，实现了模具表面温度的间接提升，消除了微孔发泡注塑产品的气泡痕；此后，Lee 和 Turng[42]采用同样的方法，在模具表面上涂覆聚四氟乙烯（PTFE）隔热层，也实现了产品表面质量的改善。

2. 型腔反压辅助微孔发泡注塑成型工艺

型腔反压辅助微孔发泡注塑成型工艺利用的是在注塑射胶阶段开始之前，先向模具型腔中充入一定压力的气体，然后进行注塑填充，由于气体压力的存在，熔体流动前沿的发泡得到抑制，从而有效控制熔体前沿气泡破裂，进而避免了微孔发泡注塑件表面的气泡痕缺陷。型腔反压技术最早在化学发泡注塑成型中使用，近些年来应用到微孔发泡注塑成型技术中。Wang 等[30]研究发现，采用适当的型腔反压压力，可以消除微孔发泡塑件表面的气泡痕缺陷，从而显著改善塑件的外观质量。Chen 等[32, 33]开发了适用于微孔发泡注塑成型技术的型腔反压辅助成型方法和装置，并研究了型腔反压压力对成型过程的影响。近年来，Li 等[43]还研究了型腔反压压力对产品泡孔结构的影响，发现压力过高会抑制熔体发泡，压力过低会使熔体流动前沿泡孔发生破裂，存在一个临界压力值，既能保证熔体发泡，又不产生流动前沿泡孔破裂。

3. 微小气体含量微孔发泡注塑成型工艺

微小气体含量微孔发泡注塑成型工艺是美国威斯康星大学的 Turng 等[34]提出的一种改善微孔发泡注塑成型产品表面质量的方法。他们通过减小微孔发泡注塑过程中气体发泡剂的注入量，来减小发泡时熔体的过饱和度，延缓熔体在填充过程中的泡孔形核，并减少熔体流动前沿气泡破裂，最终实现产品表面无气泡痕。这种方法的优势在于不需要增加任何的辅助装置，但是由于减小了气体含量，会明显影响产品内部的泡孔结构。

4. 开合模辅助微孔发泡注塑成型技术

为克服常规发泡注塑成型产品减重有限的问题，业界开发了开合模辅助微孔发泡注塑成型技术。与常规发泡注塑成型技术相比，开合模辅助发泡注塑成型技术增加了保压和开模两个工艺步骤。其中，在保压过程中，采用高保压压力使聚合物熔体充满整个模具型腔，并将注射过程中产生的泡孔在高压作用下压溃，以使析出的气体重新溶入聚合物熔体。同时，通过控制保压时间，调节熔体的温度，实现对熔体黏弹性的调控，以促进泡孔的形核和长大。开模过程使得型腔压力急剧下降，为泡孔形核和长大提供了动力和空间，从而得到高发泡倍率的微孔发泡聚合物构件。

5. 内部气辅微孔发泡注塑成型技术

为提高发泡注塑件的减重效果，需要为均相体系提供更多的自由发泡空间。内部气辅注塑成型技术可同时减轻注塑制件重量和提升其表面质量及尺寸精度。在内部气辅注塑成型过程中，首先将一定量的塑料熔体注入模具型腔，然后将高压辅助气体注入塑料熔体内部，接着将高压气体保压一段时间，通过高保压将充填过程中析出的气体重新溶入聚合物熔体，最后撤去高压气体，以诱导二次发泡，从而得到内部具有均匀细密泡孔结构的发泡注塑件。由于高压气体的压力保持阶段代替了常规注塑工艺的保压阶段，且高压气体直接作用到聚合物熔体上，因此能够显著提升制件的外观品质，消除缩痕、翘曲和凹坑等表面质量缺陷，并明显提升制件的尺寸精度。同时，内部气辅生成的内部孔洞为二次发泡提供了自由空间，从而可以显著增加微孔发泡注塑件的减重效果。

1.4 ▶ 本书提纲

微孔发泡聚合物及其成型技术最早诞生于实验室，该领域的先驱开发者已对其进行了大量研究和产业化探索。然而，经过 40 余年的发展，微孔发泡聚合物及其成型技术发展仍相对缓慢，推广应用也有待加强。本书结合微孔发泡聚合物和其成型技术的发展历程，以及本书作者团队近十年积累的研究成果，从聚合物/发泡剂气体均相体系的物理属性，聚合物在发泡剂气体中的结晶行为，泡孔的形核、长大与形态演变，微孔发泡注塑成型装置，微孔发泡注塑工艺调控，开合模辅助微孔发泡注塑成型技术，高压气体辅助微孔发泡注塑成型技术，釜压发泡成型技术、特殊功能微孔聚合物制备技术等几个方面介绍微孔聚合物发泡领域的基础理论、技术装备、发泡工艺与功能化应用的最新研究状况，以期帮助广大读者进一步了解微孔发泡领域的理论基础与技术前沿。

参 考 文 献

[1] WALDMAN F A. The processing of microcellular foam[D]. Cambridge: Massachusetts Institute of Technology, 1982.

[2] ZHAO B, ZHAO C X, WANG C D, et al. Poly(vinylidene fluoride) foams: A promising low-*k* dielectric and heat-insulating material[J]. Journal of materials chemistry C, 2018, 6 (12): 3065-3073.

[3] FOREST C, CHAUMONT P, CASSAGNAU P, et al. Polymer nano-foams for insulating applications prepared from CO_2 foaming[J]. Progress in polymer science, 2015, 41: 122-145.

[4] GONG P J, BUAHOM P, TRAN M, et al. Heat transfer in microcellular polystyrene/multi-walled carbon

nanotube nanocomposite foams[J]. Carbon，2015，93：819-829.

[5]　WANG G L，ZHAO J C，WANG G Z，et al. Low-density and structure-tunable microcellular PMMA foams with improved thermal-insulation and compressive mechanical properties[J]. European polymer journal，2017，95：382-393.

[6]　SUH K W，PARK C P，MAURER M J，et al. Lightweight cellular plastics[J]. Advanced materials，2000，12（23）：1779-1789.

[7]　JAHANI D，AMELI A，JUNG P U，et al. Open-cell cavity-integrated injection-molded acoustic polypropylene foams[J]. Materials & design，2014，53：20-28.

[8]　GWON J G，KIM S K，KIM J H. Sound absorption behavior of flexible polyurethane foams with distinct cellular structures[J]. Materials & design，2016，89：448-454.

[9]　AVALLE M，BELINGARDI G，MONTANINI R. Characterization of polymeric structural foams under compressive impact loading by means of energy-absorption diagram[J]. International journal of impact engineering，2001，25（5）：455-472.

[10]　KOOHBOR B，KIDANE A，LU W. Characterizing the constitutive response and energy absorption of rigid polymeric foams subjected to intermediate-velocity impact[J]. Polymer testing，2016，54：48-58.

[11]　NIKKHAH A A，ZILOUEI H，ASADINEZHAD A，et al. Removal of oil from water using polyurethane foam modified with nanoclay[J]. Chemical engineering journal，2015，262：278-285.

[12]　PINTO J，ATHANASSIOU A，FRAGOULI D. Surface modification of polymeric foams for oil spills remediation[J]. Journal of environmental management，2018，206：872-889.

[13]　KUMAR V. Microcellular polymers：Novel materials for the 21st century[J]. Cellular polymers，1993，12（3）：207-223.

[14]　齐贵亮. 泡沫塑料成型新技术[M]. 北京：机械工业出版社，2011.

[15]　TOMASKO D L，BURLEY A，FENG L，et al. Development of CO_2 for polymer foam applications[J]. Journal of supercritical fluids，2009，47（3）：493-499.

[16]　HECK I，Rhomie L. A review of commercially used chemical foaming agents for thermoplastic foams[J]. Journal of vinyl and additive technology，1998，4（2）：113-116.

[17]　董桂伟. 微孔发泡注塑成型技术及其产品泡孔结构形成过程和演变规律研究[D]. 济南：山东大学，2015.

[18]　侯俊吉. 聚丙烯泡沫材料的微孔发泡制备工艺及其性能研究[D]. 济南：山东大学，2019.

[19]　赵近川. 大倍率聚丙烯泡沫高压发泡注塑成型技术及其性能研究[D]. 哈尔滨：哈尔滨工业大学，2018.

[20]　HAGUIB H E，PARK C B. Strategies for achieving ultran low-density polypropylene foams[J]. Polymer engineering & science，2002，42（7）：1481-1492.

[21]　DIAZ C A，MATUANA L M. Continuous extrusion production of microcellular rigid PVC[C]. Chicago，IL，USA：67th Annual Technical Conference of the Society of Plastic's Engineers 2009，2：961-968.

[22]　SAUCEAU M，FAGES J，COMMON A，et al. New challenges in polymer foaming：A review of extrusion processes assisted by supercritical carbon dioxide[J]. Progress in polymer science，2010，36（6）：749-766.

[23]　MARTINI-VVEDENSKY J E，SUH N P，WALDMAN F A. Microcellular closed cell foams and their method of manufacture：US04473665A[P]. 1984.

[24]　SHIMBO M，NISHIDA K，HERAKU T，et al. Foam processing technology of microcellular plastics by injection mold machine[C]. Parsippany，New Jersey：First International Conference on Thermoplastic Foam，1999：132-138.

[25]　XU J Y，PIERICK D. Microcellular foam processing in reciprocating-screw injection molding machines[J]. Journal of injection molding technology（USA），2001，5：152-156.

[26]　BLEDZKI A K，FARUK O，KIRSCHLING H，et al. Microcellular polymers and composites Part I：Types of

foaming agents and technologies of microcellular processing[J]. Polimery，2006，51（10）：696-703.

[27] CHEN H L，CHIEN R D，CHEN S C. Using thermally insulated polymer film for mold temperature control to improve surface quality of microcellular injection molded parts[J]. International communications in heat & mass transfer，2008，35（8）：991-994.

[28] CHEN S C，LI H M，HWANG S S，et al. Passive mold temperature control by a hybrid filming-microcellular injection molding processing[J]. International communications in heat & mass transfer，2008，35（7）：822-827.

[29] CHEN S C，LIN Y W，CHIEN R D，et al. Variable mold temperature to improve surface quality of microcellular injection molded parts using induction heating technology[J]. Advances in polymer technology，2008，27（4）：224-232.

[30] WANG G L，ZHAO G Q，WANG J C，et al. Research on formation mechanisms and control of external and inner bubble morphology in microcellular injection molding[J]. Polymer engineering & science，2015，55（4）：807-835.

[31] KOTZEV G，DJOUMALIISKY S，KRASTEVA M. Effect of sample configuration on the morphology of foamed LDPE/PP blends injection molded by a gas counterpressure process[J]. Macromolecular materials and engineering，2007，292：769-779.

[32] CHEN S C，HSU P S，Lin Y W. Establishment of gas counter pressure technology and its application to improve the surface quality of microcellular injection molded parts[J]. International polymer processing，2011，26：275-282.

[33] CHEN S C，HSU P S，HWANG S S. The effects of gas counter pressure and mold temperature variation on the surface quality and morphology of the microcellular polystyrene foams[J]. Journal of applied polymer science，2013，127（6）：4769-4776.

[34] LEE J，TURNG L S，DOUGHERTY E，et al. A novel method for improving the surface quality of microcellular injection molded parts[J]. Polymer，2011，52（6）：1436-1446.

[35] 阿部知和，家田克昌，森川明彦，等. 芯后退型注塑发泡成型用热塑性弹性体组合物以及使用该组合物的注塑发泡成型方法：CN02817009.1[P]. 2006.

[36] CHU R K M，MARK L H，JAHANI D，et al. Estimation of the foaming temperature of mold-opening foam injection molding process[J]. Journal of cellular plastics，2016，52（6）：619-641.

[37] ISHIKAWA T，OHSHIMA M. Visual observation and numerical studies of polymer foaming behavior of polypropylene/carbon dioxide system in a core-back injection molding process[J]. Polymer engineering & science，2011，51（8）：1617-1625.

[38] ISHIKAWA T，TAKI K，OHSHIMA M. Visual observation and numerical studies of N_2 vs CO_2 foaming behavior in core-back foam injection molding[J]. Polymer engineering & science，2012，52（4）：875-883.

[39] HOU J J，ZHAO G Q，WANG G L，et al. A novel gas-assisted microcellular injection molding method for preparing lightweight foams with superior surface appearance and enhanced mechanical performance[J]. Materials & design，2017，127：115-125.

[40] HOU J J，ZHAO G Q，ZHANG L，et al. Foaming mechanism of polypropylene in gas-assisted microcellular injection molding[J]. Industrial & engineering chemistry research，2018，57（13）：4710-4720.

[41] CHA S W，YOON J D. The relationship of mold temperatures and swirl marks on the surface of microcellular plastics[J]. Polymer-plastics technology and engineering，2005，44（5）：795-803.

[42] LEE J，TURNG L S. Improving surface quality of microcellular injection molded parts through mold surface temperature manipulation with thin film insulation[J]. Polymer engineering & science，2010，50（7）：1281-1289.

[43] LI S，ZHAO G Q，WANG G L，et al. Influence of relative low gas counter pressure on melt foaming behavior and surface quality of molded parts in microcellular injection molding process[J]. Journal of cellular plastics，2014，50（5）：415-435.

第2章

聚合物/发泡剂气体均相体系

　　微孔发泡工艺是将发泡剂引入到聚合物熔体中并控制内部气泡形核长大的工艺。与泡沫铝的吹泡工艺不同，聚合物发泡工艺实施的关键是实现气泡形核和长大的控制，以获得泡孔微小且均匀的多孔结构。这种可控的多孔结构是调控塑件力学属性和功能特性的关键因素。在发泡工艺过程中，形成聚合物/发泡剂气体均相体系是泡孔形核长大的初始条件。控制发泡的第一个关键环节就是控制聚合物/发泡剂气体均相体系的形成。

　　目前，关于均相体系的定义较为模糊，有人定义为一种溶液，有人定义为很多小气泡均匀分布于熔融聚合物中的气体-聚合物混合物。造成定义模糊的主要原因是由于聚合物与发泡剂在分子结构上的巨大差异。聚合物熔体是线型分子链通过缠结构成的无规线团，而发泡剂分子就是简单的两原子分子（如 N_2）或者三原子分子（如 CO_2）。关于聚合物熔体与发泡剂的均相体系的两种定义都有道理，但又都不准确。溶液论容易让读者以为二者可以互溶，实际上，多数聚合物和发泡剂的组合是不互溶的。混合物论将均相体系描述为两相状态，这与后续的气泡形核理论相矛盾，而且微观尺度下，难以定义未形核的"小气泡"的界面。根据聚合物极浓体系的概念，可将均相体系定义为发泡剂溶胀的聚合物熔体。这一定义可以分清聚合物熔体和发泡剂的主次关系，也是讨论发泡剂对聚合物影响的概念基础。

　　在发泡前维持聚合物和发泡剂气体处于均相状态是获得均匀泡孔尺寸的前提，如果在体系泄压或者升温前已经有气泡存在，而非均相体系，那么势必会造成泡孔的生长有先后，泡孔尺寸不均匀。不均匀的泡孔结构会造成聚合物产品性能失控，产品成品率下降，生产效率低下。因此，认识和掌握均相体系的

形成过程及其平衡状态对于调控聚合物形核长大过程和最终泡孔结构具有重要
意义。

　　在均相体系形成的过程中，聚合物中发泡剂气体的溶解度决定了聚合物可携
带目标发泡剂的加入量，而在聚合物中发泡剂的扩散系数决定了目标发泡剂的扩
散速率，决定处理所需的时间；对于发泡过程，溶解度决定了挤出发泡和注塑发
泡过程中的发泡剂注入量上限，而扩散系数为釜压发泡中溶解平衡时间的确定、
注塑和挤出发泡中螺杆长度的设计提供依据。此外，发泡剂将聚合物溶胀，改变
了聚合物的玻璃化转变、流变、熔融等属性。这也将最终显著地改变聚合物产品
的质量和功能。因此，认识和掌握发泡剂对聚合物物理属性的影响对于聚合物微
孔发泡成型工艺具有重要指导意义。

2.2　物理发泡剂

　　在微孔发泡工艺的工业实践中，通常采用 CO_2、N_2 等作为物理发泡剂，这种
发泡剂来源广、无污染、造价低，是微孔发泡注塑工艺最常见的发泡剂。由于在
泡孔形核长大前的发泡剂一般处于高温高压状态，温度和压力大于 CO_2、N_2 的临
界温度和临界压力，所以作为发泡剂的 CO_2、N_2 也被称为超临界流体发泡剂。超
临界流体的密度与液体相当，比气体大两个数量级，其黏度接近气体，远小于液
体的黏度，扩散系数则介于气液之间，如表 2-1 所示。超临界流体既有类似液体
的高溶解能力，又有类似气体易扩散的特点，有着较好的流动和传递性能。

表 2-1　超临界流体和气体及液体性质的比较[1]

物理特性	气体（常温、常压）	超临界流体	液体（常温、常压）
密度/(g/cm³)	0.0006~0.002	0.2~0.9	0.6~1.6
黏度/(mPa·s)	10^{-2}	0.03~0.1	0.2~3.0
扩散系数/(cm²/s)	10^{-1}	10^{-4}	10^{-5}

　　通过控制体系压力、温度，即可实现"气体"和"液体"之间的相互转变[2]。
图 2-1 给出了物质状态随温度和压力的变化关系。图中点 T 是物质气-液-固三态共
存时的三相点，将温度和压力由点 T 沿着饱和蒸气压曲线升至点 C 时，物质的气-
液分界面消失，体系物化性质变均一，点 C 则为临界点。临界点处对应的温度和
压力分别称为临界温度和临界压力，图中淡红色填充区域为超临界状态。表 2-2
给出了几种常见物理发泡剂的临界温度和临界压力。

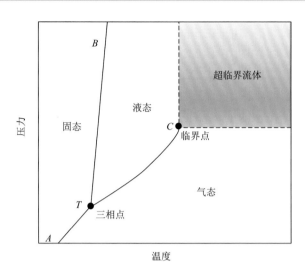

图 2-1　物质状态随温度和压力的变化关系[3]

表 2-2　常见物理发泡剂的临界参数和摩尔质量[4]

发泡剂	临界温度/℃	临界压力/MPa	临界密度/(g/cm³)	摩尔质量/(g/mol)
二氧化碳	31.1	7.38	0.448	44
氮气	−147.05	3.40	0.311	28
甲烷	−83.0	4.60	0.162	16
乙烷	32.2	4.89	0.203	30
乙烯	9.2	5.07	0.200	28
丙烷	96.6	4.19	0.217	44
丁烷	152.0	3.80	0.228	58
正戊烷	196.5	3.38	0.232	72
氨	132.3	11.20	0.235	17
水	374.1	21.83	0.315	18
氟利昂-13	28.8	38.70	0.578	104
苯	288.9	4.89	0.302	78
甲苯	318.0	4.11	0.292	92
甲醇	239.4	8.09	0.272	32
乙醇	243.4	6.38	0.276	46

　　由于存在环境污染及毒性问题，很多有机流体被禁止使用。目前应用于微孔发泡技术的超临界流体物质主要有 CO_2、N_2、Ar、H_2O、H_2、C_3H_8。其中，Ar 价

格昂贵，在聚合物中的溶解度比较低。H_2O 易导致聚合物水解，在聚合物中的溶解度也较低。CO_2 和 N_2 属于环境友好型气体，且容易获得、价格便宜，是目前最为常用的物理发泡剂。超临界 CO_2 在聚合物中具有很高的溶解度和很快的扩散速率，同时在微孔成型后很容易逸出，被广泛使用。N_2 虽然在聚合物中的溶解度比 CO_2 低，但所制得的泡孔更加细小，在微孔发泡中也被广泛应用[5]。

2.3 化学发泡剂

化学发泡剂通过化学反应分解并释放出 H_2O、CO_2 和 N_2 等气体使聚合物基体发泡[6]。化学发泡剂主要分为无机化学发泡剂和有机化学发泡剂两类。其中，无机化学发泡剂主要是碱金属的碳酸盐和碳酸氢盐[7]，其分解后产生的气体主要为 H_2O 和 CO_2。表 2-3 列出了一些常用的无机化学发泡剂及其分解特性[8]。

表 2-3 无机化学发泡剂及其分解特性[8]

名称	分解温度/℃	分解气体组成	发气量/(mL/g)
$NaHCO_3$	60～150	CO_2、H_2O	267
NH_4HCO_3	36～60	CO_2、H_2O、NH_3	—
$(NH_4)_2CO_3$	40～120	CO_2、H_2O、NH_3	700～800
$NaBH_4$	400	H_2	—

有机化学发泡剂分解后主要释放出 N_2。按化学结构分，有机化学发泡剂主要分为 N-亚硝基化合物和酰肼类化合物，其中常用的 N-亚硝基化合物有机化学发泡剂主要有 N,N-二亚硝基五次甲基四胺（DPT）、偶氮二甲酰胺（AC）、偶氮二异丁腈（AIBN）、偶氮二甲酸二异丙酯、偶氮二甲酸二乙酯、二偶氮氨基苯和偶氮二甲酸钡等[8,9]。常用的酰肼类化合物主要有 4,4-氧代双苯磺酰肼（OBSH）、3,3-二磺酰肼二苯砜、4,4-二苯二磺酰肼、1,3-苯二磺酰肼、1,4-苯二磺酰肼等。表 2-4 为一些常见有机化学发泡剂及其分解特性[8]。

表 2-4 有机化学发泡剂及其分解特性[9]

名称	分解温度/℃	分解气体组成	发气量/(mL/g)
偶氮二甲酰胺	195～210	N_2、CO、CO_2（少量）	190～240
偶氮二异丁腈	105～130	N_2	120～140
4,4-氧代双苯磺酰肼	157～173	N_2、H_2O	115～135
对甲苯磺酰肼（TSH）	103～111	N_2、H_2O	110～125

续表

名称	分解温度/℃	分解气体组成	发气量/(mL/g)
二乙酰肼	230～250	—	210～230
N, N-二亚硝基五次甲基四胺	206～220	N_2、CO（少量）、CO_2	232～252
重氮苯胺	103	N_2	115
对甲苯磺酰氨基脲	220～235	N_2、CO、CO_2（少量）、NH_3	180
硝基脲	129	—	380

在表 2-4 所列出的有机化学发泡剂中，AC、DPT 和 OBSH 为工业中主要采用的化学发泡剂。其中，化学发泡剂 AC 及其改性发泡剂占美国化学发泡剂消耗量的 90%，在我国每年也有 8%～10% 的递增[10]。

化学发泡剂 AC 的分子式为 $H_2NCONNOCNH_2$，相对分子质量为 116.08，密度为 1.659 g/cm^3，pH 为 6～7，灰分为 0.1%，水分≤0.3%。AC 的外观为淡黄色粉末或块状固体，不溶于碱、醇、汽油、苯和吡啶，难溶于水，易溶于二甲基亚砜（DMSO）、二甲基甲酰胺（DMF）和氢氧化钠溶液，其化学性能较为稳定，可以长期暴露在空气中而不发生变质，便于储存。AC 在空气中的分解温度为 195～210℃，在塑料中为 160～200℃，与其他偶氮类有机化学发泡剂相比，其分解温度略高。AC 的分解反应为分解温程短且对温度敏感的放热反应，发气量为 190～240 mL/g，分解的气体主要为 N_2、CO[9, 11]。

化学发泡剂 AC 本身无毒、无臭且不易燃。与其他化学发泡剂相比，AC 价格适中，且具有分解速率快、分解发气量大、分解温度容易控制、分解产物不会影响塑料基体的性能、不腐蚀模具、不影响成型速率等特点，适合聚合物微孔发泡成型工艺[12]。

2.4　扩散理论

2.4.1　扩散行为

均相体系的形成和气泡形核、长大过程都伴随着发泡剂气体在聚合物基体中的扩散过程，这也是发泡过程中最重要的一种传质过程。Bird、Stewart 和 Lightfoot[13]阐述的"传递现象"的工程科学建立在著名的质量和动量的守恒定律（牛顿第二定律）基础上，这些守恒定律的数学表达为求解流体流动、热传递和扩散问题提供了工具[14]。

对流扩散方程是表征流动系统质量传递规律的基本方程，求解此方程可得

出浓度分布。此方程根据菲克第二定律通过对系统中某空间微元体进行物料衡算而得

$$\frac{\partial c}{\partial t} = D\nabla^2 c \tag{2-1}$$

式中，c 为发泡剂浓度；D 为扩散系数；∇ 为散度算子。

绝大多数扩散过程属于非稳态扩散，即在扩散过程中任一点的浓度随时间而变化（$\frac{\partial c}{\partial t} \neq 0$）。例如，在气泡生长过程中，由于浓度梯度的存在，熔体中溶解的气体向气泡内扩散，根据菲克第二定律[15]有

$$\frac{\partial c}{\partial t} + v_r \frac{\partial c}{\partial r} = \frac{D}{r^2} \frac{\partial}{\partial r}\left(r^2 \frac{\partial c}{\partial r} \right) \tag{2-2}$$

式中，v_r 为聚合物相在气泡半径方向上的流动速率；r 为气泡半径。

2.4.2　扩散系数的测量

扩散系数可通过饱和吸收/解吸实验获得。以 PS/CO_2 体系为例，具体方法：首先将样品置于高压釜内，设定温度、压力和一定的饱和时间使样品吸收 CO_2，然后迅速将高压釜卸压，取出 PS 样品。将取出的样品用电子天平称量，记录样品质量与解吸时间的关系，记录时间为 30 min。三个样品的实验条件见表 2-5。

表 2-5　饱和吸收/解吸实验发泡实验条件

样品编号	温度/℃	压力/MPa	饱和时间/h
样品 1	100	10	6
样品 2	100	15	6
样品 3	100	20	6

以 CO_2 在聚合物中的质量分数为纵坐标，时间的平方根为横坐标作图，如图 2-2 所示。根据菲克定律，该曲线应该为线性关系。图 2-2 中的点为实验得到的数据，直线为根据实验数据线性拟合得到[16]。

根据 Muth 等[17]的推导，可得扩散系数的表达式为

$$D = \frac{\pi l^2 s^2}{16} \tag{2-3}$$

式中，l 为样品的厚度；s 为直线斜率。由式（2-3）计算得到的扩散系数列于表 2-6。

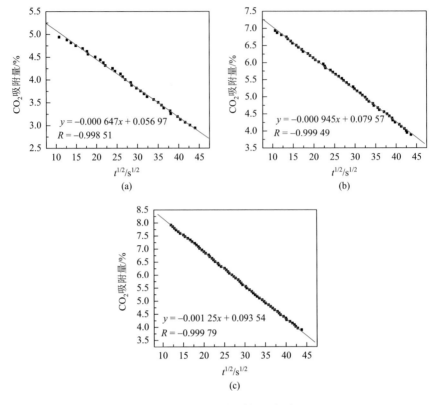

图 2-2　PS/CO$_2$ 体系解吸实验

（a）10 MPa；（b）15 MPa；（c）20 MPa

表 2-6　扩散系数

样品编号	初始质量/g	压力/MPa	扩散系数/(m²/s)
样品 1	0.1587	10	8.2152×10^{-14}
样品 2	0.1623	15	1.7526×10^{-13}
样品 3	0.1626	20	3.0664×10^{-13}

　　另外，还可以通过磁悬浮天平（图 2-3）测量发泡剂在聚合物中的扩散系数，这种测量系统的温度和压力控制系统精度分别为 ±0.2 K 和 ±0.05 MPa。由于该体系可将天平和高压釜分离，因此测量压力和温度分别可高达 35 MPa 和 523 K，而测量的总体误差仅为 ±0.01 mg。

　　在扩散系数测量实验中，气体扩散仅为 CO$_2$ 在样品高度方向的一维扩散，扩散过程可用菲克第二定律定量描述。Crank[19]推导得到片状样品在一维扩散过程中的样品质量变化与扩散系数的关系为

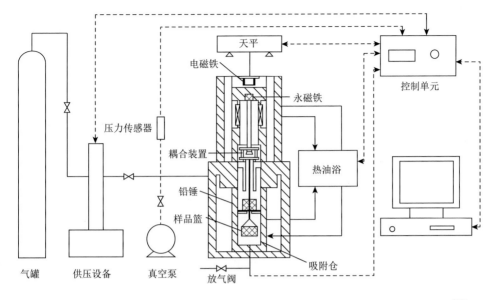

图 2-3 测定发泡剂在聚合物中扩散系数的高压磁悬浮天平（Mettle AT261，德国）[18]

$$\frac{M_t}{M_{eq}} = 1 - \frac{8}{\pi^2} \sum_{n=0}^{\infty} \frac{1}{(2n+1)^2} \exp\left[\frac{-(2n+1)^2 \pi^2 Dt}{4L^2}\right] \tag{2-4}$$

式中，M_t 和 M_{eq} 分别为时刻 t 和溶解平衡时样品的质量；L 为样品厚度，取溶胀后熔体厚度的平均值。

2.4.3 扩散系数的预测[18, 20]

自由体积对发泡剂在聚合物中的溶解和扩散行为起着重要作用。自由体积的定义是聚合物中未被分子链占据的单个或者多个连通的纳米空隙[21, 22]。自由体积分为静态自由体积和动态自由体积。静态自由体积为聚合物中的固定空隙，在发泡剂溶胀聚合物的过程中，主要占据静态自由体积空隙，因此静态自由体积影响发泡剂在聚合物中的溶解度及发泡剂溶解后对聚合物的塑化作用引起的溶胀度[23]。另外，发泡剂分子在扩散过程中主要是在聚合物的自由体积空隙之间跳跃，因此自由体积也影响发泡剂分子的扩散。动态自由体积主要由分子链运动时形成的瞬时空隙产生，其并不构成聚合物的固定自由体积，因此不影响溶解度和溶胀度，但它影响气体分子在自由体积空隙之间的跳跃，从而影响发泡剂的扩散[24]。基于自由体积理论，研究者建立了多种自由体积扩散模型，预测发泡剂气体在聚合物中的扩散系数[21, 25-28]。

Cohen 和 Turnbull[25]首先提出自由体积理论，将小分子在聚合物中的扩散系数表达成自由体积分数倒数的指数函数。对于聚合物小分子二元体系，Vrentas 和 Duda[28]提出了相互扩散系数 D_{mutual} 和小分子自扩散系数 D_1 的关系式，如式（2-5）所示：

$$D_{mutual} = \frac{x_2 D_1 + x_1 D_2}{RT}\left(\frac{\partial \mu_1^P}{\partial \ln x_1}\right)_{T,P} \tag{2-5}$$

式中，μ_1 为每摩尔小分子在二元体系中的化学势；x_1 和 x_2 分别为小分子相和聚合物相在二元体系中的相分数。由于聚合物相向小分子相的自扩散系数 D_2 远远小于 D_1，因此 D_{mutual} 可简化为

$$D_{mutual} = \frac{x_2 D_1}{RT}\left(\frac{\partial \mu_1^P}{\partial \ln x_1}\right)_{T,P} \tag{2-6}$$

基于 Cohen-Turnbull 理论，Maeda 和 Paul[27]将自扩散系数表达成一个简单的自由体积倒数的指数函数，如式（2-7）所示：

$$D_1 = A\exp\left(\frac{-B}{V_{free}}\right) = A\exp\left(\frac{-B}{\hat{V}_{mix} - \hat{V}_{mix}^0}\right) \tag{2-7}$$

式中，$\hat{V}_{mix}$ 和 $\hat{V}_{mix}^0$ 分别为二元体系在特定温度和压力下及在绝对零度下的特征体积；A 和 B 为模型参数，与扩散小分子有关而与聚合物无关。Maeda 等用该模型预测了 CO_2、He 和 CH_4 气体在一些聚合物中的扩散系数；Park 和 Paul[29]也采用该模型计算了气体在一些玻璃态聚合物中的渗透数据。但该模型的主要缺点为无法反映温度和溶解度对扩散的影响。为了克服这一缺点，Fujita[26]对该模型进行修改，将自扩散系数表达成温度和气体浓度的函数，如式（2-8）所示：

$$D_1 = RT\exp\left(\frac{-B}{f}\right) \tag{2-8}$$

式中，f 为自由体积分数，其表达式为

$$f(T,\Phi_1) = f(T_s,0) + \alpha_f(T - T_s) - \beta(T)\Phi_1 \tag{2-9}$$

式中，T_s 为参考温度；$f(T_s,0)$ 为参考温度下的自由体积分数；Φ_1 为气体的体积分数；α_f 为与聚合物种类有关的参数；$\beta(T)$ 为温度的函数。Fujita 等利用该模型预测了有机气体在聚合物中玻璃化转变温度以上的扩散系数。但该模型中针对不同聚合物的 T_s、α_f、$\beta(T)$ 的值不同，需要在计算扩散系数前先确定这些参数；同时由于不同 T_s 下的 $\beta(T)$、A 和 B 也不尽相同，必须通过扩散实验来确定这些参数，因此该模型对扩散系数的计算过程比较复杂。Kulkarni 和 Stern[30]也提出了可以反映温度和 CO_2 浓度对扩散系数影响的扩散系数模型。该模型的自由体积分数表达式如式（2-10）所示：

$$v_{\text{free}}(T,P,\Phi_1) = v_{\text{free}}(T,P,\Phi_1 = 0) + \alpha(T - T_g) - \beta(P - P_s) + \gamma\Phi_1 \qquad (2\text{-}10)$$

式中，$v_{\text{free}}(T,P,\Phi_1 = 0)$ 为聚合物在其玻璃化转变温度（$T_g = -10℃$）和标准大气压（$P_s = 0.1$ MPa）时的自由体积分数；α 和 β 分别为热膨胀系数和压缩因子；Φ_1 为 CO_2 体积分数；γ 为其比例系数。该模型中 α 和 β 可通过聚合物的压力-体积-温度（PVT）数据计算而得，因此该模型较 Fujita 模型更为简单。Kulkarni 和 Stern 用该模型计算了 CH_4、C_2H_4、C_3H_8 和 CO_2 在聚乙烯（PE）中的扩散系数，而 Sato 等[31]也利用该模型计算了 CO_2 在聚丁二酸丁二醇酯（PBS）中的扩散系数。此外，Areerat 等[32]将 Fujita 和 Maeda 的模型相结合，保留了 Fujita 模型中温度项，并采用了 Maeda 模型中简单的自由体积表达项，提出了新的模型，如式（2-11）所示：

$$D_1 = RTA\exp\left(\frac{-B}{\hat{V}_{\text{mix}} - \hat{V}_{\text{mix}}^0}\right) \qquad (2\text{-}11)$$

式中，A 和 B 为与气体种类有关而与聚合物无关的模型参数。该模型既可反映温度的影响，又采用了简单的自由体积表达式，能简便而有效地计算气体在熔融态聚合物中的溶解度。Areerat 等应用该模型计算了 CO_2 在熔融态低密度聚乙烯（LDPE）、高密度聚乙烯（HDPE）、PP、PS 中的扩散系数，均取得良好的预测效果。

Goel 和 Beckman 对气体在聚合物中的扩散进行研究后，认为在超临界流体中要进一步考虑传质系数的浓度依赖性[33-35]，即

$$D = D_0\exp\left(\frac{Ac}{B+c}\right)\exp\left(-\frac{E_d}{RT}\right) \qquad (2\text{-}12)$$

式中，D 为扩散系数；D_0 为常数；A、B 为系数；c 为气体浓度；E_d 为活化能；T 为热力学温度；R 为摩尔气体常数。一般认为，由于吸收的 CO_2 对自由体积的影响，CO_2 在聚合物中的传质系数随吸收气体浓度的增大而增大，采用超临界饱和气体法能在较高温度下达到较高的浓度，就可显著提高传质系数。

Sun 和 Mark 研究发现，聚合物结晶度增大不利于气体的扩散[36]。Doroudiani 等也对此进行了研究[37]，认为气体在聚合物中的扩散过程是一个极其复杂的过程，在这个过程中同时存在聚合物对气体的吸收和解吸两个可逆过程，但都满足以下关系：

$$\frac{M_t}{M_\infty} = 4\left(\frac{D}{\pi}\right)^{0.5}\left(\frac{t^{0.5}}{l}\right) \qquad (吸收) \qquad (2\text{-}13)$$

$$\frac{M_t}{M_\infty} = 1 - 4\left(\frac{D}{\pi}\right)^{0.5}\left(\frac{t^{0.5}}{l}\right) \qquad (解吸) \qquad (2\text{-}14)$$

式中，M_t 为在时间 t 内聚合物基材吸收（解吸）的气体总量；M_∞ 为聚合物基材

能吸收（解吸）的气体最大量；D 为气体扩散系数；t 为气体扩散时间；l 为聚合物基材厚度。同时这一理论也得到了 Muth 的认同，他们将聚合物基材吸收（解吸）气体的关系表述为

$$\frac{M_t}{M} = 1 - \frac{8}{\pi^2} \sum_{i=0}^{\infty} \frac{1}{(2i+1)^2} \exp\left[\frac{-(2i+1)^2 \pi^2 t}{l^2}\right] \tag{2-15}$$

扩散时间很短时，式（2-15）可以简化为

$$\frac{M_t}{M} = \frac{4}{l} \sqrt{\frac{Dt}{\pi}} \tag{2-16}$$

但当扩散时间较长或处于饱和态时，式（2-15）就只能近似为

$$\frac{M_t}{M} = 1 - \frac{8}{\pi^2} \exp\left(\frac{-D\pi^2 t}{l^2}\right) \tag{2-17}$$

式（2-15）、式（2-16）、式（2-17）对吸收和解吸都适用，而且吸收（解吸）气体的扩散系数一般与温度和压力成正比[17]。Doroudiani 等还得出了气体在半晶态聚合物中扩散系数的表达式[37]：

$$D = \frac{D^*}{\tau\beta} \tag{2-18}$$

式中，D^* 为气体在聚合物完全为非晶态时的扩散系数；τ 为几何阻抗因子；β 为链阻因子。后来，Chen 等对加入填料的聚合物体系的发泡进行了研究，发现加入填料对气体的扩散速率影响不大[38]。中国科学院化学研究所的何嘉松等对聚合物中气体的扩散系数进行了大量研究工作[39]，他们认为气体的扩散系数主要由聚合物-气体体系的界面张力决定。

2.5 溶解度

在聚合物发泡成型工艺中，发泡剂气体处于高温高压状态，即超临界态，可当作是压缩气体或膨胀液体，是一种气体和液体之间的中间态，溶解能力也在两态之间。溶解性质在临界点附近随温度和压力的变化非常敏感，正是因为这种溶解变化的敏感性，人们通过改变在临界点附近的温度和压力，从而调节它的溶解特性。聚合物微孔发泡正是利用发泡剂在聚合物熔体中的溶解度变化来制备多孔结构。研究表明，溶解度参数随温度、压力的变化是间接的，随密度的变化是直接的。其实，很多因素对溶解性产生影响，如系统温度和压力，溶解性还与分子的极性相关。溶解性与各因素之间在绝大多数情况下表现为非线性映射关系，各因

素之间本身也是相互制约的非线性关系。所以，对于不同的聚合物/发泡剂体系，需要具体体系具体分析。

2.5.1 溶解度的测量[4]

聚合物/二氧化碳二元体系是研究扩散和溶解的基础体系，其溶解度的测量一直是研究的重点。由该体系研究得出的测量方法对其他二元体系的测量也有着重要的借鉴作用。下面介绍用于聚合物/二氧化碳二元体系测量的各种方法。

1. 压力衰减法

压力衰减法广泛应用于 CO_2 及其他气体在聚合物中扩散的测量，利用体系压力衰减值可计算得到 CO_2 及其他气体在聚合物中的溶解度。压力衰减法是将已知量的气体置于一个封闭系统中与固体相接触，一段时间后对压力进行检测，当聚合物吸收该气体时，系统压力下降，根据压力下降的数值来估算扩散量。压力衰减法最显著的优点在于所需的测试装置结构较简单。可以利用该法进行多元体系的溶解度测定，但过程比较复杂。图 2-4 为二元体系压力衰减装置示意图。

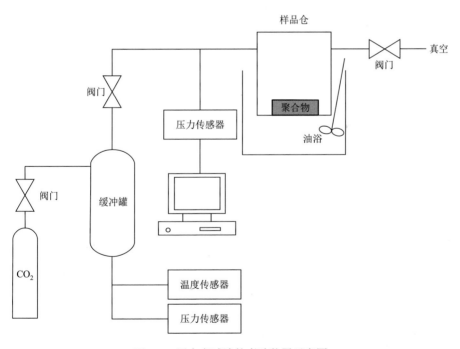

图 2-4 压力衰减法的实验装置示意图

2. 重量测定法

重量测定法也是测量 CO_2 或其他气体在固相中扩散行为的重要方法，所采用的装置结构如图 2-5 所示。早期的重量测定法都使用离线测定，将聚合物试样放入经过排气处理的压力容器中，不断加压并注入所测气体，当吸附达到平衡后，快速卸压，取出样品。在常压下称得不同时间对应的质量减少量，根据扩散规律，扩散与时间的平方根呈线性关系，据此作图外推到 $t = 0$ 时的质量即为吸附量[40]。

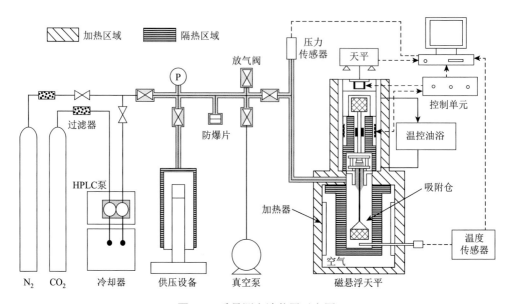

图 2-5   重量测定法装置示意图

该方法缺陷也很明显，一方面，在实验过程中，尤其是在将样品取出的操作过程中，不可避免地会出现气体泄漏，从而造成测量误差，而且该误差的大小与聚合物性质、尺寸、形状及气体性质等都有关联，难以对其进行估算；另一方面，这种方法适用于扩散速率慢的渗透剂，当用于扩散速率快的渗透剂时会产生明显误差。

3. 光谱测量法

光谱测量法通过对近红外区域瞬态吸收数据的测量，根据 Beer-Lambert 法确定 CO_2 的浓度。原先的光谱技术存在缺陷，红外光既能通过聚合物相又可以通过流体相，很难将聚合物中渗入的物质与流体中所含物质分离开。Kazarian 等[41]设计的新观察室具有两个不同的入口，红外光可以平行通过这两个红外窗口，一个用于测量超临界 CO_2 中聚合物薄膜的光谱，另一个用来测量流体自身的光谱，防止干扰的产生。通过该方法，他们对超临界 CO_2 在聚甲基丙烯酸甲酯（PMMA）中的扩散行为进行了测量和分析。

4. 频率测量法

频率测量法中最具代表性的是石英晶体微天平法，所采用的装置结构如图 2-6 所示。石英晶体具有压电特性，对于 AT 切型和 BT 切型的石英晶片，在一定的频率变化范围内，晶片的频率变化与表面的吸附质量呈简单的正比关系。利用这一性质，在晶片表面涂覆高分子层，与待测气体吸收平衡，通过涂覆、吸收前后晶片的频率变化就可以得到气体在高分子中的溶解性。该方法简单、迅速、灵敏度高，并且可测得 10^{-9} g 的微量吸收，特别是对溶解度非常小的气体在聚合物中的吸收测定具有较大的优势。但该测量体系压力不高，高压下测量噪声很大，必须经校正后才能开展高压下的实验[42]。

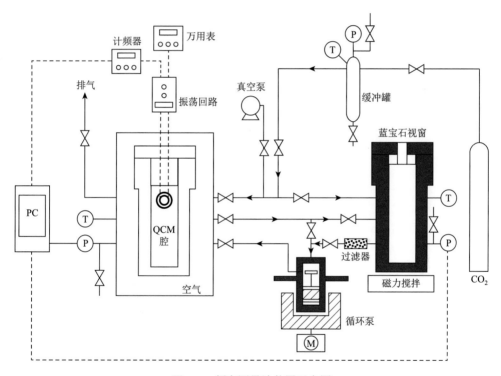

图 2-6　频率测量法装置示意图

5. 体积膨胀法

将聚合物制成具有一定几何形状的样品置于高压池内，当样品吸附 CO_2 后，体积膨胀，利用高清 CCD 相机对高压条件下聚合物溶胀现象进行在线记录，跟踪聚合物样品体积变化，通过计算得到 CO_2 在聚合物中的溶解度。Martinache 等[43]对注入超临界 CO_2 后尼龙 11 的溶胀行为进行了观测，发现溶胀过程分为两个阶段，第一阶段溶胀速率快，符合菲克定律；第二阶段则溶胀速度较慢，逐渐达到平衡。

可以利用第一阶段溶胀数据计算得到 CO_2 在尼龙 11 中的扩散系数。虽然体积膨胀法对仪器精度要求较高，但该方法也是所有方法中能够最直观地描述扩散 CO_2 诱导聚合物溶胀行为的方法。

2.5.2　溶解度的预测模型

CO_2 和 N_2 等发泡剂气体在临界区的性质极不稳定，组分的物性数据不均匀分布使建立气体在聚合物中的热力学溶解模型具有一定的困难。此外，发泡剂和聚合物相对分子质量有很大差别，聚合物的长链结构致使聚合物/气体体系在热力学性质上主要表现为拥有更复杂的混合熵。近年来，相关研究取得了很大的进展，国内外学者针对不同体系和不同条件提出了许多溶解模型[20]。目前，应用最广泛的溶解预测模型主要是状态方程模型。常用于描述聚合物/气体二元体系的主要有两类：第一类是 Henry（亨利）定律及双模模型；第二类是近代高分子热力学中基于 Flory-Huggins 格子理论的格子流体方程，典型代表有 Sanchez-Lacombe（S-L）方程。

其中，在基于 Henry 定律的溶解度模型建立研究方面，Holl 等将聚碳酸酯（PC）中 CO_2 的溶解度表示为[44]

$$C(T_{CV}, P_{gas}) = k_D(T_{CV})P_{gas} + \frac{C'_H(T_{CV})b(T_{CV})P_{gas}}{1 + b(T_{CV})P_{gas}} \qquad (2-19)$$

式中，$C(T_{CV}, P_{gas})$ 为气体平衡浓度，$kg(CO_2)/kg(PC)$；k_D 为亨利常数，$kg(CO_2)/[kg(PC) \cdot Pa]$；$C'_H$ 为朗缪尔吸附常数，$kg(CO_2)/kg(PC)$；b 为朗缪尔孔穴亲和常数；T_{CV} 为聚合物/气体体系的热力学温度。另外，他们还通过实验总结出了 k_D、C'_H、b 的实验表达式。

Doroudiani 等在对半晶态聚合物发泡研究后认为 CO_2 的溶解度与结晶度有很大关系，结晶度对气体在聚合物中溶解度的影响关系可以表示为[37]

$$K = K^*(1 - X_c) \qquad (2-20)$$

式中，X_c 为聚合物的结晶度；K^* 为气体在聚合物完全为非晶态时的溶解度。他们还发现聚合物的结晶度对气体在聚合物中的扩散系数、溶解度及最终的泡孔结构都有较大影响。Sun 等[45]在超临界 CO_2 发泡的过程中，通过采用快速降压和骤冷等方法，对气体在聚合物中的溶解度、扩散系数的关系进行了详细研究，发现气体在聚合物中的溶解和扩散与最终泡孔结构存在直接关联性。

在基于 Flory-Huggins 格子理论的溶解度模型建立研究方面，Sanchez-Lacombe（S-L）方程[46, 47]在描述高压气体在聚合物中的溶解及聚合物溶胀行为中，是目前使用最广泛的热力学模型，可表达为

$$\tilde{\rho}^2 + \tilde{P} + \tilde{T}\left[\ln(1-\tilde{\rho}) + \left(1-\frac{1}{r}\right)\tilde{\rho}\right] = 0 \qquad （2\text{-}21）$$

式中，$\tilde{P}$、$\tilde{T}$ 和 $\tilde{\rho}$ 分别为折算压力、折算温度和折算密度，可分别通过 $\tilde{P}=P/P^*$、$\tilde{T}=T/T^*$、$\tilde{\rho}=\rho/\rho^*$ 来计算；r 为聚合物分子的尺寸参数。P^*、T^* 和 ρ^* 是混合体系的特征参数，可根据混合法则由聚合物和二氧化碳的特征参数计算出来。聚合物和二氧化碳特征参数的相应混合法则如下。其中，P_i^*、T_i^*、ρ_i^* 和 r_i^0 分别表示纯聚合物和二氧化碳的特征压力、特征温度、特征密度和特征尺寸参数；下标 $i=1$ 代表二氧化碳，$i=2$ 代表聚合物。

$$\phi_i^0 = \frac{\phi_i\left(\dfrac{P_i^*}{T_i^*}\right)}{\phi_1\left(\dfrac{P_1^*}{T_1^*}\right) + \phi_2\left(\dfrac{P_2^*}{T_2^*}\right)} \qquad （2\text{-}22）$$

$$\phi_i = \frac{\dfrac{w_i}{\rho_i^*}}{\dfrac{w_1}{\rho_1^*} + \dfrac{w_2}{\rho_2^*}} \qquad （2\text{-}23）$$

$$P^* = \phi_1 P_1^* + \phi_2 P_2^* - RT\phi_1\phi_2\chi_{12} \qquad （2\text{-}24）$$

$$\chi_{12} = \frac{P_1^* + P_2^* - 2\left(P_1^* P_2^*\right)^{0.5}\left(1-k_{12}\right)}{RT} \qquad （2\text{-}25）$$

$$T^* = P^*\left(\frac{\phi_1^0 T_1^*}{P_1^*} + \frac{\phi_2^0 T_2^*}{P_2^*}\right) \qquad （2\text{-}26）$$

$$\frac{1}{\rho^*} = \frac{w_1}{\rho_1^*} + \frac{w_2}{\rho_2^*} \qquad （2\text{-}27）$$

$$\frac{1}{r} = \frac{\phi_1^0}{r_1^0} + \frac{\phi_2^0}{r_2^0} \qquad （2\text{-}28）$$

式中，k_{12} 为二元相互作用参数；ϕ_1 和 ϕ_2 分别为二氧化碳和聚合物的体积分数；w_1 和 w_2 分别为二氧化碳和聚合物的质量分数；χ_{12} 为聚合物分子与二氧化碳相互作用的参量。

当聚合物/二氧化碳体系达到溶解平衡时，二氧化碳在气态的化学势 μ_1^G 和在聚合物中的化学势 μ_1^P 达到平衡，可表述为

$$\mu_1^G = \mu_1^P \qquad （2\text{-}29）$$

其中：

$$\mu_1^G = RTr_1^0 \left[-\frac{\rho_1 T_1^*}{\rho_1^* T} + \frac{P \rho_1^* T_1^*}{P_1^* \rho_1 T} + \left(\frac{\rho_1^*}{\rho_1} - 1 \right) \ln \left(1 - \frac{\rho_1}{\rho_1^*} \right) + \frac{1}{r_1^0} \ln \left(\frac{\rho_1}{\rho_1^*} \right) \right]$$

$$= RTr_1^0 \left[-\frac{\tilde{\rho}_1}{\tilde{T}_1} + \frac{\tilde{P}_1}{\tilde{\rho}_1 \tilde{T}_1} + \left(\frac{1}{\tilde{\rho}_1} - 1 \right) \ln(1 - \tilde{\rho}_1) + \frac{1}{r_1^0} \ln \tilde{\rho}_1 \right]$$

（2-30）

$$\mu_1^P = RT \ln \phi_1 + RT \phi_2 \left(1 - \frac{r_1^0 T_1^* P_2^*}{r_2^0 T_2^* P_1^*} \right) + \frac{R r_1^0 \rho T_1^* \phi_2^2}{P_1^* \rho^*} \left[P_1^* + P_2^* - 2(1 - k_{12}) \left(P_1^* P_2^* \right)^{\frac{1}{2}} \right]$$

$$+ RTr_1^0 \left[-\frac{\rho T_1^*}{\rho^* T} + \frac{P \rho^* T_1^*}{P_1^* \rho T} + \left(\frac{\rho^*}{\rho} - 1 \right) \ln \left(1 - \frac{\rho}{\rho^*} \right) + \frac{1}{r_1^0} \ln \left(\frac{\rho}{\rho^*} \right) \right]$$

$$= RT \left\{ \ln \phi_1 + \phi_2 \left(1 - \frac{r_1^0 T_1^* P_2^*}{r_2^0 T_2^* P_1^*} \right) + V_1^* \tilde{\rho} \phi_2^2 \chi_{12} + r_1^0 \left[-\frac{\tilde{\rho}}{\tilde{T}_1} + \frac{\tilde{P}_1}{\tilde{\rho} \tilde{T}_1} + \left(\frac{1}{\tilde{\rho}} - 1 \right) \ln(1 - \tilde{\rho}) + \frac{1}{r_1^0} \ln \tilde{\rho} \right] \right\}$$

（2-31）

在相平衡条件下，二氧化碳在混合体系中的体积分数 ϕ_1 可以通过求解方程式（2-29）～式（2-31）获得。以聚乳酸/二氧化碳体系为例，S-L 模型用到的相关参数在表 2-7 中给出。纯二氧化碳和聚乳酸/二氧化碳体系的 S-L 模型的计算结果分别在图 2-7 和图 2-8 中给出。

表 2-7　聚乳酸/二氧化碳体系 S-L 模型的参数值

参数	数值	参考文献
摩尔气体常数 R	8.314 J/(mol·K)	
二元相互作用参数 k_{12}	−0.115	[48]
二氧化碳相关参数		
特征压力 P_1^*	720.3 MPa	[48]
特征温度 T_1^*	$(208.9 + 0.459T - 0.000\,756T^2)$ K	[48]
特征密度 ρ_1^*	1.58 g/cm³	[48]
特征尺寸 r_1^0	8.4	[49]
聚乳酸相关参数		
特征压力 P_2^*	560.2 MPa	[48]
特征温度 T_2^*	592.2 K	[48]

续表

参数	数值	参考文献
特征密度 ρ_2^*	1.35 g/cm³	[48]
特征尺寸 r_2^0	∞	[49]

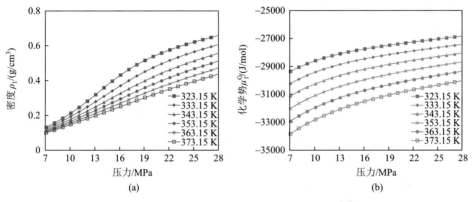

图 2-7　纯二氧化碳的 S-L 模型的计算结果[50]

（a）密度对压力的依赖关系；（b）二氧化碳化学势对压力的依赖关系

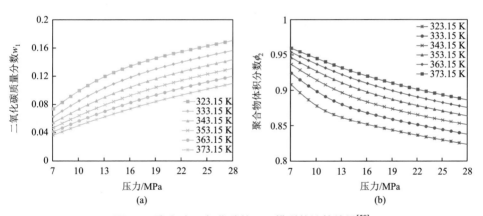

图 2-8　聚乳酸/二氧化碳的 S-L 模型的计算结果[50]

（a）二氧化碳质量分数对压力的依赖关系；（b）聚合物体积分数对压力的依赖关系

2.5.3　典型材料体系的溶解度

表 2-8[51]、表 2-9[51] 及表 2-10[52] 分别给出了前人实验得到的氮气在聚苯乙烯、聚丙烯中的溶解度数值，以及几种常见聚合物/氮气体系的 Henry 常数，可为氮气微孔发泡注塑成型工艺调控和分析提供参考。

表 2-8　氮气在聚苯乙烯中的溶解度[51]

温度/K	压力/MPa	溶解度/[×10⁻³ g(气体)/g(聚合物)]
313.2	4.934	2.20
	8.378	4.40
	10.771	5.95
	12.450	6.31
	16.136	8.25
333.2	5.037	1.82
	6.149	2.15
	7.882	3.06
	9.868	3.56
	11.674	4.30
	13.457	4.86
	16.542	6.34
353.2	2.989	1.06
	3.645	1.31
	5.053	1.88
	6.476	2.33
	7.945	2.96
	9.042	3.09
	11.660	3.97
	14.071	4.99
	17.521	6.31

注：聚苯乙烯的 $\overline{M}_w = 1.87 \times 10^5$，$\dfrac{\overline{M}_w}{\overline{M}_n} = 2.67$，$T_m = 373.6$ K。

表 2-9　氮气在聚丙烯中的溶解度[51]

温度/K	压力/MPa	溶解度/[×10⁻³ g(气体)/g(聚合物)]
453.2	4.233	4.39
	7.115	7.58
	9.031	9.74
	10.898	11.87
	12.699	13.70
	14.938	17.04
	17.999	19.28

续表

温度/K	压力/MPa	溶解度/[×10^{-3} g(气体)/g(聚合物)]
473.2	4.013	4.52
	6.726	8.55
	8.545	10.59
	9.878	12.21
	11.998	15.14
	14.819	19.99
	17.838	22.49

表 2-10　几种常见聚合物/N_2 体系的 Henry 常数[52]

材料	H/[cm^3(STP)/(g·atm)]
聚乙烯	0.111
聚丙烯	0.133
聚异丁烯	0.057
聚苯乙烯	0.049
聚甲基丙烯酸甲酯	0.045

注：1 atm = 101.3 kPa。

2.6　流变行为

微孔发泡注塑工艺中第一个步骤就是发泡剂气体/非牛顿流体均相体系的形成，该体系贯穿整个气泡演变过程，直接影响熔体充模速率、模具内部熔体压力、熔体压力变化历程、气泡形核率、形核速率、气泡长大速率、气泡最终尺寸等。均相体系的流变属性直接影响发泡注塑件的力学性能、尺寸稳定性和表面收缩率等，是区分微孔发泡注塑工艺与普通注塑工艺的重要材料属性，同样也是微孔发泡理论研究的关键科学问题[53-68]。

本构方程是应力与应变速率，或者应力张量与应变张量之间的函数关系，直接反映材料的流变属性。求解连续介质动力学初边值问题，本构关系是不可缺少的，否则就无法把握所研究连续介质的特殊性，在数学上表现为控制方程不封闭，其解不能唯一确定。本构方程是解决连续介质力学问题中的质量、动量、能量守恒定律的必要补充。发泡剂气体/非牛顿流体均相体系属于共混体系，由于两种流体物性差距大，对温度、压力、流速敏感度不同，可能会出现均相体系黏度与纯组分黏度之间的非线性关系。发泡剂气体/非牛顿流体均相体系本构关系的研究需要结合实验与数学模型。在黏度测量过程中，保持体系稳定流动，剪切应力与剪切速率成正比，如式（2-32）所示：

$$\tau = \eta \gamma \tag{2-32}$$

式中，τ 为剪切应力；η 为黏度；γ 为剪切速率。该公式用于以一定速率流动的非牛顿流体的黏度测量。实验测量的关键是使均相体系处于高压高温状态，压力稳定，不能出现相分离；创建毛细管流场，保证流动速率与剪切应力的线性关系，实现流动速率稳定、可调节。

数学模型的建立以非牛顿流体为基础，这是由于发泡剂气体本身黏度较小，均相体系黏度数值上更为接近非牛顿流体黏度。聚合物熔体在注塑模具中的流动过程主要受到剪切应力的作用，可忽略熔体的弹性行为，其本构关系可用式（2-33）描述[53]：

$$\tau = \eta(p, T, \gamma)\gamma \tag{2-33}$$

聚合物熔体的黏度很高，且为温度、压力和剪切速率的函数。常用的黏度模型有幂律模型、Ellis 模型、Carreau 模型、Cross-Arrhenius 模型和 Cross-WLF 模型等。当剪切速率较低时，Cross 黏度模型黏度退化为零剪切黏度。当剪切速率较高时，Cross 黏度模型转化为幂律模型。同幂律模型相比，Cross 黏度模型适用于更宽的剪切速率范围。Cross-Arrhenius 模型在描述充填过程的剪切行为时，精度已经满足要求，但是 Cross-Arrhenius 模型在温度较低时表征的黏度较低，不适用于后充填模拟。多数研究者在两种 Cross 黏度模型的基础上，结合自由体积理论，研究聚合物/发泡剂气体均相体系本构关系。

2.6.1 实验测量

Gerhardt 等[54]使用高压口模挤出流变仪，如图 2-9 所示，通过内部密封活塞给外流熔体施加背压作用，测量 180～200℃范围内 CO_2 对聚二甲基硅氧烷（polydimethylsiloxane，PDMS）熔体黏度的削弱。该设备的特点是采用口模结构机械式地保持发泡剂气体/非牛顿流体均相体系压力稳定，维持体系的均相状态，但是不同口模对应不同的挤出流动速率，若要研究体系本构关系只能通过拆卸口模来实现，给实验研究带来不便。

Kwag 等[55]使用高压毛细管流变仪（图 2-10）测量聚苯乙烯（polystyrene，PS）与 CO_2 体系的黏度值。该实验装置虽然在维持均相体系的热力学平衡时很复杂且耗时，但是可以允许操作员方便地设定熔体流动前沿背压值。目前，研究者更多采用此种装置进行实验研究。Ma 和 Han[56-58]使用的挤出狭缝流变仪内设具有

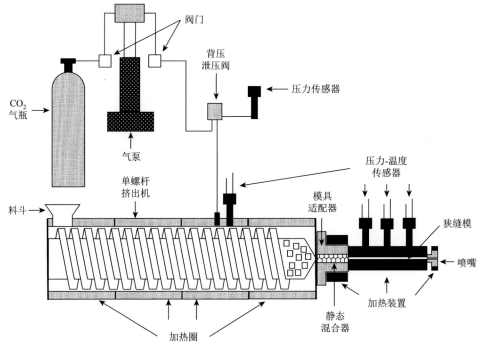

图 2-9 高压口模挤出流变仪

混炼作用的螺杆，可以迅速实现均相体系的形成和平衡保持，但是需要特殊设计的射出喷嘴以维持熔体背压。Lee 等[59]和 Elkovitch 等[60]使用类似的装置研究了 CO_2 含量对 PS、PMMA、聚酰亚胺（PI）黏度的影响规律。Lan 和 Tseng[63]研究了 PP/CO_2 均相体系的流变性质，结果表明均相体系的黏度和温度与发泡剂气体加入量和剪切速率有关。他们还发现：在低剪切速率条件下，由于 CO_2 的存在，PP 熔体的黏度显著降低，但当剪切速率升高时，均相体系黏度下降效应逐渐降低。Lee 等[66]使用同样的实验设备研究了超临界 CO_2 对 PP 黏度的影响，并根据 Sanchez- Lacombe 状态方程（S-L EOS）推导出适合于聚合物/超临界流体体系的状态方程，可以得出黏度模型所需的均相体系的密度，并研究了温度、压力、CO_2 浓度对均相体系密度的影响规律。

　　Royer 等[61]提出使用磁悬浮球流变仪（MLSR，图 2-11）分析聚合物/发泡剂气体体系的流变性质，设备通过磁力将待测样品悬浮（内置磁力球），并保持在固定位置，通过旋转样品筒给样品施加剪切力，通过测量继续保持样品悬浮状态的磁力变化计算出样品黏度，获得了不同 CO_2 含量（1%～30%）对 PDMS 黏度的影响规律，并测量了较大压力（最高到达 20 MPa）范围内的均相体系黏度变化，发现 CO_2 的存在可以使 PDMS 的黏度降低两个数量级。

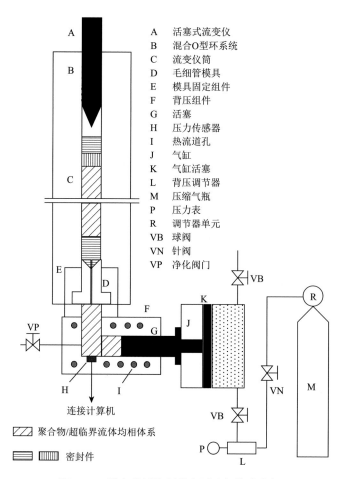

A   活塞式流变仪
B   混合O型环系统
C   流变仪筒
D   毛细管模具
E   模具固定组件
F   背压组件
G   活塞
H   压力传感器
I   热流道孔
J   气缸
K   气缸活塞
L   背压调节器
M   压缩气瓶
P   压力表
R   调节器单元
VB   球阀
VN   针阀
VP   净化阀门

连接计算机

▨ 聚合物/超临界流体均相体系

▤ ▥ 密封件

图 2-10 附有背压控制的高压毛细管流变仪

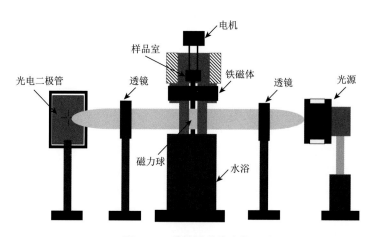

图 2-11 磁悬浮球流变仪

　　陈夏宗等[62]利用反压机理设计了聚合物/发泡剂气体体系的流变测量装置，如图 2-12 所示。该装置在挤出狭缝模流变仪的基础上，采用储气罐与气压阀建立筒体流动前沿的反压环境，以取代特殊设计的射出喷嘴来维持均相体系的平衡状态。该设计的优点是可以方便地调整流体背压。在不同模温（185℃、195℃、205℃）与射出速率（5 mm/s、10 mm/s、15 mm/s）条件下进行含有 0.4 wt%（质量分数，后同）超临界氮气的聚苯乙烯熔体的流变性质测量。研究结果显示，使用气体反压（50~200 bar，1 bar = 100 kPa）可降低熔体黏度最高达 30%，若气体反压为 200~300 bar，则因高于临界发泡压力，可得到未发泡熔体，而黏度降低率为 32%~49%。

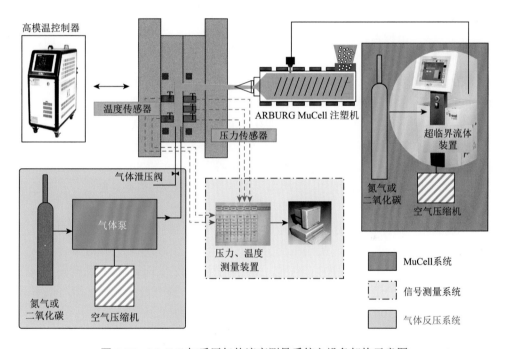

图 2-12　MuCell 加反压气体流变测量系统之设备架构示意图

2.6.2　流变模型

　　发泡剂气体显著影响聚合物熔体的流变特性。在微发泡注塑、挤出等工艺中，聚合物/发泡剂气体均相体系的流变行为直接决定了体系的流动和变形，是聚合物发泡构件成型过程控制和产品质量控制的关键。为了描述聚合物/发泡剂气体均相体系的流变行为，人们提出了多种黏度模型。

Ma 和 Han[56-58]定义一个黏度缩小因子，即均相体系与纯聚合物黏度的比值，但是并没有给出黏度缩小的理论解释。

Gerhardt 等[54]使用状态方程模型预测 PDMS 黏度降低的气体浓度转化因子。他们的测量环境是在比纯 PDMS 玻璃化转变温度高 180～200℃的温度范围，压力低于 20 MPa。此时，压力对黏度的影响不明显，不能全面给出压力对均相体系黏度的影响规律。

Kwag 等[55]使用黏弹性缩放因子描述在玻璃化转变温度以上 50～100℃范围内发泡剂气体对聚合物 PS 黏度的影响规律。他们提出缩放因子是一个与发泡剂气体含量和压力环境均有关的参数，$\alpha = \alpha_c \times \alpha_p$。此外，他们验证了 α_c 的温度依赖性，发现不同聚合物体系的依赖性不同，PS 比 PDMS 体系的缩放因子 α_c 对温度更敏感。

Lee 等[59]根据自由体积理论解释了气体导致聚合物熔体黏度下降的机理，利用亨利定律估算气体在聚合物中的平衡溶解度，通过状态方程（EOS）获得均相体系的自由体积分数，根据阿伦尼乌斯公式得出均相体系的零剪切黏度，代入 Cross-Carreau 黏度模型，获得 8 参数均相体系的黏度模型。

Royer 等[61]提出了基于 Doolittle 自由体积理论的 Chow-WLF 黏度预测模型。该模型根据 Chow 提出统计热力学方程，考虑气体对聚合物玻璃化转变温度 T_g 的影响，将气体对自由体积的影响引入模型中；采用 Ferry 和 Stratton 的理论将压力对自由体积的影响引入模型中。该模型不只局限于 PS/CO_2 体系，也适合于其他聚合物/小分子体系。

Royer 等[64]对高于聚合物 T_g 100℃的温度环境中聚合物/超临界流体均相体系黏度变化做了进一步研究，提出采用分段式黏度模型预测溶质气体对聚合物黏度的影响规律。在 T_g 到 $T_g + 100$℃范围，采用前面提到的 Chow WLF 黏度模型；在高于 $T_g + 100$℃的范围，采用阿伦尼乌斯黏度模型。该分段式黏度模型可以有效地预测高压（到 30 MPa）环境均相体系剪切变稀行为。

Nobelen 等[65]研究了聚乙烯（PE）/超临界流体均相体系的黏度模型。采用 D-最优实验设计，得出剪切速率、温度、压力、CO_2 浓度对均相体系黏度的影响规律，并建立毛细管内压力的二阶多项式模型，根据幂律模型建立 PE/CO_2 假塑性行为的理论模型，根据实验结果对模型参数进行了修正。

通过与黏度测试实验结果对比，上述关于聚合物/发泡剂气体均相体系的黏度模型均可得到较高的黏度计算精度，但是在黏度模型的使用过程中，依然存在一些问题。聚合物熔体流体力学模拟是使用黏度模型的重要研究方向，由于涉及非线性、非稳态、复杂几何流场等问题，聚合物熔体的流体力学通常基于有限体积法建立多相流模型计算流场、温度场、压力场及流体界面。在整个计算过程中，能否准确计算流体相界面随时间的演变过程是表征数值模拟成功与否的关键，然而在聚合物熔体流动过程中，相界面两侧是聚合物熔体相和气体相，两种流体黏度差异可达 3 个数量级。这种大黏度比的相界面极易发生求解发散或者计算不准确，如何实现大黏度比相界面数值模拟的精确求解是黏度模型在使用过程中需要解决的关键问题。目前，关于聚合物/发泡剂气体均相体系的黏度模型只关注了单相体系的求解精度，依然不能适用于多相流模型。例如，Lee 提出一种气体浓度修正的 Cross-Carreau 黏度模型，通过将 CO_2 浓度和压力引入下列零剪切黏度的阿伦尼乌斯方程中

$$\eta_0 = A \exp\left(\frac{b}{T - T_r} + \beta P + \psi C \right) \tag{2-34}$$

建立了聚合物/发泡剂气体均相体系的 Cross-Carreau 黏度模型

$$\eta = \frac{\eta_0}{\left[1 + \left(\frac{\eta_0 \dot{\gamma}}{\tau} \right)^a \right]^{\frac{1-m}{a}}} \tag{2-35}$$

式中，η_0、η 分别为零剪切黏度和动力学黏度；C 为发泡剂气体的质量浓度；A、b、β、ψ、T_r、τ、a、m、$\dot{\gamma}$ 为与材料体系有关的模型参数。动量方程中运动黏度 μ 为

$$\mu = \frac{\eta}{\rho} \tag{2-36}$$

该模型在计算聚合物/超临界 CO_2 均相体系的黏度方面具有较高的计算精度，为将该模型应用于多相流有限体积数值模拟，需要将模型改进为

$$\eta_0 = A \exp\left(\frac{b}{T - T_r \cdot \alpha_{polymer}} + \beta P + \psi C \right) \tag{2-37}$$

式中，$\alpha_{polymer}$ 为网格内聚合物熔体的相分数。在模型中引入相分数的方法属于一种数值模拟处理方法。该参数的引入不仅不会改变模型本身的计算精度，而且能够实现不同流体之间界面区域中黏度的平滑过渡，进而扩展上述黏度方程的温度适用范围[67, 68]。

2.7 热力学温度

2.7.1 测试研究

玻璃化转变温度 T_g、结晶温度 T_c 和熔融温度 T_m 分别是玻璃化转变、结晶和

熔融过程中的主要参量，也是定义聚合物热力学特征的主要参量，测量和分析相转变温度对于掌握聚合物的物理属性和工艺参数调控具有重要意义。发泡剂气体混入后，聚合物的玻璃化转变温度、结晶温度和熔融温度将发生显著变化，研究发泡剂气体对聚合物相变特征温度的影响对于聚合物微孔发泡成型工艺调控具有重要意义。人们通常采用差示扫描量热法（DSC）分析和研究聚合物的玻璃化转变温度、结晶温度和熔融温度，然而对于聚合物/发泡剂气体均相体系，体系通常处于气体的临界压力以上，如 CO_2 的临界压力为 7.38 MPa，常压 DSC 无法实现体系的高压环境，也就不再适用于测量聚合物/发泡剂气体均相体系的相变特征温度。

高压 DSC 是一种新型的聚合物量热法分析仪器，相比于常压 DSC，高压 DSC 需要配备耐高压的样品池和高精度增压泵。将样品安放在样品池中，然后将样品池密封，再通过增压泵将高压气体注入样品池内，随后按照常压 DSC 的测试方法对样品进行高压 DSC 测试。Mi 和 Zheng[69]用高压 DSC 测定了聚碳酸酯（PC）在高压 He、N_2 和 CO_2 气氛中的玻璃化转变温度。结果表明，当 He 压力达到 7 MPa 时，PC 的玻璃化转变温度不再随 He 压力变化而变化；当 N_2 压力达到 7 MPa 时，PC 的玻璃化转变温度降低了 6℃。相比于 He 和 N_2，高压 CO_2 对玻璃化转变温度的抑制作用更明显，因为 CO_2 具有更强的塑化作用。PC/CO_2 体系的玻璃化转变呈现吸热峰，这种吸热现象是由于链迁移率的增加导致吸附气体在玻璃化转变温度处的过度解吸。Zhong 等[70]利用高压 DSC 研究了聚对苯二甲酸乙二醇酯/二氧化碳（PET/CO_2）体系的热转变，发现随着 CO_2 压力的增加，PET 的玻璃化转变温度降低，这主要是由于 CO_2 的增塑效应；即使在 CO_2 压力较低的情况下，增塑效应也相当明显。吸附的 CO_2 增强了链段的流动性，并降低了 PET 的结晶温度。CO_2 诱导 PET 在高压下结晶的主要原因也是增塑效应，增塑效应导致 PET 的玻璃化转变温度低于室温，因此 PET 在室温下可以发生结晶。在 PET 玻璃化转变温度较低的条件下，吸附的 CO_2 也能诱导 PET 结晶。

此外，Hachisuka 等[71]使用高压 DSC 测试分析了聚（2, 6-二甲基-苯基氧化物）/CO_2 体系。O'Neill 和 Handa[72]使用高压 DSC 对聚苯醚（PPO）和聚甲基丙烯酸甲酯（PMMA）的玻璃化转变温度随气体压力的变化进行了测量。Zhang 和 Handa[73, 74]研究了 CO_2 对聚苯乙烯（PS）玻璃化转变行为的影响。Park 等[75-77]研究了在高达 6 MPa 的压力下 CO_2 对聚乳酸（PLA）T_g、T_c 和 T_m 的影响。上述研究中，高压 DSC 的额定使用压力仅为 7 MPa，尚未达到 CO_2 的临界压力。在低压力 CO_2 中，DSC 测试数据的基线有一些噪声和倾斜，且这种基线噪声随着压力的增大而恶化。在较高的压力下，基线噪声现象更加普遍，且幅度也变大。总体来讲，高压 DSC 技术是一种动态热扫描技术，在加热或冷却过程中很难保持聚合物/气体体系的热力学平衡。此外，基线的平稳性在压力升高时被破坏，所以可测的压力范围十分有限。使用高压 DSC 研究 CO_2 对聚合物 T_g、T_m 的影响仅限于低于 CO_2 临界压力的范围内。研究发现，CO_2 相变是高压 DSC 测试中产生基线噪声的原因之一。

为解决高压 DSC 中基线噪声的问题，Huang 等[78]通过优化实验条件和调整参数设置，在高压下对聚合物/CO_2 体系进行了原位研究。他们建立了聚合物/CO_2 体系中 T_g-压力、T_c-压力和 T_m-压力的数值关系，其测试压力超过 14 MPa。他们研究揭示了 PLA、PC、等规聚丙烯（iPP）、PS 和气体混合体系在高达 30 MPa 高压下的热力学行为。他们测量了 PLA、PC 和 PS 的 T_g，以及 PLA 和 iPP 的 T_c 和 T_m 发现，当 CO_2 的压力在 6 MPa 以下时，随压力的升高，CO_2 的增塑作用降低了聚合物的 T_g，而当 CO_2 的压力在 6 MPa 以上时，在测量过程中 CO_2 将发生相转变，由于 CO_2 相转变过程与 PLA/PC/PS 的玻璃化转变过程重合，因此无法准确测出 T_g 的降低幅度。而 PLA/iPP 的 T_m 随压力升高而降低的现象在压力达到 30 MPa 时仍能被观测到，这是因为 CO_2 相转变曲线与 PLA/iPP 降低后的 T_m 未重合，T_m 在某一压力以上基本保持不变，这可能由压力升高时流体静压效应增加所导致。另外，高压 DSC 不能获得 PLA 的 T_c-压力分布图，这是因为高压 CO_2 中的冷却曲线有过度强烈的噪声，PLA 的熔化焓（93 J/g）低，高压 DSC 样品池体积小，压力变化易引起热波动。在 0.1～30 MPa 的冷却曲线中，iPP 有明显的结晶峰，熔化焓高达 209 J/g，而且 iPP 的 T_c 随 CO_2 压力升高而降低。

上述研究结果有助于更好地理解聚合物在高压下的热力学行为。然而，高压 DSC 在测量聚合物/发泡剂气体均相体系的相变特征温度时出现的基线噪声等属于测试方法的固有问题，因而阻碍了高压 DSC 测试方法的推广应用，也限制了聚合物/发泡剂气体均相体系的相变特征温度的精准测量。目前，亟待开发更合适的表征仪器和测试方法。

2.7.2　预测模型

关于聚合物/气体体系玻璃化转变温度的理论预测，目前主要用 Chow 模型和 Cha-Yoon 模型来描述。Chow 在 1980 年提出玻璃化转变温度的计算公式为[79]

$$\ln\left(\frac{T_g}{T_{g0}}\right) = \beta\left[(1-\theta)\ln(1-\theta) + \theta\ln\theta\right] \tag{2-38}$$

式中，$\beta = \dfrac{zR}{M_p \Delta C_p}$；$\theta = \dfrac{M_p w}{z M_d (1-w)}$；$T_g$ 为溶入溶剂或气体后聚合物的玻璃化转变温度；T_{g0} 为聚合物材料本身的玻璃化转变温度；z 为配位数（1 或 2）；R 为摩

尔气体常数；M_p 为聚合物的相对分子质量；ΔC_p 为过渡过程聚合物的等压比热容变化量；w 为吸收气体后的质量增加率，%；M_d 为溶剂或气体的相对分子质量。这是一个早期模型，虽然可以用于预测溶入溶剂后聚合物的玻璃化转变温度，但不能很好地预测微孔发泡聚合物的玻璃化转变温度。后来，Cha-Yoon 在研究微孔发泡聚合物的玻璃化转变温度后建立了 Cha-Yoon 模型[80, 81]

$$T_g = T_{g0}\exp(-M_P^{-1/3}\rho^{-1/4}\alpha_w) \qquad (2\text{-}39)$$

式中，α 为与气体、聚合物材料有关的特性常数。

通过比较 Chow 模型和 Cha-Yoon 模型，文献[79]发现 Cha-Yoon 模型在预测气体扩散聚合物的玻璃化转变温度方面更准确。此外，Cha-Yoon 模型也可用于预测成型加工温度，因为所有热塑性聚合物基体的玻璃化转变温度与熔融温度密切相关。

参 考 文 献

[1] 韩布兴. 超临界流体科学与技术[M]. 北京：中国石化出版社，2005.

[2] DESIMONE J M. Practical approaches to green solvents[J]. Science，2002，297（5582）：799-803.

[3] KNEZ Ž，MARKOČIČE M，LEITGEB M，et al. Industrial applications of supercritical fluids: A review[J]. Energy，2014，77：235-243.

[4] 陈力骅. 超临界二氧化碳诱导非晶聚合物溶胀和玻璃化温度退化行为[D]. 上海：华东理工大学，2011.

[5] 董桂伟. 微孔发泡注塑成型技术及其产品泡孔结构形成过程和演变规律研究[D]. 济南：山东大学，2015.

[6] REGLERO R，JOSE A，VINCENT M，et al. Morphological analysis of microcellular PP produced in a core-back injection process using chemical blowing agents and gas counter pressure[J]. Polymer engineering & science，2015，55（11）：2465-2473.

[7] 马承银. 发泡剂的类型及加工特性[J]. 现代塑料加工应用，1996，8（3）：36-42.

[8] 桂观群. 聚乙烯挤出发泡成型研究[D]. 上海：东华大学，2012.

[9] 张亨. 发泡剂研究进展[J]. 塑料助剂，2001，4：1-7.

[10] 吴智华，孙洲渝，陈弦. 改性发泡剂偶氮二甲酰胺的研究进展[J]. 塑料工业，2002，30（1）：1-3.

[11] 游贤德. 国内偶氮二甲酰胺发泡剂生产与应用[J]. 化学推进剂与高分子材料，2004，2（1）：44-48.

[12] 吴昊. 型芯后撤二次注射开合模发泡注塑成型技术研究[D]. 济南：山东大学，2019.

[13] BIRD R B，STEWART W E，LIGHTFOOT E N. Transport phenomena[J]. Journal of the electrochemical society，1960，108（3）：78C.

[14] 塔德莫尔，高戈斯. 聚合物加工原理[M]. 任冬云，译. 北京：化学工业出版社，2009.

[15] FAVELUKIS M，ZHANG Z，PAI V. On the growth of a non-ideal gas bubble in a solvent-polymer solution[J]. Polymer engineering & science，2000，40（6）：1350-1359.

[16] 许星明. 聚合物发泡与挤出胀大过程数值模拟及实验研究[D]. 济南：山东大学，2009.

[17] MUTH O，HIRTH T，Vogel H. Investigation of sorption and diffusion of supercritical carbon dioxide into poly(vinyl chloride)[J]. Journal of supercritical fluids，2001，19：299-306.

[18] 陈洁. 在聚丙烯复合材料中溶解和扩散行为及其在注塑发泡模拟中的应用[D]. 上海：华东理工大学，2013.

[19] CRANK J. The mathematics of diffusion[M]. New York：Oxford University Press，1979.

[20] 向帮龙，管蓉，杨世芳. 微孔发泡机理研究进展[J]. 高分子通报，2005，6：9-17.

[21] PARK H B，JUNG C H，LEE Y M，et al. Polymers with cavities tuned for fast selective transport of small molecules and ions[J]. Science，2007，318（5848）：254-258.

[22] YAVE W，CAR A，PEINEMANN K V，et al. Gas permeability and free volume in poly(amide-b-ethylene oxide)/ polyethylene glycol blend membranes[J]. Journal of membrane science，2009，339（1-2）：177-183.

[23] FORSYTH M，MEAKIN P，MACFARLANE D R，et al. Free volume and conductivity of plasticized polyether-urethane solid polymer electrolytes[J]. Journal of physics：condensed matter，1995，7（39）：7601.

[24] CHOUDALAKIS G，GOTSIS A D. Permeability of polymer/clay nanocomposites：A review[J]. European polymer journal，2009，45（4）：967-984.

[25] COHEN M H，TURNBULL D. Molecular transport in liquids and glasses[J]. Journal of chemical physics，1959，31（5）：1164-1169.

[26] FUJITA H. Diffusion in polymer-diluent systems[M]. Fortschritte Der Hochpolymeren-Forschung. Berlin，Heidelberg：Springer，1961：1-47.

[27] MAEDA Y，PAUL D R. Effect of antiplasticization on gas sorption and transport. III. Free volume interpretation[J]. Journal of polymer science part B：polymer physics，1987，25（5）：1005-1016.

[28] VRENTAS J S，DUDA J L. Diffusion in polymer-solvent systems. II. A predictive theory for the dependence of diffusion coefficients on temperature，concentration，and molecular weight[J]. Journal of polymer science：polymer physics edition，1977，15（3）：417-439.

[29] PARK J Y，PAUL D R. Correlation and prediction of gas permeability in glassy polymer membrane materials via a modified free volume based group contribution method[J]. Journal of membrane science，1997，125（1）：23-39.

[30] KULKARNI S S，STERN S A. The diffusion of CO_2，CH_4，C_2H_4，and C_3H_8 in polyethylene at elevated pressures[J]. Journal of polymer science：polymer physics edition，1983，21（3）：441-465.

[31] SATO Y，TAKIKAWA T，SORAKUBO A，et al. Solubility and diffusion coefficient of carbon dioxide in biodegradable polymers[J]. Industrial & engineering chemistry research，2000，39（12）：4813-4819.

[32] AREERAT S，FUNAMI E，HAYATA Y，et al. Measurement and prediction of diffusion coefficients of supercritical CO_2 in molten polymers[J]. Polymer engineering & science，2004，44（10）：1915-1924.

[33] GOEL S K，BECKMAN E J. Plasticization of poly(methyl methacrylate)（PMMA）networks by supercritical carbon dioxide[J]. Polymer，1993，34（7）：1410-1417.

[34] GOEL S K，BECKMAN E J. Generation of microcellular polymeric foams using supercritical carbon dioxide. I：Effect of pressure and temperature on nucleation[J]. Polymer engineering & science，1994，34（14）：1137-1147.

[35] GOEL S K，BECKMAN E J. Nucleation and growth in microcellular materials：Supercritical CO_2 as foaming agent[J]. Aiche journal，1995，41（2）：357-367.

[36] SUN H L，MARK J E. Preparation，characterization，and mechanical properties of some microcellular polysulfone foams[J]. Journal of applied polymer science，2002，86（7）：1692-1701.

[37] DOROUDIANI S，PARK C B，KORTSCHOT M T. Effect of the crystallinity and morphology on the microcellular foam structure of semicrystalline polymers[J]. Polymer engineering & science，1996，36（21）：2645-2662.

[38] CHEN L，SHETH H，KIM R. Gas absorption with filled polymer systems（832）[C]. Boston：Technical Papers of the Annual Technical Conference-Society of Plastics Engineers Incorporated，2000，2：1950-1954.

[39] WANG J，CHENG X G，ZHENG X J，et al. Preparation and characterization of microcellular polystyrene/ polystyrene ionomer blends with supercritical carbon dioxide[J]. Journal of polymer science part B：polymer physics，2003，41（4）：368-377.

[40] SATO Y，TAKIKAWA T，TAKISHIMA S，et al. Solubilities and diffusion coefficients of carbon dioxide in poly(vinyl acetate) and polystyrene[J]. Journal of supercritical fluids，2001，19（2）：187-198.

[41] KAZARIAN S G，VINCENT M F，ECKERT C A. Infrared cell for supercritical fluid-polymer interactions[J]. Review of scientific instruments，1996，67（4）：1586-1589.

[42] PANTOULA M，PANAYIOTOU C. Sorption and swelling in glassy polymer/carbon dioxide systems：Part Ⅰ. Sorption[J]. Journal of supercritical fluids，2006，37（2）：254-262.

[43] MARTINACHE J D，ROYER J R，SIRIPURAPU S，et al. Processing of polyamide 11 with supercritical carbon dioxide[J]. Industrial & engineering chemistry research，2001，40（23）：5570-5577.

[44] HOLL M R，GARBINI J L，MURRAY W R，et al. A steady-state mass balance model of the polycarbonate-CO_2 system reveals a self-regulating cell growth mechanism in the solid-state microcellular process[J]. Journal of polymer science part B：polymer physics，2001，39（8）：868-880.

[45] SUN X H，LIU H J，LI G，et al. Investigation on the cell nucleation and cell growth in microcellular foaming by means of temperature quenching[J]. Journal of applied polymer science，2004，93（1）：163-171.

[46] SANCHEZ I C，LACOMBE R H. An elementary molecular theory of classical fluids. Pure fluids[J]. Journal of physical chemistry，1976，80（21）：2352-2362.

[47] LACOMBE R H，SANCHEZ I C. Statistical thermodynamics of fluid mixtures[J]. Journal of physical chemistry，1976，80（23）：2568-2580.

[48] MAHMOOD S H，KESHTKAR M，PARK C B. Determination of carbon dioxide solubility in polylactide acid with accurate PVT properties[J]. Journal of chemical thermodynamics，2014，70：13-23.

[49] CHEN L H，CAO G P，ZHANG R H，et al. *In-situ* visual measurement of poly(methyl methacrylate) swelling in supercritical carbon dioxide and interrelated thermodynamic modeling[J]. Journal of the chemical industry and engineering society of China，2009，60（9）：2351-2358.

[50] ZHANG L，ZHAO G Q. Poly(L-lactic acid) crystallization in pressurized CO_2: An *in-situ* microscopic study and a new model for the secondary nucleation from supercritical CO_2[J]. Journal of physical chemistry C，2020，124（16）：9021-9034.

[51] SATO Y，FUJIWARA K，TAKIKAWA T，et al. Solubilities and diffusion coefficients of carbon dioxide and nitrogen in polypropylene，high-density polyethylene，and polystyrene under high pressures and temperatures[J]. Fluid phase equilibria，1999，162（1-2）：261-276.

[52] THRONE J L. Thermoplastics foams[M]. Hertfold：Sherwood Publishers，1996.

[53] LAFLEUR P G，KAMAL M R. A structure-oriented computer simulation of the injection molding of viscoelastic crystalline polymers part Ⅰ：Model with fountain flow，packing，solidification[J]. Polymer engineering & science，1986，26（1）：92-102.

[54] GERHARDT L J，MANKE C W，GULARI E. Rheology of polydimethylsiloxane swollen with supercritical carbon dioxide[J]. Journal of polymer science part B：polymer physics，1997，35（3）：523-534.

[55] KWAG C，MANKE C W，GULARI E. Rheology of molten polystyrene with dissolved supercritical and near-critical gases[J]. Journal of polymer science part B：polymer physics，1999，37（19）：2771-2781.

[56] HAN C D，MA C Y. Measurement of the rheological properties of polymer melts with slit rheometer. Ⅰ. Homopolymer systems[J]. Journal of applied polymer science，1983，28：831-843.

[57] HAN C D，MA C Y. Studies on structural foam processing 1. The rheology of foam extrusion[J]. Journal of applied polymer science，1983，28：851-866.

[58] MA C Y，HAN C D. Measurement of the viscosities of mixtures of thermoplastic resin and fluorocarbon blowing

agent[J]. Journal of cellular plastics，1982，18（6）：361-370.

[59] LEE M，PARK C B，TZOGANAKIS C. Measurements and modeling of PS/supercritical CO_2 solution viscosities[J]. Polymer engineering & science，1999，39（1）：99-109.

[60] ELKOVITCH M D，TOMASKO D L，LEE L J. Supercritical carbon dioxide assisted blending of polystyrene and poly(methyl methyacrylate)[J]. Polymer engineering & science，1999，39（10）：2075-2084.

[61] ROYER J R，GAY Y J，ADAM M，et al. Polymer melt rheology with high-pressure CO_2 using a novel magnetically levitated sphere rheometer[J]. Polymer，2002，43（8）：2375-2383.

[62] 陈夏宗，林钰婉，蔡瑞益，等. 利用反压机制应用于超临界微细发泡射出成型流变特性研究[C]. 世界塑胶工程师学会，先进成型技术学会：两岸三地先进成型技术与材料加工研讨会，2008.

[63] LAN H Y，TSENG H C. Study on the rheological behavior of PP/supercritical CO_2 mixture[J]. Journal of polymer research，2002，9（3）：157-162.

[64] ROYER J R，DESIMONE J M，KHAN S A. High-pressure rheology and viscoelastic scaling predictions of polymer melts containing liquid and supercritical carbon dioxide[J]. Journal of polymer science part B：polymer physics，2001，39（23）：3055-3066.

[65] NOBELEN M，HOPPE S，FONTEIX C，et al. Modeling of the rheological behavior of polyethylene/supercritical CO_2 solutions[J]. Chemical engineering science，2006，61（16）：5334-5345.

[66] LEE S M，HAN J R，KIM K Y，et al. High-pressure rheology of polymer melts containing supercritical carbon dioxide[J]. Korea-Australia rheology journal，2006，18（2）：83-90.

[67] ZHANG L，ZHAO G Q，WANG G L，et al. Investigation on bubble morphological evolution and plastic part surface quality of microcellular injection molding process based on a multiphase-solid coupled heat transfer model[J]. International journal of heat and mass transfer，2017，104：1246-1258.

[68] ZHANG L，ZHAO G Q，WANG G L. Formation mechanism of porous structure in plastic parts injected by microcellular injection molding technology with variable mold temperature[J]. Applied thermal engineering，2017，114：484-497.

[69] MI Y L，ZHENG S X. A new study of glass transition of polymers by high pressure DSC[J]. Polymer，1998，39（16）：3709-3712.

[70] ZHONG Z K，ZHENG S X，MI Y L. High-pressure DSC study of thermal transitions of a poly(ethylene terephthalate)/carbon dioxide system[J]. Polymer，1999，40（13）：3829-3834.

[71] HACHISUKA H，TAKIZAWA H，TSUJITA Y，et al. Gas transport properties in polycarbonate films with various unrelaxed volumes[J]. Polymer，1991，32（13）：2382-2386.

[72] O'NEILL M L，HANDA Y P. Plasticization of polystyrene by high pressure gases：A calorimetric study[J]. ASTM special technical publication，1994，1249：165.

[73] ZHANG Z Y，HANDA Y P. An *in situ* study of plasticization of polymers by high-pressure gases[J]. Journal of polymer science part B：polymer physics，1998，36（6）：977-982.

[74] ZHANG Z Y，HANDA Y P. CO_2-assisted melting of semicrystalline polymers[J]. Macromolecules，1997，30（26）：8505-8507.

[75] NOFAR M，AMELI A，PARK C B. The thermal behavior of polylactide with different D-lactide content in the presence of dissolved CO_2[J]. Macromolecular materials and engineering，2014，299（10）：1232-1239.

[76] NOFAR M，TABATABAEI A，PARK C B. Effects of nano-/micro-sized additives on the crystallization behaviors of PLA and PLA/CO_2 mixtures[J]. Polymer，2013，54（9）：2382-2391.

[77] NOFAR M，TABATABAEI A，AMELI A，et al. Comparison of melting and crystallization behaviors of

polylactide under high-pressure CO_2，N_2，and He[J]. Polymer，2013，54（23）：6471-6478.

[78] HUANG E B，LIAO X，ZHAO C X，et al. Effect of unexpected CO_2's phase transition on the high-pressure differential scanning calorimetry performance of various polymers[J]. ACS sustainable chemistry & engineering，2016，4（3）：1810-1818.

[79] CHOW T S. Molecular interpretation of the glass transition temperature of polymer-diluent systems[J]. Macromolecules，1980，13（2）：362-364.

[80] YOON J D，CHA S W. Change of glass transition temperature of polymers containing gas[J]. Polymer testing，2001，20（3）：287-293.

[81] HWANG Y D，CHA S W. The relationship between gas absorption and the glass transition temperature in a batch microcellular foaming process[J]. Polymer testing，2002，21（3）：269-275.

第3章

聚合物/发泡剂气体混合体系的结晶

3.1 引言

在聚合物发泡成型过程中，聚合物与发泡剂气体混合形成的均相体系将经历复杂的相变过程。一方面，发泡剂气体以形核长大的形式从聚合物基体中析出，与聚合物发生相分离，形成均匀细密的泡孔结构；另一方面，聚合物在环境温度的变化下发生结晶、玻璃化转变等相变过程，在发泡剂气体的影响下，最终形成与常规聚合物成型过程中不同的亚稳态分子链凝聚结构。多孔结构和分子链凝聚结构是决定发泡聚合物性能和属性的关键微观结构。本章将首先介绍均相体系中发生的聚合物分子链凝聚结晶行为。

结晶是半结晶聚合物的重要凝聚态结构演变行为。聚合物结晶的本质是聚合物分子链随环境变化而发生的有序化排列、组装过程。聚合物作为一种典型的软物质，具备软物质的统一特征：在外界（包括温度和外力等）微小的作用下会产生显著的宏观效果。大多数聚合物材料可被 CO_2、N_2 等发泡剂气体溶胀但不能被溶解，所以，CO_2 和 N_2 属于不良溶剂。对比良溶剂，发泡剂气体和长链分子的相互作用相对较弱。但是，由于长链分子的柔软特性，这种弱相互作用依然可以改变聚合物的凝聚态行为，影响聚合物分子链的结晶及其晶体结构。

关于聚合物/气体体系的结晶行为研究不仅具有工程应用价值，还具有重要的理论价值。在高分子物理学中，聚合物结晶行为是该学科三大课题（结晶、流变、玻璃化转变）之一，而且其内在机理尚未确切定论。高分子如何从无序的缠结状态快速形成有序且形貌多样的晶体结构，是目前高分子物理学家迫切渴望弄清的一个问题。结晶理论研究的难点在于内在控制因素深度耦合。内能和分子内/间相互作用共同控制着大分子的内聚能和链段活动能力。这两个因素共同决定了聚合物结晶的路径和最终结晶状态。但由于受温度控制，这两个因素深度耦合，常规的实验手段难以独立研究单一因素对结晶的影响规律。将相对惰性的高压气体引入到聚合物结晶过程中，只会改变聚合物分子的链段活动能力而不影响大分子的内聚能。进而可以通过调整气体压力或者浓度，实现内聚能和链段活动能力调控的解耦研究。所以，引入不良溶剂干预结晶有望成为一种研究聚合物结晶机理的新思路。

本章将围绕晶体形貌、晶体生长动力学、晶型转变等方面，浅析发泡剂气体对聚合物结晶行为和晶体结构的影响。

3.2 晶体形貌

聚合物晶体形貌多种多样，可以呈现出球晶[1]、海藻状晶体[2]、花瓣状晶体[3]、树枝晶[4]、多边形单晶[5]等多种形貌。聚合物长链分子的柔性特征决定了分子链的构型和构象的多样化，以及排列方式的多样化。当结晶过程所处的环境发生变化时，聚合物晶体的形貌也会发生显著改变。通过结晶实验可知，环境温度、压力、溶剂、流场等因素都会显著地影响聚合物的结晶和晶体形貌。在聚合物发泡成型过程中，发泡剂气体的混入同样也会影响聚合物的结晶和晶体形貌。

为达到发泡剂气体在发泡前的过饱和条件，聚合物与发泡剂气体需处于高压状态。在常用的发泡工艺中，高压压力可达 30 MPa。常规的观测手段均是在大气压环境中对样品进行观测分析，显然无法实现高压环境。为了在线观测聚合物在高压气体中的晶体形貌和生长行为，专利[6]和[7]公开了一种原位高压多光学观测系统，其组成与原理如图 3-1 所示。该系统集成了显微光学、偏振光学和小角激光散射三种光学观测方法，能够在 0.1 μm～1 cm 尺度范围内原位观测和定量表征聚合物/气体体系的晶体形核、生长及其形貌演变等，并能实时观测气泡的形核、长大、变形和溃灭等相形态演变过程。该系统通过设计构建一种紧凑式自密封样品池结构，解决了快速压力变化过程中临界乳光现象导致的黑屏问题，并建立了一种宽温域温度的自适应快速动态调控技术，可实现在 -56～400℃、0.1～40 MPa 的范围内样品池温度和压力的精确调控，控制精度达 ±0.1℃ 和 ±0.02 MPa。这种原位高压多光学观测系统为研究聚合物发泡成型过程中晶体和泡孔的形态演变过程提供了新手段和新方法。

文献[8]和[9]利用图 3-1 所示的原位高压多光学观测系统，对左旋聚乳酸 [poly(L-lactide)，PLLA] 在 CO_2 中的晶体形貌及其演变过程进行了研究。图 3-2 是 PLLA 在不同 CO_2 压力下的光学图像。

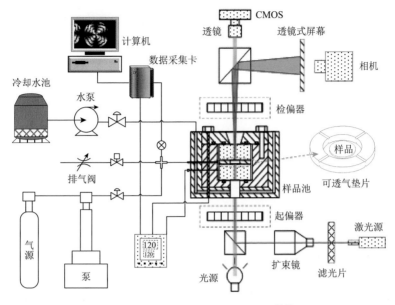

图 3-1 原位高压多光学观测系统[6, 7]

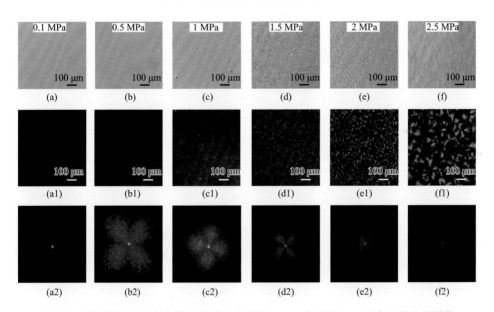

图 3-2 采用原位高压多光学观测系统获得的 PLLA 在不同 CO_2 压力下的光学图像

（a）～（f）结晶显微光学图像；（a1）～（f1）偏振光学图像；（a2）～（f2）小角激光散射图像

　　从图 3-2 的显微光学图像看出，随 CO_2 压力升高，晶体尺寸逐渐增大，晶体数量逐渐减少。从偏振光学图像看出，当压力为 0.1 MPa 时，未出现偏振光斑，说明聚合物未发生结晶；当压力升高至 0.5 MPa 以上时，出现偏振光斑，且随 CO_2

压力升高，光斑从点状逐渐变成黑十字交叉状，呈现典型的聚合物球晶偏振光学特征，说明聚合物发生了结晶，且晶体尺寸逐渐增大。从小角激光散射图像看出，0.1 MPa 压力下未发生散射现象，说明未发生结晶；当压力升高至 0.5 MPa 以上时，激光散射光斑的图像呈现四叶瓣形状，说明聚合物发生了结晶，双折射特征表明晶体是球晶；当压力由 0.5 MPa 逐渐升至 2.5 MPa 时，四叶瓣光斑尺寸逐渐减小，说明球晶尺寸逐渐增大。通过对散射角 θ_m 的测量，根据公式 $U = \dfrac{4\pi R_s}{\lambda}\sin\dfrac{\theta_m}{2}$ 可以确定球晶半径，其中，U 是形状因子，R_s 是球晶半径，λ 是激光波长。图 3-2（b2）中的球晶半径约为 0.91 μm；图 3-2（c2）中的球晶半径约为 5.29 μm；图 3-2（d2）中的球晶半径约为 14.22 μm；图 3-2（e2）中的球晶半径约为 29.81 μm；图 3-2（f2）中的球晶半径约为 60.28 μm。

图 3-3 展示了不同 CO_2 压力条件下处理的 PLLA 薄膜的形貌。由图可见：①随着 CO_2 压力的升高，晶体的数量密度显著下降；②在没有 CO_2 的环境中，PLLA 薄膜呈现颗粒状形貌，如图 3-3（a）所示，但在高压 CO_2 环境中，PLLA 薄膜呈现典型的树枝状晶体结构，而且树枝状晶体中的树枝密度（单位长度中的树枝数量）随着 CO_2 压力的升高而降低，如图 3-3（b）～（f）所示；③PLLA 薄膜在 CO_2 中可以形成一种雪花状晶体，如图 3-3（e）所示，雪花状晶体有六个主要的生长方向，分支角度约为 60°。

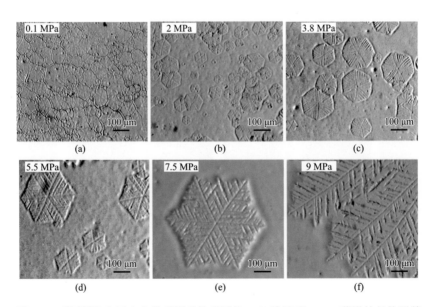

图 3-3　采用原位高压多光学观测系统观测的 80℃ 结晶后 PLLA 薄膜的晶体形貌

（a）大气环境中的结晶；（b）～（f）不同 CO_2 压力环境中的结晶

图 3-4 给出了不同温度下 PLLA 薄膜在高压 CO_2 中的晶体形貌。由图 3-4 可见，在 30～80℃温度范围内，PLLA 晶体的数量随着结晶温度的上升显著减少。此外，与图 3-3 中所示的晶体学形貌变化规律一致，晶体形貌从球晶变成雪花状晶体，如图 3-4（a）～（c）所示。对比图 3-3 和图 3-4 可以看出，CO_2 压力和结晶温度在影响 PLLA 薄膜晶体形貌方面具有高度的相似性。升高 CO_2 压力或结晶温度，都可使 PLLA 晶体从球晶演变为雪花状晶体。升高结晶温度意味着较小的过冷度，即升高 CO_2 压力可以降低结晶过冷度。这与 Ohshima 等[10] 和 Liao 等[11]采用高压 DSC 分析的结果一致。进一步地，结晶过冷度的降低会直接导致形核率的降低。从图 3-3 和图 3-4 中的晶体数量和分支密度可以看出，随着 CO_2 压力和结晶温度的升高，不仅晶体数量密度降低，而且树枝状晶体的分支密度也明显降低。由此可见，提升 CO_2 压力对于聚合物结晶具有限制形核的作用。

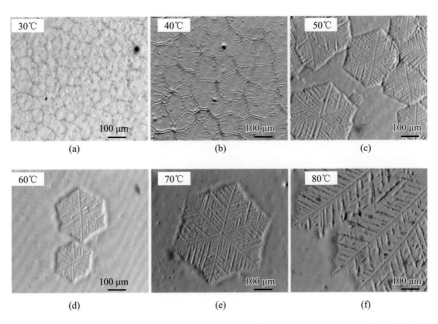

图 3-4　采用原位高压多光学观测系统获得的 PLLA 薄膜在 9 MPa CO_2 环境中结晶后的晶体形貌

文献[8]采用原位高压多光学观测系统获得了 PLLA 雪花状晶体的形成过程。图 3-5 给出了 PLLA 雪花状晶体在初始生长阶段形貌演变的原位显微图像。从图 3-5（b）中可以看出 PLLA 晶体首先从形核点长出了两个分支，形成长条形状。随后，如图 3-5（c）所示，从形核点长出了另外的四个分支。最后，如图 3-5（d）所示，这四个分支和之前的两个分支演化成雪花状晶体的六个主干。六个主干之间的区域由均匀分布在母体主干两侧的二级、三级分支充填，次级分支与上一级晶体枝干之间的夹角大约为60°，如图3-5（e）所示。

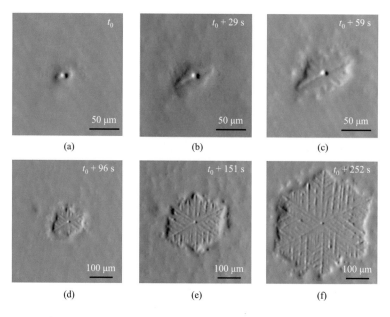

图 3-5　在 9 MPa、70℃的 CO_2 中形成的 PLLA 雪花状晶体的形貌演变过程

从图 3-6 给出的原子力显微镜（AFM）图像中可以看出，雪花状晶体的分支和中心区域中有大量多层同心的菱形结构。如图 3-6（b）和（c）所示，这些结构是由螺旋位错生长出来的螺旋梯田单晶[1]。从图 3-6（a）可以看出中心螺旋梯田晶体周围围绕着几个菱形片晶，分布在三个方向、六个位置。这些菱形片晶中，一些片晶分布在两个长轴方向与中心晶体长轴方向一致的方位。这两个长轴方向是雪花状晶体优先生长的两个主干的生长方向，如图 3-5（b）所示。其他菱形片晶分布在另外四个方向。它们的长轴方向与中心晶体的长轴方向呈 60°夹角。这四个方向也就是雪花状晶体另外四个主干的生长方向。显然，这四个主干在两个优先生长的主干后面形成，如图 3-5（c）所示。

图 3-7 展示了树枝尖端的形貌，可以看出同一树枝上的所有菱形片晶的长轴方向是一致的，而且在树枝侧面出现了锯齿状生长面。基于 Keith 和 Chen[12]的观点，侧面生长方向与尖端伸长方向相反，这种相反的生长会由于溶质耗散而停止，从而在已经存在的晶体表面形成侧面台阶，形成锯齿状边界。在侧面台阶的根部，再入角可以为螺旋位错的形成提供机会，随后菱形片晶可以围绕螺旋位错的终止点螺旋生长并形成螺旋梯田状片晶结构。在树枝晶的生长过程中，不断形成一些

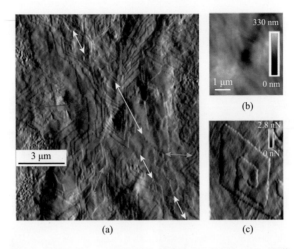

图 3-6　图 3-5（e）中雪花状晶体中心区域的 AFM 图像

（a）峰值力误差图，图中双向箭头展示了菱形片晶的长轴方向；（b）图（a）中心区域梯田晶体的 AFM 高度图；
（c）起源于螺旋位错的多层梯田片晶

新的螺旋位错和新的梯田片晶，这些新形成的晶体可为周围的聚合物分子链提供新的生长面。

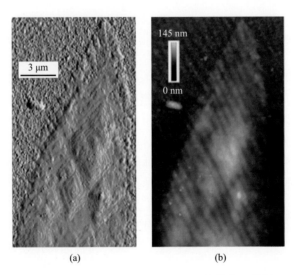

图 3-7　图 3-5（e）中雪花状晶体分支尖端区域的 AFM 峰值力误差图（a）和高度图（b）

　　图 3-8 给出了树枝根部的 AFM 图像，可以看出两个不同长轴方向的菱形片晶生长成为一个晶体，两个方向的夹角大约为 60°。基于晶体长轴方向的晶体学特征，这两个晶体可以被认定为孪晶[13, 14]。

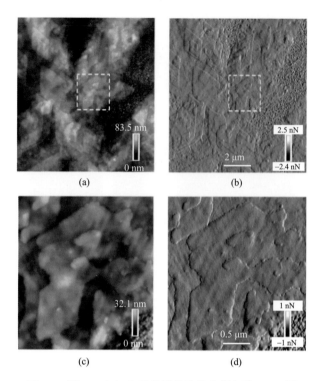

图 3-8　图 3-5（e）中雪花状晶体分支根部的 AFM 图

（a）峰值力误差图；（b）高度图；（c）和（d）分别是（a）和（b）虚线框的局部放大图

　　结合 AFM 图像，文献[8]给出了 PLLA 雪花状晶体形成早期的生长过程示意图，如图 3-9 所示。首先，PLLA 分子链组装成一个菱形片晶，菱形片晶在生长过程中边缘产生了螺旋位错，并通过螺旋生长形成了梯田状晶体。由于菱形片晶长轴方向上的两个尖端更接近 PLLA 熔体区域，它们将得到充足的熔体供应从而优先生长。在这两个尖端生长过程中，晶体的锯齿状边缘将为熔体在厚度方向的堆积提供新的螺旋位错作为生长面。在晶体沿优势方向充分生长后，菱形片晶会在侧面形成与母晶呈孪晶关系的分支晶体（子晶）。这些后形成的子晶将发展成为四个新的分支。由于在生长方向上的前方有充足的熔体供应，这四个分支将演变成雪花状晶体的四个主干。随后，按照上述模式，树枝晶将持续延展和分支，最后形成雪花状的晶体。

　　上述的晶体生长过程不同于水分子晶体的生长过程[15]，水分子形成的单晶是六棱柱结构，其六个棱角直接演变成六个优势生长方向，相邻两个方向形成 60°的晶体学夹角。相比之下，PLLA 菱形片晶只有两个优势生长方向。PLLA 雪花状晶体的六个主干不是同时形成，其中两个主干优先沿着菱形晶体的长轴方向形成，而另外四个主干随后再形成。后形成的分支起源于由自形成浓度场所诱发的孪晶。虽然与雪花状水晶体的生长过程不同，但是 PLLA 雪花状晶体的生长依然符合分形理论的自相似原则和迭代形成原则。

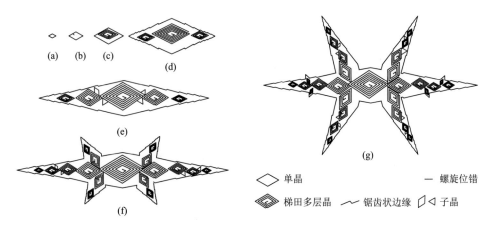

图 3-9　PLLA 雪花状晶体早期生长过程示意图

（a）单晶；（b）出现螺旋位错；（c）螺旋位错演变成梯田晶；（d）沿长轴方向优先生长；（e）形成子晶；（f）形成四个分支；（g）形成雪花状晶体的主干，并出现二级分支

3.3　结晶度的变化速率

目前关于聚合物/发泡剂气体均相体系结晶动力学的分析，主要有两种研究方法：一是关于结晶度变化速率的分析，主要基于 DSC 测量出的结晶度数据；二是关于晶体生长速率的分析，主要基于显微观测获得的球晶半径随时间的变化。本节将从结晶度变化速率方面介绍聚合物/发泡剂气体均相体系的结晶行为及发泡剂气体对结晶动力学的影响。

测算结晶度的变化速率的常用方法是 DSC，对于聚合物/发泡剂气体均相体系，应该采用高压 DSC 进行测试分析。其测试过程是将试样安放在高压样品池内，密封后充入一定压力的高压气体，再将样品池加热至聚合物熔点以上，恒温一段时间以充分消除试样的热历史和受力历史。然后迅速降温至测试温度进行等温结晶。在等温阶段的结晶过程会释放结晶潜热，DSC 曲线出现放热峰。将不同样品的 DSC 基线向放热方向偏离时定义为开始结晶的时间（$t=0$），重新回到基线时作为结晶结束的时间（$t=\infty$），t 时刻的结晶度 X_t 为

$$X_t = \frac{x_t}{x_\infty} = \frac{\int_0^t (\mathrm{d}\Delta H / \mathrm{d}t)\mathrm{d}t}{\int_0^\infty (\mathrm{d}\Delta H / \mathrm{d}t)\mathrm{d}t} = \frac{A_t}{A_\infty} \tag{3-1}$$

式中，x_t 和 x_∞ 分别为结晶时间为 t 和无限大时非晶态转变为晶态的分数；X_t 为 t 时刻的相对结晶度；ΔH 为结晶放热过程中的焓变；A_t 和 A_∞ 分别为 $0 \sim t$ 时间和 $0 \sim \infty$ 时间 DSC 曲线所包含的面积。为定量研究高压气体对聚合物结晶度变化速率的影响，常用基于修正 Avrami 方程的 Jeziorny 法[16]分析 DSC 数据。Avrami 方程如下

$$1 - X_t = \exp(-Z_t t^n) \tag{3-2}$$

式中，Z_t 为结晶速率常数；n 为 Avrami 指数，与晶体形核机理和晶体的生长方式有关。利用公式 $t = (T_0 - T)/\Phi$ 进行时温转换，其中，T_0 为结晶起始温度，T 为结晶温度，Φ 为降温速率。对式（3-2）两边取两次对数，得

$$\ln\left[-\ln(1-X_t)\right] = \ln Z_t + n \ln t \tag{3-3}$$

以 $\ln\left[-\ln(1-X_t)\right]$ 为函数对 $\ln t$ 作图，直线斜率即为 n，截距为 $\ln Z_t$。令 $X_t = 0.5$，得半结晶时间 $t_{1/2}$：

$$t_{1/2} = (\ln 2 / \ln Z_t)^{1/n} \tag{3-4}$$

在进行非等温结晶的 DSC 测试时，考虑到非等温结晶的特点，需对 Z_t 用升（降）温速率 Φ 修正，如式（3-5）所示：

$$\ln Z_c = \ln Z_t / \Phi \tag{3-5}$$

式中，Z_c 为非等温速率常数；Z_t 为结晶速率常数；Φ 为升（降）温速率，℃/min。

根据 Jeziorny 法对聚合物/高压气体混合体系的 DSC 数据，以 $\ln[-\ln(1-X_t)]$ 为函数对 $\ln t$ 作图，通过线性拟合得到 n 值与 Z_t 值。根据结晶速率常数 Z_t 的变化，可以判断半结晶时间 $t_{1/2}$ 的变化，进而解释高压气体对聚合物结晶度变化速率的影响。n 值与形核机理和生长方式有关，等于生长的空间维数和形核过程的时间维数之和，n 值越大，表明晶体完善程度越高。理论上，n 值应为整数，而实验结果显示 n 值有可能出现非整数，说明聚合物的结晶过程比理论的 Avrami 模型要复杂得多。这可归因于有时间依赖性的初期形核、均相形核和异相形核同时存在等。

在聚合物/发泡剂气体体系结晶度变化速率的研究方面，日本京都大学的 Ohshima 教授团队开展了较为系统的工作，利用高压 DSC 先后对聚丙烯（PP）[17]、聚对苯二甲酸乙二醇酯（PET）[18]和聚乳酸（PLA）[10]在高压 CO_2 中等温结晶过程的结晶度变化进行了测算。他们发现：虽然测得的结晶速率符合 Avrami 方程，但所测得的结晶动力学常数与常压下在空气中结晶的 PP 的数据有所不同。CO_2 的溶解降低了 PP 在形核主导温度范围内的整体结晶速率，表明 CO_2 的溶解降低了熔融温度和玻璃化转变温度，并阻止了临界尺寸核的形成。对于 PET/CO_2 体系，他们发现 PET 的结晶速率也符合 Avrami 方程，但是结晶动力学常数的取值受结晶温度和 CO_2 浓度的影响，CO_2 的存在提高了 PET 的整体结晶速率，CO_2 还降低了玻璃化转变温度和熔融温度，表明 CO_2 引起的结晶速率变化可以从玻璃化转变

温度降低的幅度和平衡熔融温度降低的幅度来定性预测。对于 PLA/CO_2 体系，CO_2 在晶体生长速率控制区（自扩散控制区）的温度下加速了结晶速率，而在形核控制区则抑制了结晶速率。

3.4 晶体生长速率

　　晶体生长速率指的是聚合物在等温结晶过程中晶体外接圆半径随时间的变化速率。通常情况下可以通过偏光显微镜在线观测获得，但是聚合物/发泡剂气体体系的结晶过程需要处于高压状态，常规显微镜无法满足在线观测要求。与 3.2 节一样，也需要借助于原位高压显微镜进行观测。专利[6]、[7]、[19]和[20]公开的带有温度压力可控样品池的显微光学、偏振光学和小角激光散射观测系统也被称为原位高压多光学观测系统，如图 3-1 所示。该系统适用于研究聚合物/超临界流体体系的相分离、结晶、熔融等凝聚态演变行为。基于该系统的观测结果，研究人员在新一代轻量化高性能微孔发泡聚合物材料的研发方面取得系统进展[21-26]。本节将以聚乳酸/二氧化碳体系为例，通过分析聚乳酸在高压二氧化碳中的晶体生长速率，介绍发泡剂气体对聚合物结晶动力学的影响。

　　在聚合物/二氧化碳体系结晶动力学的研究方面，Oda 和 Saito[27]认为高压二氧化碳对聚合物晶体生长起到抑制作用，并考虑了二氧化碳对扩散率的影响，提出一种改进的 Lauritzen-Hoffman（LH）理论模型，但忽略了二氧化碳解吸对晶体生长的影响。根据 Marubayashi 等的观点[28]，在一个相对较高的结晶温度下，二氧化碳分子可以完全从晶体区域中排出。文献[8]也直接观测到了聚合物晶体前沿处形成的二氧化碳气泡，且这种气泡随压力的升高而变大。

　　在聚合物/高压二氧化碳体系的发泡过程中，聚合物结晶和泡孔形核长大同步发生并相互影响，所形成的微观结构也直接影响了最终聚合物构件的力学性能[29, 30]。为弄清 CO_2 对聚合物晶体生长的影响机理，文献[31]利用原位高压多光学观测系统，对 PLLA 样品进行了不同温度（50℃、60℃、70℃、80℃、90℃）和不同 CO_2 压力（0.1～27.59 MPa）下的等温等压实验。图 3-10 给出了 PLLA 晶体生长速率的相应统计结果。聚合物晶体的生长速率代表了二次形核速率。从图 3-10 可以看出：当结晶温度较高时，随着 CO_2 压力的增大，PLLA 球晶的生长速率先增大后减小。这一变化规律与 Oda 和 Saito[27]观察到的结果一致。但当结晶温度较低时，如 60℃，随着 CO_2 压力的增大，PLLA 晶体的生长速率先增大后减小再增大。这一现象与 Oda 和 Saito 观察到的实验现象不同。这意味着随着压力的增大，CO_2 首先促进，然后抑制，再促进晶体的二次形核。显然，Oda 和 Saito 的理论无法解释高压 CO_2 在低温下再次促进 PLLA 结晶的现象。

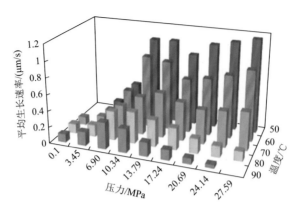

图 3-10　不同温度、不同 CO_2 压力下结晶获得的 PLLA 球晶平均生长速率的统计结果

为进一步研究 CO_2 对聚合物晶体生长速率的影响，文献[31]利用原位高压多光学观测系统进行了一种在线升压结晶实验，该实验方法在晶体生长过程中实时调整样品池内气体压力，可以用同一样品进行不同压力下的结晶实验，从而避免样品差异对实验结果的影响，实现压力的单一变量实验。图 3-11 和图 3-12 给出了两组 PLLA 在线升压结晶实验的结果，结晶温度分别为 100℃ 和 60℃。其中，图 3-11 为 PLLA 晶体在 100℃ 下随 CO_2 压力逐步升高而发生的形态演化过程的原位显微图像和结构数据。从图 3-11（1）可以看出，晶体的生长速率随着压力的增大而减小。当 CO_2 压力达到 21.9 MPa 时，晶体的生长速率几乎为零。众所周知，聚合物晶体的生长速率主要由二次形核速率控制。因此，当压力高于一定值时，CO_2 会抑制 PLLA 晶体的二次形核和晶体的生长。

然而，当 PLLA 样品在较低的温度下处理时，CO_2 对晶体生长的影响呈现出与图 3-11 不同的趋势。图 3-12 为 PLLA 晶体在 60℃ 下随 CO_2 压力逐步升高而发生的形态演化过程的原位显微图像和结构数据。从图 3-12（1）可以看出，晶体的生长速率先增大后减小再增大，这种变化趋势与图 3-10 中低温结晶实验获得的变化趋势一致。这些现象说明，在低温条件下，随着压力的增大，CO_2 先促进，再抑制，再重新促进聚合物晶体的二次形核速率。

所以，在低温高压条件下，晶体生长速率出现异常变化趋势。图 3-13 为 PLLA 样品在 60℃、20.69 MPa CO_2 条件下等温等压结晶后的原位显微图像。如图 3-13 所示，在 PLLA 球晶生长过程中，晶体边缘形成了大量的 CO_2 气泡。由于结晶过程的温度和压力是恒定的，所以这些气泡是由 CO_2 从聚合物晶体中解吸而形成的。异常的晶体生长速率变化趋势与解吸气泡的同时出现，使得 CO_2 解吸与 PLLA 晶体生长速率的增大产生关联。实际上，Marubayashi 等[28]曾观测到 CO_2 解吸引起的有序-无序转变，所以 CO_2 解吸对聚合物结晶的影响不能忽略。文献[31]提出一种理论解释：解吸后的 CO_2 分子将获得更高的运动能力，导致混合体系的熵增，熵增可以拉低聚合物结晶二次形核势垒，从而提高了聚合物晶体的二次形核速率和生长速率。为更加精准地从能量角度描述 CO_2 解吸对聚合物结晶的影响，有必要建立聚合物晶体在 CO_2 中二次形核速率的数学模型。

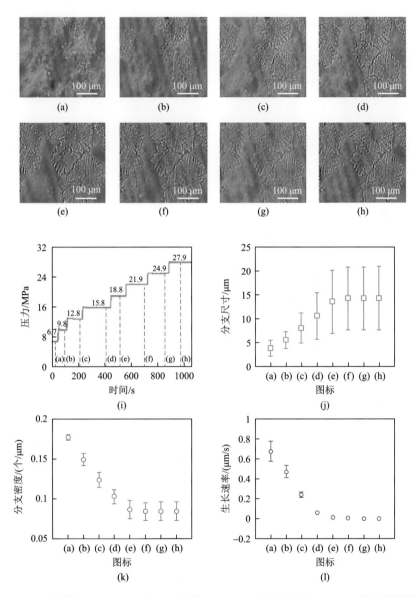

图 3-11　PLLA 晶体在 100℃ CO_2 中，压力从 6.7 MPa 逐步上升到 21.9 MPa 时形态演化过程的原位显微图像和结构数据

(i) 记录的压力数据及图像（a）～（h）的拍摄时间；（a）～（h）分支大小（j）和密度（k）的统计结果；
(l) 不同压力下 PLLA 晶体生长速率的统计结果

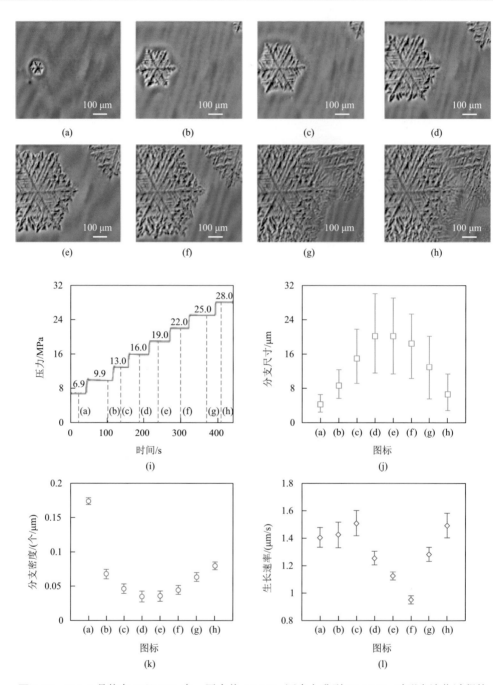

图 3-12 PLLA 晶体在 60℃ CO₂ 中，压力从 6.9 MPa 逐步上升到 28.0 MPa 时形态演化过程的原位显微图像和结构数据

(i) 记录的压力数据及图像（a）～（h）的拍摄时间；（a）～（h）分支大小（j）和密度（k）的统计结果；
(l) 不同压力下 PLLA 晶体生长速率的统计结果

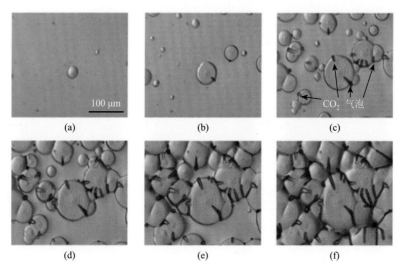

图 3-13　PLLA 在 20.69 MPa CO_2、60℃等温等压结晶过程的原位显微图像

（a）～（f）的拍摄时刻分别为 t_0s、t_0+41s、t_0+78s、t_0+96s、t_0+116s、t_0+267s

3.5　二次形核理论模型

聚合物结晶包括形核和长大两个过程。其中，初始形核过程中晶核的生成使其表面自由能最小化，随后进行的二次形核主导晶体的长大过程[32]。在这两个过程中，与其他材料最为不同的是二次形核过程。在二次形核过程中，聚合物长链分子如何从无规线团组装成排列整齐的晶体结构是高分子结晶理论研究的关键科学问题。众多高分子物理学家对该问题进行了深入研究。

Hoffman 等[33-35]和 Sadler 等[36,37]提出的经典模型将聚合物结晶解释为单步骤动力学过程。著名的 LH 模型假设每层的第一个结晶链节承担二次形核的能垒。从 20 世纪 90 年代初开始，关于聚合物结晶早期阶段的实验观察研究引发了对这些经典理论的再思考，并不断挑战经典理论的基本假设[38-46]。随后人们在实验研究中发现的预有序化结构证明了 Wunderlich 和 Mehta[47-50]提出的分子形核理论的合理性。根据蒙特卡罗模拟结果，Hu 等[51,52]提出链内形核过程主导所有的二次形核。另外，对于稀溶液中的聚合物结晶，Allegra 和 Meille[53]提出了预结晶阶段中4～20 个链节聚集形成的介稳态束状结构（3D 构象）。本质上，根据 Muthukumar等的模拟结果[54-56]，溶液中的束状结构也是一种由单链通过自折叠形成的链内结构。通过核磁共振（NMR）技术，Miyoshi 等[42-46]研究发现在溶液和熔融结晶过程的局部链折叠与结晶温度无关，这个发现否定了 LH 模型，并在此基础上给出了一种两步结晶的模式，其结晶过程包括：①在预结晶阶段通过自折叠形成分子束；②纳米束作为构造单元在单晶生长前沿沉积。

对于聚合物/发泡剂气体体系中的晶体二次形核过程及其机理，Oda 和 Saito[27]基于 LH 理论模型，通过考虑气体对扩散率的影响，提出了一种改进的 LH 理论模型。但如 3.4 节所述，理论模型忽略了气体解吸对晶体生长的影响，并且无法解释低温高压气体环境中聚合物晶体生长速率升高的现象。

文献[31]基于两步形核模式提出了一种用于计算在 CO_2 中聚合物晶体二次形核速率的新模型。该模型采用 Wunderlich 和 Mehta[47-50]提出的分子形核模型计算形核自由能，通过考虑 CO_2 对自由体积的影响来计算扩散活化能，在纳米束的形成过程中引入聚合物/CO_2 体系的混合自由能，在纳米束的沉积过程中引入由 CO_2 引起的平动自由能和吸附自由能。本节将介绍文献[31]的理论模型及其计算结果，分析各个能量分量对二次形核速率的贡献，揭示 CO_2 对聚合物晶体二次形核的影响机理。

3.5.1　物理模型

对于聚合物/CO_2 混合体系，文献[31]将晶体的二次形核过程分为以下 4 个步骤，如图 3-14 所示，包括：①相分离，聚合物分子链首先从充满 CO_2 分子的缠结网络中分离出来；②分子形核，部分聚合物分子链通过自折叠形成纳米束而形核；

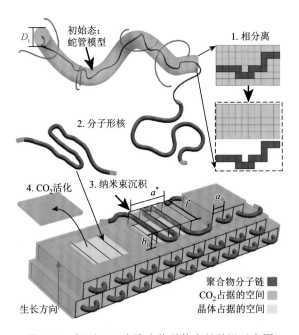

图 3-14　加压 CO_2 中聚合物晶体生长前沿示意图

初始态：充满 CO_2 分子蛇管理论模型；1. 链节/CO_2 相分离过程释放混合自由能；2. 通过自折叠形成纳米束的分子形核步骤；3. 纳米束的沉积；4. CO_2 分子从生长前沿的解吸

③纳米束沉积，吸附在生长前沿上的 CO_2 分子克服吸附自由能而脱离晶体，纳米束晶核在晶体生长前沿沉积；④CO_2 活化，解吸的 CO_2 分子获得热运动能力，从而对系统产生熵增。根据 Hu 等[51]提出的链内形核理论，二次形核主要由分子链内形核主导，而临界晶核在晶体生长前沿必须增厚约 4 倍才能稳定下来，这说明链内形核是发生在生长前沿上的二维形核。因此，图 3-14 中用平铺在晶体生长前沿界面上的二维结构表示临界纳米束晶核。

3.5.2 数学模型

为描述聚合物在 CO_2 中的结晶行为，首先采用 Sanchez-Lacombe（S-L）方程[57, 58]来确定系统压力 P、温度 T、密度 ρ 的关系，可表达为

$$\tilde{\rho}^2 + \tilde{P} + \tilde{T}\left[\ln\left(1-\tilde{\rho}\right)+\left(1-\frac{1}{r}\right)\tilde{\rho}\right]=0 \tag{3-6}$$

式中，$\tilde{P}$、$\tilde{T}$ 和 $\tilde{\rho}$ 分别为折算压力、折算温度和折算密度，可通过 $\tilde{P}=P/P^*$、$\tilde{T}=T/T^*$、$\tilde{\rho}=\rho/\rho^*$ 来计算；r 为聚合物分子占据格子位置数量的尺寸参数；P^*、T^* 和 ρ^* 为混合体系的特征参数，可以根据混合法则由聚合物和 CO_2 的特征参数计算出来。聚合物和 CO_2 的特征参数及其相应混合法则在 2.4.2 节中给出。

基于 Turnbull-Fisher 理论[59]计算二次形核速率。考虑到 Becker 和 Döring[60]提出的分子扩散，以及 Turnbull 和 Fisher 推导出的指前因子，临界形核速率 I 即每秒每摩尔聚合物熔体中的晶核数可通过式（3-7）计算：

$$I=\frac{N_A kT}{h}\exp\left(-\frac{\Delta E + \Delta G^*}{kT}\right) \tag{3-7}$$

式中，$\dfrac{N_A kT}{h}$ 为指前因子表达式；ΔE 为分子链段穿过晶体相界面的扩散活化能；ΔG^* 为临界形核自由能；T 为温度；k 为玻尔兹曼常量；h 为普朗克常量；N_A 为阿伏伽德罗常数。

为考虑加压 CO_2 对聚合物结晶的影响，将加压 CO_2 引起的额外自由能变 ΔG_s 引入到结晶自由能的计算中对形核速率进行修正，修正后的形核速率 I 可表示为

$$I=\frac{N_A kT}{h}\exp\left(-\frac{\Delta E + \Delta G^* + \Delta G_s}{kT}\right) \tag{3-8}$$

根据图 3-14 所示的理论模型，将自由能变 ΔG_s 拆分为以下三个分量：

$$\Delta G_s = \Delta G_m - \Delta G_t + \Delta G_a \tag{3-9}$$

式中，ΔG_m 为混合自由能，等价于聚合物/CO_2 体系相分离自由能；ΔG_t 为 CO_2 的平动自由能，代表 CO_2 分子的热运动能力；ΔG_a 为吸附自由能，用来描述 CO_2 分子从生长前沿的解吸。近代动力学理论的发展重新考虑了形核能垒中焓和熵两项[61]，所以各个能量分量在计算时均需考虑焓和熵的贡献。

基于 Cohen 和 Turnbull[62]对链段自扩散过程的理论解释，链段的自扩散过程可以用 Williams-Landel-Ferry 方程[63]计算：

$$\Delta E = \frac{C_1 T}{C_2 + T - T_g} \tag{3-10}$$

式中，C_1 和 C_2 为常数；T_g 为系统的玻璃化转变温度。

在计算临界晶核的自由能过程中，定义临界晶核为一个厚度为 b_0，宽度为 a^* 和长度为 l^* 的单分子层，如图 3-14 所示。基于 Wunderlich 等[47-50]提出的分子形核模型，临界形核自由能可表达为

$$\Delta G^* = \frac{4b_0 \sigma \sigma_e T_m^0}{\Delta T \Delta h_f} + 2a_0 b_0 \sigma_e' \tag{3-11}$$

式中，σ 为侧表面能；σ_e 为端表面能；T_m^0 为平衡熔融温度；ΔT 为过冷度；Δh_f 为单位体积的熔融焓；σ_e' 为分子链的剩余非晶态部分自由能的贡献。σ_e' 的值可根据 Zachmann 和 Peterlin[64]的处理方法进行计算，计算公式为

$$\sigma_e' = \frac{\dfrac{\sigma_1'}{2} + \sigma_2' + \dfrac{\sigma_3'}{2}}{a_0 b_0} \tag{3-12}$$

式中，$a_0 b_0$ 为近似聚合物链的横截面积；$\sigma_1' = kT \ln(M_{poly}/6m_0)$；$\sigma_2' \approx \sigma_1'/2$；$\sigma_3' \approx kT$；$M_{poly}$ 为聚合物的相对分子质量。对于聚合物分子链，由几个主链原子组成的相对刚性单元可以统称为"虚键"，m_0 为每个"虚键"的平均相对分子质量。根据 Hoffman 等[65]的理论模型，聚合物的侧表面能 σ 可以表示为

$$\sigma = \frac{T \Delta h_f a_0}{2 C_\infty T_m} \tag{3-13}$$

式中，C_∞ 为聚合物的特征比；T_m 为聚合物的熔融温度。

根据文献[47]给出的分子形核模型，纳米束的临界尺寸为 $a^* = \dfrac{2\sigma T_m^0}{\Delta T \Delta h_f}$，$l^* = \dfrac{2\sigma_e T_m^0}{\Delta T \Delta h_f}$。纳米束中分子链的临界长度可表示为

$$L = \frac{4\sigma\sigma_e T_m^{02}}{a_0 \Delta h_f^2 \Delta T^2} + \frac{2\sigma_e' T_m^0}{\Delta h_f \Delta T} + \frac{2kT T_m^0}{a_0 b_0 \Delta h_f \Delta T} \tag{3-14}$$

为计算晶体前沿混合体系的混合自由能 ΔG_m，利用 Flory-Huggins 理论的计算方法计算聚合物/CO_2 体系的 ΔG_m。此处，假定聚合物链段在吸附生长前沿之前位于缠结网络中，并且聚合物/CO_2 混合体系被限制在蛇管中[66]，如图 3-14 中的初始态所示。ΔG_m 可以表示为

$$\Delta G_m = kT\left[N_s\frac{x}{N_s+x}\chi + \ln\left(\frac{x}{N_s+x}\right) + N_s\ln\left(\frac{N_s}{N_s+x}\right)\right] \tag{3-15}$$

式中，N_s 为 CO_2 在蛇管中的分子数。在格子模型中，每个 CO_2 分子占据一个格子，聚合物链段占据 x 个格子，x 是链段和 CO_2 分子的体积比。定义 $\phi_2 = \dfrac{x}{N_s+x}$ 为聚合物链段在蛇管中的体积分数，ϕ_2 可通过 S-L 状态方程计算获得。这样，ΔG_m 可以简化为

$$\Delta G_m = kT\left[N_s\phi_2\chi + \ln\phi_2 + N_s\ln(1-\phi_2)\right] \tag{3-16}$$

式中，χ 为二元相互作用参数，其对温度和浓度的依赖性可通过式（3-17）来考虑[67, 68]：

$$\chi = \left[1 + b_1(1-\phi_2) + b_2(1-\phi_2)^2\right]\left(d_0 + \frac{d_1}{T} + d_2\ln T\right) \tag{3-17}$$

式中，b_i 和 d_j（$i=1, 2$；$j=0, 1, 2$）根据实验数据确定。

为了获得 N_s 的数值，以图 3-14 所示的蛇管模型作为几何模型进行计算。根据 Flory 的计算方法[69]，图 3-14 中的直径 D_t 可表达为

$$D_t^2 = C_\infty\frac{M_e}{m_0}l_0^2 \tag{3-18}$$

式中，l_0 为虚键的长度；M_e 为缠结相对分子质量。就分子结构而言，N_s 可估算为

$$m_{tube} = \rho_m\frac{C_\infty M_e l_0^2}{4m_0}\pi L_t \tag{3-19}$$

$$N_s = \varepsilon_V\frac{N_A w_1 m_{tube}}{M} \tag{3-20}$$

式中，M 为 CO_2 的摩尔质量；N_A 为阿伏伽德罗常数；w_1 为 CO_2 的质量分数；ρ_m 为聚合物/CO_2 混合体系的密度；ε_V 为有效体积因子，当一个球形物体被放置在立方体空间中，球形物体所占的体积为 $\pi/6$；L_t 为聚合物链段的蛇管长度。根据 Klein 和 Robin 给出的计算方法[70]，蛇管长度可表示为

$$L_t = \frac{nl_0^2}{D_t} = nl_0\sqrt{\frac{m_0}{C_\infty M_e}} \tag{3-21}$$

式中，$n = L/l_0$，表示长度为 l_0 的相对硬单元（虚键）的数量。需要指出，n 值不能超过具有一定相对分子质量的聚合物分子链中长度为 l_0 的单元的总数量。考虑到 CO_2 的溶胀效应，M_e 可根据式（3-22）计算[71]：

$$M_e = M_e^0 \phi_2^{-\alpha} \tag{3-22}$$

式中，α 为稀释指数；ϕ_2 为聚合物在混合体系中的体积分数；M_e^0 为聚合物熔体 $\phi_2 = 1$ 时的缠结相对分子质量。

如图 3-14 所示，聚合物纳米束的沉积将 CO_2 分子挤出生长前沿表面（面积为 $a^* l^*$），这就是 CO_2 的解吸过程。在这个等温等压过程中，用 CO_2 在聚合物分子表面的吸附自由能 ΔG_a 来计算解吸能。根据吸附剂和吸附质之间的相互作用，将 CO_2 在表面的吸附自由能 ΔG_a 分成两个部分：相对较强相互作用（类似于氢键）的 ΔG_{as}、相对较弱相互作用（如色散力）的 ΔG_{aw}，且假定强相互作用的作用点均匀地分布在聚合物纳米束晶体的四个表面。这样，ΔG_{as} 可通过下列方程计算：

$$\Delta G_{as} = S_e \frac{\theta n_s E_s}{N_A} \tag{3-23}$$

$$S_e = \frac{a^* l^*}{2a_0 L_t + 2b_0 L_t} \tag{3-24}$$

式中，S_e 为强相互作用的有效位点分数；θ 为表面覆盖度；n_s 为分子链上能够形成强相互作用的位点的总数；E_s 为每摩尔强相互作用的强度。

对于 PLLA/CO_2 体系，CO_2 和供电子基团（羰基[72]和醚基[72]）或者一些含路易斯碱特性的聚合物[73, 74]之间存在特定相互作用。分子模拟计算显示，CO_2 与羰基之间相互作用的强度（$E_{CO_2\text{-carbonyl}}$）大约为水二聚物的氢键的一半[75]。而 CO_2 和醚基之间相互作用的强度（$E_{CO_2\text{-ether}}$）也相当于 CO_2 和羰基之间的相互作用强度[73]。包含 n 个虚键（基本单体单元的数量等于 $n/3$ [75]）的聚合物链段包含 $n/3$ 个羰基和 $n/3$ 个醚基，CO_2 分子优先吸附这些基团。这样，方程式（3-23）中 $n_s E_s$ 的值可以计算为

$$n_s E_s = \left(E_{CO_2\text{-carbonyl}} + E_{CO_2\text{-ether}} \right) n/3 \tag{3-25}$$

当温度高于临界温度 T_c 时，吸附质表面将吸附单层气体分子[76]。这样，就可以用等温吸附的 Langmuir 公式[77]来估算吸附量：

$$\theta = \frac{b(P - P^\ominus)}{1 + b(P - P^\ominus)} \tag{3-26}$$

式中，$P^\ominus$ 为标准大气压，数值为 0.1 MPa；b 为吸附平衡常数或者吸附力[78]，可

由式（3-27）计算：

$$b = C_0 \exp(Q'/T) \tag{3-27}$$

式中，参数 C_0 和 Q' 可通过对测试数据拟合获得。

对于中性吸附质或带弱电的吸附质，ΔG_{aw} 可通过 Langmuir 平衡常数[79]来确定，其表达为

$$\Delta G_{aw} = -n_a RT \ln b \tag{3-28}$$

式中，n_a 为吸附摩尔数，可通过式（3-29）计算获得

$$n_a = \varepsilon_a \frac{a^* l^* \theta}{A_m N_A} - \frac{\theta S_e n_s}{N_A} \tag{3-29}$$

式中，A_m 为吸附剂分子的截面积；$\varepsilon_a = \pi/4$，表示有效面积因子，方形区域内放置圆形物体，圆形物体实际占用空间约为总空间的 $\pi/4$。本质上，由于吸附力对吸附剂分子做功降低了溶剂分子的熵，吸附势对整个系统自由能变的贡献是负的，所以方程式（3-29）等号右边存在一个负号。

从聚合物表面解吸后，新释放的 CO_2 分子将获得热运动的能力。此处，考虑 CO_2 分子的平动自由能，平动自由能变 ΔG_t 的计算公式如下

$$\Delta G_t = \varepsilon \frac{a^* l^* \theta}{A_m N_A} (G_m - G_{m,t}^{\ominus}) \tag{3-30}$$

式中，G_m 为温度和压力的函数，表示 CO_2 的摩尔平动自由能；$G_{m,t}^{\ominus}$ 为理想状态下 CO_2 的摩尔平动自由能；$\rho_{CO_2}(P,T)$ 为 CO_2 的密度，可由 S-L 状态方程计算获得。根据 Sackur-Tetrode 公式，CO_2 的 G_m 为

$$G_m = H_t - TS_t = \frac{5}{2}RT - RT\left(\ln\frac{q_t}{N_A} + \frac{5}{2}\right) = -RT \ln\left[\frac{(2\pi mkT)^{\frac{3}{2}}}{N_A h^3} V_m\right] \tag{3-31}$$

式中，q_t 为平动配分函数；h 为普朗克常量；CO_2 的摩尔体积 V_m 可通过 $M/\rho_{CO_2}(P,T)$ 计算；CO_2 分子的质量 m 可通过 M/N_A 计算；CO_2 的 $G_{m,t}^{\ominus}$ 可通过式（3-32）计算：

$$G_{m,t}^{\ominus} = -RT^{\ominus} \ln\left[\frac{(2\pi mkT^{\ominus})^{\frac{3}{2}}}{N_A h^3} \frac{RT^{\ominus}}{P^{\ominus}}\right] \tag{3-32}$$

式中，$T^{\ominus} = 273.15℃$。

3.5.3　理论计算与分析

上述模型的计算方法和模型参数可以参考文献[31]和[80]。考虑到 S-L 模型对于 CO_2 气体的适用压力[81, 82]，上述模型计算的压力范围为 9～30 MPa。图 3-15 将二次形核速率的计算结果与 PLLA（摩尔质量约为 64 500 g/mol）样品生长速率的统计结果进行了对比。Hoffman[83]提出二次形核速率正比于聚合物晶体的生长速率，因此晶体的二次形核速率可以代表生长速率的变化趋势。在图 3-15（b）中，当结晶温度为 90℃时，随着 CO_2 压力的增加，二次形核速率逐渐减小。从图 3-15（a）中可以看出，当结晶温度为 60℃时，随着 CO_2 压力的增加，二次形核速率先减小后增大。这些二次形核速率曲线的变化趋势与原位结晶实验测得的晶体生长速率变化趋势基本一致。这意味着上述模型可以描述 CO_2 对 PLLA 晶体生长行为的影响，包括 CO_2 在低温高压条件下的形核再促进作用。

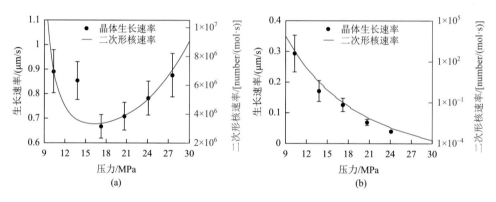

图 3-15　晶体生长速率和二次形核速率（计算结果）与压力的关系

（a）结晶温度 60℃；（b）结晶温度 90℃

图 3-16 给出了采用所建模型计算获得的不同压力和温度条件下的二次形核速率和能垒结果。从图 3-16（a）可以看出，二次形核速率曲线呈现两种不同的变化趋势。在较高结晶温度（353～363 K）下，随 CO_2 压力上升，二次形核速率在整个所研究的压力范围内不断下降。但在较低的结晶温度（333～343 K）下，随 CO_2 压力上升，二次形核速率先下降后上升。从图 3-16（b）可以看出，高温条件下压力变化对二次形核速率的影响明显大于低温条件。根据方程式（3-8），二次形核速率曲线的变化趋势由能量项控制。图 3-16（c）和（d）分别给出了在 333.15 K 和 373.15 K 温度下的总附加自由能 ΔG_s、扩散激活能 ΔE 和临界形核自由能 ΔG^* 与压力的关系。这两组数据显示总附加自由能 ΔG_s 在二次形核速率的计算模型中起主导作用。

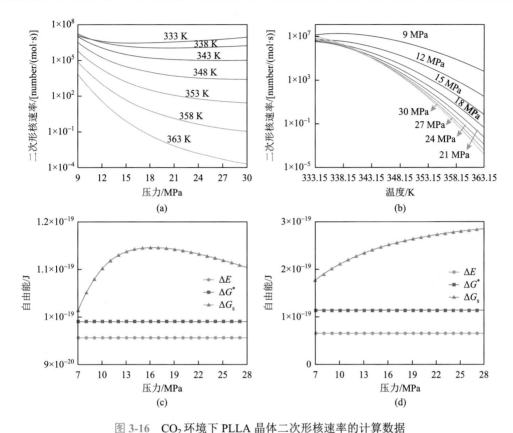

图 3-16　CO_2 环境下 PLLA 晶体二次形核速率的计算数据

（a）形核速率I在不同温度下与压力的关系；（b）形核速率I在不同压力下与温度的关系；333.15 K（c）和
373.15 K（d）温度下，ΔG_s、ΔE 和 ΔG^* 与压力的关系

图 3-17 为不同压力和温度下能量分量的计算结果。如图 3-17（a）和（b）所示，当完整考虑混合自由能 ΔG_m、平动自由能 ΔG_t、强吸附能 ΔG_{as} 和弱吸附能 ΔG_{aw}，总附加自由能 ΔG_s 在聚合物晶体二次形核的能垒计算中变成正值。这种正值的能垒 ΔG_s 意味着 CO_2 将限制聚合物结晶的二次形核，即形核限制效应。这一结论与 Oda 和 Saito[27] 的研究结果一致。此外，如图 3-17（c）和（d）所示，CO_2 的解吸能 ΔG_{as} 和 ΔG_{aw} 的贡献比混合自由能 ΔG_m 大。因此可以得出：形核限制效应主要是由 CO_2 分子在晶体生长表面上的解吸需要较大能量 ΔG_{as} 和 ΔG_{aw} 导致的。

在占主导地位的形核限制效应中，在该模型所计算的温度范围内 ΔG_s 出现了两种不同的趋势，如图 3-17（a）和（b）所示。一是在低温条件下，随 CO_2 压力升高，ΔG_s 逐渐降低；二是在高温条件下，随 CO_2 压力升高，ΔG_s 逐渐升高。在图 3-17（c）中，随 CO_2 压力升高，ΔG_s 先上升随后又缓慢降低。ΔG_s 的降低主要由 CO_2 的平动自由能 ΔG_t 所导致，这部分能量是由聚合物结晶过程中额外自由体积的释放所产生的。图 3-17（e）和（f）给出了各个能量分量在 12 MPa 和 27 MPa CO_2 环境中的贡献。从中可看出平动自由能 ΔG_t 的贡献从 12 MPa 下的 16%升到了 27 MPa 下的 27%。进一步计算可知，在平动自由能 ΔG_t 中，熵的贡献约为 5.94×10^{-20} J，而焓的贡献则为 3.4×10^{-21} J，说明 CO_2 分子的熵增在降低总自由能垒中扮演了主要角色。这些计算结果与通常在聚合物溶液中观察到的熵致相变[84-86]和熵致结晶[87]现象相一致。上述模型计算结果表明：在低结晶温度下，CO_2 对聚合物结晶二次形核的熵效应随其压力上升变得更加显著。

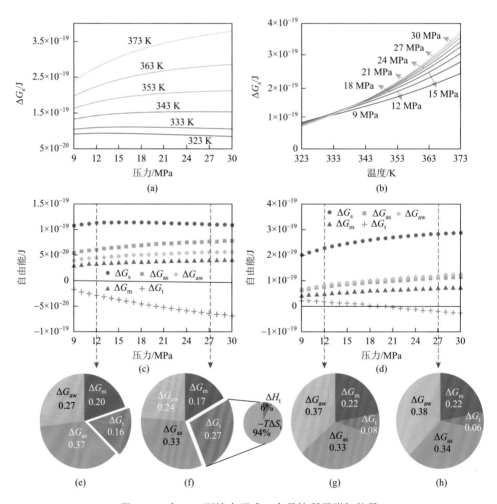

图 3-17　在 CO_2 环境中形成一个晶核所需附加能量

（a）不同温度下 ΔG_s 与压力的关系；（b）不同压力下 ΔG_s 与温度的关系；（c）333.15 K 和（d）373.15 K 温度下，能垒模型中 ΔG_m、ΔG_t、ΔG_{as}、ΔG_s 和 ΔG_{aw} 与压力的关系；12 MPa[（e）、（g）]和 27 MPa[（f）、（h）]压力下各个能量分量的贡献

图 3-17（d）给出了在 373.15 K 温度下 ΔG_s 对压力的依赖关系，从中可以看出：①强吸附能 ΔG_{as} 和弱吸附能 ΔG_{aw} 构成 ΔG_s 的主要部分；②平动自由能 ΔG_t 维持在一个相当低的水平；③通过蛇管理论考虑缠结状态的混合自由能 ΔG_m 在削弱总能垒 ΔG_s 中发挥了主要作用。值得注意的是，有关研究表明形核速率随缠结密度的上升而下降[88, 89]，分子动力学模拟结果[90, 91]也表明缠结状态对形核有直接影响。而根据上述计算结果可知，在溶胀聚合物体系或高浓度聚合物溶液中，缠结对二次形核能垒的影响会被减弱。

如图 3-17（c）所示，在较低的结晶温度下，由吸附能主导的形核限制效应被由平动自由能主导的熵致结晶作用部分逆转，随着 CO_2 压力的增加，PLLA 晶体生长速率先下降后上升。而在较高的结晶温度下，能垒不断升高，二次形核速率不断下降，晶体的生长就会变得极其缓慢或停止。结合 3.4 节所示的实验结果，理论模型的计算结果表明：在溶胀聚合物体系或高浓度聚合物溶液中存在着熵致结晶现象，限制形核效应和熵致效应以竞争关系并存，这是因为 CO_2 分子在从晶体表面解吸时重新获得热运动的能力。

3.6　晶型转变

发泡剂气体的混入不仅会改变聚合物晶体生长速率、晶体形貌，还会改变聚合物的晶型。例如，在高压 CO_2 环境下，PLA 可以在极低的温度下（0℃以下）自发结晶。以高压 CO_2 诱导产生的晶体，晶体形貌呈尺度极小（10～200 nm）的棒状晶体，并且晶体结构为比 α' 晶体更加无序的结构，被称为 α'' 晶体[92, 93]。本节将介绍在室温下 CO_2 对 PLA 晶型的影响，并对其晶体结构进行分析，首先通过广角 X 射线衍射（WAXD）分析了不同 CO_2 压力处理获得的 PLA 样品。由于 CO_2 在压力低的情况下（1.7 MPa），需要约为 20 h 达到饱和，因此将所有压力下的 CO_2 处理时间定为 24 h，以便比较各种 CO_2 压力所诱导的 PLA 结晶差异。

图 3-18 对比了经 CO_2 处理和未经 CO_2 处理的 PLA 样品的 WAXD 曲线。由图可知，CO_2 处理后会出现明显且尖锐的衍射峰，即经 CO_2 处理的 PLA 样品发生了结晶。而未经 CO_2 处理样品的 WAXD 曲线则表现出平缓的"馒头峰"，没有任何尖锐的衍射峰，这是非晶态聚合物的典型曲线。对于在 1.7 MPa 下处理的样品，在 $2\theta = 21.3°$、$23.7°$、$26.5°$ 处存在一些弱峰，表明 PLA 基体中出现了一些有序结构，但分子链排布并未形成完善的晶体结构。当 CO_2 压力升至 3.5 MPa 时，在 $2\theta = 16.2°$ 和 $2\theta = 18.7°$ 处出现了强衍射峰，表明结晶度得到显著提高。目前已知 $2\theta = 16.2°$ 处的尖锐峰为 α' 晶体的标志，这种晶体比常见的 α 晶体结构更为松散[28, 94, 95]。对于在 5.2 MPa 下处理的 PLA 样品，在 $2\theta = 15.2°$ 处出现一个新的弱

峰。随着 CO_2 压力进一步增加至 6.7 MPa、13.8 MPa 和 20.7 MPa，位于 $2\theta = 15.2°$ 处的新峰强度逐渐增强，而 $2\theta = 16.2°$ 处的峰强度逐渐衰弱。同时，随着 CO_2 压力的增加，在 $2\theta = 18.7°$ 处的尖锐峰变弱，并向左侧（较小的 2θ）迁移。从 $2\theta = 16.2°$ 到 $2\theta = 15.2°$ 的衍射峰位移表明，α 晶体转变为另一种晶体结构，被称为 PLA-CO_2 复合晶体[94, 95]。由于这种晶体结构的分子链间残留了 1%～2% 的 CO_2 分子，因而其晶格比常规 α 晶体具有更长的 a 轴和 b 轴，但具有与 α 晶体相同的 10/7 螺旋。由于残留 CO_2 会扩散至外界解吸，PLA-CO_2 复合晶体结构可能会随时间变化，最终演变为 α 晶体结构[95]。根据布拉格定律，在较小的 2θ 处的衍射峰表示更大的晶面间距。因此，PLA-CO_2 复合晶体的堆积结构比 α' 晶体更加松散。有研究表明，从宏观的晶体形态上讲，这些 CO_2 诱导的晶体呈现为纳米级的棒状微晶，而不是大尺寸的普通球晶[28]。

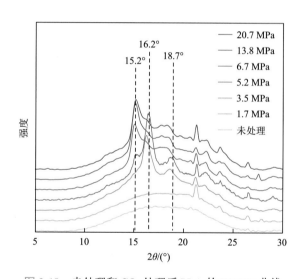

图 3-18 未处理和 CO_2 处理后 PLA 的 WAXD 曲线

根据 WAXD 数据，可以计算 PLA 样品的结晶度（χ_{WAXD}），图 3-19 给出了计算结果。未经 CO_2 处理的 PLA 的 χ_{WAXD} 小于 1%，表明未经处理的原始 PLA 样品为非晶态。在 1.7 MPa 下进行处理，PLA 可能会发生结晶，但是由于 CO_2 增塑效果不明显[11]，聚合物分子链的移动能力相对较弱，难以重新排列，因此 χ_{WAXD} 仅为 4%。当处理压力提升至 3.5 MPa 时，PLA 的 T_g 已降低至低于室温[11]，此时室温下的 PLA 分子链的活动能力大大提高，χ_{WAXD} 急剧增加到大约 24%。随着 CO_2 压力的进一步增加，χ_{WAXD} 的值几乎保持恒定，不再增加。其他研究者曾报道过这种现象[96, 97]，可以归因于以下因素：CO_2 的增塑作用可以增强 PLA 分子链的活动能力，从而诱导 PLA 结晶。然而 CO_2 的增塑作用是有限的，当结晶度达到一定水平，受限于较低的结晶温度和已经结晶形成纳米微晶，结晶度不会一直增大，而是会保持一定的水平。

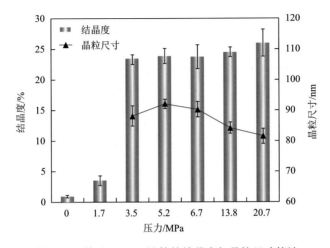

图 3-19　基于 WAXD 计算的结晶度与晶粒尺寸统计

　　此外，基于图 3-18 中的 WAXD 曲线，还可对晶粒尺寸进行粗略估算，通常越宽的衍射峰表示越小的晶体。对于在 3.5～20.7 MPa CO_2 压力下处理的 PLA 样品，沿(110)晶面的法线方向，晶粒尺寸在 80～100 nm 范围内。这些纳米级微晶的形成说明 PLA 分子链的活动能力极其有限，只能在较小的尺寸范围内移动，完成有序排列。另外，从图 3-19 中可以看出，晶粒尺寸随着 CO_2 压力的升高先增大后减小。晶粒尺寸的增大是由于分子链活动能力的上升，分子链可以在更大尺寸范围内组装成晶体；晶粒尺寸的减小是由于在低温高压条件下，CO_2 不仅会起到更强的增塑作用，也会起到促进形核的作用。聚合物晶体更高的形核速率意味着晶体密度的上升和晶粒尺寸的减小。这种促进形核的作用机理已经在 3.3 节和 3.4 节进行了详细分析。

　　为进一步分析 CO_2 对 PLA 晶体结构的影响，图 3-20 给出了经不同压力 CO_2 处理的 PLA 样品的傅里叶变换红外光谱（FTIR）测试结果。在图 3-20（a）中，波数范围为 1150～1400 cm^{-1} 与—CH_3、C—H 弯曲和 C—O—C 伸缩的不对称振动有关[93,98]。从图 3-20（a）中可以看出，表示 PLA 呈非晶态的 1267 cm^{-1} 谱带的强度随着 CO_2 压力的增加而逐渐降低。同时，随着 CO_2 压力的升高，位于 1212 cm^{-1} 处的谱带变得越来越明显：对于未处理的样品和在 1.7 MPa 的相对较低压力下处理的样品，FTIR 曲线仅存在平缓的坡峰，而在较高 CO_2 压力下处理的样品显示出明显的新谱带，表明形成了构象有序的分子堆砌结构。在图 3-20（b）中，波数范围 840～960 cm^{-1} 与分子主链骨架的伸缩及—CH_3 侧基的摇摆振动相关[93,98]。

从图 3-20（b）可以看出，未经处理的样品在 867 cm^{-1} 处的峰稍微移至更高的波数，表明通过 CO_2 处理产生了有序结构。921 cm^{-1} 处的峰通常对应于 α 类晶体结构（包括 α 与 α′）。但是，在 921 cm^{-1} 处没有任何吸收峰，而在 918 cm^{-1} 处观察到新的峰。这个峰被认为是介相对应的峰位，是处于非晶态和完善 α 晶体之间的一种中间状态[92]。在合适的条件下[93, 95]，这种介相可以进一步发展为 α 晶体。因此，这些介相应该与 PLA-CO_2 复合晶体的形成有关，如图 3-18 所示。

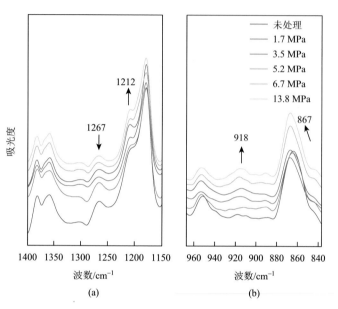

图 3-20　不同压力 CO_2 处理的 PLA 的 FTIR 图谱

（a）1150~1400 cm^{-1}；（b）840~960 cm^{-1}

图 3-21（a）中，SALS 图像呈现"+"形，距中心点越远，强度越低，并非"四叶瓣"形状，表明晶体在一维或二维尺度占优，推测为棒状或碟状晶体。使用扫描电子显微镜（SEM）直接观察 CO_2 处理对 PLA 样品的微观晶体形态的影响。如图 3-21（b）所示，对于未处理的样品，其表面被严重刻蚀，呈现出不规则的坑坑洼洼形貌。这是因为 PLA 为非晶态凝聚结构，样品很容易被腐蚀[97, 99]。而对于经 CO_2 处理的 PLA 样品，可以在图 3-21（c）中观察到大量有序、规则结构，表明 PLA 在 CO_2 的作用下形成晶体。图 3-21（d）是 CO_2 处理样品的微观形态的局部放大图，可以观察到晶体呈现出数十至数百纳米大小的棒状形状，与 SALS 获得的结果一致。更有价值的是，这些纳米级晶体可以有效改善 PLA 的机械性能和耐热性[97, 100]。

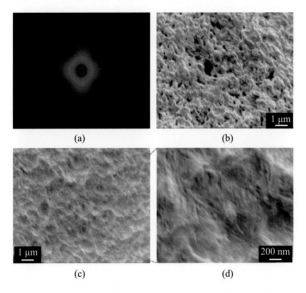

图 3-21　（a）SALS 图像；（b）～（d）经甲醇/水/NaOH 溶液刻蚀后的 SEM 图，其中（b）未处理样品，（c）3.5 MPa 处理的样品，（d）是（c）的局部放大图

参 考 文 献

[1]　CRIST B，SCHULTZ J M . Polymer spherulites：A critical review[J]. Progress in polymer science，2016，56：1-63.

[2]　GRÁNÁSY L，PUSZTAI T，WARREN J A，et al. Growth of 'dizzy dendrites' in a random field of foreign particles[J]. Nature materials，2003，2（2）：92-96.

[3]　ZHANG B，CHEN J，LIU B，et al. Morphological changes of isotactic polypropylene crystals grown in thin films[J]. Macromolecules，2017，50（16）：6210-6217.

[4]　GRÁNÁSY L，PUSZTAI T，BÖRZSÖNYI T，et al. A general mechanism of polycrystalline growth[J]. Nature materials，2004，3（9）：645-650.

[5]　PRUD'HOMME R E. Crystallization and morphology of ultrathin films of homopolymers and polymer blends[J]. Progress in polymer science，2016，54：214-231.

[6]　ZHAO G Q，ZHANG L，WANG G L. Microscopic observation system with temperature-pressure-controllable sample cell and methods：US11060965 B2[P]. 2021.

[7]　ZHAO G Q，ZHANG L，WANG G L. Small angle laser scatterometer with temperature-pressure-controllable sample cell and characterization method：US11067505 B2[P]. 2021.

[8]　ZHANG L，ZHAO G Q，WANG G L. Investigation on the growth of snowflake-shaped poly(L-lactic acid) crystal by in-situ high-pressure microscope[J]. Polymer，2019，177：25-34.

[9]　ZHANG L，ZHAO G Q，WANG G L. Investigation of the influence of pressurized CO_2 on crystal growth of poly(L-lactic acid) by using in-situ high-pressure optical system[J]. Soft matter，2019，15：5714-5727.

[10]　TAKADA M，HASEGAWA S，OHSHIMA M. Crystallization kinetics of poly(L-lactide) in contact with pressurized CO_2[J]. Polymer engineering & science，2004，44（1）：186-196.

[11] HUANG E B，LIAO X，ZHAO C X，et al. Effect of unexpected CO_2's phase transition on the high-pressure differential scanning calorimetry performance of various polymers[J]. ACS sustainable chemistry & engineering，2016，4（3）：1810-1818.

[12] KEITH H D，CHEN W Y. On the origins of giant screw dislocations in polymer lamellae[J]. Polymer，2002，43（23）：6263-6272.

[13] DAWSON I M. The study of crystal growth with the electron microscope. II. The observation of growth steps in the paraffin *n*-hectane[J]. Proceedings of the royal society A，1952，214（1116）：72-79.

[14] KHOURY F，PADDEN F J. On the growth habits of twinned crystals of polyethylene[J]. Journal of polymer science part A：polymer chemistry，1960，47（149）：455-468.

[15] YANG J J，LIANG Y R，SHI W C，et al. Effects of surface wetting induced segregation on crystallization behaviors of melt-miscible poly(L-lactide)-block-poly(ethylene glycol) copolymer thin film[J]. Polymer，2013，54（15）：3974-3981.

[16] JEZIORNY A. Parameters characterizing the kinetics of the non-isothermal crystallization of poly(ethylene terephthalate) determined by DSC[J]. Polymer，1978，19（10）：1142-1144.

[17] TAKADA M，TANIGAKI M，OHSHIMA M. Effects of CO_2 on crystallization kinetics of polypropylene[J]. Polymer engineering & science，2001，41（11）：1938-1946.

[18] TAKADA M，OHSHIMA M. Effect of CO_2 on crystallization kinetics of poly(ethylene terephthalate)[J]. Polymer engineering & science，2003，43（2）：479-489.

[19] 赵国群，张磊，王桂龙. 一种带温度和压力可控样品池的显微观测系统及方法：ZL 201810266075.2[P]. 2022.

[20] 赵国群，张磊，王桂龙. 一种带温度压力可控样品池的小角激光散射仪及表征方法：ZL 201810267037.9[P]. 2022.

[21] LI B，MA X W，ZHAO G Q，et al. Green fabrication method of layered and open-cell polylactide foams for oil-sorption via pre-crystallization and supercritical CO_2-induced melting[J]. Journal of supercritical fluids，2020，162：104854.

[22] HOU J J，ZHAO G Q，WANG G L，et al. Ultra-high expansion linear polypropylene foams prepared in a semi-molten state under supercritical CO_2[J]. Journal of supercritical fluids，2019，145：140-150.

[23] HOU J J，ZHAO G Q，ZHANG L，et al. High-expansion polypropylene foam prepared in non-crystalline state and oil adsorption performance of open-cell foam[J]. Journal of colloid and interface science，2019，542：233-242.

[24] WANG G L，ZHAO G Q，ZHANG L，et al. Lightweight and tough nanocellular PP/PTFE nanocomposite foams with defect-free surfaces obtained using *in situ* nanofibrillation and nanocellular injection molding[J]. Chemical engineering journal，2018，350：1-11.

[25] WANG G L，ZHAO G Q，WANG S，et al. Injection-molded microcellular PLA/graphite nanocomposites with dramatically enhanced mechanical and electrical properties for ultra-efficient EMI shielding applications[J]. Journal of materials chemistry C，2018，6（25）：6847-6859.

[26] ZHAO J C，WANG G L，ZHANG L，et al. Lightweight and strong fibrillary PTFE reinforced polypropylene composite foams fabricated by foam injection molding[J]. European polymer journal，2019，119：22-31.

[27] ODA T，SAITO H. Exclusion effect of carbon dioxide on the crystallization of polypropylene[J]. Journal of polymer science part B：polymer physics，2004，42（9）：1565-1572.

[28] MARUBAYASHI H，AKAISHI S，AKASAKA S，et al. Crystalline structure and morphology of poly(L-lactide) formed under high-pressure CO_2[J]. Macromolecules，2008，41（23）：9192-9203.

[29] 王桂龙，赵国群，柴佳龙，等. 增强聚合物结晶及力学性能的方法、装置及获得的产物：ZL 201711430932.

X[P]. 2018.

[30] CHAI J L, WANG G L, LI B, et al. Strong and ductile poly(lactic acid) achieved by carbon dioxide treatment at room temperature[J]. Journal of CO_2 utilization, 33, 2019: 292-302.

[31] ZHANG L, ZHAO G Q. Poly(L-lactic acid) crystallization in pressurized CO_2: An *in-situ* microscopic study and a new model for the secondary nucleation from supercritical CO_2[J]. Journal of physical chemistry C, 2020, 124, 16: 9021-9034.

[32] HONG Y L, YUAN S C, LI Z, et al. Three-dimensional conformation of folded polymers in single crystals[J]. Physical review letters, 2015, 115 (16): 168301.

[33] HOFFMAN J D. Thermodynamic driving force in nucleation and growth processes[J]. Journal of chemical physics, 1958, 29 (5): 1192-1193.

[34] LAURITZEN J I, HOFFMAN J D. Extension of theory of growth of chain-folded polymer crystals to large undercoolings[J]. Journal of applied physics, 1973, 44 (10): 4340-4352.

[35] HOFFMAN J D, DAVIS G T, LAURITZEN J I. The rate of crystallization of linear polymers with chain folding[J]. Treatise on solid state chemistry, 1976: 497-614.

[36] SADLER D M, GILMER G H. Rate-theory model of polymer crystallization[J]. Physical review letters, 1986, 56 (25): 2708.

[37] SADLER D M. New explanation for chain folding in polymers[J]. Nature, 1987, 326 (6109): 174.

[38] STROBL G. Crystallization and melting of bulk polymers: New observations, conclusions and a thermodynamic scheme[J]. Progress in polymer science, 2006, 31 (4): 398-442.

[39] STROBL G. Colloquium: Laws controlling crystallization and melting in bulk polymers[J]. Reviews of modern physics, 2009, 81 (3): 1287.

[40] Olmsted P D, Poon W C K, McLeish T C B, et al. Spinodal-assisted crystallization in polymer melts[J]. Physical review letters, 1998, 81 (2): 373.

[41] SOCCIO M, NOGALES A, LOTTI N, et al. Evidence of early stage precursors of polymer crystals by dielectric spectroscopy[J]. Physical review letters, 2007, 98 (3): 037801.

[42] HONG Y L, KOGA T, MIYOSHI T. Chain trajectory and crystallization mechanism of a semicrystalline polymer in melt- and solution-grown crystals as studied using ^{13}C-^{13}C double-quantum NMR[J]. Macromolecules, 2015, 48 (10): 3282-3293.

[43] JIN F, YUAN S C, WANG S J, et al. Polymer chains fold prior to crystallization[J]. ACS macro letters, 2022, 11 (3): 284-288.

[44] HONG Y L, CHEN W, YUAN S C, et al. Chain trajectory of semicrystalline polymers as revealed by solid-state nmr spectroscopy[J]. ACS macro letter, 2016, 5: 355-358.

[45] WANG S J, YUAN S C, CHEN W, et al. Solid-state NMR study of the chain trajectory and crystallization mechanism of poly(L-lactic acid) in dilute solution[J]. Macromolecules, 2017, 50 (17): 6404-6414.

[46] WANG S J, YUAN S C, CHEN W, et al. Structural unit of polymer crystallization in dilute solution as studied by solid-state NMR and ^{13}C isotope labeling[J]. Macromolecules, 2018, 51 (21): 8729-8737.

[47] WUNDERLICH B, MEHTA A. Macromolecular nucleation[J]. Journal of polymer science: polymer physics edition, 1974, 12 (2): 255-263.

[48] MEHTA A, WUNDERLICH B. A study of molecular fractionation during the crystallization of polymers[J]. Colloid and polymer science, 1975, 253 (3): 193-205.

[49] WUNDERLICH B. Molecular nucleation and segregation[J]. Faraday discussions of the chemical society, 1979,

68：239-243.

[50] CHENG S Z D，WUNDERLICH B. Molecular segregation and nucleation of poly(ethylene oxide) crystallized from the melt. Ⅰ. Calorimetric study[J]. Journal of polymer science part B：polymer physics，1986，24（3）：577-594.

[51] HU W B，FRENKEL D，MATHOT V B F. Intramolecular nucleation model for polymer crystallization[J]. Macromolecules，2003，36（21）：8178-8183.

[52] HU W B. The physics of polymer chain-folding[J]. Physics reports，2018，747：1-50.

[53] ALLEGRA G，MEILLE S V. Pre-crystalline，high-entropy aggregates：A role in polymer crystallization？[J]. Interphases and mesophases in polymer crystallization iii，Advances in Polymer Science，Springer，Berlin，Heidelberg，2005：87-135.

[54] ZHANG J N，MUTHUKUMAR M. Monte Carlo simulations of single crystals from polymer solutions[J]. Journal of chemical physics，2007，126（23）：234904.

[55] WELCH P，MUTHUKUMAR M. Molecular mechanisms of polymer crystallization from solution[J]. Physical review letters，2001，87（21）：218302.

[56] LIU C，MUTHUKUMAR M. Langevin dynamics simulations of early-stage polymer nucleation and crystallization[J]. Journal of chemical physics，1998，109（6）：2536-2542.

[57] SANCHEZ I C，LACOMBE R H. An elementary molecular theory of classical fluids[J]. Journal of chemical physics，1976，80：2352-2362.

[58] LACOMBE R H，SANCHEZ I C. Statistical thermodynamics of fluid mixtures[J]. Journal of chemical physics，1976，80：2568-2580.

[59] TURNBULL D，FISHER J C. Rate of nucleation in condensed systems[J]. Journal of chemical physics，1949，17：71-73.

[60] BECKER R，DÖRING W. Kinetische behandlung der keimbildung in übersättigten dämpfen[J]. Annalen der physik，1935，416：719-752.

[61] LOTZ B，TOSHIKAZU M，CHENG S Z D. 50th Anniversary perspective：Polymer crystals and crystallization：Personal journeys in a challenging research field[J]. Macromolecules，2017，50：5995-6025.

[62] COHEN M H，TURNBULL D. Molecular transport in liquids and glasses[J]. Journal of chemical physics，1959，31：1164-1169.

[63] WILLIAMS M L，LANDEL R F，FERRY J D. The temperature dependence of relaxation mechanisms in amorphous polymers and other glass-forming liquids[J]. Journal of the American chemical society，1955，77：3701-3707.

[64] ZACHMANN H G，PETERLIN A. Influence of the surface morphology on the melting of polymer crystals. Ⅰ. Loops of random length and adjacent reentry[J]. Journal of macromolecular science part B：physics，1969，3：495-517.

[65] HOFFMAN J D，MILLER R L，MARAND H，et al. Relationship between the lateral surface free energy σ and the chain structure of melt-crystallized polymers[J]. Macromolecules，1992，25：2221-2229.

[66] GENNES P G D. Scaling concepts in polymer physics[M]. New York：Cornell University Press，1979.

[67] QIAN C B，MUMBY S J，EICHINGER B E. Phase diagrams of binary polymer solutions and blends[J]. Macromolecules，1991，24：1655-1661.

[68] QIAN C B，MUMBY S J，EICHINGER B E. Existence of two critical concentrations in binary phase diagrams[J]. Journal of polymer science part B：polymer physics，1991，29：635-637.

[69]　FLORY P J. Statistical mechanics of chain molecules[M]. New York：Wiley，1969.

[70]　KLEIN J，ROBIN B. Kinetic and topological limits on melt crystallization in polyethylene[J]. Faraday discussions of the chemical society，1979，68：198-209.

[71]　HUANG Q，MEDNOVA O，RASMUSSEN H，et al. Concentrated polymer solutions are different from melts：Role of entanglement molecular weight[J]. Macromolecules，2013，46：5026-5035.

[72]　KAZARIAN S G，VINCENT M F，BRIGHT F V，et al. Specific intermolecular interaction of carbon dioxide with polymers[J]. Journal of the American chemical society，1996，118：1729-1736.

[73]　KILIC S，MICHALIK S，WANG Y，et al. Effect of grafted Lewis base groups on the phase behavior of model poly(dimethyl siloxanes) in CO_2[J]. Industrial & engineering chemistry research，2003，42：6415-6424.

[74]　GU Y，KAR T，SCHEINER S. Fundamental properties of the CH···O interaction：Is it a true hydrogen bond？[J]. Journal of the American chemical society，1999，121：9411-9422.

[75]　BLATCHFORD M A，RAVEENDRAN P，WALLEN S L. Raman spectroscopic evidence for cooperative C—H···O interactions in the acetaldehyde-CO_2 complex[J]. Journal of the American chemical society，2002，124：14818-14819.

[76]　DORGAN J R，JANZEN J，CLAYTON M P，et al. Melt rheology of variable L-content poly(lactic acid)[J]. Journal of rheology，2005，49：607-619.

[77]　LANGMUIR I. The adsorption of gases on plane surfaces of glass，mica and platinum[J]. Journal of the American chemical society，1918，40：1361-1403.

[78]　SAHA B B，JRIBI S，KOYAMA S，et al. Carbon dioxide adsorption isotherms on activated carbons[J]. Journal of chemical & engineering data，2011，56：1974-1981.

[79]　LIU Y. Is the free energy change of adsorption correctly calculated[J]. Journal of chemical & engineering data，2009，54：1981-1985.

[80]　张磊. 聚合物/二氧化碳体系的动态相演变与结晶行为研究[D]. 济南：山东大学，2020.

[81]　CHEN L H，CAO G P，ZHANG R H，et al. In-situ visual measurement of poly(methyl methacrylate) swelling in supercritical carbon dioxide and interrelated thermodynamic modeling[J]. Journal of the chemical industry and engineering society of China，2009，60：2351-2358.

[82]　ZHANG L，ZHAO G Q，WANG G L. Investigation on the influence of fold conformation on PLLA lamellar splaying by film crystallization in supercritical CO_2[J]. CrystEngComm，2020，22：1459-1472.

[83]　HOFFMAN J D. Theoretical aspects of polymer crystallization with chain folds：Bulk polymers[J]. Polymer engineering & science，1964，4：315-362.

[84]　MATSUYAMA A，TANAKA F. Theory of solvation-induced reentrant phase separation in polymer solutions[J]. Physical review letters，1990，65：341.

[85]　FRENKEL D，LOUIS A A. Phase separation in binary hard-core mixtures：An exact result[J]. Physical review letters，1992，68：3363.

[86]　DIJKSTRA M，FRENKEL D. Evidence for entropy-driven demixing in hard-core fluids[J]. Physical review letters，1994，72：298.

[87]　KARAYIANNIS N C，FOTEINOPOULOU K，LASO M. Entropy-driven crystallization in dense systems of athermal chain molecules[J]. Physical review letters，2009，103：045703.

[88]　HIKOSAKA M，WATANABE K，OKADA K，et al. Topological mechanism of polymer nucleation and growth—The role of chain sliding diffusion and entanglement[J]. Interphases and mesophases in polymer crystallization Ⅲ，advances in polymer science，2005，137-186.

[89]   YAMAZAKI S，GU F，WATANABE K，et al. Two-step formation of entanglement from disentangled polymer melt detected by using nucleation rate[J]. Polymer，2006，47：6422-6428.

[90]   LUO C F，KRÖGER M，SOMMER J U. Entanglements and crystallization of concentrated polymer solutions: Molecular dynamics simulations[J]. Macromolecules，2016，49：9017-9025.

[91]   LUO C F，SOMMER J U. Frozen topology: Entanglements control nucleation and crystallization in polymers[J]. Physical review letters，2014，112：195702.

[92]   LAN Q F，LI Y，CHI H T. Highly enhanced mesophase formation in glassy poly(L-lactide) at low temperatures by low-pressure CO_2 that provides moderately increased molecular mobility[J]. Macromolecules，2016，49（6）：2262-2271.

[93]   LAN Q F，LI Y. Mesophase-mediated crystallization of poly(L-lactide): Deterministic pathways to nanostructured morphology and superstructure control[J]. Macromolecules，2016，49（19）：7387-7399.

[94]   MARUBAYASHI H，ASAI S，SUMITA M. Complex crystal formation of poly(L-lactide) with solvent molecules[J]. Macromolecules，2012，45（3）：1384-1397.

[95]   MARUBAYASHI H，ASAI S，SUMITA M. Crystal structures of poly(L-lactide)-CO_2 complex and its emptied form[J]. Polymer，2012，53（19）：4262-4271.

[96]   ZHAI W，KO Y，ZHU W，et al. A study of the crystallization，melting，and foaming behaviors of polylactic acid in compressed CO_2[J]. International journal of molecular sciences，2009，10（12）：5381-5397.

[97]   LI J S，LIAO X，YANG Q，et al. Crystals *in situ* induced by supercritical CO_2 as bubble nucleation sites on spherulitic PLLA foam structure controlling[J]. Industrial & engineering chemistry research，2017，56（39）：11111-11124.

[98]   ZHANG J M，DUAN Y X，SATO H，et al. Crystal modifications and thermal behavior of poly(L-lactic acid) revealed by infrared spectroscopy[J]. Macromolecules，2005，38（19）：8012-8021.

[99]   LI J S，HE G J，LIAO X，et al. Nanocellular and needle-like structures in poly(L-lactic acid) using spherulite templates and supercritical carbon dioxide[J]. RSC advances，2015，5（46）：36320-36324.

[100]   GOIMIL L，BRAGA M E M，DIAS A M A，et al. Supercritical processing of starch aerogels and aerogel-loaded poly(ε-caprolactone) scaffolds for sustained release of ketoprofen for bone regeneration[J]. Journal of CO_2 utilization，2017，18：237-249.

第4章

泡孔形核、长大与形态演变

4.1 引言

聚合物与发泡剂混合体系的最终性能一般为原始物质性能的加和，实践中发现这种均相体系并不利于提高材料的力学性能，而某些具有相分离结构的聚合物混合体系更有可能具有优异的性能。根据聚合物共混理论，对于性能优异的混合体系应具有宏观均匀而微观相分离的形态结构[1-3]。就聚合物/发泡剂体系而言，形成宏观均匀、微观泡孔细密均匀的相分离形态结构是发挥材料功能性和提升材料力学性能的关键。

相分离机理决定了聚合物/发泡剂体系的形态结构，而形态结构与其性能又是密切相关的。因而有必要掌握相分离机理对聚合物/发泡剂体系形态结构的影响，从而更好地控制聚合物/发泡剂体系的形态结构，提高材料的性能[4, 5]。从相分离动力学角度，存在形核-长大和旋节分离两种机理，分别形成不同的形态结构。

旋节分离机理形成相区彼此连接的双连续相结构。在旋节相分离过程中，相区尺寸的增长可以分为三个阶段：扩散、液体流动和粗化。一般而言，旋节分离机理可形成三维共连续的形态结构，这种形态结构赋予聚合物共混物优异的力学性能和化学稳定性，是材料强化的新途径，称为旋节强化[6]。很多情况下，当一种组分含量很少时，旋节分离也可形成珠滴/基体型结构，但分散相的精细结构与形核-长大机理的情况往往不同。由于旋节分离的自发性，共混体系分相速率快，沉淀相间相互连接，相区非常均匀地形成相互交错的结构，即旋节分离结构。在旋节分离的后期阶段，相区尺寸继续增大但仍保持连续性，直到最后才发生折断形成球状或液珠状的结构。旋节分离倾向于产生两相交错的形态结构，相区较小，相界面较为模糊，这有利于共混物性能的提高。

形核-长大机理可以得到在母体相中分散的岛相结构，即形成珠滴/基体型或海岛状结构，这一过程称为形核-长大或"Ostwald 熟化"[7]。在形核-长大相分离过程中，形核活化能与形成一个核所需的界面能有关，即依赖于界面张力系数和核的表面积。形核之后，组分分子向形核微区扩散，使核区长大。核区的长大分为扩散和凝聚粗化两个阶段，每一阶段都取决于界面能的平衡。由形核-长大机理所形成的形态结构主要为珠滴/基体型，即一相为连续相，另一相以球形相的形式分散在其中，球形相尺寸较小，且相区之间不互相连接。在形核-长大相分离过程中，形核的原因是局部涨落，这种涨落可以是能量或浓度波动。

聚合物/发泡剂体系的相分离过程就是以形核-长大机理分成气相和聚合物熔体两相，最终获得具有均匀细密的泡孔结构的聚合物构件。在这个过程中，气泡的形核、长大和形态演变直接决定了最终聚合物发泡构件内部泡孔的尺寸、密度、分布等结构特征，进而直接影响发泡聚合物的性能和功能。在生产实践中，聚合物发泡工艺调控的核心目标就是对气泡形核、长大和形态演变过程的有效调控，这就要求理解和掌握气泡形核、长大和形态演变的规律和机理。本章将分别从气泡形核、气泡长大和气泡形态演变三个方面介绍相关研究的发展及最新研究成果。

4.2　气泡形核

4.2.1　经典形核理论

经典形核理论是吉布斯（Gibbs）于 20 世纪初建立的，它假设亚稳态临界相核的形成是在热力学平衡条件下发生的[8]，主要用于研究金属材料的相变过程。但是聚合物微孔发泡工艺中气泡形核过程是在气体过饱和态下发生的，此时形成气泡核所需克服的自由能垒与热力学平衡条件不相同，聚合物大分子链的相互作用将引起体系势能的变化，而且由于气体过饱和引起的自由能的变化还会引起混合体系自由能的改变。Suh 等[9-11]在考虑了这些因素后，以经典形核理论为基础建立了适用于微孔发泡工艺的经典形核理论，并将微孔发泡的形核过程分为均相形核、非均相形核、空穴形核三种类型。

均相形核是指发生在均相体系中的形核过程。均相体系中无诱发形核的杂质，在体系压力释放过程中每个气体分子都是理论上的形核点，因此均相形核具有最理想的形核密度和最小的微孔半径。但由于无形核点的依附和诱导，此时形核所需克服的自由能垒最大，这就要求体系的气体含量必须有很大的过饱和度。

非均相形核是指熔体中存在除气体和聚合物以外的游离态杂质，在气-液-固三相共存时，在三相共存交界处的界面能较高，因此该点形核所需的驱动能量最低而先形核。非均相形核由于有形核点的存在，比均相形核所需克服的自由能垒小而易形核。

空穴形核是指聚合物-气体体系依靠本身存在的或人为原因生成的空穴进行形核。当体系中存在形核剂或其他固体微粒杂质时，气体被吸附在微粒的内部或表皮内层上，正是这些粗糙表面的劈楔作用，使外部熔体不易进入到劈楔内部，劈楔的尖端被熔体封闭形成微小的空穴。而在形核过程中，熔体中的气体分子将优先向这些空穴聚集而发生空穴形核。空穴的存在使形核所需的自由能垒减小。

Colton 和 Suh 的经典形核理论提出，形核是外界条件改变引起体系热力学不稳定而进行的。当体系的自由能改变 ΔG 超过形核所需克服的能垒时，体系产生相变形核。当泡核的大小超过了临界半径 R^* 时，泡核继续膨胀，最终形成气泡。对于不同的形核条件和形核类型，在形核时所需克服的自由能垒及吉布斯自由能的计算方法也是不同的。

根据经典形核理论，泡孔在聚合物发泡形核涉及两种能量变化：体积能变化（ΔG_v）和表面能变化（ΔG_s）。假设泡孔核为半径为 R 的球形，则总自由能变化可表示为

$$\Delta G = \Delta G_v + \Delta G_s = -\frac{4\pi}{3}R^3(P_{cell} - P_{sys}) + 4\pi R^2 \gamma_{gl} \tag{4-1}$$

式中，P_{cell} 和 P_{sys} 分别为泡孔核心内部和外部的压力；γ_{gl} 为表面张力。

通过求解积分求解式（4-1），临界半径可以由式（4-2）导出

$$R^* = \frac{2\gamma_{gl}}{P_{cell} - P_{sys}} \tag{4-2}$$

将式（4-2）代入式（4-1）中，均相体系中泡孔形核的活化能能垒可以由式（4-3）导出

$$\Delta G^*_{hom} = \frac{16\pi\gamma_{gl}^3}{3(P_{cell} - P_{sys})^2} \tag{4-3}$$

在非均相体系中，泡孔形核的活化能能垒变为

$$\Delta G^*_{het} = \Delta G^*_{hom}F = \frac{16\pi\gamma_{gl}^3 F}{3(P_{cell} - P_{sys})^2} \tag{4-4}$$

式中，F 为形核剂上的形核泡孔体积与具有相同曲率半径的球形泡孔体积之比。

4.2.2　经典形核理论的发展

经典形核理论虽然考虑了聚合物大分子链的相互作用将引起体系势能的变化，以及气体过饱和引起的体系自由能的变化，却没有考虑聚合物本身性质对气

泡形核的影响，而聚合物本身的物理性质（如相对分子质量大小、单体相对分子质量等）对临界气泡形核也有一定影响，以致无法解释微孔发泡形核过程中的一些现象，存在较大的局限性。因此，在经典形核理论的基础上，迅速发展和建立了一些新的形核理论，概括起来主要有以下几种理论：自由体积理论、热点形核理论、剪切形核理论和界面形核理论[12]。

1. 自由体积理论

Hall 和 Stoeckli 从聚苯乙烯的可压缩性推断出分子架结构中存在着自由体积，并假设其内压为零，同时提出了自由体积理论[13]。自由体积理论认为：不同的聚合物具有不同的分子架结构，分子架中所存在的自由体积大小及力学性能各不相同。聚合物分子的自由体积中可以聚集一定数量的易挥发液体，这些易挥发的液体在适当的条件下挥发，发生相变，从而形成气泡核。但此理论应用范围极其有限，它要求发泡剂能溶入聚合物中，而且其沸点必须低于聚合物的软化点；同时聚合物的分子架中具有足够的自由体积，可以溶入足够多的发泡剂。由此可见，自由体积理论只对形核机理进行了定性描述，并且由于对聚合物分子中自由体积的各种性能参数认识不够，仍只能凭经验进行控制，存在很大局限性，无法应用到微孔发泡形核过程中。

2. 热点形核理论

热点形核理论可以概括为：当聚合物熔体中存在大量温度高于周围介质的热点饱和气体时，热点处的温度较高，使其周围熔体黏度降低、表面张力减小、气体在熔体中的溶解度下降，从而使聚合物熔体中的气体分子向热点聚集，形成气泡核。热点的形成有物理和化学两种方法，其中物理方法即热点由外加能和物料中的微粒物质相互作用而生成，化学方法是在可发泡性物料中加入热点发泡剂，即形核剂，通过这些不稳定化合物的化学分解或重排生成热点，在过饱和的熔融物-气体体系中形成气泡核[14]。由此可见，热点形核理论的基础是必须有热点的存在，即必须加入微粒物质或热点发泡剂。而且，热点形核理论仍只是定性分析，没有涉及临界气泡核的大小、形核速率及形核密度等参数。因此，这种理论并不适合那些没有引入形核剂的微孔发泡形核。Hansen 和 Blyler 等在这方面做了大量的实验工作，证明了热点形核理论[15, 16]。

3. 剪切形核理论

Deshpande 和 Barigou[17]、Djelveh 等[18]提出了剪切形核理论，即形核过程是通过强烈的机械搅拌，使混入聚合物中的气体来不及全部溶解就聚集在一起形成了气泡核。此理论完全依靠机械搅拌的剪切应力作用使气体分散再聚集形核，要想进行有效控制使泡孔均匀十分困难，而且对加工的设备和工艺要求较高。目前该理论还处于研究阶段，尚未确定泡孔的大小和分布与剪切力作用的定量关系。Guo 和 Peng 对剪切形核理论进行了不少研究[19]。Chen 和 Sheth 通过对微孔发泡的研究发现[20]：剪切应力和压力降速率对发泡过程中的气泡形核密度有较大影响，特别是当饱和压力或气体浓度较低时，剪切应力和压力降速率的影响会更大，剪切应力能降低有效形核所需的气体浓度。比较而言，剪切应力对形核速率的影响比压力降的影响要大。

4. 界面形核理论

界面形核理论实际上就是一种非均相形核理论[21, 22]。在发泡机机头表面与聚合物熔体的界面上或固体粒子（如形核剂、填料、杂质等）与聚合物熔体的界面上，气体分子对固相表面的润湿性，使得其界面上形核所需克服的自由能垒降低。当外界条件改变时，气体分子将优先聚集在固体-液体界面上形成气泡核。另外，当体系中存在形核剂或其他固体颗粒时，某些颗粒为疏松多孔的结构，或者具有粗糙不平的表面，这些颗粒在进入料筒之前，空气等气体已被吸附在颗粒的内部或表层深处。由于粗糙表面内的劈楔作用，以及劈楔的阻力和气体的存在，外部熔体不易进入到劈楔的内部，结果劈楔的尖端被熔体封闭成微小的空穴。在这种空穴存在的情况下也会优先形核。文献所说的界面形核理论实际上就是一种非均相形核或空穴形核，属于经典形核理论所涉及的形核。Chen 对加入填料聚合物体系的发泡过程进行了研究[20]，发现当气体扩散进入聚合物时，大量气体会聚集到聚合物-填料的界面上，较容易形成气泡，所以加入适量填料会减少形成理想泡孔所需的气体量。

总之，虽然有关微孔发泡形核的理论较多，但是多数形核理论往往只是考虑了形核的一个方面，很难用于多种形核方式混合的实际生产。最近以来，广大学者除了继承传统的形核理论外，将形核机理研究进一步引入了聚合物结晶度等其他因素。Doroudiani 等研究了结晶度对形核的影响[23]，成功解释了为何 PC 等非晶态的聚合物比 HDPE、PP、PET 等半晶态聚合物容易形成均匀泡孔。Wang 等对聚苯乙烯-液晶混合物发泡的研究进一步证明聚合物的结晶度会对气体的扩散及气泡形核产生较大影响[24]，最终也会影响泡孔分布。

4.2.3 考虑熔体黏弹性的形核理论

近些年，Han 和 Lee 等通过可视化系统研究了拉伸和剪切对泡孔形核的影响，发现拉伸和剪切都可以促进泡孔形核，这种促进作用在低温下或有异相形核剂的情况下更加明显[25-27]。关于拉伸对形核的影响，Chen 等认为是拉伸应力降低了局部压力促进泡孔形核，而压缩应力增大局部压力抑制泡孔形核[28, 29]。而且，双向压缩实验证明压缩也可以促进形核[30-33]。基于目前的理论发展情况，可以看出针对泡孔形核的理解还局限在经典形核理论的框架，气体过饱和度是泡孔形核的唯一驱动力，界面能是泡孔形核的唯一阻力，而弹性应变能的影响被简单地归因于过饱和度的变化或者界面能的变化[31-35]。如何理解泡孔形核中弹性应变能的作用成为对经典形核理论的一个巨大挑战。

另外，如何理解温度对泡孔形核的影响是经典形核理论面临的第二个挑战。众所周知，聚合物-气体体系的温度需要升高至一定的临界温度，通常是要比体系的玻璃化转变温度高才能出现泡孔形核[36-38]。然而，这一现象却很难通过经典形核理论解释。根据经典理论，温度对泡孔形核的影响可以通过气体饱和度或者界面能进行建模分析。就气体饱和度而言，升高体系温度不一定会导致过饱和度的升高，因为不是所有气体的溶解度都会随着温度的升高而降低，如氮气。另外，由于压力降速率通常显著高于温度升速率，气体过饱和度主要是产生于压力降，而不是温度的升高，特别是在低热导率的聚合物中。因此，临界高温诱导的发泡不能用气体过饱和度的观点解释。就界面能而言，由于温度对界面能的影响是有限的[39-41]，表面张力无法在 T_g 上呈现出任何突然的变化。这样，临界高温诱导发泡也不能通过界面能的观点解释。

为解决上述问题，文献[42]提出一种考虑聚合物黏弹性的形核理论，确定了弹性应变能在聚合物发泡的泡孔形核中的作用。经典的泡孔形核理论最初发展是为了描述泡孔在挥发性液体如水中的形核行为，由于材料的拉伸模量非常弱，因此没有考虑材料的弹性。然而，聚合物是一种典型的黏弹性材料，具有显著的弹性模量，特别是在低温下。因此，在聚合物发泡过程中，弹性对泡孔形核的影响是不容忽视的。

考虑到材料的固有弹性应变能量势垒（ΔG_e），泡孔形核自由能变化可以写成

$$\Delta G = \Delta G_v + \Delta G_s + \Delta G_e \tag{4-5}$$

式中，ΔG_v 为体积能的变化；ΔG_s 为表面能的变化。考虑到其他形式的能量，将式（4-5）变为

$$\begin{cases} \Delta G = \Delta G_v + \Delta G_{st} + \Delta G_s + \Delta G_e \\ \Delta G_{st} = \Delta G_{st}^h + \Delta G_{st}^d \end{cases} \tag{4-6}$$

式中，ΔG_{st} 为形核前形核点附近储存的弹性应变能。ΔG_{st} 可以分为两部分：膨胀弹性应变能（ΔG_{st}^h）和扭曲弹性应变能（ΔG_{st}^d）。ΔG_{st}^h 在拉应力作用下是负的，在压应力作用下是正的。相应地，它在拉伸应力下对泡孔形核为驱动力，在压缩应力下对泡孔形核为阻力。与 ΔG_{st}^h 不同，ΔG_{st}^d 总是负的，为泡孔形核提供驱动力，无论应力状态如何。对于一个理想的球形泡核，ΔG 可以进一步表示为

$$\Delta G = -\frac{4\pi}{3}R^3(P_{cell}-P_{sys}) + (-1)^\xi \frac{4\pi}{3}R^3\Delta g_{st}^h - \frac{4\pi}{3}R^3\Delta g_{st}^d + 4\pi R^2 \gamma_{gl} + \frac{4\pi}{3}R^3\Delta g_e \tag{4-7}$$

式中，ξ 为二进制数值变量，控制 $\Delta G_{\mathrm{st}}^{\mathrm{h}}$ 的正负。在压应力下 $\xi = 0$，在拉应力下 $\xi = 1$。而 $\Delta g_{\mathrm{st}}^{\mathrm{h}}$、$\Delta g_{\mathrm{st}}^{\mathrm{d}}$、$\Delta g_{\mathrm{e}}$ 分别代表 $\Delta G_{\mathrm{st}}^{\mathrm{h}}$、$\Delta G_{\mathrm{st}}^{\mathrm{d}}$ 和 ΔG_{st} 的体积密度。

基于连续介质力学，$\Delta g_{\mathrm{st}}^{\mathrm{h}}$ 和 $\Delta g_{\mathrm{st}}^{\mathrm{d}}$ 可以通过式（4-8）计算[43]

$$\begin{cases} \Delta g_{\mathrm{st}}^{\mathrm{h}} = \dfrac{3}{2}\dfrac{(1-2\nu)}{E}\sigma_{\mathrm{h}}^2 \\ \Delta g_{\mathrm{st}}^{\mathrm{d}} = \dfrac{1+\nu}{3E}\sigma_{\mathrm{vm}}^2 \end{cases} \tag{4-8}$$

式中，ν 为泊松比；E 为弹性模量；σ_{h} 和 σ_{vm} 分别为膨胀应力和等效应力。

根据原来的冯·米塞斯理论，当畸变能量密度达到一个临界阈值时，韧性固体就会屈服。这意味着当冯·米塞斯应力达到一个临界值时，屈服就会发生。对于聚合物而言，屈服不仅依赖于 σ_{vm}，也依赖于 σ_{h}[44, 45]。具体来讲，拉伸压力促进屈服，而压缩压力则延迟屈服。在这种情况下，压力修正的冯·米塞斯理论被发展来确定聚合物的屈服行为。在此，将压力修正的冯·米塞斯理论中的弹性应变能垒引入来估算弹性对泡孔形核的影响。因此，材料的固有弹性应变能可以表示为

$$\Delta g_{\mathrm{e}} = \dfrac{1+\nu}{3E}(\sigma_{\mathrm{y}} + \alpha\sigma_{\mathrm{h}})^2 \tag{4-9}$$

式中，σ_{y} 为局部屈服应力；α 为内摩擦系数。

将式（4-8）和式（4-9）代入式（4-7）中，ΔG 可以表达为

$$\Delta G = -\dfrac{4\pi}{3}R^3\left\{(P_{\mathrm{cell}} - P_{\mathrm{sys}}) - \dfrac{3(-1)^n(1-2\nu)}{2E}\sigma_{\mathrm{h}}^2 + \dfrac{(1+\nu)}{3E}\left[\sigma_{\mathrm{vm}}^2 - (\sigma_{\mathrm{y}} + \alpha\sigma_{\mathrm{h}})^2\right]\right\} + 4\pi R^2\gamma_{\mathrm{gl}} \tag{4-10}$$

对 R 微分，然后等于零，得到修正的泡核的临界半径：

$$R^{**} = \dfrac{2\gamma_{\mathrm{gl}}}{(P_{\mathrm{cell}} - P_{\mathrm{sys}}) - \dfrac{3(-1)^n(1-2\nu)}{2E}\sigma_{\mathrm{h}}^2 + \dfrac{(1+\nu)}{3E}\left[\sigma_{\mathrm{vm}}^2 - (\sigma_{\mathrm{y}} + \alpha\sigma_{\mathrm{h}})^2\right]} \tag{4-11}$$

将式（4-11）代入式（4-10）中，得到改进后的均相形核活化能能垒：

$$\Delta G_{\mathrm{hom}}^{**} = \dfrac{16\pi\gamma_{\mathrm{gl}}^3}{3\left\{(P_{\mathrm{cell}} - P_{\mathrm{sys}}) - \dfrac{3(-1)^n(1-2\nu)}{2E}\sigma_{\mathrm{h}}^2 + \dfrac{(1+\nu)}{3E}\left[\sigma_{\mathrm{vm}}^2 - (\sigma_{\mathrm{y}} + \alpha\sigma_{\mathrm{h}})^2\right]\right\}^2} \tag{4-12}$$

由式（4-12）可知，临界吉布斯自由能变化不仅与气相过饱和度和表面张力有关，还与应力状态和材料屈服强度有关。由剪切、非均匀拉伸或压缩产生的纯剪切应

力提供了畸变能，成为泡孔形核的驱动力。非均匀拉伸产生的正静水应力不仅提供了额外的驱动力，而且降低了材料的屈服强度，有利于泡孔形核。而非均匀压缩产生的负静水应力不仅提供了额外的能垒，而且增加了屈服强度，阻碍了泡核的形成。因此，剪切和拉伸均能促进泡孔形核。非均匀压缩也能促进泡孔形核，因为其畸变能成分比膨胀能成分占优势。加热产生的热能会降低材料的屈服强度，从而降低弹性能垒，促进泡孔形核。

当存在非均匀形核剂时，基于黏弹性泡孔形核理论的泡孔形核活化能能垒可以表示为

$$\Delta G_{het}^{**} = \frac{16\pi\gamma_{gl}^3}{3\left\{(P_{cell}-P_{sys})-\dfrac{3(-1)^n(1-2\nu)}{2E}\sigma_h^2+\dfrac{(1+\nu)}{3E}\left[\sigma_{vm}^2-(\sigma_y+\alpha\sigma_h)^2\right]\right\}^2}f(\theta,\beta)$$

（4-13）

根据经典非均匀泡孔形核理论，泡孔形核的增强可以简单地归因于界面能的降低。然而，根据黏弹性非均匀泡孔形核理论，形核剂的作用远不止于此。首先，聚合物与形核剂之间的键合强度通常低于聚合物基体的强度，从而降低了泡孔形核的本征弹性能垒。此外，由于形核剂与聚合物基体的不匹配，在形核剂周围产生大量的弹性应变能，为泡孔的形核提供了额外的驱动力。

4.2.4 黏弹性形核理论的实验论证

为验证上述模型，文献[42]开发了一种拉伸辅助发泡工艺，制备了具有均匀亚微米泡孔的热塑性聚氨酯（TPU）微膜，并讨论了拉伸辅助发泡过程中拉伸应变能对形核的影响。

图 4-1 为不同条件下常规发泡和拉伸辅助发泡制备的 TPU 泡沫的典型泡孔结构。在低饱和压力下，拉伸辅助发泡比常规发泡产生更多的泡孔和更均匀的泡孔结构，清楚地表明拉伸在促进泡孔形核方面是非常有效的。

图 4-2 绘制了不同加工条件下得到的泡孔密度。可以清楚地看到，拉伸不仅能显著增加泡孔密度，还能使发泡过程窗口变宽。相比于常规发泡过程，单轴拉伸在低温条件下就可以发泡。在 2.07 MPa 的低饱和压力下，拉伸通常可以使泡沫的泡孔密度增加几个数量级。随着饱和压力的增大，拉伸对泡孔形核的促进作用逐渐减弱。图 4-3 为不同工艺条件下常规发泡和拉伸辅助发泡制备的泡沫的泡孔尺寸分布。与常规发泡法制备的泡沫相比，拉伸辅助发泡法制备的泡沫具有更窄的泡孔尺寸分布，表明拉伸能够显著细化泡孔结构。

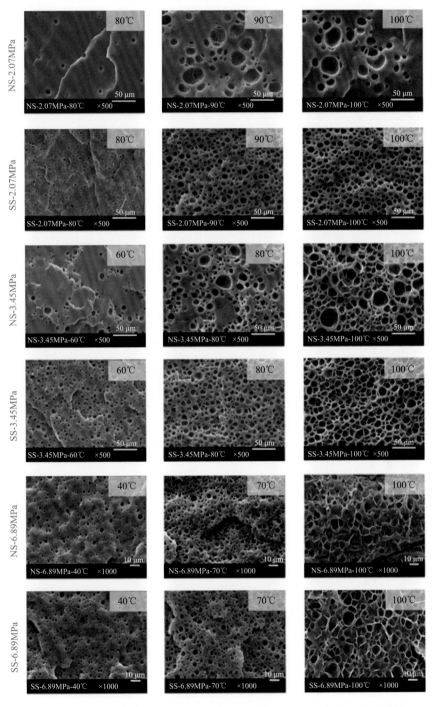

图 4-1 间歇式发泡和拉伸辅助间歇发泡制得的 TPU 泡沫的典型多孔结构

NS 表示常规试样，SS 表示拉伸试样

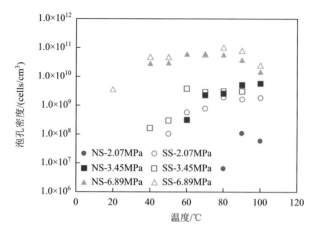

图 4-2 常规发泡和拉伸辅助发泡制备的 TPU 泡沫的泡孔密度对比

NS 表示常规试样，SS 表示拉伸试样

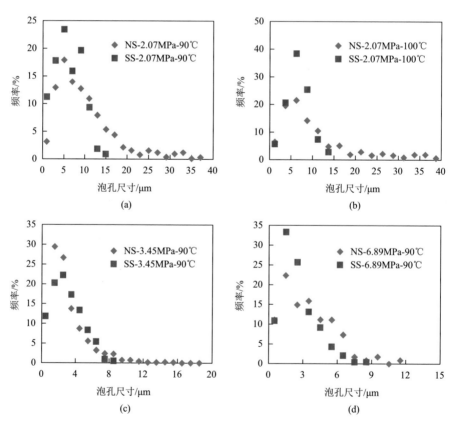

图 4-3 常规发泡和拉伸辅助发泡制备的 TPU 泡沫的泡孔尺寸分布对比

NS 表示常规试样，SS 表示拉伸试样

　　根据黏弹性形核理论，拉伸可以通过两种方式促进泡孔形核。首先，拉伸产生的畸变能为泡孔形核提供了额外的驱动力。其次，拉伸产生的膨胀能会降低聚合物的屈服强度，从而促进泡孔形核。在相对较低的饱和压力下，气体过饱和提供的泡孔形核驱动力相对较小，因此，拉伸提供的额外的泡孔形核驱动力对促进泡孔形核具有显著的作用。随着饱和压力的增加，气体过饱和提供的泡孔形核驱动力逐渐增加，进而使得拉伸在促进形核中的作用逐渐弱化。

　　为进一步探讨线性应变对泡孔形核的影响，对不同线性应变（0%、50%、100%和 150%）的拉伸辅助发泡进行了分析，其中饱和压力为 2.07 MPa，发泡温度为80℃。图 4-4 显示了不同线性应变制备的 TPU 泡沫的泡孔形态。拉伸可以显著增加泡孔的数量，减小泡孔的大小。线性应变越大，泡孔数越多，泡孔越小。泡孔密度和泡孔大小对线性应变的依赖关系如图 4-5 所示。可以清楚地看到，随着线性应变从 0%增加到 50%，泡孔密度显著增加了两个数量级以上。随着线性应变的进一步增大，泡孔密度逐渐增大，但增大速率明显减慢。图 4-5 绘制了不同线性应变的拉伸辅助发泡工艺制备的 TPU 泡沫的泡孔尺寸分布。结果发现，随着线性应变的增加，泡孔的尺寸分布变窄。因此，增加线性应变也有助于提高泡孔结构的均匀性。

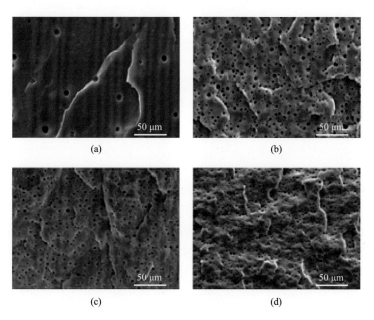

图 4-4　不同线性应变下拉伸辅助发泡制备的 TPU 泡沫的泡孔形貌

（a）0%；（b）50%；（c）100%；（d）150%

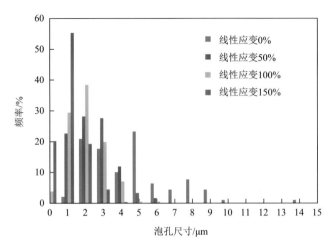

图 4-5　拉伸辅助发泡工艺制备的 TPU 泡沫的泡孔尺寸分布

　　通过上述分析可知，实验结果与黏弹性泡孔形核理论一致，线性应变的增加提供了更大的泡孔形核驱动力，同时降低了弹性能垒。因此，增大线性应变能使泡孔密度增加，泡孔尺寸减小，泡孔结构均匀性提高。值得注意的是，由于取向分子链的弛豫，拉伸产生的弹性应变能在 8 h 的饱和期内逐渐减小[46]。拉伸对泡孔形核的促进作用会因应力弛豫而显著降低。可以推断，如果能在泡孔形核前和应力弛豫未发生时立即进行拉伸，拉伸对泡孔形核的增强作用将更加突出[47]。

4.3　气泡长大

4.3.1　气泡长大模型的发展

　　关于聚合物熔体中气泡成长的理论分析，国内外已有较多研究。研究者在实验和经验的基础上建立物理模型，由守恒定律和本构方程及相应的约束条件提出数学模型，并对数学模型进行处理和数值计算，得到温度、压力、气体含量等多种因素对气泡成长、泡孔尺寸大小和尺寸分布的影响。到目前为止，关于气泡长大过程数学模型的研究发展历程主要分为三个阶段：

　　（1）计算气泡半径的经验公式。Epstein 和 Plesset[48]给出了气泡随时间长大的关系式：$R(t) = Kt^{\frac{1}{2}}$。后来，Hobbs 和 Tompkin 将该式应用于纯弹性介质，Hoobs[49]考虑小气泡向大气泡的合并，将 Epstein 和 Plesset 的理论做了进一步扩展。

　　（2）海岛模型，即用单个气泡在无限大熔体中的长大行为来表征整个体系中的气泡长大规律。Venerus 等[50]采用无限稀释溶液近似法和边界层近似法模拟了气泡在无限熔体内的长大过程，并对两种近似法进行了比较，发现边界层近似法的应用范围局限性比较大。Feng[51]通过坐标转换法和不均匀网格计算了气泡长大过程，并对比了四阶龙格库塔隐式格式及牛顿迭代法和伍德伯里算法的计算结果，发现并无明显差别。Pai 和 Favelukis[52]针对黏性流体，采用积分方法对气泡长大过程进行模拟。但是他们均假设发泡剂浓度呈抛物线型分布，且假设了一个浓度边界层厚度，这与实际情况有一定的差别。

（3）细胞模型，即认为大量气泡的存在使得每个气泡只能拥有有限厚度及质量的熔膜，每个气泡拥有的熔膜质量在气泡的长大过程中保持恒定不变，气泡只与各自的熔膜进行质量、动量及能量的传递。该模型是由 Amon 和 Denson[53]于 1984 年首次提出，采用有限差分法进行了数值模拟，并得到了压力、表面张力及初始气泡半径对气泡长大过程的影响。Muhammad 等[54]针对 LDPE/N_2 体系，同时假设发泡剂浓度呈抛物线型分布，通过积分法模拟了气泡长大过程，并得到了气泡尺寸分布。Everitt 等[55]对物理发泡和化学发泡过程分别进行了模拟。对于物理发泡过程，分为气泡扩散控制和聚合物松弛控制两个过程；而在化学发泡过程中，大部分气体在化学反应初期产生，且此时对发泡体系流变性能影响最大。Feng[51]在对气泡在无限熔体中长大过程研究的基础上，进一步分析了气泡在有限体积聚合物熔体中的长大过程，通过假设气泡不同时形核，获得了气泡尺寸分布。Lastochkin 和 Favelukis[56]研究了扩散系数对气泡长大过程的影响，并与解析结果进行了对比。

为了使研究更接近实际，Amon 和 Denson 也采用细胞模型进行建模[57]，认为泡孔外面包裹着一层很薄的熔膜，而被无限的熔体包围，并且考虑了熔体压力和流速等参数对泡核增长的影响，但仍然是对单个泡孔进行分析。实际上在大量泡孔存在的条件下，泡孔间距远小于泡孔的直径，泡孔间的影响不能忽略。基于这种考虑，Arefmanesh 等采用细胞模型研究了多个气泡在等温、可压缩牛顿流体中的长大过程[58]，假设在气泡长大过程中外层的熔膜质量保持不变，用数值分析方法分析了气泡长大过程。

4.3.2　考虑黏弹性的气泡长大模型

聚合物熔体不能用简单的非牛顿流体模型描述其流动行为，除了剪切变稀现象以外，聚合物熔体在流场中展现出的黏弹属性也不可忽略。对于微孔发泡工艺中的气泡生长行为，聚合物熔体的黏弹性不仅在气泡形核中起重要作用，如上文所述的黏弹性诱导形核，也将对气泡后续的生长过程产生显著影响，因此有必要建立考虑聚合物黏弹性的气泡长大模型。为建立气泡在黏弹性聚合物熔体内等温长大过程的几何模型和数学模型，文献[59]和[60]基于有限元数值模拟基本理论，将聚合物流变学和流体动力学理论相结合，采用伽辽金加权余量法对控制方程进行离散，通过格林-高斯积分变换获得有限元方程，对控制方程进行无量纲化处理，提高了数值计算的稳定性。利用该模型分析了气泡长大的规律，并分析了几何参数、材料参数及工艺参数对气泡长大过程的影响。

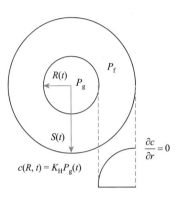

图 4-6　细胞模型示意图

采用 Amon 提出的细胞模型模拟气泡在有限聚合物熔体内的长大过程[57]，假设每个气泡均被相同体积的聚合物熔体均匀包围，如图 4-6 所示。在微孔发泡成型工艺的均相体系阶段，聚合物熔体均匀溶有浓度为 c_0 的物理发泡剂。当均相体系离开储料机构时，聚合物的压力由储料机构内相对较高的压力 P_{g0} 降为大气压力 P_f，发泡剂处于过饱和状态，气泡形核并开始长大。随着气泡长大过程的进行，气泡内压力降低和熔体内发泡剂浓度趋于一致并最终达到平衡状态，气泡长大过程结束。

1. 基本假设条件

对气泡长大过程进行完整的数学描述是一个不可能完成的任务，因此需要对其数学模型进行如下假设[56,61-63]：

（1）在气泡长大的整个过程中，气泡始终为径向球对称长大。

（2）气泡发泡前，发泡剂在熔体内均匀分布。气泡表面的气体浓度符合亨利定律：

$$c(R,t) = K_H P_g(t) \qquad (4-14)$$

式中，$c(R,t)$ 为任意时刻气泡表面处发泡剂浓度；K_H 为亨利常数；$P_g(t)$ 为任意时刻气泡压力。

（3）气泡内的气体为理想气体，且发泡过程中发泡剂没有损失，即在聚合物的外边界处发泡剂浓度梯度为零，$\dfrac{\partial c}{\partial r} = 0$。

（4）材料参数在气泡长大过程中为常数，且聚合物不可压缩。

（5）由于聚合物的高黏度，重力的影响忽略不计。

（6）由于气泡长大的时间很短，且在发泡工艺过程中气泡长大的时间远远小于发泡聚合物冷却时间，可假设气泡长大过程为等温过程。

2. 控制方程

球坐标系下连续方程表述如下[64]：

$$\frac{1}{r^2}\frac{\partial}{\partial r}(r^2 v_r) + \frac{1}{r\sin\theta}\frac{\partial}{\partial \theta}(v_\theta \sin\theta) + \frac{1}{r\sin\theta}\frac{\partial v_\phi}{\partial \phi} = 0 \tag{4-15}$$

式中，v_r 为熔体速度的径向分量；v_θ 为熔体速度的 θ 方向分量；v_ϕ 为熔体速度的 ϕ 方向分量。

基于球对称假设，$v_\theta = v_\phi = 0$，连续方程可简化为

$$\frac{\partial v_r}{2v_r} = -\frac{\partial r}{r} \tag{4-16}$$

定义气泡表面处（$r = R$）熔体的径向速度为

$$v_R = \frac{\mathrm{d}R}{\mathrm{d}t} = \dot{R} \tag{4-17}$$

式中，v_R 为气泡表面熔体径向速度；$\dot{R}$ 为气泡长大速度。

积分方程式（4-16）可得

$$\ln v_r = -2\ln r + \ln d \tag{4-18}$$

式中，d 为积分常数。

令方程式（4-18）中的 $r = R$，并将方程式（4-17）代入可求得积分常数 d，代入积分常数 d 后方程式（4-18）经简化得到

$$v_r = \frac{\dot{R}R^2}{r^2} \tag{4-19}$$

熔体径向方向的动量守恒方程表达式如下：

$$\rho\left(\frac{\partial v_r}{\partial t} + v_r\frac{\partial v_r}{\partial r}\right) = -\frac{\partial P}{\partial r} + \frac{1}{r^2}\frac{\partial}{\partial r}\left(r^2\tau_{rr}\right) - \frac{\tau_{\theta\theta} + \tau_{\phi\phi}}{r} \tag{4-20}$$

式中，ρ 为熔体密度；P 为熔体压力；τ_{rr} 为熔体径向法向应力；$\tau_{\theta\theta}$ 和 $\tau_{\phi\phi}$ 分别为切应力在球坐标 θ 方向和 ϕ 方向的分量。

由于熔体黏性高且雷诺数足够小，动量方程中的惯性项忽略不计。由于计算区域球对称，可以得到 $\tau_{\theta\theta} = \tau_{\phi\phi}$，因此动量方程简化为

$$-\frac{\partial P}{\partial r} + \frac{\partial \tau_{rr}}{\partial r} + 2\left(\frac{\tau_{rr} - \tau_{\theta\theta}}{r}\right) = 0 \tag{4-21}$$

径向方向的拉普拉斯方程为[65]

$$P_g - P_f + \tau_{p,rr}(R) - \tau_{g,rr}(R) = \sigma\left(\frac{1}{R_1} + \frac{1}{R_2}\right) \tag{4-22}$$

式中，$\tau_{p,rr}(R)$ 为气液界面处熔体径向方向的法向应力；$\tau_{g,rr}(R)$ 为气液界面处气体径向方向的法向应力；σ 为表面张力系数；R_1 和 R_2 为曲率半径。

气体应力接近于 0，而且对于球面 $R_1 = R_2$，拉普拉斯方程可简化为

$$-P_{\text{f}} + \tau_{rr}(R) = -P_{\text{g}} + \frac{2\sigma}{R} \tag{4-23}$$

动量方程式（4-21）沿径向方向从气泡半径 R 到细胞外边界 S 积分，同时将方程式（4-23）代入可得

$$P_{\text{g}} - \frac{2\sigma}{R} - P_{\text{f}} + 2\int_R^S \frac{\tau_{rr} - \tau_{\theta\theta}}{r}\,\mathrm{d}r = 0 \tag{4-24}$$

3. 气体质量传递方程

1）气体对流扩散方程

扩散是一种由热运动引起的物质传输过程。绝大多数扩散过程属于非稳态扩散，即在扩散过程中任一点的浓度随时间而变化（$\frac{\partial c}{\partial t} \neq 0$），如图 4-7 所示，$J_x$ 和 $J_{x+\Delta x}$ 分别表示流入体积元和从体积元流出的扩散通量。

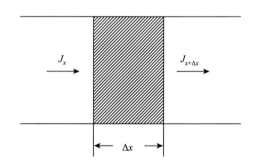

图 4-7　扩散通过微体积元的情况

由于浓度梯度的存在，熔体中溶解的气体向气泡内扩散，根据菲克第二定律有[66]

$$\frac{\partial c}{\partial t} + v_r \frac{\partial c}{\partial r} = \frac{D}{r^2} \frac{\partial}{\partial r}\left(r^2 \frac{\partial c}{\partial r}\right) \tag{4-25}$$

式中，c 为发泡剂浓度；D 为扩散系数。

2）气体质量平衡方程

根据质量平衡，熔体内气体的减少量等于气泡内气体的增加量，即

$$\frac{\mathrm{d}m}{\mathrm{d}t} = 4\pi R^2 D \frac{\partial c}{\partial r}\bigg|_{r=R} \tag{4-26}$$

式中，m 为气泡内气体的物质的量。

由于气泡内气体是理想气体，遵守理想气体状态方程，即

$$P_g V_b = m R_g T \qquad (4\text{-}27)$$

式中，V_b 为气泡体积；R_g 为气体常数；T 为气体温度。

将方程式（4-27）代入方程式（4-26）得到

$$\frac{\mathrm{d}}{\mathrm{d}t}\left(\frac{4\pi}{3}\frac{P_g R^3}{R_g T}\right) = 4\pi R^2 D \frac{\partial c}{\partial r}\bigg|_{r=R} \qquad (4\text{-}28)$$

4. 幂律本构方程

采用幂律本构方程描述聚合物流变性[67]，即

$$\tau = 2\eta D_p \qquad (4\text{-}29)$$

$$\eta = \eta_0 \dot{\gamma}^{n-1} \qquad (4\text{-}30)$$

式中，τ 为应力张量；D_p 为应变速率张量；η 为聚合物黏度；η_0 为聚合物零剪切黏度；n 为幂律指数；$\dot{\gamma}$ 为剪切速率，表达式如下

$$\dot{\gamma} = \sqrt{\frac{1}{2}II_\Delta} \qquad (4\text{-}31)$$

式中，II_Δ 为形变率第二张量不变量，定义如下

$$\frac{1}{2}II_\Delta = 2\left[\left(\frac{\partial v_r}{\partial r}\right)^2 + \left(\frac{1}{r}\frac{\partial v_\theta}{\partial \theta} + \frac{v_r}{r}\right)^2 + \left(\frac{1}{r\sin\theta}\frac{\partial v_\phi}{\partial \phi} + \frac{v_r}{r} + \frac{v_\theta \cot\theta}{r}\right)^2\right] + \left[r\frac{\partial}{\partial r}\left(\frac{v_\theta}{r}\right) + \frac{1}{r}\frac{\partial v_r}{\partial \theta}\right]^2$$

$$+ \left[\frac{\sin\theta}{r}\frac{\partial}{\partial \theta}\left(\frac{v_\phi}{\sin\theta}\right) + \frac{1}{r\sin\theta}\frac{\partial v_\theta}{\partial \phi}\right]^2 + \left[\frac{1}{r\sin\theta}\frac{\partial v_r}{\partial \phi} + r\frac{\partial}{\partial r}\left(\frac{v_\phi}{r}\right)\right]^2$$

$$(4\text{-}32)$$

根据球对称假设，方程式（4-32）可简化为

$$\frac{1}{2}II_\Delta = 2\left[\left(\frac{\partial v_r}{\partial r}\right)^2 + \left(\frac{v_r}{r}\right)^2\right] \qquad (4\text{-}33)$$

5. 无量纲化

各物理量无量纲化后为以下形式，*表示无量纲化的参数[54]：

$$r^* = \frac{r}{R_c}, \quad t^* = \frac{t}{t_c}, \quad c^* = \frac{c - K_H P_f}{c_0 - K_H P_f}, \quad P_g^* = \frac{P_g - P_f}{P_{g0} - P_f}, \quad N_{Pe} = \frac{\sigma^2}{\eta D(P_{g0} - P_f)},$$

$$N_{PI} = \frac{P_f}{P_{g0} - P_f}, \quad N_{SI} = K_H R_g T$$

式中，R_c 为临界气泡半径，表达式为 $R_c = \dfrac{2\sigma}{P_{g0} - P_f}$，只有气泡初始半径大于临界

气泡半径时气泡才能长大；t_c 为临界动量传递时间，表达式为 $t_c = \dfrac{4\eta_0}{P_{g0} - P_f}$；$P_{g0}$ 为

初始气泡压力；c_0 为初始发泡剂浓度；N_{Pe}、N_{PI} 和 N_{SI} 为特征无量纲量。

将以上无量纲量代入控制方程后，得到如下无量纲方程：

$$P_g^* - \frac{1}{R^*} + 2\int_0^k \frac{\tau_{rr} - \tau_{\theta\theta}^*}{3\xi^* + R^{*3}} d\xi^* = 0 \qquad (4\text{-}34)$$

$$\frac{dP_g^*}{dt^*} = \frac{3N_{SI}}{N_{Pe}} \frac{1}{R^*} \frac{\partial c^*}{\partial r^*}\bigg|_{r^* = R^*} - \frac{3(P_g^* + N_{PI})}{R^*} \frac{dR^*}{dt^*} \qquad (4\text{-}35)$$

$$\frac{\partial c^*}{\partial t^*} + \frac{R^{*2}\dot{R}^*}{r^{*2}} \frac{\partial c^*}{\partial r^*} = \frac{1}{N_{Pe} r^{*2}} \frac{\partial}{\partial r^*}\left(r^{*2} \frac{\partial c^*}{\partial r^*}\right) \qquad (4\text{-}36)$$

式中，$\xi^* = \dfrac{r^{*3} - R^{*3}}{3}$；$k = \dfrac{S^{*3} - R^{*3}}{3}$。

6. 数值离散

采用伽辽金加权余量法离散气体扩散方程：

$$\int_{R^*}^{S^*}\left[\frac{\partial c^*}{\partial t^*} + \frac{R^{*2}\dot{R}^*}{r^{*2}} \frac{\partial c^*}{\partial r^*} - \frac{1}{N_{Pe} r^{*2}} \frac{\partial}{\partial r^*}\left(r^{*2} \frac{\partial c^*}{\partial r^*}\right)\right] N_i dr^* = 0 \qquad (4\text{-}37)$$

式中，N_i 为发泡剂浓度的权函数，表达式如下：

$$N_i = \frac{1}{2}(1 + \xi_i \xi) \qquad (i = 1, 2) \qquad (4\text{-}38)$$

式中，ξ 为单元中节点的局部坐标。

积分变换法是通过积分变换简化定解问题的一种有效求解方法。采用格林-高斯积分变换法，经积分变换得到方程式（4-34）的弱解积分表达式：

$$\int_{R^*}^{S^*} \frac{\partial c^*}{\partial t^*} N_i dr^* + \int_{R^*}^{S^*}\left(\frac{R^{*2}\dot{R}^*}{r^{*2}} - \frac{2}{N_{Pe} r^*}\right) \frac{\partial c^*}{\partial r^*} N_i dr^* = \frac{1}{N_{Pe}} \frac{\partial c^*}{\partial r^*} N_i^*\bigg|_{r^* = R^*} \qquad (4\text{-}39)$$

由于在细胞外边界处 $\dfrac{\partial c}{\partial r} = 0$，方程（4-39）右端只剩下一项。

采用式（4-38）所示的形函数，浓度场和坐标变换的表达式为

$$c^* = \sum_i c_i^* N_i, \quad x^* = \sum_i x_i^* N_i \quad (i = 1, 2) \qquad (4\text{-}40)$$

式中，c_i^* 为无量纲化的节点浓度；x_i^* 为节点在整体坐标系下的无量纲化坐标。

7. 求解过程

气泡初始半径和气泡内初始气体压力为已知，每一个时间步长内，同时求解方程式（4-34）和方程式（4-35）并代入连续性方程和本构方程求解得到 R^* 和 P_g^*，然后求解对流扩散方程式（4-39），时间导数项采用隐式差分进行离散。上

一个时间步长求解得到的 R^* 和 P_{g}^* 作为下一个时间步长求解方程式（4-34）和方程式（4-35）的初始值，然后开始下一个时间步长的求解。气泡长大初始阶段，气泡边界的发泡剂浓度梯度急剧增加，为得到较为精确的数值结果，防止结果发散，采用较小的时间步长。数值计算过程中采用的材料物性参数和工艺参数值如表 4-1 所示。

表 4-1　气泡长大过程数值模拟数据

参数名称	数值
初始气泡半径	$R_0 = 1\,\mu\mathrm{m}$
细胞外径	$S_0 = 20\,\mu\mathrm{m}$
扩散系数	$D = 4.26 \times 10^{-9}\,\mathrm{m^2/s}$
亨利常数	$K_{\mathrm{H}} = 3.61 \times 10^{-5}\,\mathrm{mol/(N \cdot m)}$
表面张力系数	$\sigma = 11.5 \times 10^{-3}\,\mathrm{N/m}$
初始气泡压力	$P_{\mathrm{g0}} = 1.11 \times 10^{7}\,\mathrm{Pa}$
外界压力	$P_{\mathrm{f}} = 1.01 \times 10^{5}\,\mathrm{Pa}$
温度	$T = 423.8\,\mathrm{K}$
零剪切黏度	$\eta_0 = 4.90 \times 10^{4}\,\mathrm{N \cdot s/m^2}$
气体常数	$R_{\mathrm{g}} = 8.314\,\mathrm{J/(K \cdot mol)}$
幂律指数	$n = 0.57$

4.3.3　黏弹性气泡长大模型计算结果及讨论

1. 气泡半径及气泡压力变化规律

气泡长大初始阶段，熔体内压力从较大的初始值迅速下降到外界压力值，与此同时，气泡内压力也开始下降，气泡内与外界形成压力差，气泡开始长大。图 4-8 所示为气泡半径及气泡压力随时间的变化规律。从图中可以看出，气泡压力大约在 0.08 s 时达到平衡状态，而气泡半径则大约需要 0.13 s 才能达到平衡状态。气泡刚开始长大时，气泡压力急速下降，气泡内外压力差是气泡长大的主要动力，随着气泡压力的下降，根据亨利定律，气液界面处发泡剂浓度随之下降，熔体内发泡剂出现浓度差，发泡剂开始向气泡内扩散。当气泡内外压力差接近零时，熔体内的发泡剂浓度还没有达到平衡状态，发泡剂继续由聚合物熔体向气泡内扩散，气泡继续长大。由图 4-8 可以得出如下结论，气泡长大初期，气泡内外压力差是气泡长大的主要动力,当气泡内外压力差趋近于零时,发泡剂仍旧不断地从熔体向气泡内扩散,此时发泡剂的扩散行为成为气泡长大的主要动力。

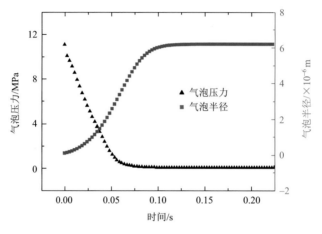

图 4-8　气泡半径及气泡压力随时间变化规律

2. 发泡剂浓度变化规律

图 4-9 所示为气泡壁面处及细胞外壁处的发泡剂浓度随时间的变化规律。气泡壁面处发泡剂浓度快速下降而细胞外壁处的发泡剂浓度在气泡长大的前 0.006 s 基本没有变化。这是由于气泡压力从饱和状态较大初始值下降到相对较小的外界气压,根据亨利定律,气泡表面的发泡剂浓度也随之迅速降低,从而导致气泡表面处产生很大的发泡剂浓度梯度,如图 4-10 所示。发泡剂浓度梯度是发泡剂从

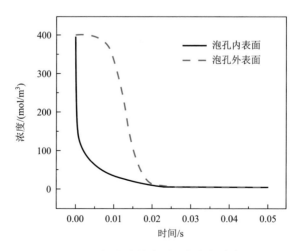

图 4-9　细胞内外表面处发泡剂浓度

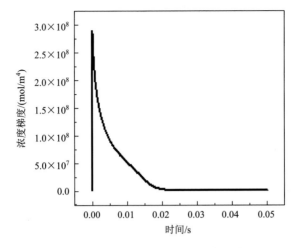

图 4-10　气泡表面处发泡剂浓度梯度

熔体向气泡内扩散的驱动力。因此，气泡表面的发泡剂扩散早于细胞外壁处的发泡剂扩散。随着气泡不断增大，气泡压力差逐渐减小，气泡内压力最终将接近外界气压。当熔体内发泡剂浓度处处一致时，气泡压差也接近零，气泡长大结束。

3. 压力的影响

气泡长大过程是受气泡内外压力差和发泡剂扩散控制。发泡剂扩散过程主要受扩散系数的影响。温度和压力的改变对扩散系数都有影响。温度和压力对扩散系数的影响可表示为

$$D = D_0 \cdot \left(\frac{P_0}{P_g} \right) \left(\frac{T}{T_0} \right)^{n_t} \tag{4-41}$$

式中，D 为任意温度 T 和压力 P_g 下的扩散系数；D_0 为温度 T_0 和压力 P_0 下的扩散系数；n_t 为温度指数。

仅考虑压力的变化，其他参数不变时，气体扩散系数与压力呈反比关系。当熔体内的初始压力增加时，气体扩散系数减小，导致气体扩散速率减小，不利于气泡长大。实际生产中，随着熔体初始压力的增加，熔体内溶解的发泡剂数量增多，且气泡内外压力差增大，均有利于气泡长大。图 4-11 为熔体初始压力对气泡长大过程的影响。从图中可以看出，气泡最终半径随压力的增大而减小。尽管熔体内初始压力的增加会使发泡剂在熔体内的溶解度增大，而扩散系数对气泡长大过程的影响更大。综合考虑以上影响因素，熔体初始压力增大导致气泡最终半径减小。而熔体初始压力对气泡压力变化的影响并不明显，如图 4-12 所示。

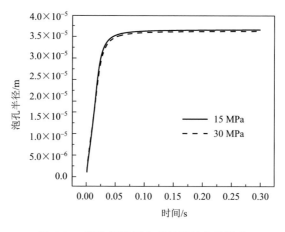

图 4-11 熔体初始压力对气泡长大的影响

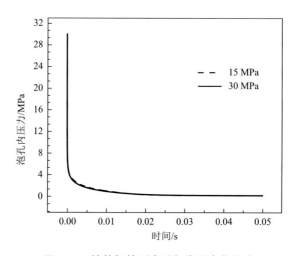

图 4-12 熔体初始压力对气泡压力的影响

4. 温度的影响

聚合物黏度和气体扩散系数均随温度的变化而改变。扩散系数随温度的变化规律由式（4-41）给出。在高分子材料流动过程中，温度对物料的流动行为影响显著。在温度远高于玻璃化转变温度 T_g 和熔点 T_m 时，高分子材料黏度与温度的依赖关系可用阿伦尼乌斯方程来描述[68]：

$$\eta = \eta_0 \exp\left[\frac{E_r(T_0 - T)}{RT_0 T}\right] \tag{4-42}$$

式中，E_r 为黏流活化能。

从图 4-13 可以看出，当温度升高时，气泡长大速率增大。温度升高引起熔体零剪切黏度下降，熔体的流动阻力也随之减小，且温度升高同样引起扩散系数的增大，气泡长大速率也随之增大。与此同时，随着温度的升高，气泡压力下降速度增大，如图 4-14 所示。气泡内外压力差是气泡长大的动力之一，压力差减小不利于气泡长大。因此，温度升高时，气泡长大速率增大，而气泡最终半径减小。

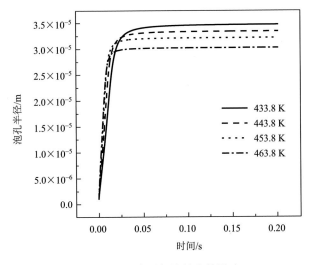

图 4-13　温度对气泡长大的影响

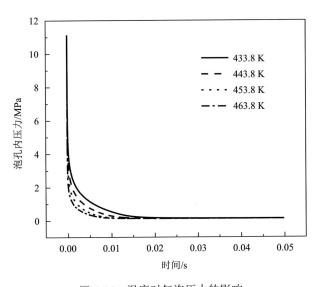

图 4-14　温度对气泡压力的影响

气泡形态演变

在微孔发泡注塑或挤出工艺中，当气泡长大到一定尺寸后，不仅会受到周围气泡的挤压发生形状畸变，还会受到剪切流场的影响发生形状畸变。严重的情况下，剪切流场会导致气泡发生破裂、溃灭，最终导致产品表面出现银纹、螺旋纹、泡坑等产品缺陷。因此，掌握气泡的形态演变规律对于消除发泡注塑件表面缺陷和优化发泡注塑件内部泡孔结构具有重要意义。

早些年，人们主要借助可视化设备研究聚合物流场中气泡形态的演变规律。Villamizar 和 Han[69]及 Han 和 Yoo[25]采用带有双侧玻璃窗的可视化模具，观察了气泡受周围流体流动影响而发生的变形现象。Mahmoodi 等[70]采用带有单侧玻璃窗的可视化模具，发现气泡的迁移速率可以超越聚合物前沿的移动速率，并观察到气泡的破裂现象。Wong 和 Park[31]构建了一套由两个楔形块组成的实验模拟装置，通过楔形块的相对运动对聚合物样品施加剪切应变，观察了动态环境下气泡的形核、长大及其形态演变过程。Ahmadzai 等[71]在带有反压和开合功能的可视化模具上，研究了模具结构和工艺参数对注塑充填过程中气泡溃灭的影响规律。上述研究可以直接观察气泡在注塑剪切流场中的形态演化过程，这对于理解聚合物制件内部、表面形貌的形成起到了重要作用。但这种可视化实验方法也存在明显不足，由于聚合物内部气泡尺寸属于微米级，而气泡迁移距离为厘米级，这种尺度差异使可视化设备难以同时完成气泡形状的清晰捕捉和气泡位移的全程跟踪。同时，受聚合物材料、可视化模具形状及观察窗口的限制，也无法获得气泡在整个流场中的形态演变过程。

与可视化技术相比，采用数值模拟方法研究流场中气泡形态演变过程则没有上述限制。研究者建立了多种气泡、液滴在线性剪切流场中形态演变的数学模型。然而，实际的注塑流场不是简单的剪切流场，而是由非线性剪切流场和流动前沿的泉涌流场等构成的形状复杂的耦合流场。另外，还要考虑非均匀温度场和剪切变稀对流体黏度的影响。然而，关于注塑流场中气泡形态演变过程的数学建模和数值模拟研究较为鲜见。

文献[72]和[73]建立了一种不可压缩、非稳态、非等温的 3D 多相流数学模型。该模型采用气体/聚合物熔体相界面张力模型计算界面张力[74]和气体浓度修正的 Cross-Carreau 模型[75]计算熔体黏度，提出了一套模具腔壁气体过滤的边界条件，采用含有惯性项的 Navier-Stokes 方程求解速度和压力场，采用含有人工压缩项的 VOF 法追踪任意两相之间的界面。采用有限体积法对建立的数学模型进行离散，将能量方程引入到求解速度场和压力场的 PIMPLE 算法，建立了速度、压力、温度场的耦合求解算法，解决了大黏度比两相流体界面处温度场求解发散的问题。采用基于场量的自适应网格划分技术，实现宏观尺度流场中微小气泡界面的高精度追踪。基于所建立的模型，获得了在注塑流场厚度截面上温度场、速度场分布对气泡形态演变过程的影响规律，预测了在剪切、泉涌作用下不同大小和不同位置的初始球形气泡的变形、破裂和溃灭过程；结合聚合物发泡实验，分析了发泡注塑制件表面缺陷的形成机理。

4.4.1 数学建模

文献[72]建立的多相流模型基于质量守恒、动量守恒和能量守恒，适用于研究聚合物发泡注塑工艺中气泡形核长大后的气泡变形阶段。考虑实际的流动状态和计算量，假设：①聚合物熔体、空气和发泡剂气体为不可压缩材料；②系统不存在化学反应；③流动类型为层流；④忽略重力项。

根据上述假设，质量守恒方程、动量守恒方程和能量守恒方程如下。

（1）质量守恒方程为

$$\nabla \cdot U = 0 \tag{4-43}$$

式中，U 为速度场；∇ 为散度算子。

（2）动量守恒方程为

$$\frac{\partial(\rho U)}{\partial t} + \nabla \cdot (\rho U U) = \nabla \cdot T + \rho f_{\mathrm{b}} \tag{4-44}$$

式中，ρ 为密度；T 为应力张量；f_{b} 为界面张力；t 为时间。根据广义牛顿内摩擦定律，T 可表述为

$$T = -(P + \mu \nabla \cdot U)I + 2\mu\varepsilon \tag{4-45}$$

$$\varepsilon = \frac{1}{2}\left[\nabla U + (\nabla U)^{\mathrm{T}}\right] \tag{4-46}$$

式中，P 为压力场；μ 和 ε 分别为混合体系的运动黏度和应变速率张量；I 为单位张量。将式（4-45）代入式（4-44），整理后得到如下动量守恒方程

$$\frac{\partial(\rho U)}{\partial t} + \nabla \cdot (\rho U U) - \nabla \cdot (\mu \nabla U) = -\nabla P + \rho f_{\mathrm{b}} + (\nabla U) \cdot (\nabla \mu) \tag{4-47}$$

（3）能量守恒方程为

$$\frac{\partial(\rho C_p T)}{\partial t} + \nabla \cdot (\rho U C_p T) = \nabla \cdot (k \nabla T) + \mu \dot{\gamma}^2 \tag{4-48}$$

式中，C_p 为混合体系的等压比热容；k 为热导率；$\dot{\gamma}$ 为应变速率张量 ε 的模量，其表达式为

$$\dot{\gamma} = \left|\varepsilon(U)\right| = \sqrt{2\varepsilon(U):\varepsilon(U)} \tag{4-49}$$

界面处的物性 Φ 为多相流体物性 Φ_i 的算术平均值，可表示为

$$\Phi = \sum_{1}^{n} \alpha_i \Phi_i, \qquad (\Phi = C_p, k, \rho, \mu) \tag{4-50}$$

式中，α 为多相界面单元内某流体相分数；i 为不同的流体；n 为单元内流体的相数。

采用多相流模型分析聚合物熔体、超临界流体（SCF）和空气多相体系中的相界面演变过程。通过聚合物熔体相分数 $\alpha_{polymer}$、发泡剂气体相分数 α_{SCF} 和空气相分数 α_{air} 在计算区域内的分布状态间接获得相界面瞬态位置，采用 Weller 提出的含有压缩项的 VOF 方法[76-78]求解每种流体的相分数方程：

$$\frac{\partial \alpha_i}{\partial t} + \nabla \cdot (U \alpha_i) + \nabla \cdot \left[U_r \alpha_i (1 - \alpha_i) \right] = 0 \tag{4-51}$$

式中，$\nabla \cdot \left[U_r \alpha_i (1 - \alpha_i) \right]$ 为压缩项。多相界面单元内流体 i 的相分数 α_i 可表示为

$$\alpha(i, x, y, z, t) = \begin{cases} 1, & \text{当}(x, y, z, t)\text{点在流体 } i \text{ 内部} \\ 0, & \text{当}(x, y, z, t)\text{点在流体 } i \text{ 外部} \\ 0 < \alpha < 1, & \text{当}(x, y, z, t)\text{点在界面处} \end{cases} \tag{4-52}$$

采用 CSF 模型[79]计算发泡剂气体与聚合物熔体界面处的界面张力，其形式可表达为体积力形式：

$$f_b = \sigma \kappa \nabla \alpha \tag{4-53}$$

式中，σ 为聚合物熔体和发泡剂气体之间的表面张力系数；κ 为自由界面的曲率，且定义为

$$\kappa = -\nabla \cdot \left(\frac{\nabla \alpha}{|\nabla \alpha|} \right) \tag{4-54}$$

表面张力系数 σ 是温度和压力的函数，Park 等[74]将其表达为二阶线性回归方程形式：

$$\sigma = D_0 - D_T T - D_P P + D_{TP} TP \tag{4-55}$$

式中，方程系数 D_0、D_T、D_P、D_{TP} 与聚合物/发泡剂气体混合体系的材料属性有关，可通过悬滴法获得。

在建立的数学模型中，发泡剂气体与空气的黏度为常数，聚合物熔体的黏度通过黏度模型进行计算，并且考虑发泡剂气体对聚合物熔体的增塑作用[80, 81]。目前，研究者主要根据聚合物自由体积理论[82]解释发泡剂气体对体系黏度的影响机理。Lee 等[75]将发泡剂气体浓度和压力引入下列零剪切黏度的阿伦尼乌斯方程中：

$$\eta_0 = A \exp \left(\frac{b}{T - T_r} + \beta P + \psi C \right) \tag{4-56}$$

建立了聚合物/发泡剂气体均相体系的 Cross-Carreau 黏度模型：

$$\eta = \frac{\eta_0}{\left[1 + \left(\dfrac{\eta_0 \dot{\gamma}}{\tau}\right)^a\right]^{\frac{(1-m)}{a}}} \qquad (4\text{-}57)$$

式中，η_0 为零剪切黏度；η 为动力学黏度；C 为发泡剂气体的质量浓度分数。A、b、β、ψ、T_r、τ、a、m 为与材料体系有关的模型参数，可在带有反压控制装置的发泡挤出机上通过在线测量的方法[75, 83]获得。

动量方程中运动黏度 μ 为

$$\mu = \frac{\eta}{\rho} \qquad (4\text{-}58)$$

上述数学模型的求解需要合适的边界条件。图 4-15 给出了注塑充填过程的 2D 和 3D 模型的边界示意图。表 4-2 给出了建立的聚合物发泡注塑充填过程多相流数学模型的完整边界条件，其具体边界条件施加方法如下。

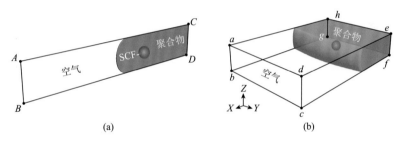

图 4-15　注塑充填过程 2D、3D 模型的边界示意图

（a）2D 模型；（b）3D 模型

表 4-2　聚合物发泡注塑充填过程多相流数学模型边界条件设置方案

边界类型	2D 模型	3D 模型	边界条件
Γ_{inlet}	线 CD	面 $efgh$	$\{T = T_{\text{inlet}}, U = U_{\text{inlet}}, \nabla P = 0\}$
Γ_{wall}	线 AC 线 BD	面 $adeh$ 面 $bcfg$	$\{T = T_{\text{wall}}, U = 0, \nabla P = 0\}$
Γ_{profile}		面 $abgh$ 面 $cdef$	$\Gamma_{\text{profile-air}}\{T = T_{\text{profile}}, \nabla U = 0, P = P_0\}$
			$\Gamma_{\text{profile-polymer}}\{T = T_{\text{profile}}, U = 0, \nabla P = 0\}$
Γ_{vent}	线 AB	面 $abcd$	$\Gamma_{\text{vent-air}}\{T = T_{\text{vent}}, \nabla U = 0, P = P_0\}$
			$\Gamma_{\text{vent-polymer}}\{T = T_{\text{vent}}, U = 0, \nabla P = 0\}$
Γ_{empty}	面 $ABCD$		空边界条件

结合注塑模具的结构特点，文献[72]提出了两种排气边界条件。一个是型腔侧面的边界条件，另一个是型腔充填末端的边界条件。型腔侧壁面边界条件 Γ_{profile}，当 $\alpha_{\text{polymer}} < c_1 \bigcap \alpha_{\text{SCF}} < c_2 \bigcap \alpha_{\text{air}} > c_3$ 时，采用表 4-2 中的排气边界条件 $\Gamma_{\text{profile-air}} \{T = T_{\text{profile}}, \nabla U = 0, P = P_0\}$；当 $\alpha_{\text{polymer}} \geq c_1 \bigcup \alpha_{\text{SCF}} \geq c_2 \bigcup \alpha_{\text{air}} < c_3$ 时，采用表 4-2 中的无滑移边界条件 $\Gamma_{\text{profile-polymer}} \{T = T_{\text{profile}}, U = 0, \nabla P = 0\}$。型腔末端加强排气边界条件 Γ_{vent}，当 $\alpha_{\text{polymer}} < C_1 \bigcap \alpha_{\text{SCF}} \langle C_2 \bigcap \alpha_{\text{air}} \rangle C_3$ 时，采用表 4-2 中的加强排气边界条件 $\Gamma_{\text{vent-air}} \{T = T_{\text{vent}}, \nabla U = 0, P = P_0\}$，当 $\alpha_{\text{polymer}} \geq C_1 \bigcup \alpha_{\text{SCF}} \geq C_2 \bigcup \alpha_{\text{air}} < C_3$ 时，采用表 4-2 中的无滑移边界条件 $\Gamma_{\text{vent-polymer}} \{T = T_{\text{vent}}, U = 0, \nabla P = 0\}$。

考虑到速度和压力在动量方程中的耦合关系，每个物理边界条件中的速度和压力以不同的类型（Dirichlet 或 Neumann 边界条件）定义。上述条件中的 c_1、c_2、c_3、C_1、C_2、C_3 是判据参数。考虑到发泡剂气体和聚合物熔体在 Γ_{profile} 和 Γ_{vent} 上相同的流动行为，建议 c_1、c_2、C_1、C_2 在 0.001～0.01 范围内取值，以有效控制边界网格处聚合物的溢流不超过 1%。c_3、C_3 的定义要确保自由通畅的排气并且避免数值不稳定性。经过程序调试，c_1、c_2、c_3、C_1、C_2、C_3 分别取值 0.001、0.001、0.9、0.01、0.01 和 0.8。

4.4.2 计算方法

该模型采用 PIMPLE 算法[84, 85]来解决动量离散方程中的压力场与速度场耦合问题。但由于涉及大黏度比多相界面处的能量守恒方程的求解，传统的 PIMPLE 算法容易导致温度场求解发散，造成不合理的流体流动，如图 4-16（a）所示。为解决该问题，文献[72]将能量守恒方程加入到 PIMPLE 循环算法中，增加了温度场、速度场和压力场的耦合性。该方法所获得的温度场分布更趋合理，如图 4-16（b）所示，有效解决了单独求解能量方程而导致的大黏度比两相界面处温度发散的问题。

此外，由于气泡与型腔的尺度差异较大，若要同时完成注塑流场宏观场量的计算与微小气泡界面的精确捕捉，均匀大小的网格将会导致巨大的计算量。为解决该问题，文献[72]采用自适应网格技术[86, 87]，在每个时间步内，根据相分数分布状态对界面处网格进行自动加密。图 4-17 给出了采用自适应网格技术划分的网格。由图可见，在聚合物熔体前沿界面处和气泡界面处网格均已加密，计算获得的相界面清晰且光滑。模拟结果显示，该方法既可以保证界面附近拥有足够高的网格密度，又较大幅度地减少了计算机的运算量，明显提高了所建立数学模型的计算效率。上述模型基于开源的计算流体力学数据库 OpenFOAM[84]进行开发，采用有限体积法对控制方程进行离散求解。上述数学模型和求解方法可模拟任意多相流体非等温非稳态非牛顿流体三维复杂流动过程，其求解过程详见文献[72]和[73]。

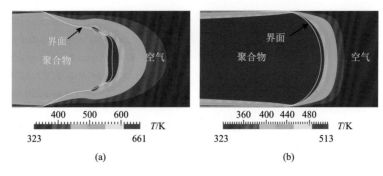

图 4-16　传统 PIMPLE 算法和新开发的算法在聚合物与空气相界面处获得的温度场计算结果对比

（a）传统 PIMPLE 算法；（b）文献[72]的算法

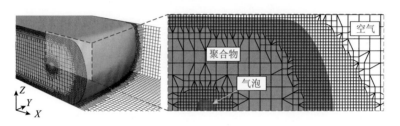

图 4-17　自适应网格加密技术划分的网格

4.4.3　数值模拟结果

1. 注塑流场中性面上气泡的形态演变过程

图 4-18 所示为数值模拟获得的气泡形态演变过程。从图 4-18（a）～（c）可以看出，气泡在注塑流场中由圆形变为椭圆形，然后变为月牙形。这是由于：①注塑流场在 X 轴方向存在速度梯度，后续聚合物熔体的 X 轴方向速度大于流动前沿的 X 轴方向速度，将气泡挤扁的同时推动气泡不断接近流动前沿界面；②注塑流场在 Z 轴方向存在显著的泉涌流场效应，靠近模具型腔表面的熔体温度较低、速度较慢，对厚度中心处的熔体形成拉伸作用，从而气泡在泉涌流场中的形状变成月牙状。

图 4-18（d）～（g）给出了气泡在流动前沿处的破裂过程。气泡在泉涌流场的作用下变得极度扁平，气泡的界面分为前、后壁面，如图 4-18（c）所示。当充填时间为 0.55 s 时，气泡界面的前壁面与流动前沿界面几乎融合，气泡即将破裂。气泡破裂后，气泡的后壁面成为新的流动前沿，如图 4-18（g）所示。气泡破裂后形成残余泡皮（如图 4-18 中实线圆圈标出的所示），泡皮在被泉涌流场运送到模具表面上的同时，不断与聚合物熔体发生再融合，泡皮尺寸不断缩小，如图 4-18 中（e）、（f）、（g）所示，最终消失。图 4-18（j）～（n）给出了泡皮逐渐消失的局部放大图。

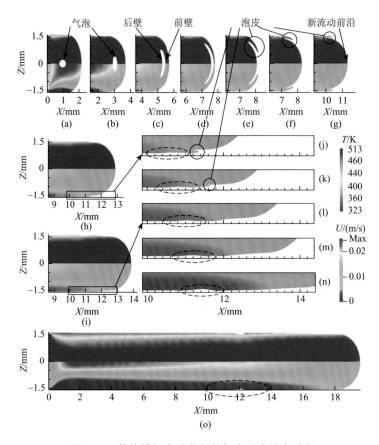

图 4-18　数值模拟实验获得的气泡形态演变过程

此系列图像为三维模拟结果的截面图，（a）～（i）和（o）的上半部分为聚合物熔体的温度分布图，下半部分为聚合物熔体沿 X 轴方向（流动方向）的速度分布图，（a）表示初始状态，（o）表示充填时间为 1.7 s 时的气泡破裂状态，（j）～（n）为聚合物熔体在充填模具 1.05～1.3 s 时间内沿 X 轴方向的速度分布局部放大图，（a）～（g）给出了气泡随充填时间的变形和破裂过程，（h）、（i）、（o）给出了气泡破裂后所引起的聚合物表面缺陷的形成过程

　　为进一步揭示气泡破裂和泡皮消失过程，图 4-19 给出了气泡在流动前沿界面破裂过程的模拟结果。如图 4-19（c）中 0.6 s 时刻的模拟结果所示，气泡在破裂前已经变形为椭圆形气泡。随聚合物继续充填模具型腔，气泡开始破裂，流动前沿界面的破裂缺口呈现为椭圆形。如图 4-19（c）中 0.604～0.64 s 时刻对应的演变过程，在短暂的时间内，破裂缺口扩大迅速，缺口尺寸不断接近破裂气泡的尺寸，残余泡皮的尺寸不断缩小并演变为狭窄的一圈。当充填时间为 0.7 s 时，短轴两端的泡皮消失，但长轴两端的泡皮尚未完全消失，对比图 4-19（b）所示的缺口形貌 SEM 图，可见二者形态一致。当注塑充填时间为 0.8 s 时，泡皮完全消失，与之前时刻的结果相比，此时的缺口在泉涌流场作用下沿气泡长轴方向被明显拉长，且破裂后的气泡在流动前沿处形成梭形凹坑形貌，如图 4-19（c）0.8 s 的结果中 *B-B* 截面图所示。

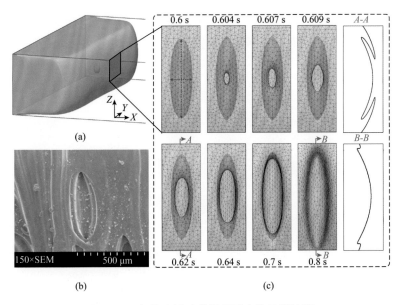

图 4-19　气泡在流动前沿界面上的破裂过程

（a）流动前沿及气泡的观察角度；（b）泡坑的 SEM 图；（c）气泡在流动前沿界面上的破裂过程模拟结果

2. 偏离注塑流场中性面的气泡形态演变过程

图 4-20 给出了初始位置偏离注塑流场中性面的气泡在注塑充填阶段的形态演变过程。由图 4-20（a）～（g）可见，气泡受注塑泉涌流场作用，在接近流动前沿的同时也不断偏离流场中性面，被推挤到模具型腔壁面，最终在模具表面处破裂。图 4-20（h）～（j）给出了表面泡坑的形成过程，以及气泡破裂后前、后残余泡皮的演变过程。由图 4-20（h）可见，气泡破裂时，泡坑前、后两端的泡皮形态有明显差异，且随熔体继续充填模具型腔，两部分泡皮的演变过程也明显不同。气泡的形态变化取决于所处流场环境，由图 4-20（a）～（g）可见，气泡在变形初始阶段处于高温区域，气泡周围熔体流动性较好，气泡被泉涌流场推向模具型腔表面。由图 4-20（e）可知，气泡的后端最先接近模具型腔表面，此时其周围熔体逐渐冷却，流动能力变差，在聚合物充填方向上的流动明显放缓。气泡前端周围的熔体温度较高，流动能力较强，可沿熔体充填方向继续流动，气泡被拉长形成细长条状气泡，如图 4-20（e）～（g）所示。

图 4-20（g）给出了气泡接触到模具型腔壁面后的破裂瞬间。由图可见，气泡破裂的位置并不是在最早接近模具型腔壁面的后端，而是位于气泡前端。这是由于气泡的后端受聚合物熔体冷凝层阻碍而难以接近模具型腔壁面，气泡前端周围熔体的流动能力更强，可不断接近模具壁面，最终接触到模具型腔壁面，气泡发生破裂。

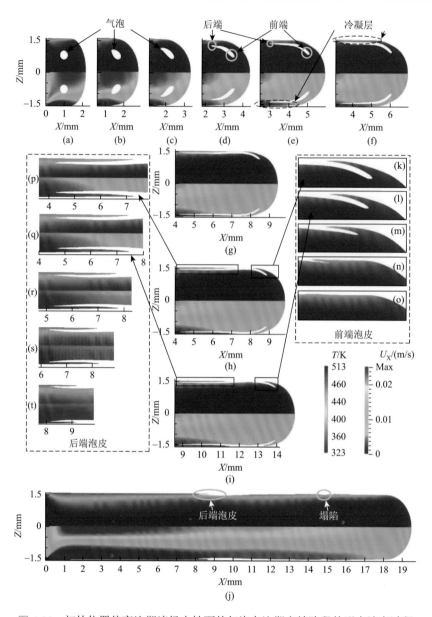

图 4-20 初始位置偏离注塑流场中性面的气泡在注塑充填阶段的形态演变过程

（a）～（j）和（p）～（t）的上半部分为聚合物熔体的温度分布图，下半部分为聚合物熔体沿 X 轴方向的速度分布图，（p）～（t）为后端泡皮的局部放大图，（k）～（o）表示充填时间在 1.05～1.3 s 时间段内前端泡皮温度分布的局部放大图，（a）～（f）为气泡变形、破裂过程，（g）～（i）为表面缺陷形成过程

　　气泡破裂后形成的两部分泡皮呈现完全不同的演变过程。图 4-20（k）～（o）给出了前端泡皮的演化过程，由于前端泡皮周围的熔体温度较高，残余泡皮逐渐被"吞噬"，最终消失。图 4-20（p）～（t）给出了后端泡皮的演化过程，因后

端泡皮周围的熔体温度较低，流动能力较差，且离流动前沿处的泉涌流场较远，几乎不受泉涌流场的影响，其形状和位置基本固定。后端泡皮的演变过程呈现为长度变小、厚度减薄和与内部熔体之间的间隙逐渐减小的特征。

为进一步揭示气泡在模具型腔表面破裂后的泡坑形态演变过程，图 4-21 给出了气泡在模具型腔表面破裂后泡坑形态演变的数值模拟结果，其中图 4-21（a）给出了流动前沿及气泡的观察角度，图 4-21（b）的拍摄位置位于流动前沿的后方。图 4-21（c）为数值模拟获得的气泡在模具型腔表面的破裂过程及泡坑形态

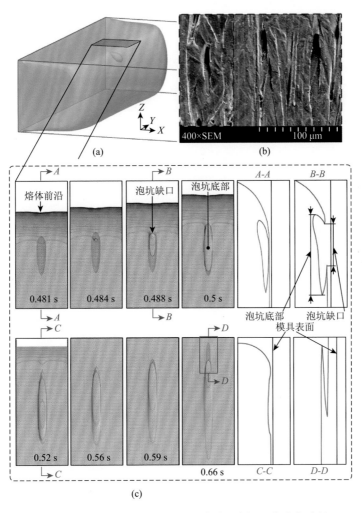

图 4-21　气泡在模具型腔表面上破裂后泡坑形貌演变过程

（a）流动前沿及气泡的观察角度；（b）泡坑的 SEM 图；（c）气泡在型腔表面上的破裂过程模拟结果

演变过程。气泡在破裂前尚未形成细长条状气泡，如图 4-21（c）中 *A-A* 剖面图所示。气泡破裂后，残余泡皮很快接触到模具型腔壁面。结合前面分析可知，泡皮过早接触模具型腔壁面会导致其流动能力的下降，最终形成图 4-21（b）中所示的泡坑形貌。气泡破裂时的状态决定了泡坑形态的后续演变过程，图 4-21（c）中 *B-B* 剖面图所示刨坑的底部与模具型腔壁面之间存在一定距离，在充填方向上呈现"前深后浅"的形貌。在后续的演变过程中泡坑的底部延伸到泡坑前端的下面，如剖面图 *D-D* 所示，泡坑的前端发生聚合物材料的折叠。根据数值模拟结果可知，造成这种泡坑形貌的原因在于泡坑底部与泡坑缺口流动能力的差异。相比于受到模具冷却作用的泡坑缺口，泡坑底部的聚合物尚未接触到模具表面，流动能力较强，泡坑底部与缺口之间产生相对位移，最终形成了"前深后浅"的泡坑形貌，如图 4-21（c）中的圆圈部位及局部剖面图所示。

参 考 文 献

[1] 沈家瑞，贾德民. 聚合物共混物与合金[M]. 广州：华南理工大学出版社，1999.

[2] 杨宏. 聚合物共混界面[J]. 北京化工大学学报（自然科学版），1987，1：74-79.

[3] 赵孝彬，杜磊，张小平，等. 聚合物共混物的相容性及相分离[J]. 高分子通报，2001，4：75-81.

[4] 左榘，张邦华. HPB-*b*-PMMA 增容 PVC/PE 共混物相分离与相态结构研究[J]. 高分子材料科学与工程，1996，12（3）：8.

[5] 曾一兵，张廉正. 橡胶和树脂共混物的形态，相分离和动态力学行为[J]. 复合材料学报，1991，8（1）：6.

[6] 王志刚，左榘. PVC/ACR 共混物相分离，相溶解行为研究[J]. 高分子材料科学与工程，1993，9（5）：5.

[7] 吴培熙. 聚合物共混改性[M]. 北京：中国轻工业出版社，1996.

[8] 徐祖耀. 相变原理[M]. 北京：科学出版社，1998.

[9] COLTON J S，SUH N P. The nucleation of microcellular thermoplastic foam with additives：Part Ⅰ：Theoretical considerations[J]. Polymer engineering & science，1987，27（7）：485-492.

[10] COLTON J S，SUH N P. Nucleation of microcellular foam：Theory and practice[J]. Polymer engineering & science，1987，27（7）：500-503.

[11] YOUN J R，SUH N P. Processing of microcellular polyester composites[J]. Polymer composites，1985，6（3）：175-180.

[12] 向帮龙，管蓉，杨世芳. 微孔发泡机理研究进展[J]. 高分子通报，2005，6：9-17.

[13] HALL P G，STOECKLI H F. Adsorption of nitrogen，*n*-butane and neo-pentane on chloro-hydrocarbon polymers[J]. Transactions of the faraday society，1969，65：3334-3340.

[14] 傅志红，彭玉成，王洪. 微孔塑料气泡形核的聚合物刷子模型[J]. 株洲工学院学报，2002，16（6）：66-72.

[15] HANSEN R H，MARTIN W M. Novel methods for the production of foamed polymers. Nucleation of dissolved gas by localized hot spots[J]. Industrial & engineering chemistry product research and development，1964，3（2）：137-141.

[16] BLYLER L L，Jr，KWEI T K. Flow behavior of polyethylene melts containing dissolved gases[J]. Journal of polymer science part C：polymer symposia，1971，35（1）：165-176.

[17] DESHPANDE N S，BARIGOU M. Performance characteristics of novel mechanical foam breakers in a stirred tank

reactor[J]. Journal of chemical technology & biotechnology，1999，74（10）：979-987.

[18] DJELVEH G，GROS J B，CORNET J F. Foaming process analysis for a stirred column with a narrow annular region[J]. Chemical engineering science，1998，53（17）：3157-3160.

[19] GUO M C，PENG Y C. Study of shear nucleation theory in continuous microcellular foam extrusion[J]. Polymer testing，2003，22（6）：705-709.

[20] SHETH H R，CHEN L. Initial stages of bubble growth during foaming process[J]. Technical papers of the annual technical conference-society of plastics engineers incorporated，2000，2：1852-1856.

[21] MATUANA L M，PARK C B，BALATINECZ J J. Processing and cell morphology relationships for microcellular foamed PVC/wood-fiber composites[J]. Polymer engineering & science，1997，37（7）：1137-1147.

[22] MATUANA L M，PARK C B，BALATINECZ J J. Cell morphology and property relationships of microcellular foamed PVC/wood-fiber composites[J]. Polymer engineering & science，1998，38（11）：1862-1872.

[23] DOROUDIANI S，PARK C B，KORTSCHOT M T. Effect of the crystallinity and morphology on the microcellular foam structure of semicrystalline polymers[J]. Polymer engineering & science，1996，36（21）：2645-2662.

[24] WANG J，CHENG X G，YUAN M J，et al. An investigation on the microcellular structure of polystyrene/LCP blends prepared by using supercritical carbon dioxide[J]. Polymer，2001，42（19）：8265-8275.

[25] HAN C D，YOO H J. Studies on structural foam processing. Ⅳ. Bubble growth during mold filling[J]. Polymer engineering & science，1981，21（9）：518-533.

[26] LEE S T. Shear effects on thermal plastic foam nucleation[J]. Polymer engineering & science，1993，33（7）：418-422.

[27] LEE S T. More experiments on thermoplastic foam nucleation[J]. Journal of cellular plastics，1994，30（5）：444-453.

[28] CHEN L，SHETH H，WANG X. Effects of shear stress and pressure drop rate on microcellular foaming process[J]. Journal of cellular plastics，2001，37（4）：353-363.

[29] CHEN L，WANG X，STRAFF R，et al. Shear stress nucleation in microcellular foaming process[J]. Polymer engineering & science，2002，42（6）：1151-1158.

[30] WONG A S，CHU R，LEUNG S N，et al. A batch foaming visualization system with extensional stress-inducing ability[J]. Chemical engineering science，2011，66（1）：55-63.

[31] WONG A，PARK C B. A visualization system for observing plastic foaming processes under shear stress[J]. Polymer testing，2012，31（3）：417-424.

[32] WONG A，PARK C B. The effects of extensional stresses on the foamability of polystyrene-talc composites blown with carbon dioxide[J]. Chemical engineering science，2012，75：49-62.

[33] WONG A，WIJNANDS S F L，KUBOKI T，et al. Mechanisms of nanoclay-enhanced plastic foaming processes：Effects of nanoclay intercalation and exfoliation[J]. Journal of nanoparticle research，2013，15（8）：1-15.

[34] RIZVI A，PARK C B. Dispersed polypropylene fibrils improve the foaming ability of a polyethylene matrix[J]. Polymer，2014，55（16）：4199-4205.

[35] HANDA Y P，ZHANG Z Y. A novel stress-induced nucleation and foaming process and its applications in making homogeneous foams，anisotropic foams，and multilayered foams[J]. Cellular polymers，2000，19（2）：77-91.

[36] GUO H，NICOLAE A，KUMAR V，et al. Part Ⅱ：Low-temperature solid-state process space using CO_2 and the resulting morphologies[J]. Polymer，2015，70：231-241.

[37] LI L，NEMOTO T，SUGIYAMA K，et al. CO_2 foaming in thin films of block copolymer containing fluorinated blocks[J]. Macromolecules，2006，39（14）：4746-4755.

[38]　GUO H，KUMAR V. Some thermodynamic and kinetic low-temperature properties of the PC-CO_2 system and morphological characteristics of solid-state PC nanofoams produced with liquid CO_2[J]. Polymer，2015，56：46-56.

[39]　MAHMOOD H，AMELI A，HOSSIENY N，et al. The interfacial tension of molten polylactide in supercritical carbon dioxide[J]. Journal of chemical thermodynamics，2014，75：69-76.

[40]　MARCON V，FRITZ D，van der VEGT N F A. Hierarchical modelling of polystyrene surfaces[J]. Soft matter，2012，8（20）：5585-5594.

[41]　SARIKHANI K，JEDDI K，THOMPSON R B，et al. Effect of pressure and temperature on interfacial tension of poly lactic acid melt in supercritical carbon dioxide[J]. Thermochimica acta，2015，609：1-6.

[42]　WANG G，ZHAO J，YU K，et al. Role of elastic strain energy in cell nucleation of polymer foaming and its application for fabricating sub-microcellular TPU microfilms[J]. Polymer，2017，119：28-39.

[43]　IRGENS F. Theory of plasticity[M]. Continuum Mechanics. Berlin，Heidelberg：Springer，2008：433-516.

[44]　LAZZERI A，BUCKNALL C B. Applications of a dilatational yielding model to rubber-toughened polymers[J]. Polymer，1995，36：2895-2902.

[45]　ROTTLER J，ROBBINS M O. Yield conditions for deformation of amorphous polymer glasses[J]. Physical review E，2001，64：051801.

[46]　RUIZ J A R，PEDROS M，TALLON J M，et al. Micro and nano cellular amorphous polymers（PMMA，PS）in supercritical CO_2 assisted by nanostructured CO_2-philic block copolymers：One step foaming process[J]. Journal of supercritical fluids，2011，58：168-176.

[47]　WANG G L，ZHAO J C，GE C B，et al. Nanocellular poly(ether-block-amide)/MWCNT nanocomposite films fabricated by stretching-assisted microcellular foaming for high-performance EMI shielding applications[J]. Journal of materials chemistry C，2021，9（4）：1245-1258.

[48]　EPSTEIN P S，PLESSET M S. On the stability of gas bubbles in liquid-gas solutions[J]. Journal of chemical physics，1950，18：1505-1509.

[49]　HOOBS S. Bubble growth in thermoplastic structural foams[J]. Polymer engineering & science，1976，16（4）：270-275.

[50]　VENERUS D C，YALA N，BERNSTEIN B. Analysis of diffusion-induced bubble growth in viscoelastic liquids[J]. Journal of non-Newtonian fluid mechanics，1998，75：55-75.

[51]　FENG J J. Prediction of bubble growth and size distribution in polymer foaming based on a new heterogeneous nucleation mode[J]. Journal of rheology，2004，48（2）：439-462.

[52]　PAI V，FAVELUKIS M. Dynamics of spherical bubble growth[J]. Journal of cellular plastics，2002，38：403-419.

[53]　AMON M，DENSON C D. A study of the dynamics of foam growth：Analysis of the growth of closely spaced spherical bubbles[J]. Polymer engineering & science，1984，24（13）：1028-1034.

[54]　MUHAMMAD A S，JAMES G L，FLUMERFELT R W. Prediction of cellular structure in dree expansion polymer foam processing[J]. Polymer engineering & science，1996，36（14）：1950-1959.

[55]　EVERITT S L，HARLEN O G，WILSON H J，et al. Bubble dynamics in viscoelastic fluids with application to reacting and non-reacting polymer foams[J]. Journal of non-Newtonian fluid mechanics，2003，114：83-107.

[56]　LASTOCHKIN D，FAVELUKIS M. Bubble growth in a variable diffusion coefficient liquid[J]. Chemical engineering journal，1998，69：21-25.

[57]　AMON M，DENSON C D. A study of the dynamics of foam growth：Simplified analysis and experimental results for bulk density in structural foam molding[J]. Polymer engineering & science，1986，26（3）：255-267.

[58]　AREFMANESH A，ADVANI S G，MICHAELIDES E E. A numerical study of bubble growth during low pressure

structural foam molding process[J]. Polymer engineering & science，1990，30（20）：1330-1337.

[59]　许星明. 聚合物发泡与挤出胀大过程数值模拟及实验研究[D]. 济南：山东大学，2009.

[60]　XU X M，ZHAO G Q，LI H P. Numerical simulation of bubble growth in a limited amount of liquid[J]. Journal of applied polymer science，2010，116（3）：1264-1271.

[61]　MARTINI-VVEDENSKY J E，SUH N P，WALDMAN F A. Microcellular closed cell foams and their mothed of manufacture：US04473665 A[P]. 1984.

[62]　JOSHI K，LEE J G，SHAFI M A，et al. Prediction of cellular structure in free expansion of viscoelastic media[J]. Journal of applied polymer science，1998，67：1353-1368.

[63]　OTSUKI Y，KANAI T. Numerical simulation of bubble growth in viscoelastic fluid with diffusion of dissolved foaming agent[J]. Polymer engineering & science，2005，45（9）：1277-1287.

[64]　唐志玉. 塑料挤塑模与注塑模优化设计[M]. 北京：机械工业出版社，2008.

[65]　TANASAWA I，YANG W. Dynamics behavior of a gas bubble in viscoelastic liquids[J]. Journal of applied physics，1970，41（11）：4526-4531.

[66]　FAVELUKIS M，ZHANG Z，PAI V. On the growth of a non-ideal gas bubble in a solvent-polymer solution[J]. Polymer engineering & science，2000，40（6）：1350-1359.

[67]　TADMOR Z. Non-Newtonian tangential flow in cylindrical annuli[J]. Polymer engineering & science，1966，6（3）：203-212.

[68]　吴其晔，巫静安. 高分子材料流变学导论[M]. 北京：化学工业出版社，1994.

[69]　VILLAMIZAR C A，HAN C D. Studies of structural foam processing Ⅱ. Bubble dynamics in foam injection molding[J]. Polymer engineering & science，1978，18：699-710.

[70]　MAHMOODI M，BEHRAVESH A H，MOHAMMAD REZAVAND S A，et al. Visualization of bubble dynamics in foam injection molding[J]. Journal of applied polymer science，2010，116：3346-3355.

[71]　AHMADZAI A，BEHRAVESH A H，SARABI M T. Visualization of foaming phenomena in thermoplastic injection molding process[J]. Journal of cellular plastics，2014，5（3）：279-300.

[72]　ZHANG L，ZHAO G Q，DONG G W，et al. Bubble morphological evolution and surface defect formation mechanism in the microcellular foam injection molding process[J]. RSC advances，2015，5（86）：70032-70050.

[73]　张磊. 聚合物/二氧化碳体系的动态相演变与结晶行为研究[D]. 济南：山东大学，2020.

[74]　PARK H R，THOMPSON B，LANSON N，et al. Effect of temperature and pressure on surface tension of polystyrene in supercritical carbon dioxide[J]. Journal of physical chemistry B，2007，111（15）：3859-3868.

[75]　LEE M，PARK C B，TZOGANAKIS C. Measurements and modeling of PS/supercritical CO_2 solution viscosities[J]. Polymer engineering & science，1999，39（1）：99-109.

[76]　WELLER H G，TABOR G，JASAK H，et al. A tensorial approach to computational continuum mechanics using object-oriented techniques[J]. Computers in physics，1998，12（6）：620-631.

[77]　HIRT C W，NICHOLS B D. Volume of fluid (VOF) method for the dynamics of free boundaries[J]. Journal of computational physics，1981，39（1）：201-225.

[78]　WÖRNER M. Numerical modeling of multiphase flows in microfluidics and micro process engineering：A review of methods and applications[J]. Microfluidics and nanofluidics，2012，12（6）：841-886.

[79]　BRACKBILL J U，KOTHE D B，ZEMACH C. A continuum method for modeling surface tension[J]. Journal of computational physics，1992，100（2）：335-354.

[80]　PARK H E，DEALY J M. Effects of pressure and supercritical fluids on the viscosity of polyethylene[J]. Macromolecules，2006，39：5438-5452.

[81] RAPS D，KÖPPL T，de ANDA A R，et al. Rheological and crystallisation behaviour of high melt strength polypropylene under gas-loading[J]. Polymer，2014，55（6）：1537-1545.

[82] FUJITA H，KISHIMOTO A. Diffusion-controlled stress relaxation in polymers. Ⅱ. Stress relaxation in swollen polymers[J]. Journal of polymer science，1958，28（118）：547-567.

[83] ROYER J R，DESIMONE J M，KHAN S A. High-pressure rheology and viscoelastic scaling predictions of polymer melts containing liquid and supercritical carbon dioxide[J]. Journal of polymer science part B：polymer physics，2001，39（23）：3055-3066.

[84] JASAK H，JEMCOV A，TUKOVIC Z. OpenFOAM：A C++ library for complex physics simulations[C]. International Workshop on Coupled Methods in Numerical Dynamics，IUC Dubrovnik Croatia，2007，1000：1-20.

[85] AGUERRE H J，DAMIAN S M，GIMENEZ J M，et al. Modeling of compressible fluid problems with openfoam using dynamic mesh technology[J]. Mecánica computacional，2013，32：995-1011.

[86] YUE P T，ZHOU C F，JAMES J，et al. Phase-field simulations of interfacial dynamics in viscoelastic fluids using finite elements with adaptive meshing[J]. Journal of computational physics，2006，219（1）：47-67.

[87] GINZBURG I，WITTUM G. Two-phase flows on interface refined grids modeled with VOF，staggered finite volumes，and spline interpolants[J]. Journal of computational physics，2001，166（2）：302-335.

第5章

微孔发泡注塑成型技术及装置

引言

微孔发泡注塑成型工艺是实现聚合物制品轻量化的一种重要技术方法。所制备的微孔聚合物构件具有比强度高、隔声隔热、减震吸能等优异性能，在汽车、电器通信、航空航天、医疗健康等领域具有重要用途，其高效成型与应用对于实现结构轻量化和高性能化，促进绿色低碳发展和加快制造业强国战略进程具有重大意义。根据发泡剂的种类，可以将微孔发泡注塑成型技术分为物理发泡注塑工艺和化学发泡注塑工艺。

物理发泡注塑工艺包括以下几个步骤[1-3]：①将聚合物原料由料斗加入料筒中，通过螺杆的机械塑化和加热器的加热塑化作用使聚合物熔融成为熔体。物理发泡剂（超临界 CO_2 或 N_2）由超临界流体发生器提供，由超临界流体计量器控制以一定的流率注入料筒内的聚合物熔体中。然后通过螺杆头部装置的混合元件将注入的发泡剂搅混、分散均化。超临界流体-聚合物熔体均相体系随后进入料筒前端储料室，在这里进一步混合，形成超临界流体-聚合物熔体均相体系。②为了防止料筒内发生气泡形核长大，料筒内要保持高压，需要特殊的气动式截止喷嘴，注射前保持关闭，以维持喷嘴到止逆阀之间的高压且恒定。③储料完成以后，气动喷嘴开启，均相体系注入模具型腔。突然的压力降使得超临界流体在聚合物熔体的溶解度迅速下降，发泡剂气体开始剧烈析出。体系的热力学突变提供了气体分子聚集形核的机会，发泡剂气体开始以形核长大的方式与聚合物熔体发生相分离。④在模具填充结束后，气动喷嘴关闭，型腔内熔体温度开始下降，型腔压力相应下降，这形成了第二次发泡窗口，熔体内的超临界流体以形核长大的方式析出，在料温较高的制件中心层形成发泡层，而贴近模具型腔表面的熔体形成无泡层。最终，制件冷却后在厚度截面上形成"三明治"结构。

化学发泡注塑工艺包括以下几个步骤：①发泡剂与聚合物进行充分混合，注入注塑机中，在这个过程中必须选用激活温度比原料熔融温度更高的发泡剂，以确保发泡剂与熔体充分均匀混合前不发生发泡反应。②提高温度，激活发泡剂分解产生气体，通过在原料中加入形核剂，可以促进气泡形核，然后通过气动截止式喷嘴在较高的注射压力和注射速率下注入注塑模具型腔中。③当聚合物熔体进入注塑模具后，因压力的突然释放，由化学发泡剂产生的过饱和气体会从聚合物熔体中离析，进而大量形核长大，形成气泡。④当发泡剂分解完全之后，发泡反应停止，聚合物黏度上升，气孔不再增长，成型固化开始，可以通过冷却、交联或其他凝固方法使聚合物黏度上升并凝固成型。

相比于传统的聚合物加工工艺，微孔发泡注塑成型工艺将发泡剂气体引入到聚合物材料的注塑加工成型过程中。无论是物理发泡剂还是化学发泡剂，其产生发泡气体主要包括 CO_2、N_2 等绿色环保无污染的气体。在高温高压的加工成型过程中，发泡气体会达到超临界状态。超临界流体具有气体般的黏度和液体般的密度，超临界 CO_2 可以快速地混入聚合物中或者从聚合物中脱出。在超临界流体的参与下，微孔发泡注塑成型技术的主要技术优势有：

（1）大幅提高制品尺寸精度和尺寸稳定性；

（2）大幅减少产品残余应力，减少制品翘曲变形；

（3）消除表面缩痕，抵消塑件冷却收缩；

（4）有效缩短薄壁制品的成型周期，提高生产效率；

（5）有效节约原材料，减轻产品质量；

（6）减少锁模力需求，节约制造成本；

（7）发泡剂成本低廉、环保，适用领域广；

（8）增强熔体流动性，改善充填效果；

（9）制造过程中污染物零排放，制品不含化学残留物。

5.2 微孔发泡注塑成型技术发展与现状

5.2.1 微孔发泡注塑成型技术的发展

微孔发泡注塑成型技术的发展经历了早期柱塞式微孔发泡注塑成型、柱塞与螺杆式微孔发泡注塑成型、往复螺杆式微孔发泡注塑成型等几个阶段的发展[4]，其中往复螺杆式微孔发泡注塑成型是最具推广价值的技术方向，是该技术走向工业化应用的最现实途径，也是当前微孔发泡注塑成型技术的研究重心。

1. 早期的柱塞式微孔发泡注塑成型技术

早期的柱塞式微孔发泡注塑成型技术由 Martini-Vvedensky 等提出和发明[5]。其工艺过程如下：含有发泡剂的聚合物熔体由注塑机注入型腔，移动型腔板控制型腔的容积，移动型腔板由液压系统控制。当熔体进入型腔时，液压系统施加的压力大于熔体的临界发泡压力，熔体不会发泡；当熔体冷却到适合发泡的温度时，通过液压系统对型腔内的熔体进行突然降压，产生大量气泡，然后冷却定型，获得制品。图 5-1 给出了柱塞式微孔发泡注塑成型技术的设备示意图。采用柱塞式设备成型微孔聚合物时，发泡过程的压力降速率与注射速率无关，仅受液压系统控制，因此该设备可以较容易地控制气泡的形核过程。利用柱塞式微孔发泡注塑成型技术，早期的研究者制备了微孔发泡塑料产品并开展了相关基础性研究，但一个严重的不足是这种成型技术只能用于简单形状制品的成型，不具备良好的推广和应用价值。

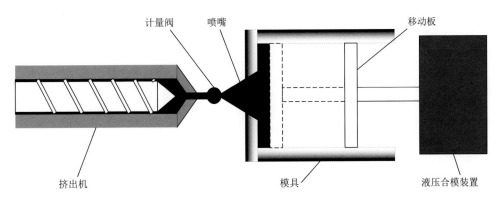

图 5-1　柱塞式微孔发泡注塑成型设备示意图

2. 柱塞与螺杆式微孔发泡注塑成型技术

图 5-2 给出了在北美较早流行的柱塞与螺杆式微孔发泡注塑成型设备的示意图[6]。柱塞与螺杆式微孔发泡注塑成型技术也称为双阶螺杆微孔发泡注塑成型技术，其主要技术思想是将塑化系统和注射系统分开，分别提供较高的分散混合能力和较高的注射速率。发泡剂被注入正在运转的挤出机中，与聚合物熔体混合形成均相体系，然后均相体系被输送到注射杆前部的储料室。注射油缸借助气体储能装置将熔体高速注入模具型腔。由于双阶螺杆微孔发泡注塑成型过程中挤出机中的压力大致稳定，所以发泡剂可在恒定压力下注入。与早期柱塞式微孔发泡注塑成型技术相比，双阶螺杆微孔发泡注塑成型技术的泡孔结构容易控制，直到今天依然有研究人员进行该项技术的研究，但该技术系统的主要缺点是辅助装置较多，整体设备结构较复杂，设备体积较庞大。

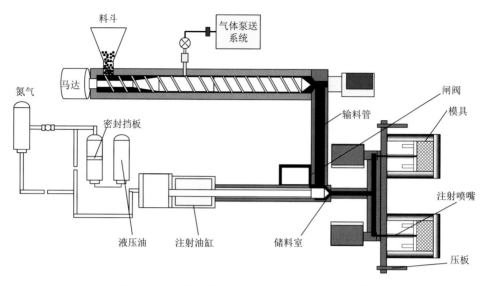

图 5-2 双阶螺杆微孔发泡注塑成型设备示意图[6]

3. 往复螺杆式微孔发泡注塑成型技术

往复螺杆式注塑机是目前工业生产中最为常用的塑料注塑成型设备,在该种设备上实现微孔发泡塑料的加工成型是微孔发泡注塑成型技术发展和应用的根本性进步。目前,商业化的往复螺杆式微孔发泡注塑成型技术主要有美国 Trexel 公司的 Mucell®微孔发泡注塑成型技术、瑞士 Sulzer Chemtech 公司的 Optifoam®微孔发泡注塑成型技术、德国 Demag Ergotech 公司的 Ergocell®微孔发泡注塑成型技术及德国 IKV 公司研发的 Profoam®微孔发泡注塑成型技术。

1)MuCell®微孔发泡注塑成型技术[7-10]

MuCell®微孔发泡注塑成型技术被认为是第一种适合市场推广的微孔发泡注塑成型技术,已经实现了良好的商业化。图 5-3 给出了商业化的 MuCell®微孔发泡注塑成型设备原理示意图。MuCell®微孔发泡注塑成型技术在普通往复螺杆式注塑机的基础上,改进了液压系统、控制系统,增加了混炼元件,延长了注塑机的基座。同时,辅机方面增加了一套超临界流体的输送系统和注入装置,发泡剂注入口的位置随着往复式螺杆前后位置的不同而相应移动。往复式螺杆是超临界流体的计量和混合元件,因此螺杆结构需要重新设计和加工制造。MuCell®微孔发泡注塑成型技术的优点是能够保证聚合物/超临界流体的混合均化,设备系统运行稳定,产品泡孔结构较好。

目前,使用 MuCell®微孔发泡注塑成型技术的途径有两种:一种是在现有注塑机上进行升级,更换为 Trexel 公司特制的设备部件,如螺杆、料筒,加装注射器和射入界面系统,外接一个超临界流体控制器来实现;另一种是直接购买取得了 Trexel 公司专利授权的集成了这些特制部件的品牌注塑机。但是，由于 MuCell®微孔发泡注塑成型技术的专利保护，其设备价格十分昂贵，无论是在现有设备上升级还是直接购买新设备，都需要支付数倍于普通注塑机价格的费用；同时，MuCell®微孔发泡注塑成型技术知识产权保护严密，技术可移植性差，而且根据现有的文献报道，MuCell®微孔发泡注塑成型技术在超临界流体注入控制及剂量计量技术方面也尚未成熟，仍需进一步研究和完善。

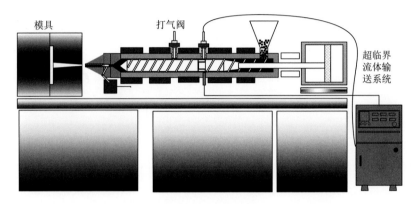

图 5-3　商业化的 MuCell®微孔发泡注塑成型设备原理示意图[11]

2）Optifoam®微孔发泡注塑成型技术[9, 10, 12, 13]

Optifoam®微孔发泡注塑成型技术由德国 Aachen 大学进行开发，瑞士 Sulzer Chemtech 公司对其进行了商业化。与 MuCell®微孔发泡注塑成型技术不同的是，Optifoam®微孔发泡注塑成型技术采用一种特殊的烧结金属制造的鱼雷体喷嘴作为超临界流体的计量元件。图 5-4 给出了鱼雷体喷嘴的结构示意图，其内部镶有

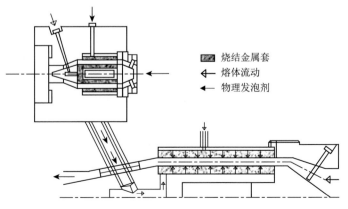

图 5-4　Optifoam®鱼雷体喷嘴结构示意图[14]

烧结的多孔金属块，超临界流体直接从喷嘴注入，通过该金属块的小孔进入聚合物熔体内，经过后面的静态混合器使超临界流体和熔体在进入模具前混合均匀，形成均相体系，而后注入模具型腔进行发泡。Optifoam®微孔发泡注塑成型技术的优点是可采用普通注塑机，不需要改造螺杆和料筒，只需改造喷嘴部分即可使用，因而可大大降低投资费用，拓宽应用范围。但是，就目前该技术的商业化程度来看，Optifoam®微孔发泡注塑成型技术的应用范围较小，一方面是由于受 MuCell®技术的压制，另一方面是这种鱼雷体喷嘴结构在实际应用过程中的混合效果不佳，产品泡孔结构一般。

3）Ergocell®微孔发泡注塑成型技术[9, 10, 14, 15]

Ergocell®微孔发泡注塑成型技术是德国 Demag Ergotech 公司在 K2001 展览会上展示公开的微孔发泡注塑技术。该技术在塑化料筒和注塑机的喷嘴之间安装了一个附加部件，这个辅助装置由容纳发泡流体的区段、混合区段及附加的注射料槽组成。Ergocell®微孔发泡注塑成型设备的结构示意图如图 5-5 所示。Ergocell®微孔发泡注塑成型技术的工作原理：通过高压柱塞泵将超临界流体注入附加装置，经过其中的混合段后形成聚合物熔体/超临界流体均相体系；均相体系进入储料段后，由柱塞泵施加一定的压力以防止熔体提前发泡，直至开始注射为止。由于柱塞泵的活塞移动速度可以调节，所以可控制超临界流体的浓度，进而控制发泡的程度。但这种技术与双阶螺杆式微孔发泡注塑技术类似，其整体设备结构较复杂。

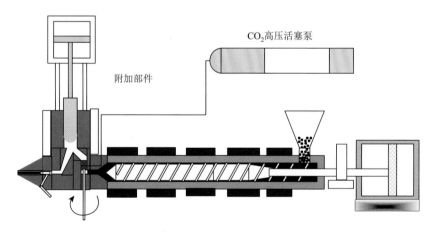

CO_2高压活塞泵

附加部件

图 5-5　Ergocell®微孔发泡注塑成型设备结构示意图

4）Profoam®微孔发泡注塑成型技术[9, 10, 14]

Profoam®微孔发泡注塑成型技术是德国 IKV 公司研制的一种新颖而且廉价的微孔发泡注塑成型技术，其原理是在传统注塑过程的熔融塑化阶段，直接由料斗处注入气体发泡剂，而不需要其他改造。据报道，采用该种工艺，发泡件的减重可以达到 30%，其具体技术仍处于研发阶段。

从上述微孔发泡注塑成型技术的发展可以看出，对于已经商业化和目前正在研发的微孔发泡注塑成型技术，它们的主要技术区别在于超临界流体注入和计量方式的不同。目前应用最为广泛的是以 MuCell® 微孔发泡注塑成型技术为代表的使用往复式螺杆作为注入和计量元件的超临界流体注入方式，该方式的混合效果较好且稳定。采用其他超临界流体注入和计量方式的微孔发泡注塑成型技术尚不能达到这种效果，推广和应用范围较小。同时，业界也一直在继续研发新的、低价的、稳定性好的超临界流体微孔发泡注塑成型技术。

5.2.2　微孔发泡注塑成型技术的研究现状

微孔发泡注塑成型技术的研究与其自身发展是密切相关的。在国外，由于微孔发泡注塑成型技术起步较早，发展较快，其相应的技术研究也得到了多方关注。除上述几家注塑公司对微孔发泡注塑成型技术的积极研发和市场推动外，许多大学和科研机构还就不同材料的微孔发泡注塑成型技术等进行了较为深入的研究探讨[16-23]。

在不同材料的微孔发泡注塑成型技术方面，人们开展了大量研究，从常规工程塑料到医用塑料、聚合物木纤维复合塑料、聚合物纳米复合材料都实现了其微孔发泡注塑成型。Leicher 等[24]研究了聚苯乙烯（PS）的微孔发泡注塑成型，在获得良好泡孔结构的基础上探讨分析了关键工艺参数的影响。Bledzki 等[25, 26]对聚碳酸酯（PC）材料的微孔发泡注塑成型工艺开展了系列研究，并就其泡孔结构和力学性能之间的关系进行了讨论。Park 等[27]研究了使用 CO_2 作物理发泡剂的可生物降解聚酯材料的微孔发泡。Shyh-Shin 等[28]开展了生物降解塑料聚乳酸（PLA）的微孔发泡注塑成型工艺研究，并在此基础上对微孔发泡 PLA 的机械和热力学性能进行了深入研究。Bledzki 等[29-32]对聚合物木纤维复合塑料的微孔发泡技术进行了系统研究，从挤出发泡和注塑发泡两个方面都实现相关复合材料的微孔发泡成型。Rizvi 和 Bhatnagar[33]对比进行了聚丙烯（PP）和 PP/蒙脱土（MMT）纳米复合材料的微孔发泡，研究了其各自的力学行为。Javadi 等[34]对聚（3-羟基丁酸酯-*co*-3-羟基戊酸酯）（PHBV）/聚（乙二酸-*Co*-对苯二甲酸丁二酯）（PBAT）体系的微孔发泡注塑成型进行了研究和表征。Kim 等[35]对超临界 CO_2 辅助聚甲基丙烯酸甲酯（PMMA）微孔发泡注塑成型进行了探讨。Gomez 等[36]对非结晶型共聚酯 PETG 的微孔发泡进行了研究，并获得了成型工艺参数对 PETG 制品泡孔结构的影响规律。Kramschuster 等[37, 38]对生物降解塑料 PLA 的微孔发泡注塑进行了研究，给出了纳米羟基磷灰石颗粒对泡孔形貌的影响规律，并制备了可用作组织工程支架的多孔材料。

5.3 微孔发泡注塑成型装备

本节以最为常见的往复螺杆式微孔发泡注塑系统为例，介绍微孔发泡注塑成型装备的设计与组成。一套完整的微孔发泡注塑成型设备系统主要包括超临界流体系统、注塑成型机、注塑模具及相应的模具温度控制系统等四个部分，如图5-6所示。在微孔发泡注塑成型工艺过程中，这四个部分互为补充又互相影响，共同决定着微孔发泡注塑产品的最终质量。其中，超临界流体系统与注塑机的塑化系统相配合，主要完成超临界流体发泡剂的持续发生与准确计量注入，以及聚合物/气体均相体系的快速形成；注塑机的注射系统和注塑模具的流道系统相配合，主要在注射过程中为聚合物/气体均相体系提供一个大梯度的压力降，使其经历热力学不稳定状态而开始进行泡孔形核；注塑模具与相应的温度控制系统则主要控制泡孔的进一步长大和定型，决定产品的最终形状及其内部的泡孔结构。根据微孔发泡注塑成型技术工艺要求，需要对超临界流体系统、注塑机螺杆料筒、模具及模具温度控制系统等进行专门设计和开发。

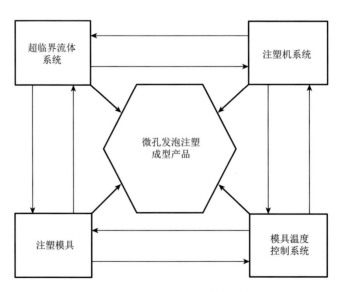

图5-6 微孔发泡注塑成型设备系统的四个部分

基于微孔发泡注塑成型工艺阶段的不同要求，微孔发泡注塑成型装置系统的设计和构建的总体原则如下：

（1）超临界流体发生系统提供的发泡剂来源干燥、纯净而且充足稳定。

（2）超临界流体计量注入系统的打气剂量控制精确、打气流量调控及时平稳，与注塑机系统的配合良好，系统运行可靠、稳定且操作方便。

（3）注塑机塑化装置的塑化能力良好，能够快速熔融聚合物粒料并稳定接收超临界流体计量注入系统注射进入的发泡剂气体。

（4）注塑机塑化装置的混炼性能优异，能够在短时间内将注入的发泡剂气体溶解到聚合物熔体中，并形成聚合物/气体均相体系。

（5）注塑机塑化装置的保压性能稳定，能够抑制聚合物/气体均相体系提前发泡。

（6）注塑机注射装置的射胶性能可靠且可控，能够迅速开启，并产生泡孔形核所需的压力降。

（7）注塑模具的浇注系统、排气系统及温控系统等设计与控制合理，能够实现熔体的完全填充与良好发泡。

（8）上述系统和设备之间的动作配合良好，运行协调无相互干涉和影响。

（9）构建的微孔发泡注塑成型系统设备安全、可靠。

（10）构建的微孔发泡注塑成型系统设备维护简单方便。

5.3.1　超临界流体发生、计量与注入系统

在微孔发泡注塑成型过程中，受成型周期的限制，要求气体发泡剂在注塑射胶之前就应溶解到聚合物熔体中，并经均匀扩散，形成聚合物/气体均相体系，这就意味着在注塑熔融阶段的限定时间内要完成气体发泡剂的定量注入和快速均匀溶解。由于常规气体的溶解能力较差，扩散时间长，所以能够满足微孔发泡注塑成型工艺这种特殊要求的最佳气体发泡剂状态就是超临界状态。使用超临界流体作为微孔发泡注塑成型的发泡剂，是微孔发泡技术的一项重大发展和进步，配合螺杆的混炼功能，大大提升了气体发泡剂在聚合物熔体中的溶解和扩散速率，也使在短时间内获得聚合物/气体均相体系成为可能。但是，由于超临界流体的密度随温度和压力的变化十分敏感，而超临界流体注入剂量、注入过程稳定性及其混合程度又直接决定了微孔发泡注塑制品的泡孔大小和泡孔密度，进而影响产品的最终质量。因此，在聚合物微孔发泡注塑成型过程中，超临界流体发泡剂注入剂量的精确计量、注入过程的稳定控制及其与聚合物熔体的高效混合是该项技术的关键工艺步骤。

在微孔发泡注塑成型技术中，有多种气体可以用作发泡剂，如氮气、二氧化碳、氩气、氦气甚至空气等，其中，氮气和二氧化碳是目前最常用的物理发泡剂[39]。使用超临界氮气作为发泡剂的微孔发泡注塑成型技术也可称作超临界氮气辅助微孔发泡注塑成型技术，与使用超临界二氧化碳作为发泡剂的微孔发泡注塑成型技术相比，超临界氮气发泡剂得到的微孔注塑产品泡孔尺寸更小，

分布更均匀。本节将进一步介绍超临界氮气辅助微孔发泡注塑成型技术及装备设计。

1. 超临界流体发生系统

微孔发泡注塑成型技术所使用的气体发泡剂来源一般为工业瓶装氮气。尽管瓶装氮气的压力已经高于氮气的临界压力（3.39 MPa），但是受微孔发泡注塑成型所需的气体溶解度与熔体压力的关系影响，一般还需继续增压，将瓶装氮气加压到一个较高的稳定压力，才能作为超临界氮气发泡剂使用。因此，首先需要研究超临界氮气的发生原理，并开发相应的超临界氮气发生系统。在有了稳定的超临界氮气发生系统之后，微孔发泡注塑成型技术还要求在塑化阶段将生成的超临界氮气以一定的流速稳定地注入聚合物熔体中，在这个过程中，每次注入剂量的多少及注入过程流速（或流量）的稳定性是超临界氮气计量注入系统调控的关键。同时，由于在不同的塑化周期及同一塑化周期的不同时刻熔体压力都有所变化，因此需要超临界氮气计量注入系统能够实时地调节注入压力、注入流率等参数，以实现每个成型周期注入剂量的精确控制。最后，因为注塑成型属于间歇性成型技术，超临界氮气计量注入系统还要能够保证每一次开始注入时的压力稳定，防止压力冲击。

超临界氮气发生系统主要由氮气源、压缩空气源、气体增压泵、超临界氮气储罐、阀门管路转换装置及控制单元组成。氮气源的作用是为超临界氮气的生成提供气体来源；压缩空气源的作用是为气体增压泵提供驱动气体；气体增压泵的作用是对来自氮气源的气体进行压缩增压，生成超临界氮气，并将其泵送至超临界氮气储罐；超临界氮气储罐的作用是储存生成的超临界氮气，并进一步稳定生成的超临界氮气的压力；阀门管路转换装置的作用是控制压缩空气、低压氮气和超临界氮气管路的通断；控制单元的作用是通过控制气动、电动元件的开/关状态实现超临界氮气发生装置各组件的启动和关闭，并实时监控系统压力。

图 5-7 给出了一种超临界氮气发生系统的示意图，该系统以瓶装氮气为氮气源，以空气压缩机为压缩空气源，以气动气体增压泵为泵送装置核心。超临界氮气发生系统的阀门管路转换装置由电磁阀、气动二联体、压力表、截止阀、安全阀及连接阀门的管路组成。其中，气动二联体为过滤器和减压阀的组合，为气动气体增压泵提供纯净、稳定压力的驱动气体，压力表用以监测压缩空气、氮气瓶及超临界氮气储罐的气体压力，安全阀用来控制超临界氮气储罐的压力上限，确保安全。控制单元由 PID 控制器、开关、指示灯和报警器组成，PID 控制器可以设定超临界氮气储罐气体压力的上下限，实现气动气体增压泵的自动开启和关闭，以维持超临界氮气储罐内的气体压力在设定的范围内。

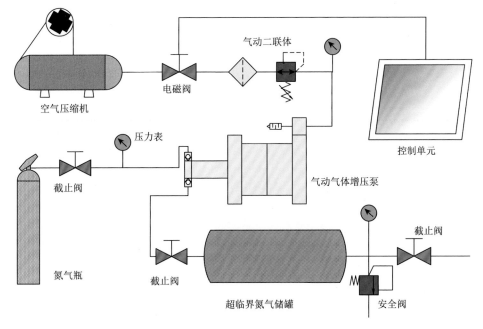

图 5-7　超临界氮气发生系统的设备构成

超临界氮气发生系统的工作过程：系统启动，打开氮气瓶出口处截止阀，打开超临界氮气储罐入口处截止阀，打开驱动压缩空气电磁阀，气动气体增压泵开始工作，通过气动二联体调节驱动气体的压力，从而控制增压泵的增压速率和输出压力，对氮气进行增压；当超临界氮气储罐中的压力达到所设定的压力上限值时，控制单元关闭驱动气体截止阀，系统停止工作；在使用过程中，当超临界氮气储罐压力降低到一定数值（设定的压力下限）时，控制单元再次开启驱动气体截止阀，增压泵再次开始工作，为超临界氮气储罐补充压力。这种超临界氮气发生系统具有氮气储量充足、压力稳定、及时补压、适时卸压等系列特点，可为超临界氮气计量与注入系统提供充足稳定的氮气来源，进而为其注入过程的流量调节提供便利。

2. 超临界氮气计量注入方法

根据微孔发泡注塑成型技术对超临界氮气的计量与注入要求，超临界氮气计量注入方法可以通过"旁通回流"、"定量稳流"和直接调控流量的"定量定流"三种方式实现[40-42]。

1）"旁通回流"超临界氮气计量注入方法

"旁通回流"超临界氮气计量注入方法的设计原理如图 5-8 所示，其设计思路：以设计开发的超临界氮气发生系统为基础，选用气体驱动的增压泵作为超临界氮气发生系统的主要装置，通过"旁通回流"的方式来设计高压流体输送管路，解决截断式输送管路的压力突变问题，并采用 PID 闭环控制策略，来保证每个塑化周期内向料筒注入发泡剂剂量的恒定和注入过程的稳定，从而保证发泡工艺的稳定性。

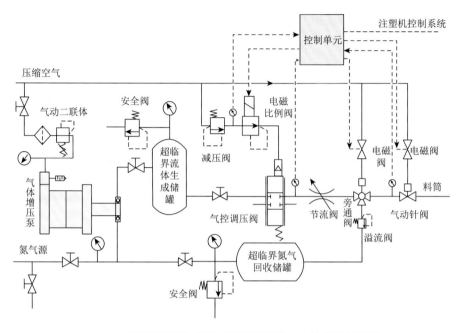

图 5-8 "旁通回流"超临界氮气计量注入方法的设计原理

"旁通回流"超临界氮气计量注入系统融合了超临界氮气发生和超临界氮气的计量注入两个部分，其中超临界氮气发生部分与前文所述的超临界氮气发生系统的结构原理相同，系统设备也可通用，在此不再赘述。超临界氮气的计量注入部分包括减压阀、电磁比例阀、气控调压阀、压力传感器、节流阀、旁通阀、气动针阀、电磁阀、溢流阀、安全阀、超临界氮气回收储罐和控制单元等元件。其中控制单元接收注塑机控制系统的信号，气动针阀通过气体注射器与注塑机的料筒相连接，减压阀的入口与压缩空气相连接，气控调压阀的入口与发生系统的超临界氮气储罐相连接；减压阀和电磁比例阀连接组成压缩空气的一条支路，该支路的出口与气控调压阀的驱动气体入口连接；电磁阀与旁通阀、电磁阀与气动针阀连接组成压缩空气的另外两条支路，分别用以调控旁通阀的流通方向和气动针阀的开闭；气控调压阀、节流阀、旁通阀、气动针阀组成超临界氮气注入的主管路，用以向注塑机的料筒中注入超临界氮气；旁通阀、溢流阀和超临界氮气回收储罐组成超临界氮气的回流管路，用以回收气动针阀关闭时管路中残留的超临界氮气；压力传感器安装在气控调压阀的出口和气动针阀的入口处，用于监测管路中的超临界氮气的压力，并将压力信号输送到控制单元；控制单元收集压力传感器的信号和注塑机控制系统的信号，并据此调整执行元件的开闭，调控超临界氮气注入过程中的气体压力。

　　系统运行时，超临界流体生成储罐提供的超临界氮气经过气控调压阀调压后，当需要向注塑机料筒注入超临界氮气时，控制单元将旁通阀的流通方向调向气动针阀，同时开启气动针阀，此时超临界氮气的注入管路流通，而超临界氮气回收管路关闭，注气开始。按照设定的超临界氮气注入时间，控制单元在到达设定的注入时间后，发出指令控制旁通阀转向，同时控制气动针阀关闭，注气结束。由于控制单元同时控制旁通阀的转向和气动针阀的关闭，这时旁通阀和气动针阀之间的管路保留有上次注气的气体压力，当下次注气开始时依然以相同的压力向料筒内注入超临界氮气。同时，旁通阀将流向变换到旁通回路上，超临界氮气流向溢流阀。溢流阀可以保持入口压力稳定，当入口压力大于某一设定值时，溢流阀自动开启，经出口向超临界流体回收储罐排放气体，当入口压力低于设定值时，则溢流阀自动关闭。因此，当旁通阀换向到该回收管路时，可由溢流阀维持减压阀出口到旁通阀这段管路的流体压力，该压力即为超临界氮气注入注塑机料筒的注气压力。

　　由于超临界氮气储罐内的气体压力会随着超临界氮气发泡剂的持续使用而有所波动，为使气体的注入压力稳定，该控制单元系统设有两套闭环控制回路，设置 PID 控制模块，通过压力传感器获取气控调压阀出口处的压力值和超临界氮气进入注塑机料筒前（即气动针阀入口）的压力值。如果超临界氮气流向料筒方向，控制单元读取超临界氮气进入注塑机料筒前的压力值，并将读取的压力数据与预先设定的注入压力值进行对比，然后向电磁比例阀发出调整信号，调整电磁比例阀出口的压缩空气压力，也就是气控调压阀的驱动气体压力，进而对气控调压阀出口处的超临界氮气进行压力调节，从而实现超临界氮气注入压力的控制；如果超临界氮气流向溢流阀，控制单元读取气控调压阀出口处的压力数据，PID 控制模块将读取数据与设定值进行对比，向电磁比例阀发出调整信号，对进入气控调压阀的驱动气体进行压力调节，进而调节减压阀出口处的压力值。另外，控制单元预先设定的压力值是基于控制单元收集的料筒内聚合物熔体的压力，由控制单元通过增加压差的方式确定。

　　2)"定量稳流"超临界氮气计量注入方法

　　"定量稳流"超临界氮气计量注入方法的设计原理如图 5-9 所示。其设计思路：以超临界氮气发生系统为高压发泡剂源，提出一种定温定容计量、恒压稳流注入的方式，加入一个具有固定容积的超临界氮气计量罐，通过固定超临界流体发泡剂计量罐的容积、固定发泡剂计量罐的温度，控制发泡剂计量罐的压力变化，同时控制向注塑机料筒注入发泡剂流体的压力和流率，来保证每个塑化周期内向料筒注入发泡剂剂量的恒定和注入过程的稳定。

"定量稳流"超临界氮气计量注入系统主要包括减压阀、两个低压气体压力控制器、三个电磁阀、两个高压气体压力控制器、三个气动截止阀、压力传感器、发泡剂计量罐、温度传感器及数据处理与控制系统。其中，减压阀的进口与压缩空气源连接，减压阀的出口通过管道与第一低压气体压力控制器的进口、第一电磁阀的进口、第二电磁阀的进口、第二低压气体压力控制器的进口、第三电磁阀的进口连接；第一高压气体压力控制器的进口与高压发泡剂源连接，第三气动截止阀的出口与注塑机的料筒连接；第一低压气体压力控制器、第二低压气体压力控制器的出口分别与第一高压气体压力控制器、第二高压气体压力控制器的先导气体接口连接；第一电磁阀与第一气动截止阀连接，第二电磁阀与第二气动截止阀连接，第三电磁阀与第三气动截止阀连接；第一高压气体压力控制器、第一气动截止阀、发泡剂计量罐、第二气动截止阀、第二高压气体压力控制器、第三气动截止阀按顺序用压力管道连接，压力传感器、温度传感器设置于第一气动截止阀和第二气动截止阀之间；数据处理与控制系统通过通信电线或电缆与压力传感器、温度传感器、注塑机控制系统连接并接收信号，通过通信电线或电缆与第一低压气体压力控制器、第一电磁阀、第二电磁阀、第二低压气体压力控制器、第三电磁阀连接并输出控制信号。

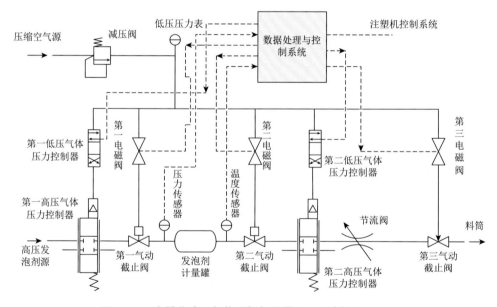

图 5-9 "定量稳流"超临界氮气计量注入方法的设计原理

"定量稳流"超临界氮气计量注入系统的运行过程：开始工作前，数据处理与控制系统根据微孔发泡聚合物制品的原料、体积及发泡剂注射时间，计算生成微孔发泡产品所需要的发泡剂的质量或体积，以及发泡剂注入时的流量。调节注塑机的参数，将往复式螺杆塑化装置料筒塑化熔体压力控制在 8～25 MPa 范围内的某一固定值，根据这一压力值，计算生成定量阀的入口压力。设定第二高压气体压力控制器的入口压力（比出口压力高 1～2 MPa），该压力值即为发泡剂计量罐完成注入后应达到的压力，作为发泡剂计量罐的后计量压力值。根据计算生成的微孔发泡产品所需要的发泡剂的质量、连接第一气动截止阀与第二气动截止阀之间的压力管道容积、发泡剂计量罐的容积、接收到的温度信号及后计量压力值，控制系统计算发泡剂计量罐应产生的压力差，得到发泡剂计量罐的前计量压力值。

开始工作后，第一高压气体压力控制器接高压发泡剂源，第一气动截止阀打开，第二气动截止阀关闭，数据处理与控制系统通过第一低压气体压力控制器来控制第一高压气体压力控制器的先导气体压力，使第一高压气体压力控制器的输出压力为发泡剂计量罐的前计量压力值，给发泡剂计量罐进行充气，发泡剂计量罐达到前计量压力值时，关闭第一气动截止阀；数据处理与控制系统接收到注塑机的塑化开始信号后，延迟 0.5～2 s 的时间，同时打开第二气动截止阀和第三气动截止阀，并通过第二低压气体压力控制器来控制第二高压气体压力控制器的先导气体压力，使第二高压气体压力控制器的输出压力为计算得到的定量阀的入口压力，开始进行注气；注气过程中，数据处理与控制系统接收来自压力传感器的压力变化，当发泡剂计量罐的压力降低到后计量压力时，同时关闭第二气动截止阀和第三气动截止阀，完成注气，并打开第一气动截止阀，再次对发泡剂计量罐进行充气，等待下一个塑化周期。

3）"定量定流"超临界氮气计量注入方法

直接调控流量的"定量定流"超临界氮气计量注入方法的设计原理如图 5-10 所示。该方法的设计思路：摈弃通过压力来间接调控流量的方式，提出一种精确、直接控制超临界氮气注入流量的注入装置与方法，通过采集注入过程中超临界氮气的瞬时流量，比较其与注入流量设定值的偏差，利用 PLC 程序和 PID 控制方式，实时、快速调整瞬时流量值达到设定值，来实现超临界氮气在每个注入周期内的流量稳定，以及通过对注入时间的控制保证每个周期内的超临界氮气注入剂量的恒定。

"定量定流"超临界氮气计量注入系统由低压气体过滤器、低压气体减压阀、低压气体压力表、低压气体电子压力控制器、高压气体过滤器、高压气体压力控制器（气控调压阀）、高压气体压力传感器、两个电磁阀、两个气动截止阀、高压气体流量计、熔体压力传感器、数据处理与控制系统及人机界面等部分组成。

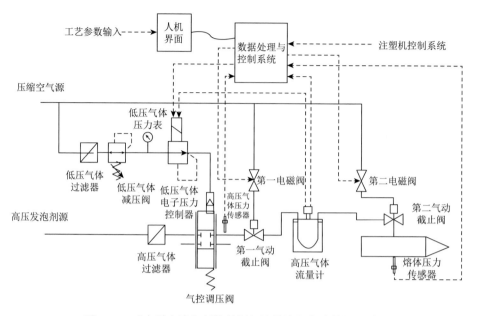

图 5-10 "定量定流"超临界氮气计量注入方法的设计原理

低压气体过滤器与低压气体减压阀组成气动二联件，其进口与压缩空气源连接，出口通过管道与低压气体电子压力控制器的进口连接，低压气体电子压力控制器的出口与气控调压阀的先导气体进口连接；第一电磁阀的进口、第二电磁阀的进口通过管道与压缩空气源连接，出口分别与第一气动截止阀、第二气动截止阀连接；高压气体过滤器、气控调压阀、第一气动截止阀、高压气体流量计、第二气动截止阀按顺序用压力管道连接组成高压气路，其中高压气体过滤器的进口与高压发泡剂源连接，出口与气控调压阀的进口连接，气控调压阀的出口与第一气动截止阀的进口连接，第一气动截止阀的出口与高压气体流量计的进口连接，高压气体流量计的出口与第二气动截止阀的进口连接，第二气动截止阀的出口与注塑机料筒上的超临界流体注入元器件连接，高压气体压力传感器设置于气控调压阀的出口处；数据处理与控制系统通过通信电线或电缆与低压气体电子压力控制器、高压气体压力传感器、第一电磁阀、第二电磁阀、高压气体流量计、熔体压力传感器、注塑机控制系统连接并接收和输出信号；低压气体电子压力控制器通过通信电线或电缆与高压气体流量计连接，接收高压气体流量计的输出信号；人机界面通过通信电线或电缆和数据处理与控制系统连接并进行交互。

该系统的工作过程：开始工作时，在人机界面输入聚合物微孔发泡制品的质量、打气百分比、打气时间和打气延迟时间，交互到数据处理与控制系统，计算生成所需的超临界流体发泡剂注入流量，并将该值作为注入流量设定值输出到低压气体电子压力控制器的设定值端。气控调压阀经过高压气体过滤器接高压发泡剂源，第一气动截止阀关闭，第二气动截止阀关闭，高压气体流量计初始化，并将瞬时流量信号分别输出到数据处理与控制系统和低压气体电子压力控制器的反馈信号端；当数据处理与控制系统接收到注塑机控制系统的塑化开始信号后，根据设定的打气延迟时间值，延迟一定时间，同时打开第一气动截止阀和第二气动截止阀，注气开启，低压电子压力控制器根据接收到的超临界流体瞬时流量反馈信号，通过 PID 控制方式，快速调整输出低压气体的压力，控制气控调压阀的输出压力，进而控制超临界流体注入的瞬时流量，使该瞬时值迅速稳定到计算生成的注入流量设定值，开始稳定注入；气体注入开始后，数据处理与控制系统根据输入的打气时间，当注气过程达到该设定的时间值时，数据处理与控制系统发出信号同时关闭第一气动截止阀和第二气动截止阀，注气结束。同时，数据处理与控制系统计算得到该注气周期内注入料筒的超临界流体发泡剂剂量，并交互显示到人机界面，等待下一个塑化周期。

5.3.2　微孔发泡注塑专用螺杆与料筒

1. 螺杆设计要求

螺杆是注塑机塑化装置中的重要零部件。常规注塑机螺杆的性能要求为能够在塑化过程中完成聚合物粒料的加料、输送、压实和熔融，从而实现聚合物原料的塑化、压力温度均匀化及储料计量。其性能实现过程：首先，聚合物在其自身重力作用下从料斗中滑进螺槽，螺杆旋转时，在料筒与螺槽组成的各推力面摩擦力的作用下，物料被压缩成密集的固体塞，沿着螺纹方向做相对运动，此时聚合物为固体状态，该过程阶段主要实现完成预热及塑料固体输送与推挤；然后，随着温度的升高，聚合物开始熔融，出现熔池并不断加大，物料完成从玻璃态经过黏弹态向黏流态的转变，该过程阶段主要实现塑料原料的熔融、混炼、剪切压缩与加压排气；最后，聚合物完全熔化进入螺杆最末端，并进一步保持熔体温度均匀和熔体流量稳定，从螺杆头进入储料空间，这个过程阶段主要实现熔体的均化与计量[43, 44]。

在微孔发泡注塑成型工艺过程中，由于在注塑熔融阶段向聚合物熔体中注入了一定量的超临界氮气，并要求注入的超临界氮气能够快速溶解进聚合物熔体中形成聚合物/气体均相体系，因此微孔发泡注塑成型工艺对螺杆的塑化、混合、分散均化能力提出了更高要求。主要集中在以下几个方面：

（1）螺杆应具有更强的塑化能力，能够在更短的距离和时间内快速完全熔融聚合物粒料。微孔发泡注塑成型技术要求在塑化阶段的熔融聚合物熔体中注入超临界氮气发泡剂，而注入的超临界氮气发泡剂还要经螺杆的剪切和混炼迅速溶解并分散，因此超临界流体的注入位置不能太靠近料筒的前端，一般在料筒的中后部开设打气孔。这也就意味着螺杆必须在该位置处已经能够使聚合物粒料完全熔融，因此螺杆的塑化能力要求比传统螺杆更强。

（2）螺杆应具有良好的剪切能力，能够快速切割破碎注入的超临界氮气流。由于超临界氮气向聚合物熔体的注入过程是在高压条件下，而两者存在的黏度差异不可避免地造成注入聚合物熔体的超临界氮气呈气泡状，如果注入聚合物熔体的超临界氮气气泡初始体积较大，将直接导致随后的混合和扩散过程所需时间延长，难以在混炼段形成均相体系。因此，必须大幅提升螺杆在超临界氮气注入位置处的剪切能力，使注入聚合物熔体的超临界氮气初始气泡体积尽可能小，为后续的混合扩散提供便利。

（3）螺杆应具有优异的混炼性能，能够进一步破碎聚合物熔体中的超临界氮气发泡剂气泡，并快速分散、均匀分布超临界氮气发泡剂，使其溶解并形成聚合物/气体均相体系。因为注入聚合物熔体的超临界氮气是气泡状，而且这些气泡的初始分布也一般处于螺杆螺槽内聚合物熔体流的上层，要想促使超临界氮气的快速溶解和分散，必然要求螺杆具有良好的混炼性能，一方面能够快速剪切破碎较大的超临界氮气气泡变为小的气泡，另一方面还能使这些气泡在短时间内实现空间分布的均匀化，便于其快速溶解和分散。

（4）螺杆应具有可靠的止逆能力，能够防止注入的超临界氮气发泡剂向螺杆后方逃逸。与聚合物熔体相比，超临界氮气的黏度很小，因此超临界氮气注入聚合物熔体后会向多个方向运动。为了保证注入的超临界氮气都能溶解并扩散进入聚合物熔体中，要求在对应超临界氮气注入处的螺杆位置具有良好的止逆效果，使注入的超临界氮气不能向螺杆尾端逃逸，只能随螺杆向前运动并溶解到聚合物熔体中。

（5）螺杆应具有一定的强度，满足使用要求。

2. 螺杆结构分析

根据螺杆在注塑塑化过程中的功能，一般将普通注塑螺杆设计成加料段、压缩段和计量段三段，如图 5-11 所示。为了适应不同聚合物的加工属性（如软化温度范围、硬度、黏度、摩擦系数、比热、热稳定性、导热性等），通常还将普通螺杆设计成渐变型、突变型和通用型三种类型。其中，渐变型螺杆压缩段较长，约占螺杆整体长度的 50%，其塑化时能量转换缓和，多用于 PVC 等热稳定性差的塑料；突变型螺杆的压缩段较短，一般仅为螺杆整体长度的 15%及以下，其塑化时能量转换较剧烈，多用于聚烯烃、PA 等结晶型塑料；而通用型螺杆的压缩段长度在上述二者之间，为螺杆长度的 20%~30%，可适应多种塑料的加工，避免频繁更换螺杆，有利于提高生产效率[45]。

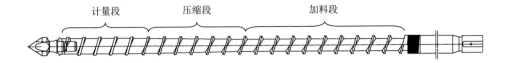

图 5-11　普通注塑螺杆的结构

　　根据微孔发泡注塑成型螺杆的特点，普通注塑螺杆显然不能满足其要求。在目前公开的文献中，主要有美国 Trexel 公司的系列微孔发泡注塑螺杆[46]和北京化工大学的微孔发泡螺杆[47,48]两种。Trexel 公司的一种微孔发泡注塑螺杆的结构如图 5-12（a）所示，从右向左依次为加料段、压缩段、计量段、止逆环、自洁段、混炼段和螺梢阀；北京化工大学的微孔发泡螺杆的结构如图 5-12（b）所示，这种螺杆的设计把加料段、压缩段、计量段做成了统一的后螺杆段，后止逆环即相当于 Trexel 螺杆中的止逆环，混炼段分为后混炼段和前混炼段两部分，前止逆环和螺杆头共同作用，可以起到螺梢阀的作用，另外在前混炼段后还加入了前螺杆，其目的是使经过混炼后的均相体系的压力速度逐渐稳定。

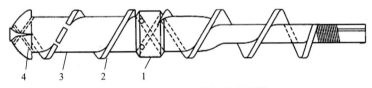

(a) 一种Trexel 微孔发泡注塑螺杆[46]

1.止逆环；　2.自洁段；　3.混炼段；　4.螺梢阀

(b) 北京化工大学微孔发泡注塑螺杆[47,48]

1.后螺旋；2.后定位环；3.后止逆环；4.后混炼段；5.前混炼段；6.前螺杆；
7.前定位环；8.前止逆环；9.螺杆头

图 5-12　目前公开的微孔发泡注塑螺杆结构

　　表 5-1 给出了普通螺杆、Trexel 微孔发泡注塑螺杆和北京化工大学微孔发泡注塑螺杆的结构和性能对比。通过对比可以看出，对于微孔发泡注塑成型螺杆，其结构首先要有普通螺杆的加料段、压缩段和计量段三部分，其中计量段的长度可适当减小；在计量段的后面，要增加具有止逆功能的止逆环结构，减少或消除超临界氮气的反向流动；止逆环后可以增加具有剪切功能的结构（即 Trexel 微孔发泡注塑螺杆的自洁段），将注入的超临界氮气发泡剂破裂成细小且不连续的气泡；在获得了细小且不连续的气泡后，螺杆要有明显的混炼段，使得超临界氮气

发泡剂在聚合物熔体中进一步均匀分散，并形成均相体系；最后是与普通螺杆相类似的螺梢阀或螺杆头，当螺杆在注射过程中向前移动时，该结构起到阻挡上游熔体回流的作用。

表 5-1　普通螺杆、Trexel 微孔发泡注塑螺杆和北京化工大学微孔发泡注塑螺杆的结构和性能对比

螺杆类别	加料段	压缩段	计量段	止逆环	自洁段	混炼段	螺梢阀
普通螺杆	螺槽深，确保稳定送料	压实、熔融物料，建立压力	将压缩段已熔物料定量定温地挤到螺杆前端	无	无	无	当螺杆在注射过程中向前移动时，能阻挡上游熔体流
Trexel 螺杆	同普通螺杆	同普通螺杆	同普通螺杆	减少或消除 SCF 发泡剂的反向流	将注射的 SCF 发泡剂破裂成细小且不连续的气泡	在聚合物熔体中均匀分散 SCF 发泡剂，形成均相体系	当螺杆在注射过程中向前移动时，能阻挡上游熔体；并且能提高闭合稳定性和闭合速度
北京化工大学螺杆	后螺杆部分：使聚合物熔融塑化			后止逆环，性能同上	无	后混炼段＋前混炼段，性能同上	前止逆阀＋螺杆头，性能同上

3. 螺杆结构设计

基于上述分析可知，微孔发泡注塑螺杆的设计应实现以下功能：首先，微孔发泡注塑螺杆要具备常规注塑螺杆所具有的原料输送、粒料压实、熔融塑化等功能，而且微孔发泡注塑螺杆实现上述功能的能力要比常规注塑螺杆更快更稳定，同时还要能在塑化完全后对聚合物熔体保持一定程度的压力和流量稳定；其次，在超临界流体注入的对应位置处，微孔发泡注塑螺杆要具有可靠的止逆功能，防止注入的超临界流体向螺杆后方逃逸；再次，在超临界流体注入后，微孔发泡注塑螺杆要具备十分良好的剪切混炼功能，一方面保证注入的超临界流体发泡剂的聚集泡体尽可能被缩小，另一方面还要能够在尽可能短的时间内使其均匀扩散溶解并形成聚合物/气体均相体系，这是微孔发泡注塑螺杆的关键功能所在；最后，螺杆还能在聚合物/气体均相体系形成后具有对其进一步稳定压力和流量的功能。

在综合考虑上述功能要求的基础上，微孔发泡注塑成型专用螺杆的结构主要包括以下部分：

（1）常规的加料段和压缩段：主要功能为满足注塑工艺的标准要求，实现聚合物粒料的输送、压缩和熔融；

（2）较短的计量段：主要功能为初步均化压缩段聚合物熔体温度、压力及稳定熔体的流量；

（3）中间止逆元件：主要功能为抑制超临界氮气发泡剂的逆向流动，保持下游熔体的压力；

（4）剪切与混炼元件：主要功能为剪切破碎注入的超临界氮气气流，形成尽量细小的气泡，并进一步混合分散在聚合物熔体中，形成聚合物/气体均相体系；

（5）一定长度的后计量段：主要功能为进一步均化混炼形成的聚合物/气体均相体系的压力和温度，稳定均相体系流动的速度和流量；

（6）前止逆环和螺杆头：主要功能为防止注射时均相体系的逆向流动，保持下游压力稳定。

4. 螺杆止逆、剪切与混炼元件

为了得到最佳的止逆效果、剪切效果和混炼效果，按照微孔发泡注塑成型专用螺杆的结构要求，需在螺杆上增加中间止逆环、剪切与混炼段等元件。

1）止逆元件

可用于微孔发泡注塑成型螺杆中间止逆的几种常用止逆结构主要包括：泡罩环、滑动止逆环、球形止逆环、反向螺纹元件和中心活塞止逆环[46]。其中，由于熔体要在泡罩环顶端与料筒之间的空隙中通过，泡罩环对超临界氮气发泡剂的止逆效果相对较弱；滑动止逆环是一种螺杆头处常用的止逆元件，止逆效果较好，但对通过的熔体有一定的剪切热生成，同时圆环形止逆环在转动时与螺杆存在相对运动；球形止逆环的特点是止逆由钢球实现，产生的剪切热较小，且关闭迅速，不足之处是加工相对复杂；反向螺纹元件的止逆效果比泡罩环略高，但其设计相对复杂，往往一种设计仅适用于一定黏度范围的聚合物原料；中心活塞止逆环启闭迅速，对通过熔体的计量精确，但同样在加工时具有一定的难度。其中，滑动止逆环是较为常见的螺杆中间止逆元件，为避免滑动止逆环与螺杆之间发生相对转动，止逆环可设计为阶梯式，阶梯突出部分扣在螺杆对应的凹槽内，使止逆环与螺杆一起转动。考虑到滑动止逆环的安装，可采用一种阶梯断开的方式，保证后期装配的精度和止逆效果。这种断开式阶梯滑动止逆环的结构如图 5-13 所示。

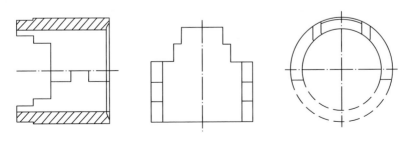

图 5-13　断开式阶梯止逆环的结构

2）剪切元件

剪切元件的主要功能为将注入的超临界氮气剪切成为小的气滴，同时还要能够将熔体从超临界氮气注入位置处输出，并将熔体的压力保持在与中间止逆环下方几乎相同的水平。剪切功能的实现一般是通过设计头数尽量多的螺纹来将超临界氮气分割成尽量小的气滴尺寸。多头螺纹的剪切频率计算公式如下[39]：

$$W_t = \frac{N_f N_s}{60} \tag{5-1}$$

式中，W_t 为剪切频率，s^{-1}；N_f 为剪切段螺杆螺纹头数；N_s 为螺杆转速，r/min。式（5-1）表明，在螺杆转速一定的条件下，剪切段的剪切频率取决于设计的多头螺纹头数。

同时，为了使注入聚合物熔体中的超临界氮气发泡剂尽快扩散，还需对剪切段螺纹的深度进行设计。由于超临界氮气的扩散时间与其进行扩散的熔体厚度 l 有关，降低熔体的厚度 l，超临界氮气扩散的时间 t_d 就短，其关系如下[39]：

$$t_d \sim \frac{l^2}{\alpha} \tag{5-2}$$

式中，t_d 为超临界氮气扩散时间，s；l 为超临界氮气进行扩散的熔体厚度，mm；α 为超临界氮气的扩散速率，即

$$\alpha = \alpha_0 \exp\left(-\frac{\Delta G}{kT}\right) \tag{5-3}$$

式中，α_0 为零摄氏度时超临界氮气的扩散速率；ΔG 为活化能；k 为玻尔兹曼常量；T 为热力学温度，K。

剪切段螺槽深度一般要最少两倍于计量段螺槽的深度，使螺纹螺槽内熔体上部的拖曳流和熔体下部的压力流形成强烈的剪切场。这样，注入的超临界氮气被逐渐拉伸变长，当拉伸超过其临界 Weber 数（剪切力与表面力之比）时，剪切力克服表面力，一个大的气泡就变成两个更小的气泡，如图 5-14 所示。这一方面减小了超临界氮气需要扩散的熔体厚度，另一方面还使超临界氮气气泡的分布更趋于分散，也便于气体的溶解。

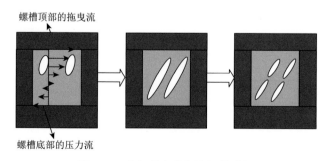

图 5-14　剪切段中的气泡拉伸过程

3）混炼元件

尽管在螺杆剪切段注入的超临界氮气气泡已经被分割成小的气滴，但其后续的进一步混炼更为重要，混炼程度的良好与否直接决定了微孔发泡注塑产品的最终性能、加工效率和生产成本。传统的混炼一般将湍流作为混炼的有效机理，但塑料熔体的高黏度使这种机理变得不可能，因此在注塑成型过程中，层流决定着混炼的最终效果。根据混炼的基本理论，存在分散混合与分布混合两种过程：分散混合是将超临界氮气的气滴的尺寸进一步变小，将其变为更多更小的微气滴，但这一过程并不改变每一个气滴的空间位置；分布混合是将气滴在空间上均匀分布，但不改变气滴的大小。

在微孔发泡注塑成型螺杆的混炼段，需要这两种混合过程都发生，是一种综合性的混炼。混炼段的设计要点如下：混炼段全长的压力降要小；分布混合和分散混合要产生强烈的剪切和拉伸，但不能产生过热；多槽混炼段要分割出大量的条纹；混炼段中熔体要有上下运动，使上层熔体与下层熔体可以对流交换；混炼段不能有死角；混炼段要有一定的泵送能力；混炼段要有必需的向后方向压力流，以提高混炼效率。

常用的螺杆混炼元件包括断开螺纹式、销钉式、Maddock 屏障式（分直槽和螺旋槽）、双波纹式、多槽式、Blister 式、Dis 式及静态混合器等，都可以用于微孔发泡注塑成型[49-55]。专利[56]公开了一种在正向多头螺纹上开反向螺槽的混炼形式，选择的多头螺纹为六头右旋螺纹，与剪切段一致，螺槽深度逐渐变小，同时开有双头左旋螺槽，导程 80 mm，其中一头螺槽的槽宽 10 mm，长 170 mm，槽深 35 mm 不变，另一头螺槽的槽宽 7 mm，长 170 mm，槽深由 35 mm 向 10 mm 渐变。相应的混炼段螺纹、螺槽的展开结构如图 5-15 所示。

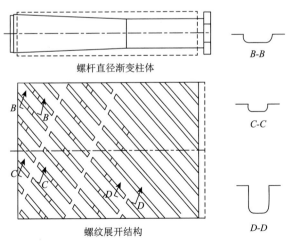

图 5-15　混炼段螺纹展开结构

5. 螺杆材料选择

注塑机螺杆的工作环境恶劣，具有高温、腐蚀、强烈磨损及承受大扭矩等特点，因此注塑机螺杆对材质的要求也较苛刻，主要有耐高温，高温下不变形；耐磨损，寿命长；耐腐蚀，物料具有腐蚀性；高强度，可承受大扭矩，高转速；具有良好的切削加工性能；热处理后残余应力小，热变形小等。

常用的注塑机螺杆材料有 45 号钢、40Cr、氮化钢、42CrMo、38CrMoAl 等。其中，45 号钢便宜，加工性能好，但耐磨耐腐蚀性能差；40Cr 的性能优于 45 号钢，但往往要镀上一层铬，以提高其耐腐蚀耐磨损的能力，镀铬层要求较高，镀层太薄易于磨损，太厚则易剥落，剥落后反而加速腐蚀；氮化钢与 38CrMoAl 综合性能比较优异，应用比较广泛，其氮化层达 0.4～0.6 mm，但这种材料抵抗氯化氢腐蚀的能力低，且价格较高；42CrMo 高强度钢具有高强度和韧性，淬透性也较好，无明显的回火脆性，调质处理后有较高的疲劳极限和抗多次冲击能力，低温冲击韧性良好，是理想的注塑螺杆用材料。

6. 专用料筒的设计

料筒与螺杆共同组成注塑机的塑化装置。与螺杆的结构相比，注塑机料筒的结构相对简单，普通注塑机料筒的结构就是一根中间开了下料口的具有较大壁厚的圆筒。而对于微孔发泡注塑成型工艺而言，注塑机料筒在上述结构的基础上，还要在一定位置处开设超临界氮气打气孔。同时，为了准确获得超临界氮气注入过程中熔体压力的变化，及时调节打气压力，还要在超临界氮气打气孔的对应位置处开设熔体压力传感器孔，用于高温熔体压力传感器的安装。另外，因为与普通注塑的纯聚合物熔体相比，微孔发泡注塑成型过程中料筒中储存的聚合物/气体均相体系的能量更多，所以微孔发泡注塑成型工艺的安全性非常重要，如果出现意外压力骤增或紧急停车等情况，必须使储存在料筒中的压力释放掉，以保证操作人员的安全。为此，需要在料筒的一定位置处开设压力释放孔，用以安装压力爆破片。通常，超临界氮气打气孔、熔体压力传感器孔与压力释放孔开设在料筒的同一径向截面上。

为保证微孔发泡注塑成型过程中注入的超临界氮气能够最大限度地经历剪切和混炼，提高形成聚合物/气体均相体系的质量和效率，超临界氮气打气孔的位置需开设在螺杆射胶到底时料筒对应螺杆中间止逆环的下游，熔体压力传感器孔与压力释放孔分别开设在超临界氮气打气孔位置的下方。图 5-16 对比了常规注塑机料筒和微孔发泡注塑成型专用料筒的结构。

5.3.3 其他配件

1. 自锁喷嘴

在微孔发泡注塑成型工艺中，喷嘴是泡孔形核的关键装置。同时，在塑化阶段，为了防止形成的聚合物/气体均相体系提前发泡，除了提供持续的背压外，还

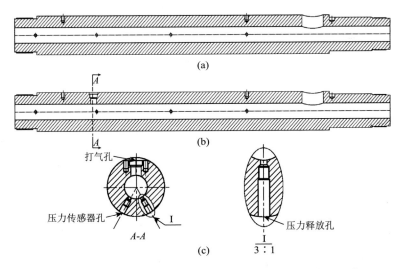

图 5-16　现有注塑机料筒与微孔发泡注塑成型专用料筒的结构

（a）现有注塑机料筒结构；（b）微孔发泡注塑成型专用料筒结构；（c）打气孔、压力传感器孔和压力释放孔的位置

需要喷嘴能够保持关闭，防止压力的流失。因此，一般选用自锁喷嘴作为微孔发泡注塑成型的专用喷嘴，其性能要求如下：①在高压熔体压力下能够快速、可靠地关闭；②在塑化熔融和螺杆闲置过程中能够保持螺杆头储存的聚合物/气体均相体系不发泡的最小熔体压力；③处于常闭状态，以免机器断电或紧急制动时出现危险的热溅射；④正向止逆动作要保证高压时喷嘴处于关闭位置；⑤不滞流，不淌料。目前，自锁喷嘴已经是一种比较成熟的商业化技术装置。Herzog 喷嘴阀门系统有限公司生产的 HP 型气动控制的针阀截流喷嘴是最常见的微孔发泡注塑成型系统喷嘴，其结构如图 5-17 所示。

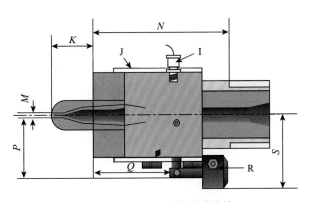

图 5-17　Herzog 自锁喷嘴结构

K 为喷嘴头长度，约 80 mm；M 为最大喷嘴孔径，8 mm；N 为喷嘴主体长度，176 mm；I 为标准温度传感器，J 型；J 为主体加热圈，ϕ80 mm×100 mm；R 为气动管路接口，G1/8 英寸；P 为 77 mm；Q 为 68 mm；S 为 96 mm

2. 超临界氮气打气头

超临界氮气打气头主要由两部分组成，一个部分为常闭的气动高压针阀，另一个部分为气动高压针阀的底座。气动高压针阀属于成熟的工业产品，瑞士 Nova 公司生产的气动高压针阀是常用的超临界氮气打气头。考虑到从高压针阀流出的超临界氮气质量流较大，直接注入聚合物熔体中易形成大的气泡，不利于超临界氮气的溶解和扩散。为此，需要设计专门用于超临界氮气注入的、与气动高压针阀相匹配的打气底座，其外形尺寸与注塑机料筒开设的打气孔相配合，内部尺寸与气动高压针阀相配合。图 5-18 给出了一种超临界氮气打气头底座的结构，其底部开有 10 个直径为 0.3 mm 的小孔，用于将从高压针阀流出的超临界氮气流分割成细小的气流并注入聚合物熔体中。

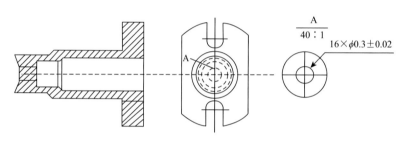

图 5-18　打气头底座结构

3. 背压控制系统

在普通注塑成型工艺过程中，当塑化完成后，螺杆的背压随即消失，螺杆处于闲置状态并等待注射填充。而对于微孔发泡注塑成型工艺，如果在塑化结束后立即消除背压，则会导致形成的聚合物/气体均相体系在料筒中提前发泡。因此必须对普通注塑机的液压系统进行设计改造，使其在螺杆完成回位、闲置等待注射的过程中维持一个保持聚合物/气体均相体系不发泡的恒定压力，满足微孔发泡注塑成型工艺要求。

为此，微孔发泡注塑机需要配备专用的背压控制系统。图 5-19 给出了一种以蓄能器为核心的塑化背压控制系统，在塑化结束后为螺杆提供恒定的压力，防止熔体发泡，并可以根据塑化时背压的设定实时调节蓄能器压力。

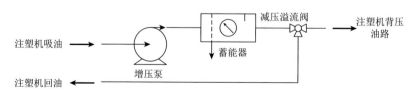

图 5-19　塑化背压控制系统

5.4 动态模具温度控制系统

尽管微孔发泡注塑成型技术已经取得了一定的成功应用和推广,但综合来看,成功应用的微孔发泡注塑产品基本以内部结构件为主,鲜有微孔发泡注塑产品在外观件的应用实例。究其原因,主要是微孔发泡注塑产品的表面存在漩涡状流痕、银纹流痕等表面气泡痕缺陷(图 5-20),造成微孔发泡注塑产品的表面粗糙度大、光泽度低,表面质量不高,难以作为外观件直接使用。如需作为外观件使用,微孔发泡注塑产品一般需要经过打磨、喷涂、罩光、覆膜等多道工序来掩盖其表面缺陷,这样一来不仅增加产品加工成本,还将带来二次污染等问题。因此,微孔发泡注塑产品表面气泡痕问题的存在,严重限制了微孔发泡注塑成型技术的深入推广和微孔发泡注塑产品的应用拓展,迫切需要得到有效解决。

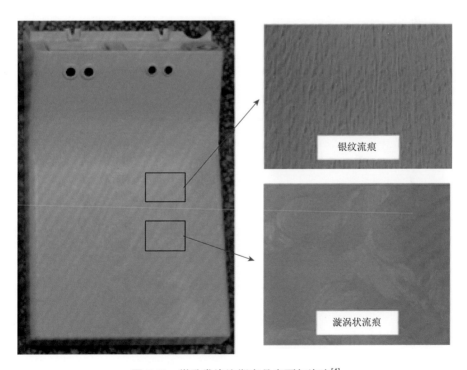

图 5-20 微孔发泡注塑产品表面气泡痕[4]

目前,高品质的塑件外观质量可以通过反压、型腔表面覆膜技术来实现,但这些技术与微孔发泡技术的结合都带来了不利影响。例如,反压技术通过型腔内高压气体防止聚合物熔体流动过程中发泡解决表面泡痕问题，但是也严重阻碍了后期冷却过程中产品内部泡孔的长大。型腔表面覆膜技术通过特制隔膜可防止冷模表面将产品表面泡痕冻结，但是薄膜覆盖及注射后冷却需要较长的时间，生产效率较低。

动态模温控制工艺为微孔发泡注塑构件表面质量问题的解决提供了新策略，该工艺可快速加热和快速冷却注塑模具，并对模具温度实行闭环控制[57]。与常规注塑相比，动态模温控制工艺最大特点就是模具温度的快速动态变化控制。图 5-21 给出了动态模温控制工艺与常规工艺的模具温度变化对比。具体地讲，在熔体注射前动态模温控制工艺须将模具型腔表面快速加热至一个设定的高温上限，该高温上限一般应高于聚合物的玻璃化转变温度或熔点；注射保压过程中保持模具型腔表面温度在高温上限以上，从而防止熔体的过早冷凝；在保压阶段的后期，开始快速冷却模具，将型腔中的聚合物熔体冷却至顶出温度，以便开模取件[58-60]。

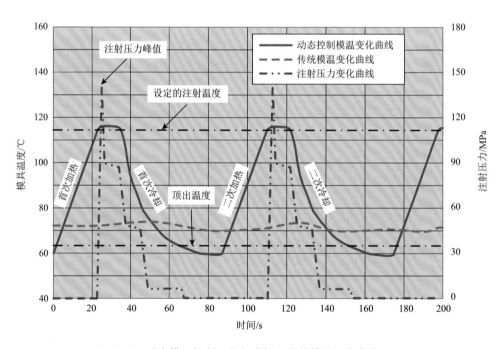

图 5-21　动态模温控制工艺与常规工艺的模具温度变化对比

为了满足动态模温控制工艺对模具温度大范围快速变化的要求，相应的动态模具温度控制系统必须具备以下三个特性：第一，能够将模具型腔表面加热至塑料的玻璃化转变温度或熔点以上，并将此高模温维持一定的时间，以使熔体在高模温下完全充满型腔；第二，必须具备足够快的模具加热/冷却速率，以将动态模温控制工艺的注塑成型周期控制在合理的范围内；第三，能够实现模具温度的闭环控制，通过在模具中安装温度传感器和配备的模温控制系统，以实现模具温度的实时监控。

对于动态模温控制工艺，由于熔体注射前模具型腔表面将被快速加热至较高温度，所以熔体充模过程中因过早冷却形成的冷凝层的厚度将大为减小，当将模具型腔表面加热至聚合物的玻璃化转变温度或熔点以上时，冷凝层彻底消失。这将显著地降低熔体的充模阻力，改善熔体的流动行为，从而有效提高注塑产品的质量。与常规工艺相比，由于动态模温控制工艺中的聚合物熔体具有更好的流动性和填充能力，且注射过程中熔体不会发生冷却，熔体具有更优的压力传递能力，型腔内的压力分布更加均匀，这些有利因素可显著降低动态模温控制工艺对注塑机注射压力、注射速率及锁模力的要求，即动态模温控制工艺可降低注塑成型对注塑机吨位的要求，从而有利于降低能源消耗和生产成本。另外，由于动态模温控制工艺可一次成型出具有高外观质量的聚合物产品，因此可省去常规注塑生产流程中存在的打磨、喷涂、罩光等二次加工工序，其产品可直接用于装配。动态模温控制工艺可节省多道工序，缩短注塑生产流程，降低生产成本，并显著减少因喷涂造成的环境污染和保护员工身体健康。动态模温控制技术是一种综合考虑环境影响和资源消耗的先进注塑成型新技术，可有效显著降低环境污染和生产成本，实现经济效益与社会效益的协调优化。

5.4.1　蒸汽加热动态模温控制系统及模具

蒸汽加热动态模温控制工艺是一种基于蒸汽加热和冷却水冷却的动态模温控制工艺。与常规的通过向模具冷却管道中通入冷却水冷却模具的方法相似，模具的加热是通过向模具内部的加热管道中通入高温高压蒸汽实现的。通常情况下，高温蒸汽与冷却水可采用相同的模内管道。对于蒸汽加热动态模温控制工艺，模具温度的动态控制实际上就是通过切换进入模具内部加热/冷却管道的高温蒸汽和冷却水实现的。与基于多层模具结构的薄膜电阻加热、感应加热、红外加热、火焰加热等加热技术相比，蒸汽加热技术具有加热均匀、系统结构简单、可操作性强、成本低、稳定性好、适应性强等特点。因此，蒸汽加热动态模温控制工艺具有很好的产业化应用前景[61-67]。

图 5-22 展示了一种以蒸汽锅炉为热源，以冷却塔为冷却水源和以空气压缩机为高压空气源的动态模具温度控制系统。蒸汽加热动态模温控制系统的阀门管路转换装置由蒸汽入口阀、蒸汽出口阀、冷却水出口阀、冷却水入口阀、空气阀、增压泵及其他辅助装置组成。其中，增压泵的作用是提高冷却水的流量，以增强

模具的冷却。系统的控制与监视单元主要由 PLC 控制模块和基于 TP 技术的人机界面组成。PLC 模块内置控制程序，配合一定的控制电路设计，可以发出相应控制指令，保证系统各执行元件的协调动作，是整个动态模温控制系统的控制核心。通过 PLC 与人机界面相结合，便于操作人员对蒸汽加热动态模温控制工艺进行调试和过程监控。注塑模具中安装有温度传感器，以实时测量和反馈模具温度信息，实现对模具温度的动态监控。

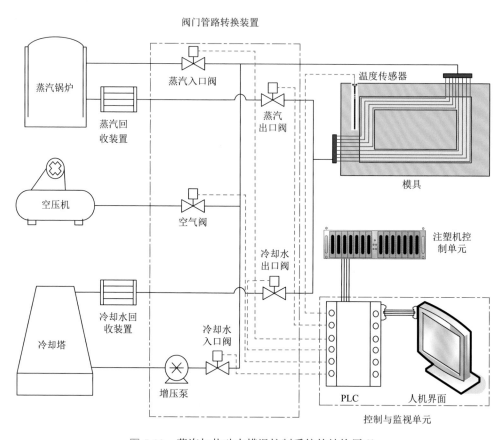

图 5-22　蒸汽加热动态模温控制系统的结构原理

　　加热时，PLC 发出控制指令，打开蒸汽入口阀和蒸汽出口阀，蒸汽锅炉中的高压蒸汽即可经蒸汽入口阀、过滤器及相应输送管路等，流入模具内部的加热冷却管道，从而快速加热模具。由模具流出的蒸汽将经蒸汽出口阀及相应输送管路等流入蒸汽回收装置，以实现回收利用。当模具中温度传感器反馈的模具温度达到工艺要求的高温时，PLC 发出相应控制指令，关闭蒸汽入口阀和蒸汽出口阀，以停止加热。冷却时，PLC 将发出控制指令，打开冷却水入口阀和冷却水出口阀，冷却塔中的冷却水即可经过滤器、增压泵、进水阀及相应输送管路等，最终流入模具内部加热冷却管道，以快速冷却模具。由模具流出的冷却水，将经冷却水出口阀及相应输送管路，流入冷却水回收装置，以实现冷却水的回收利用。当温度传感器反馈的模具温度达到工艺要求的低温时，PLC 再次发出控制指令，关闭冷却水入口阀和冷却水出口阀，以停止冷却。同时，打开空气阀和冷却水出口阀，空气压缩机中的高压气体将经过滤器、空气阀及相应输送管路，进入冷却管道，以将冷却管道中的残留水排出，为下一成型周期的加热做准备。在工作过程中，PLC 将与注塑机的控制系统保持通信，以确保动态模温控制系统与注塑成型系统动作的协调。

从上述工艺原理看，由于加热蒸汽与冷却水可以利用相同的模内管道，所以蒸汽加热动态模温控制工艺模具与常规模具在结构组成上比较相近。虽然蒸汽加热动态模温控制工艺模具与常规模具在结构组成上看起来比较相近，但事实上，蒸汽加热动态模温控制工艺模具与常规模具在结构设计上有着诸多不同。首先，由于蒸汽加热动态模温控制工艺对模具加热冷却效率和温度的均匀性均具有比较高的要求，所以在蒸汽加热动态模温控制工艺模具的设计过程中，必须充分考虑如何减小模具的热容量，优化模具的加热/冷却系统，以提高模具的热响应效率和型腔表面温度的均匀性。其次，考虑到在蒸汽加热动态模温控制工艺中，塑料熔体的流动性好，且表面无冷凝层，虽然这有利于熔体的充模流动，但流动性的提高也易于导致塑件出现飞边、表面气痕等缺陷。为此，在蒸汽加热动态模温控制工艺模具设计过程中，必须充分考虑这些因素，通过优化模具的排气系统和分型面设计等措施加以解决。此外，在蒸汽加热动态模温控制工艺模具中还须配备温度传感器，从而在注塑过程中对模具型腔表面温度进行准确的监测。除了上述几个方面外，蒸汽加热动态模温控制工艺模具在流动系统设计、型腔结构设计、塑件顶出结构设计、热流道系统设计方面也均有特殊的要求。

图 5-23 给出了一款 46 寸液晶电视机面板的蒸汽加热动态模温控制的模具结构。由于面板仅外表面具有高品质要求，因此仅在型腔侧布置了加热冷却管道。而在型芯侧，采用常规的带有冷却井的冷却管道结构，并采用循环冷却水进行连续冷却。加热冷却管道的布局设计基于常规连续冷却管道的布局设计方法，管道直径为 7 mm，相邻两管道中心距为 12 mm，管道中心至型腔表面的距离为 15 mm。为减少热量扩散损失，提高模具加热冷却效率，在模具型腔板周边进行隔热保温处理。常用隔热方法有两种：一是在型腔板与固定板间增加隔热板；二是在型腔板周边设凸台结构，在型腔板与固定板间形成隔热空气槽。图 5-24 给出了蒸汽加热动态模温控制的注塑模具型腔板的隔热结构。

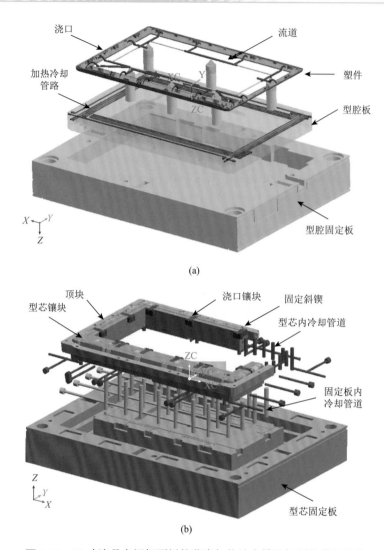

(a)

(b)

图 5-23　46 寸液晶电视机面板的蒸汽加热动态模温控制的模具结构

（a）型腔侧；（b）型芯侧

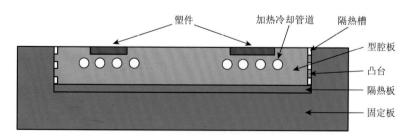

图 5-24　蒸汽加热动态模温控制的注塑模具型腔板的隔热结构

根据上面提出的液晶电视机面板蒸汽加热动态模温控制工艺模具结构，结合超高镜面抛光方法，加工制造的高光注塑模具如图 5-25 所示。

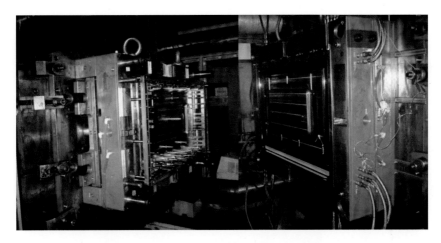

图 5-25　蒸汽加热动态模温控制的高光注塑模具

5.4.2　电热式动态模温控制系统及模具

蒸汽加热动态模温控制工艺采用的加热介质是高温高压蒸汽，这就必须为蒸汽加热动态模温控制工艺生产线配备高压蒸汽锅炉。为了保证安全，高压蒸汽锅炉的安装必须由具备相应资质的单位承接，经技术监督与安全监察部门的审批与检验，并办理相关使用手续后方可投入使用。蒸汽锅炉由开始安装到最终投入使用，通常需要比较长的周期，很难满足注塑企业对市场快速响应的要求。另外，高压蒸汽锅炉的造价、安装成本、日常运营和维护成本相对较高，导致蒸汽加热动态模温控制工艺的初期投资比较大。

为了解决上述问题，进一步扩大动态模温控制工艺的应用范围，还可以采用基于电加热和冷却水冷却的电热式动态模温控制工艺。与蒸汽加热动态模温控制工艺不同，电热式动态模温控制工艺直接利用安装于模具内部的电加热元件快速加热模具，无须配套额外的加热系统，因而具有系统结构简单、成本低等特点[68-74]。与模具的蒸汽加热相似，模具的电加热同样也属于一种模内加热技术，具有技术成熟、稳定可靠、易于控制、设计灵活等特点。与蒸汽加热动态模温控制工艺相比，对于小批量生产，电热式动态模温控制工艺具有比较明显的成本优势和实效优势。因此，电热式动态模温控制工艺能够适应中小企业短、平、快的特点，达到投资少、收效快的目的。另外，利用电加热技术，模具型腔表面可以被持续加热至足够高的温度，从而满足具有较高玻璃化转变温度或熔点塑料及纤维增强塑料对超高模具温度的要求。

电热式动态模温控制工艺的模具加热是利用安装在模具内部的电加热元件实现的。即利用电加热元件与模具安装孔壁间的热传导加热模具。电热式动态模温控制工艺模具的冷却仍然是利用流过模具内部冷却管道的低温冷却水快速冷却模具。根据模具温度变化情况，电热式动态模温控制工艺的一个成型周期同样可以分为模具加热、高温保持、模具冷却、低温保持四个阶段，如图 5-26 所示。

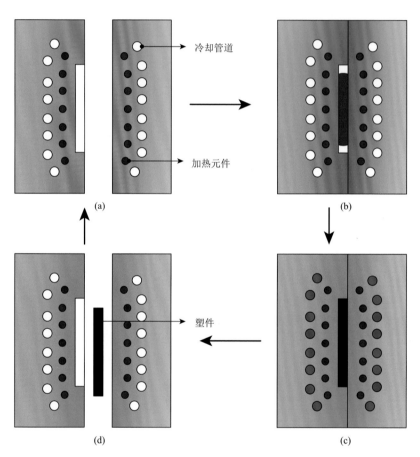

图 5-26 电热式动态模温控制工艺原理

（a）模具加热；（b）高温保持；（c）模具冷却；（d）低温保持

在模具加热阶段，利用模具中的电加热元件快速加热模具，直至模具型腔表面温度升高至动态模温控制工艺要求的温度。在高温保持阶段，熔体将被注入模具型腔，由于模具型腔表面温度较高，熔体流动性较好，压力降减少，可以精确复制型腔的几何形状，使得产品不易出现冷料而致使表面出现熔接线、流痕等缺陷。在模具冷却阶段，通过向模具冷却管道中通入低温冷却水快速冷却模具及模具型腔中已赋形的塑料熔体，以缩短冷却时间和电热式动态模温控制工艺的成型周期。在低温保持阶段，打开模具，取出塑件，同时排除冷却管道中残留的冷却水，以减少下一周期模具加热过程的热量散失，提高加热效率。

根据电热式动态模温控制工艺的工艺原理，图 5-27 给出了以冷却塔为冷却水源，空气压缩机为高压气体源，并结合阀门管路转换装置、电加热模具及控制与监视单元构建的电热式动态模温控制系统的结构原理。从图中可以看出，阀门管路转换装置主要由增压泵、进水阀、进气阀、过滤器、调压阀、压力表等组成。控制与监视单元是由 PLC、人机界面及相应的控制电路组成。加热时，PLC 发出控制指令，使电热元件所在控制电路的接触器吸合，电热元件通电后即开始加热模具。冷却时，PLC 发出控制指令，使进水阀换向，然后冷却塔中的冷却水即可经增压泵、过滤器、进水阀及相应连接管路等，最终流入模具内的冷却管道，从而冷却模具。冷却完毕后，PLC 再次发出控制指令，使进水阀复位以切断冷却管路，并打开进气阀，以使压缩机提供的高压气体经进气阀流入冷却管道，从而将管道中的残留水排出。在工作过程中，PLC 与注塑机的控制系统一直保持通信，以保证各动作的协调性。注塑模中安装的热电偶可以实时地将模具温度信号反馈给 PLC，以作为模具温度调节的依据。通过 PLC 与人机界面相结合，可便于操作人员对电热式动态模温控制工艺进行调试和过程监控。电热式动态模温控制工艺的加热系统是由安装在模具内部的电热元件及与其相应的控制电路组成。因具有结构简单、易于安装等特

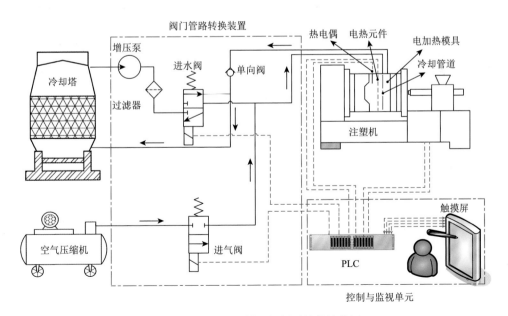

图 5-27　电热式动态模温控制系统的结构原理

点，电热管非常适合作为电热式动态模温控制工艺模具的内部加热元件。电热管是一种以金属管筒为外壳，中心沿轴向内置螺旋状电热丝，并在金属管与电热丝之间的空隙中填充陶瓷绝缘材料的一种管状电加热元件。目前，适用于模具加热、直径在 $\Phi6 \sim 10$ mm 之间的电热管的最大表面功率密度可达 30 W/cm^2 左右。

与蒸汽加热动态模温控制工艺模具相比，由于电热式动态模温控制工艺模具的冷却管道与型腔表面之间需要安装电加热元件，故电热式动态模温控制工艺模具的冷却管道距模具型腔表面较远。另外，与模具金属相比，电加热元件的导热性能较差，这势必减缓冷却阶段热量由模具型腔向冷却管道的传递，从而在一定程度上降低模具的冷却效率。所以，与蒸汽加热动态模温控制工艺模具相比，电热式动态模温控制工艺模具的冷却效率相对较低。为了提高电热式动态模温控制工艺模具的冷却效率，一般可采取两方面的措施。一方面，从冷却介质入手，主要包括降低冷却介质的温度、增加冷却介质的流量等措施。通常情况下，15 $\sim$ 30℃的工业循环冷却水即可满足电热式动态模温控制工艺对模具冷却效率的要求。另一方面，通过优化电热式动态模温控制工艺模具的结构，以增强冷却系统的冷却效率。模具结构优化的基本原则主要包括尽量减小需要被冷却的模具金属的体积和改善冷却设计提高冷却的均匀性。

由于电热式动态模温控制工艺与蒸汽加热动态模温控制工艺具有相同的动作流程，电热式动态模温控制工艺与蒸汽加热动态模温控制系统在结构组成与控制流程上基本一致。所不同的是，在蒸汽加热动态模温控制工艺中，模具加热是通过控制蒸汽管路的换向阀实现的，而在电热式动态模温控制工艺中，模具的加热是通过控制电热管电路中的继电器实现的。在电热式动态模温控制工艺中，通过继电器的数量可以很容易实现电热管的分组控制或单独控制，实现模具的局部加热和型腔表面温度的分区控制。图 5-28 给出了蒸汽加热和电热式动态模温控制工艺的模具加热控制方式比较。

在排气系统设计、导向定位机构设计、流道系统设计及模具的隔热保温等方面，电热式动态模温控制工艺模具与蒸汽加热动态模温控制工艺模具的设计目标是一致的。电热式动态模温控制工艺模具与蒸汽加热动态模温控制工艺模具的不同之处主要体现在模具的加热和冷却系统。在电热式动态模温控制工艺中，模具的加热系统和冷却系统是完全分开的，加热系统是由模具中电加热元件组成的，冷却系统则是模具中的冷却管道。电热式动态模温控制工艺模具的热响应效率取决于两方面的因素：电加热元件的布局和冷却管道的布局。因此，与蒸汽加热动态模温控制工艺模具设计相比，电热式动态模温控制工艺模具的设计将更为复杂。对于电热式动态模温控制工艺模具，其结构确定以后，模具的加热效率就已经确定，很难通过其他手段加以改善，合理的电加热元件和冷却管道布局对电热式动态模温控制工艺模具至关重要。

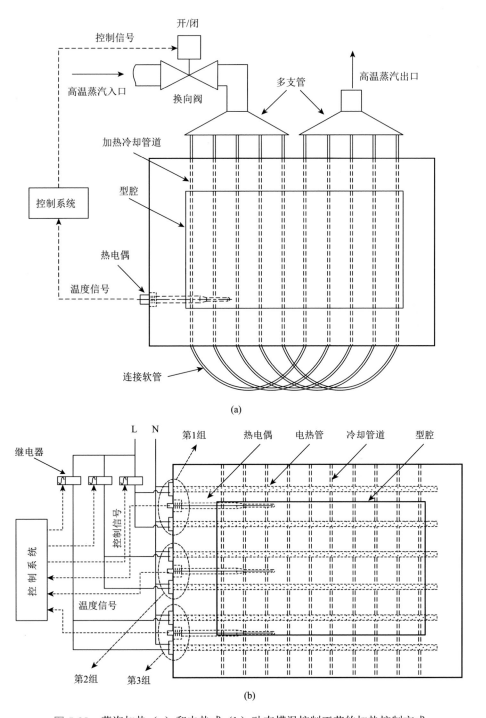

图 5-28　蒸汽加热（a）和电热式（b）动态模温控制工艺的加热控制方式

提高模具的加热/冷却效率和改善型腔表面温度分布的均匀性是动态模温控制技术注塑模具设计的关键。对于电热式动态模温控制工艺模具，提高加热/冷却效率的关键在于通过合理的电加热元件和冷却管道布局尽量减小需要加热/冷却的型腔或型芯金属的体积。为此，电热式动态模温控制的模具中的电加热元件分布在型腔表面与冷却管道之间，如图 5-29 所示。对于加热系统，电热管的直径（D_h）一般为 $\varPhi 4.5 \sim 6.5$ mm，电热管中心至型腔表面的距离（H_h）为 D_h 的 $1 \sim 1.5$ 倍，相邻电热管的中心距（P_h）为 D_h 的 $2.5 \sim 3.5$ 倍。为了获得良好的加热效果，电热管与安装孔的尺寸公差应控制在 0.1 mm 以内。对于冷却系统，冷却管道的直径（D_c）为 $\varPhi 6.0 \sim 8.0$ mm，冷却管道距离型腔表面的距离（H_c）为 D_c 的 $1.5 \sim 3$ 倍，相邻冷却管道的距离（P_c）为 D_c 的 $2.5 \sim 3.5$ 倍。

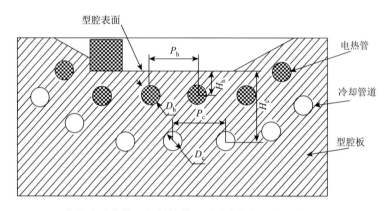

图 5-29　电热式动态模温控制的模具型腔内加热与冷却管路布局示意图

图 5-30 给出了一款液晶电视机面板电热式动态模温控制的注塑模具型腔结构。与液晶电视机面板蒸汽加热模具相同，液晶电视机面板电热式动态模温控制工艺模具同样采用的是一种单面加热结构。需要加热的型腔侧，型腔板内部需要布置加热系统和冷却系统，而不需加热的型芯侧，其结构与一般模具的型芯结构

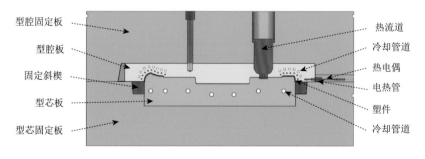

图 5-30　一款 32 寸液晶电视机面板的电热式动态模温控制的模具型腔结构

基本相同。型腔板内部的电热管与冷却管道平行于模具型腔表面均匀分布。模具的加热系统共包含 24 根直径 D_h 为 $\Phi 6.0$ mm 电热管，电热管的表面功率密度约为 30 W/cm^2。电热管中心与型腔表面的平均距离 H_h 约为 11 mm，相邻电热管的平均中心距 P_h 约为 12 mm。冷却管道的直径 D_c 为 8 mm，冷却管道中心至型腔表面的平均距离 H_c 约为 24 mm，相邻冷却管道的平均中心距 P_c 约为 13 mm。图 5-31 给出了型腔板内部电热管的布局结构。

图 5-31 液晶电视机面板注塑模具的电热管布局方式

5.5 微孔发泡注塑成型系统组成

根据前文所述，微孔发泡注塑成型系统组成主要包括注塑机、超临界流体发生/计量/注入控制装置、塑化均化及背压控制系统、模具温度控制系统、型腔压力控制系统、微孔发泡注塑模具等，如图 5-32 所示。

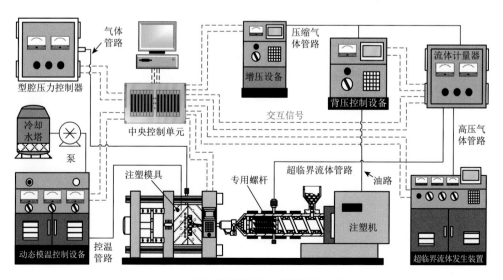

图 5-32 微孔发泡注塑成型系统基本组成

参 考 文 献

[1] 齐贵亮. 泡沫塑料成型新技术[M]. 北京：机械工业出版社，2011.

[2] 让德龙. 热塑性聚合物发泡成型：原理与进展[M]. 王向东，张丽霞，译. 北京：化学工业出版社，2012.

[3] 李绍棠，拉梅什. 泡沫塑料：机理与材料[M]. 张丽霞，王向东，译. 北京：化学工业出版社，2012.

[4] 董桂伟. 微孔发泡注塑成型技术及其产品泡孔结构形成过程和演变规律研究[D]. 济南：山东大学，2015.

[5] MARTINI-VVEDENSKY J E，SUH NP，WALDMAN F A. Microcellular closed cell foam and their method of manufacture：US04473665A[P]. 1984.

[6] WALTER M，OLIVER P，HABIBI-NAINI. Injection moulding of microcellular foams[J]. Kunststoffe-plast Europe，2002，92（8）：16-18.

[7] RIEF B，GUNDRUM J. MuCell process：Microcellular parts from the injection moulding machine[J]. Kunststoffe-plast Europe，2003，93（1）：42-46.

[8] WU H B，KRAMPE E，SCHLICHT H，et al. Application of a microcellular injection molding process（MuCell®）to produce an implant with porous structure[C]. World Congress on Medical Physics and Biomedical Engineering，Munich，Germany，Springer，Berlin，Heidelberg，2009：61-64.

[9] 李丛威，周南桥，王全新. 微孔发泡注射成型设备及技术研究进展[J]. 工程塑料应用，2008，36（10）：76-80.

[10] 孙阳，刘廷华. 微孔塑料的注射成型研究进展[J]. 塑料，2006，35（1）：88-92.

[11] PIERICK D. The MuCell molding technology：microcellular foam[J]. Molding，1999，99：1-3.

[12] HABIBI-NAINI S. Foam-injection molding the flexible way[J]. Technical review sulzer（english edition），2004，86（2）：10-13.

[13] HABIBI-NAINI S. No fear of foaming[J]. Kunststoffe-plast Europe，2004，94（9）：191-194.

[14] BLEDZKI A K，FARUK O，KIRSCHLING H，et al. Microcellular polymers and composites part Ⅰ：Types of foaming agents and technologies of microcellular processing[J]. Polimery，2006，51（10）：696-703.

[15] SAUTHOF R. Physical foaming with ErgoCell®[C]. Munich，Germany：5th International Conference on Blowing Agents and Foaming Processes，2003：91-100.

[16] BLEDZKI A K，FARUK O. Microcellular wood fibre reinforced polypropylene composites in an injection moulding process[J]. Cellular polymers，2002，21（6）：417-429.

[17] MICHAELI W，PFANNSCHMIDT O，HABIBI-NAINI S. Injection moulding of microcellular foams：The designs behind the methods[J]. Kunststoffe-plast Europe，2002，92（8）：56-58.

[18] BLEDZKI A K，FARUK O. Extrusion and injection moulded microcellular wood fibre reinforced polypropylene composites[J]. Cellular polymers，2004，23（4）：211-227.

[19] WINARDI A，YUAN M J，GONG S Q，et al. Core-shell rubber modified microcellular polyamide-6 composite[J]. Journal of cellular plastics，2004，40（5）：383-395.

[20] SELVAKUMAR P，BHATNAGAR N. Studies on polypropylene/carbon fiber composite foams by nozzle-based microcellular injection molding system[J]. Materials and manufacturing processes，2009，24（5）：533-540.

[21] 高长云. 微孔发泡聚合物/CO_2体系基础研究进展及概况[J]. 橡塑技术与装备，2011，37：15-17.

[22] PILLA S，KRAMSCHUSTER A，LEE J，et al. Microcellular processing of polylactide-hyperbranched polyester-nanoclay composites[J]. Journal of materials science，2010，45（10）：2732-2746.

[23] CABRERA E D，MULYANA R，CASTRO J M，et al. Pressurized water pellets and supercritical nitrogen in injection molding[J]. Journal of applied polymer science，2013，127（5）：3760-3767.

[24] LEICHER S，WALTER A，SCHNEEBAUER M，et al. Key processing parameters for microcellular molded polystyrene material[J]. Cellular polymers，2006，25（2）：99-108.

[25] BLEDZKI A K，ROHLEDER M，KIRSCHLING H，et al. Microcellular polycarbonate with improved notched impact strength produced by injection moulding with physical blowing agent[J]. Cellular polymers，2008，27（6）：327-345.

[26] BLEDZKI A K，ROHLEDER M，KIRSCHLING H，et al. Correlation between morphology and notched impact strength of microcellular foamed polycarbonate[J]. Journal of cellular plastics，2010，46（5）：415-440.

[27] PARK C B，LIU Y，NAGUIB H E. Challenge to forty-fold expansion of biodegradable polyester foams using carbon dioxide as a blowing agent[J]. Cellular polymers，1999，18（6）：367-384.

[28] SHYH-SHIN H，PEMING P H，JUI-MING Y. The mechanical/thermal properties of microcellular injection-molded poly-lactic-acid nanocomposites[J]. Polymer composites，2009，30（11）：1625-1630.

[29] BLEDZKI A K，FARUK O. Injection moulded microcellular wood fibre-polypropylene composites[J]. Composites part A：applied science and manufacturing，2006，37（9）：1358-1367.

[30] BLEDZKI A K，FARUK O. Microcellular wood fibre reinforced PP composites：A comparative study between extrusion，injection moulding and compression moulding[J]. International polymer processing，2006，21（3）：256-262.

[31] BLEDZKI A K，FARUK O. Microcellular injection molded wood fiber-PP composites：Part Ⅰ：Effect of chemical foaming agent content on cell morphology and physico-mechanical properties[J]. Journal of cellular plastics，2006，42（1）：63-76.

[32] BLEDZKI A K，FARUK O. Microcellular injection molded wood fiber-PP composites：Part Ⅱ：Effect of wood fiber length and content on cell morphology and physico-mechanical properties[J]. Journal of cellular plastics，2006，42（1）：77-88.

[33] RIZVI S J A，BHATNAGAR N. Microcellular PP *vs*. microcellular PP/MMT nanocomposites：A comparative study of their mechanical behavior[J]. International polymer processing，2011，26（4）：375-382.

[34] JAVADI A，KRAMSCHUSTER A J，PILLA S，et al. Processing and characterization of microcellular PHBV/PBAT blends[J]. Polymer engineering & science，2010，50（7）：1440-1448.

[35] KIM K Y，KANG S L，KWAK H Y. Generation of microcellular foams by supercritical carbon dioxide in a PMMA compound[J]. International polymer processing，2008，23（1）：8-16.

[36] GOMEZ J F，ARENCON D，SANCHEZ-SOTO M A，et al. Influence of the injection moulding parameters on the microstructure and thermal properties of microcellular polyethylene terephthalate glycol foams[J]. Journal of cellular plastics，2013，49（1）：47-63.

[37] KRAMSCHUSTER A，TURNG L S. An injection molding process for manufacturing highly porous and interconnected biodegradable polymer matrices for use as tissue engineering scaffolds[J]. Journal of biomedical materials research part B：applied biomaterials，2010，92（2）：366-376.

[38] KRAMSCHUSTER A，TURNG L S，LI W J，et al. The effect of nano hydroxyapatite particles on morphology and mechanical properties of microcellular injection molded polylactide/hydroxyapatite tissue scaffold[C]. Nemb2010：Proceedings of the Asme First Global Congress on Nanoengineering for Medicine and Biology，Houston，2010：175-178.

[39] XU J Y. Microcellular injection molding[M]. New Jersey：Wiley，2010.

[40] 赵国群，董桂伟，张磊，等. 一种超临界流体计量注入装置及注入方法：ZL201210430223.2[P]. 2014.

[41] 赵国群，董桂伟，张磊，等. 一种超临界流体增压计量装置：ZL201210432233.X[P]. 2015.

[42] 董桂伟，赵国群，王桂龙，等. 一种聚合物微孔发泡材料的注塑成型装置和工艺及其应用：ZL201910394094.8[P]. 2020.

[43] 海天塑机集团有限公司. MA3200塑料注射成型机使用说明书[Z]. 2010.

[44] 怀特 J L，波藤特 H. 螺杆挤出[M]. 何红，金志明，译. 北京：化学工业出版社，2005.

[45] 朱复华. 螺杆设计及其理论基础[M]. 北京：轻工出版社，1984.

[46] XU J Y, CARDONA J C, KISHBAUGH L A. Polymer processing systems including screws：20050143479 A1[P]. 2005.

[47] 谢鹏程，边智，丁玉梅，等. 一种微孔发泡注射成型螺杆：ZL201110097361.9[P]. 2012.

[48] 谢鹏程，边智，丁玉梅，等. 一种微孔发泡注射成型螺杆：ZL201110097286.6[P]. 2013.

[49] WONG A C Y, LAM Y, WONG A C M. Quantification of dynamic mixing performance of single screws of different configurations by visualization and image analysis[J]. Advances in polymer technology, 2009，28（1）：1-45.

[50] KIRILL A, ICA M Z, MIRON K. Color mixing in the metering zone of a single screw extruder：Numerical simulations and experimental validation[J]. Polymer engineering & science, 2005，45（7）：1011-1020.

[51] 毕超. 往复式单螺杆销钉挤出机设计原理及混炼机理研究[D]. 北京：北京化工大学，2008.

[52] 贾娟娟. 注塑螺杆的结构设计及塑化过程数值模拟研究[D]. 西安：陕西科技大学，2009.

[53] 姜若瑜. 变深计量段注射螺杆的研究[D]. 北京：北京化工大学，2010.

[54] 金志明，高福荣. MADDOCK注塑螺杆性能研究[J]. 塑料，2005，34（5）：77-80.

[55] 林祥，任冬云，王奎升. 基于拉伸破碎原理的单螺杆拉伸混炼元件的研究[J]. 中国塑料，2011，25（12）：90-94.

[56] 赵国群，董桂伟，管延锦，等. 一种聚合物微孔发泡注塑成型用螺杆：ZL201410625465.6[P]. 2016.

[57] WANG G L, ZHAO G Q, WANG J C, et al. Research on formation mechanisms and control of external and inner bubble morphology in microcellular injection molding[J]. Polymer engineering & science, 2015，55（4）：807-835.

[58] 赵国群，王桂龙，管延锦. 一种注塑模具快速加热与冷却方法及系统：ZL 201310554636.6[P]. 2016.

[59] 王桂龙. 快速热循环注塑成型关键技术研究与应用[D]. 济南：山东大学，2011.

[60] 李熹平. 快速热循环注塑模具及工艺关键技术研究[D]. 济南：山东大学，2010.

[61] WANG G L, ZHAO G Q, GUAN Y J, et al. Three-dimensional thermal response and thermo-mechanical fatigue analysis for a large LCD TV frame mould in steam-assisted rapid heat cycle moulding[J]. Fatigue & fracture of engineering materials & structures, 2011，34（2）：108-122.

[62] WANG G L, ZHAO G Q, LI H P, et al. Research of thermal response simulation and mold structure optimization for rapid heat cycle molding processes，respectively，with steam heating and electric heating[J]. Materials & design, 2010，31（1）：382-395.

[63] WANG G L, ZHAO G Q, LI H P, et al. Analysis of thermal cycling efficiency and optimal design of heating/cooling systems for rapid heat cycle injection molding process[J]. Materials & design, 2010，31（7）：3426-3441.

[64] WANG G L, ZHAO G Q, LI H P, et al. Research on optimization design of the heating/cooling channels for rapid heat cycle molding based on response surface methodology and constrained particle swarm optimization[J]. Expert systems with applications, 2011，38（6）：6705-6719.

[65] WANG G L, ZHAO G Q, LI H P, et al. Multi-objective optimization design of the heating/cooling channels of the steam-heating rapid thermal response mold using particle swarm optimization[J]. International journal of thermal sciences, 2011，50（5）：790-802.

[66]　WANG G L，ZHAO G Q，WANG X X. Heating/cooling channels design for an automotive interior part and its evaluation in rapid heat cycle molding[J]. Materials & design，2014，59：310-322.

[67]　王桂龙，赵国群，管延锦. 一种蒸汽加热快速热循环注塑模具：ZL201310063690.0[P]. 2015.

[68]　WANG G L，HUI Y，ZHANG L，et al. Research on temperature and pressure responses in the rapid mold heating and cooling method based on annular cooling channels and electric heating[J]. International journal of heat and mass transfer，2018，116：1192-1203.

[69]　ZHAO G Q，WANG G L，GUAN Y J，et al. Research and application of a new rapid heat cycle molding with electric heating and coolant cooling to improve the surface quality of large LCD TV panels[J]. Polymers for advanced technologies，2011，22（5）：476-487.

[70]　WANG G L，ZHAO G Q，GUAN Y J. Research on optimum heating system design for rapid thermal response mold with electric heating based on response surface methodology and particle swarm optimization[J]. Journal of applied polymer science，2011，119（2）：902-921.

[71]　WANG G L，ZHAO G Q，GUAN Y J. Development and experimental study of a new electric-heating rapid thermal response mold for RHCM process[J]. Advanced science letters，2011，4（6-7）：2082-2086.

[72]　WANG G L，ZHAO G Q，WANG X X. Development and evaluation of a new rapid mold heating and cooling method for rapid heat cycle molding[J]. International journal of heat and Mass transfer，2014，78：99-111.

[73]　赵国群，王桂龙，管延锦，等. 一种电热式、浮动式快速热循环注塑模具：ZL201010174808.3[P]. 2012.

[74]　王桂龙，赵国群，管延锦. 一种电加热快速热循环注塑模具：ZL 201310064722.9[P]. 2015.

第6章

微孔发泡注塑件泡孔结构与性能

6.1 ▶ 引言

  与传统间歇发泡成型工艺获得的微孔发泡聚合物不同,微孔发泡注塑成型技术生产的塑件的内部结构包括两部分,其芯部为分布有大量微米级泡孔的发泡层,上、下边缘部分为结构致密的不发泡层,整体断面形成一种类似"三明治"的特殊结构。

  围绕微孔发泡注塑成型技术,人们针对影响微孔发泡注塑件泡孔结构的工艺参数及其调控技术等开展了大量研究工作[1-21]。在微孔发泡聚合物构件的构效关系方面,Rezavand 等[1]、Chandra 等[2]、Guo 等[3]研究了微孔发泡注塑构件内部泡孔及晶体结构对构件力学性能的影响,通过微孔发泡实验证实了均匀细小的泡孔结构有利于提升塑件的韧性、弯曲强度等。为制备均匀细小的泡孔结构,Wang等[6]、Kaeashima 和 Shimbo[7]、Turng 等[8, 11, 20]、Egger 等[9]、Behravesh 和 Rajabpour[13]、Zhai 和 Xie[16]、Lan 和 Tseng[17]、Kramschuster 等[19]通过调控注塑速率、打气量、模具温度、保压压力等工艺参数,对微孔发泡注塑过程中塑件的泡孔尺寸、数量、密度和分布均匀性进行了优化,有效提升了塑件的力学性能及其尺寸精度,减小了表面缩水、翘曲变形。Hwang 等[4, 5]、Yoon 等[10]、Yuan 等[14, 15]、Bledzki 和 Faruk[18]、Xi 等[21]通过向聚合物中混入填料(如纳米碳酸钙、玻纤、木质纤维等)的方法,为发泡剂气体提供了异相形核点,促进了泡孔形核,通过控制填料的含量,调控了泡孔结构,制备出泡孔结构均匀致密的聚合物发泡构件。此外,Hwang 等[4, 5]研究了微孔发泡聚合物熔体的流变属性对泡孔结构的影响,给出了一种通过控制聚合物长链结构与微观构象来调控微孔发泡泡孔结构的思路。Srithep 和Turng[12]通过向聚合物中混入扩链剂,提高了聚合物相对分子质量,提升了发泡过程中的熔体强度,获得了均匀致密的泡孔结构,并拓宽了泡孔结构调控的工艺窗口。

综合分析现有研究可见，目前研究主要集中在微孔发泡注塑件泡孔结构形态方面，即定形后的泡孔结构，尚未对微孔发泡注塑成型塑件泡孔结构的形成、演变到定形全过程开展系统和深入研究。

实际上，作为聚合物微孔发泡与注塑成型工艺相结合的微孔发泡注塑成型技术，其塑件内部泡孔结构的形成过程相当复杂。熔体的发泡行为不仅与聚合物材料性质、发泡剂性质及其含量等密切相关，而且受填充过程中熔体流动行为及其压力变化等因素的显著影响，导致模腔内熔体的发泡并非同时进行。另外，发泡熔体的初始泡孔状态往往与最终塑件的泡孔结构不同，在此过程中，熔体内的泡孔经历了一个复杂的变形和形态演变过程。同时，对于不同结构的塑件和不同的工艺参数，注塑过程中泡孔结构所经历的形核、长大、定形等演变过程也不同。当微孔发泡注塑工艺设计或参数选择不当时，还易造成泡孔变形、畸变、破裂等，如图 6-1 所示，从而严重降低最终塑件的性能。因此，认识和掌握微孔发泡注塑件泡孔结构的形成过程和演变规律，对于掌握微孔发泡注塑成型机理及其工艺参数的影响规律，改善塑件泡孔结构，提高塑件质量及其注塑生产效率具有重要意义。

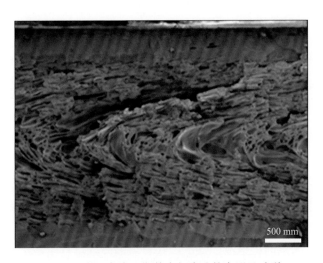

图 6-1　微孔发泡注塑件内部泡孔的变形及破裂

本章在分析聚合物微孔发泡基本理论与注塑成型相关概念的基础上，通过一种具体塑件的微孔发泡注塑实验及其泡孔结构表征，分析熔体填充过程不同阶段的泡孔结构形态，探讨泡孔结构的形成机理和演变过程，讨论微孔发泡注塑成型过程中塑件内部泡孔和外部不发泡皮层的形成过程，揭示不发泡皮层的结构特点，分析主要工艺参数对不发泡皮层厚度和塑件表面质量的影响规律。

6.2 微孔发泡注塑工艺中泡孔生长过程

微孔发泡注塑成型是一种以二氧化碳或氮气为发泡剂的先进发泡成型技术，可制备具有微米级泡孔结构的轻质聚合物构件。该技术能够有效减少材料消耗，降低产品质量，缩短成型周期和降低生产能耗，具有高效率、低能耗、绿色环保等技术优势，是一种典型的绿色成型加工技术。图 6-2 给出了聚合物微孔发泡注塑成型的工艺原理示意图。具体工艺过程如下[22-25]：

（1）均相体系形成。在发泡注塑成型过程中，发泡剂在一定的压力和温度下与聚合物熔体形成均相体系，这种均相体系的生成是下一步均匀形核的先决条件。如果未混合达到均相状态，微量气相的存在不利于形成均匀细密的泡核，这主要是因为形核时气体分子会优先进入已存在的气泡中而形成大泡孔。所以，对聚合物发泡成型压力的控制直接影响内部孔洞的最终尺寸。

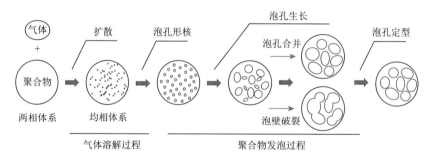

图 6-2　微孔发泡注塑成型的工艺原理示意图

（2）气泡形核。均相体系在泄压前处于恒定压力、恒定温度的热力学动态平衡状态。在成型过程中，存在两个形核窗口：首先，在均相体系的压力释放过程中，由于压力差的存在，使均相体系中的气体和聚合物熔体两相分离，气体从熔体中析出而形成大量的形核点；其次，在材料的冷却过程中，材料的热胀冷缩会造成整体的压力降，在温度依然满足形核条件的位置，溶解于聚合物熔体中的气体同样会以形核的方式析出。

（3）气泡长大。在形核过程完成后，气泡立即开始长大。由于形核点外的气体浓度高于形核点内的气体浓度，这种浓度差使气体向形核点内进行扩张，引起气泡长大。与此同时，气泡内部气体的聚集使得气泡内的压力高于气泡外的压力，从而气泡膨胀长大。

（4）气泡变形。在气泡生长到一定尺寸后，受复杂流场的剪切作用，气泡可能会产生变形、畸变、塌陷、破裂，当不同气泡接近时可能会发生合并，这些演变行为将影响气泡的最终形态及塑件的表面形貌。在注塑填充过程中，由于聚合物熔体是一种呈现典型黏弹性行为的非牛顿流体，在填充过程中，熔体的流动处于典型的剪切层流状态，而且在流动前沿处具有泉涌流动行为。图 6-3 给出了熔体填充过程中的流动行为示意图。

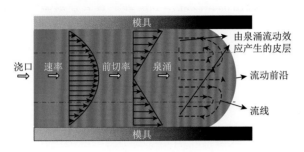

图 6-3　熔体在填充过程中的流动行为

从图 6-3 中可以看出，熔体的流动速率在模具型腔壁处最小而在型腔中心层处最大，这将导致熔体在流动中产生一个剪切速率场。熔体流动前沿处的泉涌流动行为会使前沿处的熔体不断翻向两侧而形成皮层，熔体中心向前填充。由上述流动规律可知，微孔发泡注塑成型塑件泡孔结构的形成受诸多因素影响，复杂的注塑三维流场导致气泡长大后的泡孔在最终定形前经历了一个非常复杂的形态演变过程。

（5）气泡定形。气泡生长到一定程度后需要进行冷却固化，一般都是通过使熔体黏度上升来实现的。对于非晶态聚合物，样品冷却到玻璃化转变温度以下就可以将泡孔形态固定；对于结晶聚合物，则是通过结晶使黏度急剧上升而实现固化的；对于一些聚氨酯类产品，则是通过交联反应实现固化的。固化温度的选择对样品的膨胀倍率有较大的影响。

6.3　微孔发泡注塑件内部泡孔的形成过程与演变规律

为了掌握微孔发泡注塑工艺中泡孔生长过程与形态演变规律，本节以一个注塑件为例[25]，通过扫描电子显微镜（SEM）分析塑件内部泡孔结构的形成与演变过程。该塑件为某医疗器械的外壳，尺寸为 320 mm×510 mm×70 mm，平均厚度 3 mm，塑件模型如图 6-4 所示。所用塑料原料为韩国 LG Chemical 公司生产的 ABS，牌号 HF380，其熔体流动速率为 43 g/10 min（220℃/10 kg），密度为 1.04 g/cm^3（23℃）。注塑成型前，塑料经充分干燥处理以去除水分（80℃下干燥 4 h）。微孔发泡注塑成型设备选用中国广州博创公司生产的 BS800-III微孔发泡专用伺服节能精密注塑机，其锁模力 8000 kN，注射压力 209 MPa，螺杆直径 100 mm，螺杆长径比 22∶1，理论注射容积 3181 cm³。

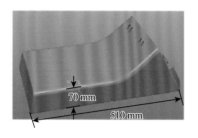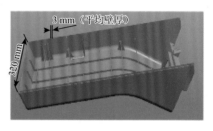

图 6-4 医疗器械外壳塑件的三维模型

为掌握微孔发泡注塑成型件在填充过程不同阶段的泡孔结构，选取不同射胶位移条件下的塑件作为分析对象，设置螺杆射胶位移分别为 24 mm、48 mm、72 mm、96 mm、120 mm 成型实验塑件，对应的射胶位移分别是 20%、40%、60%、80%和100%。表 6-1 给出了微孔发泡注塑实验工艺参数设定情况，注塑得到的不同射胶位移条件下的微孔发泡注塑样品如图 6-5 所示。

表 6-1 微孔发泡注塑工艺参数设定

工艺参数	数值	工艺参数	数值
螺杆转速/(r/min)	35	注射速率/%	55
螺杆压力/bar	120	熔体温度/℃	240
系统背压/bar	18	模具温度/℃	45
产品质量/g	800	冷却时间/s	20
打气百分比/%	0.4	保压时间/s	0

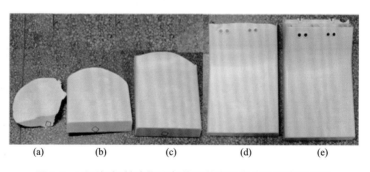

图 6-5 不同螺杆射胶位移条件下的微孔发泡注塑实验样件

（a）24 mm；（b）48 mm；（c）72 mm；（d）96 mm；（e）120 mm

为进行 SEM 观测，需对注塑所得的不同射胶位移条件下的微孔发泡样件进行脆断取样。从浇口位置开始，沿熔体流动方向截取宽度为 20 mm 的样条，在取得的样条上每隔 50 mm 进行取样，分别沿垂直熔体流动和平行熔体流动两个方向取样。所有取得的试样在液氮中浸泡 20 min 后，取出脆断，表面喷金，利用 JSM-6610LV 型 SEM 在 10 kV 的加速电压下，观察试样断面的泡孔结构。试样的取样位置、观察断面如图 6-6 所示。

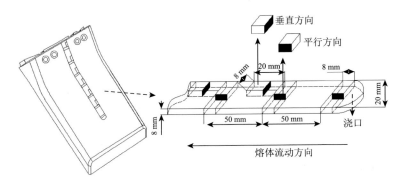

图 6-6　产品取样位置和观察断面

6.3.1　泡孔结构形貌对比分析

图 6-7 给出了螺杆射胶位移 72 mm 条件下的产品沿垂直熔体流动方向和平行熔体流动方向的断面泡孔结构的 SEM 图。从图 6-7（a）中可以看出，在距离浇口较近的位置，沿垂直熔体流动方向和沿平行熔体流动方向的断面泡孔形态差别不大，基本都为规则的球形，而且泡孔尺寸均匀性良好。在距离浇口较远的位置，沿垂直熔体流动方向和沿平行熔体流动方向的断面泡孔形态明显不同：沿垂直熔体流动方向的断面泡孔形状仍基本保持球形，如图 6-7（b）-v、（c）-v 所示，但距离浇口位置越远，断面泡孔尺寸的均匀性越差，在靠近熔体流动前沿的位置，断面中心甚至出现了直径接近 300 μm 的大泡孔，如图 6-7（d）-v 所示。

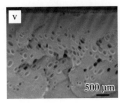 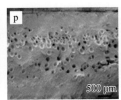 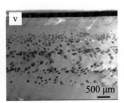 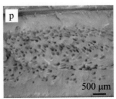

(a)　　　　　　　　　　　　　　　　　　　(b)

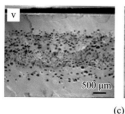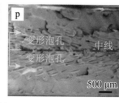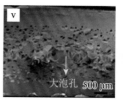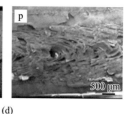

(c)　　　　　　　　　　　　　　　　　　　　　(d)

图 6-7　射胶位移 72 mm 的样件断面泡孔结构

（a）距离浇口 50 mm；（b）距离浇口 100 mm；（c）距离浇口 150 mm；（d）距离浇口 200 mm。
v 表示垂直熔体流动方向；p 表示平行熔体流动方向

从整体来看，尽管沿垂直熔体流动方向的断面泡孔尺寸均匀性有所下降，但其形状基本保持球形，变形不大；而沿平行熔体流动方向的断面泡孔形状出现了明显的变形，除断面中心线上的泡孔保持近似球形外，中心线两侧的泡孔都沿熔体流动方向被拉成细长的椭球形，而且距离浇口位置越远，这种变形越剧烈，如图 6-7（c）-p 所示。在靠近熔体流动前沿的位置，沿平行熔体流动方向已很难分辨出泡孔的形状，泡孔呈现一种"叠层状"的存在状态，如图 6-7（d）-v 所示，对应沿垂直熔体流动方向距离浇口位置越远则泡孔尺寸均匀性越差的现象。

与螺杆射胶位移 72 mm 条件下的断面泡孔结构形态相比，其他螺杆射胶位移条件下的产品断面泡孔结构形态也呈现类似的变化规律。在距离熔体流动前沿一定长度的范围内，不同的螺杆射胶位移制备的样品内部都存在一段泡孔沿平行熔体流动方向发生变形的区域。另外，还可以发现这部分泡孔的变形形态与熔体填充过程的泉涌流动行为相对应。因此，这部分变形泡孔是由熔体的泉涌流动所造成的。换言之，变形的泡孔是在熔体填充过程中形成的，而没有变形的泡孔则是在熔体填充结束后形成的。这两种泡孔结构的形成过程可以通过"填充过程中发泡"和"填充结束后发泡"加以区分。

图 6-8 对比了螺杆射胶位移 24 mm 和 72 mm 条件下的塑件沿平行熔体流动方向的断面泡孔结构形态。可以看出，在螺杆射胶位移 24 mm 条件下，沿平行熔体流动方向的产品从浇口位置到流动前沿的泡孔结构均为变形的泡孔结构形态，如图 6-8（a）所示。而当螺杆射胶位移增加到 72 mm 后，沿平行熔体流动方向，在浇口及距离浇口 50 mm 位置的断面泡孔结构已基本变为规则的球形，从距离浇口 100 mm 位置开始泡孔又重新出现变形，如图 6-8（b）所示。由此可见，当螺杆射胶位移较小时，塑件沿平行熔体流动方向的断面泡孔形态基本上都是"填充过程中发泡"过程所形成的发生变形的椭球形泡孔，只有当螺杆射胶位移增加到一定值后，塑件沿平行熔体流动方向才开始出现"填充结束后发泡"过程所形成的规则球形泡孔。

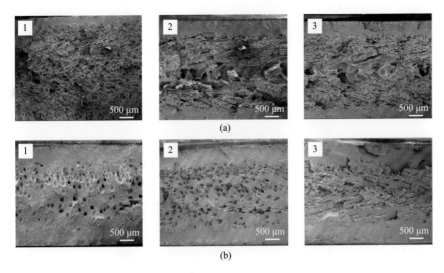

图 6-8　射胶位移 24 mm 和 72 mm 的样件沿平行熔体流动方向的断面泡孔结构对比

（a）射胶位移 24 mm；（b）射胶位移 72 mm。1 表示浇口位置；2 表示距离浇口 50 mm 位置；
3 表示距离浇口 100 mm 位置

根据气泡形核长大理论可知，气体在聚合物熔体中的溶解度是否达到过饱和是熔体能不能发泡的关键，而影响气体在聚合物熔体中溶解度的因素有很多，其中压力和温度是最主要的两个影响因素。在微孔发泡注塑填充过程中，熔体的温度变化明显小于其压力变化，所以压力的变化是引起均相体系热力学不稳定性和使气体在聚合物熔体中达到过饱和的主导因素。

在微孔发泡注塑填充开始时，料筒中的高压聚合物/气体均相体系被注射到低压模具型腔中，压力的急剧下降使气体在熔体中达到过饱和，开始析出发泡，此时形成的泡孔即为"填充过程中发泡"。同时，随着注射量的增加，进入到型腔中的熔体压力也会不断增加。如果型腔熔体压力达到某一临界值后，在该压力下熔体中的气体未达到过饱和状态，气体便不会析出，熔体也就不再发泡，直到填充结束，浇口关闭，熔体冷却收缩使型腔压力再次下降，使气体重新达到过饱和而析出发泡，这时形成的泡孔即为"填充结束后发泡"的泡孔。

6.3.2　内部泡孔结构的形成过程

通过以上分析可知，在熔体填充过程中，随着螺杆射胶位移的增加，注射到模具型腔中的熔体压力随之增加，当型腔熔体压力小于该临界值且靠近熔体流动前沿时，熔体会发泡，而型腔熔体压力高于该临界值时，熔体不发泡，这部分熔体直到填充结束后在冷却过程中再发泡。图 6-9 给出了微孔发泡注塑填充过程中泡孔结构的形成与演变过程，其过程可描述如下。

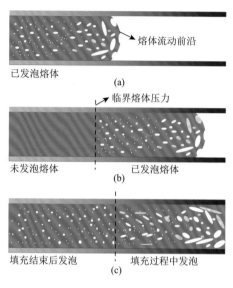

图 6-9　微孔发泡注塑填充过程中泡孔结构形成演变过程[24]

（a）填充开始阶段；（b）填充中间阶段；（c）填充结束

（1）在微孔发泡注塑填充过程的开始阶段，进入到模具型腔的熔体由于压力的急剧下降使气体在聚合物熔体中过饱和而析出发泡，这部分泡孔随熔体的继续填充流动而发生变形，如图 6-9（a）所示。

（2）随着填充料量的增加，进入到模具型腔的熔体压力也随着增加，当进入到模具型腔的熔体压力达到一临界值后，该压力下的气体在聚合物熔体中的溶解未达到饱和，随后进入到模具型腔的熔体便不再发泡，而只有型腔熔体压力小于该临界值的前段熔体发泡，以此临界型腔压力为界限，熔体一直保持这种前段发泡后段不发泡的填充状态，直到填充结束，如图 6-9（b）所示。

（3）填充结束后，浇口关闭，型腔熔体压力再次迅速下降，填充过程中后段未发泡的熔体中的气体达到过饱和而开始发泡。由于熔体不再流动，此时形成的泡孔不会变形，而之前已经发泡的熔体则保持填充过程中变形的泡孔形态，并逐渐冷却。最终的泡孔形态也相应地分为两种："填充过程中发泡"的变形泡孔和"填充结束后发泡"的球形泡孔，如图 6-9（c）所示。

进一步增加射胶位移，"填充过程中发泡"区域会缩小，原先为"填充过程中发泡"的发泡区域逐渐演变为"填充结束后发泡"形成的发泡区域。图 6-10 对比了螺杆射胶位移 120 mm（模具型腔刚好充满）和 124 mm（模具型腔过量填充）条件下的产品沿平行熔体流动方向的断面泡孔结构。从图 6-10（a）中可以看出，在螺杆射胶位移 120 mm 条件下，距离浇口 300 mm 和 350 mm 位置均为"填充过程中发泡"形成的变形泡孔。而当螺杆射胶位移增加到 124 mm 时，这两个位置

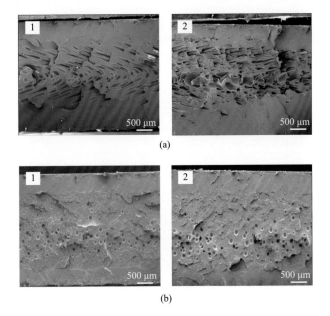

图 6-10　螺杆射胶位移 120 mm 和 124 mm 条件下的产品沿平行熔体流动方向相同位置的断面
泡孔结构对比

（a）螺杆射胶位移 120 mm；（b）螺杆射胶位移 124 mm。1 表示距离浇口 300 mm；2 表示距离浇口 350 mm 位置

的泡孔结构已经完全演变为"填充结束后发泡"所形成的球形泡孔，如图 6-10（b）
所示。在过量填充的情况下，型腔熔体压力继续增大，在压力作用下，"填充过程
中发泡"区域的泡孔内气体会再次溶解到聚合物熔体中，直到填充结束后而重新
发泡。过量充填虽然可以改善泡孔形貌，获得球形泡孔，但是过量的熔体占据发
泡空间，会降低泡孔形核率，降低塑件的减重比，无法制备高发泡倍率、高减重
的轻量化塑件。

6.4　微孔发泡注塑件不发泡皮层的形成过程与结构特点

为掌握微孔发泡注塑产品不发泡皮层的形成机理，本节继续以医疗器械外壳塑
件为例，通过 SEM 分析，讨论塑件不发泡皮层的形貌特征。此处选取螺杆射胶位移
48 mm、96 mm、120 mm 条件下的制件为样品，所对应的射胶位移分别是 40%（短
射 60%）、80%（短射 20%）和 100%（无短射）[26]。表 6-2 给出了不同射胶位移条
件下的微孔发泡注塑工艺参数设定情况。除上述参数设定外，还讨论了不同注射速
率、不同模具温度和不同熔体温度对微孔发泡注塑件不发泡皮层厚度的影响。表 6-3
给出了不同注射速率、模具温度和熔体温度下的微孔发泡注塑工艺参数设定情况。

表 6-2　不同射胶位移条件下的微孔发泡注塑工艺参数

工艺参数	数值
注射速率/(mm/s)	44
SCF 百分比/%	0.2
熔体温度/℃	240
模具温度/℃	45
背压/MPa	20
冷却时间/s	20
保压时间/s	0
射胶位移/mm	48、96、120

表 6-3　不同注射速率、模具温度和熔体温度下的微孔发泡注塑工艺参数

工艺参数	数值
注射速率/(mm/s)	32、40、48、56、64、72
SCF 百分比/%	0.2
熔体温度/℃	220、225、230、235、240、245
模具温度/℃	30、40、50、60
背压/MPa	20
冷却时间/s	20
保压时间/s	0
射胶位移/mm	96

　　对于不同射胶位移条件下注塑所得的微孔发泡注塑样件，从浇口位置到流动末端，沿熔体流动方向每隔 50 mm 进行取样，取样尺寸为 20 mm×8 mm。为全面系统分析注塑样件不发泡皮层的结构形态，对于不同射胶位移条件下的样件，分别沿垂直熔体流动和平行熔体流动两个方向取样，对应观察垂直熔体流动和平行熔体流动两个方向的断面形态。对于不同工艺参数条件下的射胶位移 96 mm 的微孔发泡注塑样件，从浇口位置到流动末端，沿熔体流动方向分别在浇口处、流动末端处和样件的中间位置处进行取样，取样尺寸为 50 mm×40 mm，分别沿垂直熔体流动和平行熔体流动两个方向进行观察。所有取得的试样在液氮环境中浸泡 20 min 后，取出脆断，表面喷金，利用 SEM 观察试样断面的不发泡皮层及泡孔结构。

6.4.1　不发泡皮层结构形态分析

以 96 mm 射胶位移的微孔发泡注塑件为例，其不发泡皮层及泡孔结构的 SEM 图如图 6-11 所示。图中标签 v 和 p 分别代表图观察方向垂直和平行熔体流动方向，标签 1～6 分别代表试样的位置为距离浇口 0 mm、50 mm、100 mm、150 mm、200 mm、250 mm 处，其中距离浇口 0 mm 的位置即为浇口处。从图中可以看出，在距离浇口 0 mm（浇口处）和 50 mm 的位置，如图 6-11 中 v-1、v-2、p-1 和 p-2 所示，无论沿垂直熔体流动方向还是沿平行熔体流动方向，微孔发泡注塑件的不发泡皮层与发泡芯部之间都没有明显的界限，在两者之间存在一个泡孔尺寸和泡孔密度都相对较小的过渡区域。从整体上看，泡孔尺寸呈现由发泡芯部中心向两侧不发泡皮层方向逐渐减小直至消失的趋势，而且泡孔形状为近似规则的圆形，不发泡皮层的断面相对光滑致密。

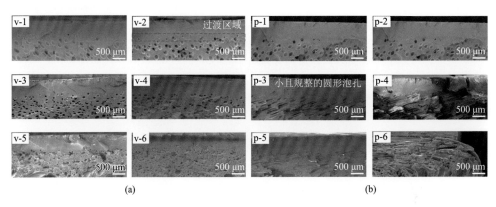

图 6-11　96 mm 射胶位移条件下微孔发泡注塑成型产品不发泡皮层的 SEM 图
（a）垂直于熔体流动方向的横截面形貌；（b）平行于熔体流动方向的横截面形貌

在距离浇口 100 mm、150 mm 和 200 mm 的位置，如图 6-11 中 v-3、v-4、v-5 和 p-3、p-4、p-5 所示，微孔发泡注塑件的不发泡皮层与发泡芯部之间的界限越来越明显，两者之间不再存在明显的过渡区域，泡孔尺寸也没有明显的变化趋势。从平行熔体流动方向进行观察，可以看出此时的泡孔已经不再是规则的球形，而是沿熔体流动方向发生了变形，被拉长成椭球形。但在靠近不发泡皮层的区域，仍有规则的小球形泡孔存在。而在距离浇口 250 mm 的位置（熔体流动前沿），如图 6-11 中 v-6 和 p-6 所示，不再有明显的不发泡皮层存在，整个断面都为剧烈变形的气泡和聚合物的混合状态。

射胶位移 24 mm 和 120 mm 条件下微孔发泡注塑件的不发泡皮层的形态与射胶位移 96 mm 条件下微孔发泡注塑件的不发泡皮层的形态基本相似。不同的是射胶位移 24 mm 条件下，微孔发泡注塑件各取样处的不发泡皮层与发泡芯部均不存在过渡区域，两者界限明显，且芯部泡孔均为变形的椭球泡孔。而在射胶位移120 mm 条件下，微孔发泡注塑件的大部分取样处的不发泡皮层与发泡芯部都存在明显的过渡区域，两者界限不明显，仅在靠近流动末端的取样处过渡区域消失，两者界限再次明显。

另外，值得注意的是，图 6-11 中 p-5 存在明显的不发泡皮层，而 p-6 则没有明显的不发泡皮层，两者之间一定存在一个不发泡皮层形成的变化过程。为此，对射胶位移 96 mm 条件下的微孔发泡注塑件进行取样观察，取样位置分别为沿熔体流动方向的流动末端处、距离流动末端 10 mm 处和距离流动末端 20 mm 处。这三处的塑件断面和皮层部分的 SEM 图如图 6-12 所示。该图给出了塑件填充过程中在流动前沿附近不发泡皮层形成的整个过程，其中图中的局部放大图 1～6分别表示在流动前沿附近不同位置处的不发泡皮层的形貌。从图中可以看出，在熔体流动前沿处不存在明显的不发泡皮层，整个断面为变形泡孔和聚合物的混合状态。随着前沿的不断前移，断面两侧的泡孔被进一步拉长变形，两侧聚合物-变形气泡的混合结构也变得致密。随前沿的进一步前移，熔体断面两侧的细长泡孔逐渐消失，开始出现形成不含泡孔的皮层。

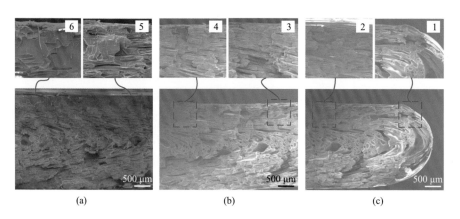

图 6-12　96 mm 射胶位移条件下微孔发泡注塑成型产品流动前沿区域沿平行熔体流动方向的
SEM 图

（a）距离流动前沿 20 mm；（b）距离流动前沿 10 mm；（c）流动前沿

6.4.2　不发泡皮层的形成过程与机理分析

根据上述不同射胶位移条件下微孔发泡注塑产品不发泡皮层的形态，对于同一微孔发泡注塑件，其不同位置处的不发泡皮层的形态是不同的。概括起来讲，微孔发泡注塑件的不发泡皮层一般具有两种形态：一种为带有过渡区域的不发泡皮层，即与发泡芯部界限不明显的不发泡皮层；另一种为不带有过渡区域的不发泡皮层，即与发泡芯部界限明显的不发泡皮层。显然，这两种形态的不发泡皮层的形成过程和形成机理是不相同的。

根据 6.3 节的分析，微孔发泡注塑成型过程存在两种泡孔形成过程，即"填充过程中发泡"和"填充结束后发泡"，决定这两种发泡过程发生的主导因素为填充过程中的熔体压力。在熔体填充过程中，临近流动前沿的熔体，由于其压力较低，这部分熔体在填充过程中发泡。而熔体压力较高的流动后部熔体，其在填充过程中不会发泡，这部分熔体将在填充结束后的冷却阶段发泡。同时，在填充模具型腔的过程中，熔体的流动处于典型的剪切层流状态，而且在流动前沿处具有泉涌流动行为。熔体的流动速率在模具型腔壁处最小而在型腔中心层处最大，这将导致熔体流动中产生一个明显的剪切速率场。同时，熔体流动前沿处的泉涌流动行为会使前沿处的熔体不断翻向两侧形成皮层，而熔体从中心区域继续向前流动。对于大多数注塑成型工艺，模具温度远低于熔体温度，这会使翻向两侧的聚合物表层熔体在接触模具型腔后快速冷凝形成一层薄的冷凝层。

因为熔体的流动行为对两个发泡过程具有不同的影响，故可将不发泡皮层的形成分为"填充过程中"和"填充结束后"两个过程。对于"填充过程中"形成的不发泡皮层，由于其中心区域与冷凝层附近区域在填充速率上存在明显差距，所以两者之间存在明显的界限。而对于"填充结束后"形成的不发泡皮层，由于其是在冷却过程中形成的，这个熔体断面的温度场过渡相对平和，所以不发泡皮层与发泡芯部之间的界限不明显。越靠近皮层，其温度越低，发泡阻力越大，形成的泡孔尺寸和密度也就越小；越靠近芯部，温度越高，发泡阻力越小，形成的泡孔尺寸和密度也就越大。此外，如果填充结束后，"填充过程中"形成的不发泡皮层的温度依然相对较高，"填充过程中"形成的不发泡皮层将会二次发泡，有少量的泡孔在填充结束后形成，同样受温度的影响，这些泡孔的尺寸较小，密度也较小。"填充过程中"和"填充结束后"两种不发泡皮层的形成过程如图 6-13 所示。

6.4.3 不发泡皮层的结构特点

根据上述对微孔发泡注塑件不发泡皮层形成过程的分析可知，微孔发泡注塑件的不发泡皮层有两部分组成，其外部为一层薄的含有变形或破裂气泡的冷凝层，内部为相对致密的实心层。图 6-14 给出了微孔发泡注塑件沿垂直和平行熔体流动方向的断面及其不发泡皮层的 SEM 图。由图可见，微孔发泡注塑件不发泡皮层的外侧结构相对疏松，放大后可以发现这层薄的疏松层中含有大量变形的泡孔，即为填充过程中快速形成的冷凝层。这是由于熔体接触模具型腔后快速冷却，导致其中的泡孔保持其变形形态而被保留下来。

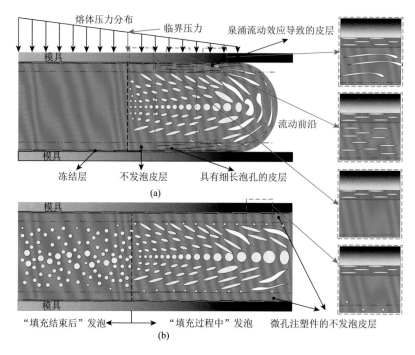

图 6-13 微孔发泡注塑成型件不发泡皮层的形成过程示意图

（a）填充过程中；（b）填充结束后

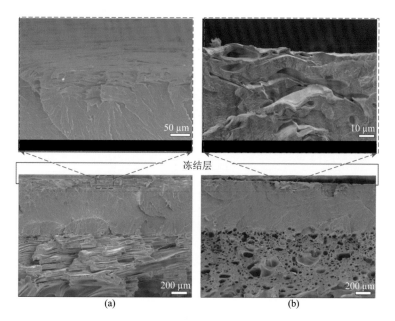

图 6-14 微孔发泡注塑件不发泡皮层的 SEM 图

（a）平行熔体流动方向；（b）垂直熔体流动方向

此外，在微孔发泡注塑件的表面同样存在粗糙杂乱的泡孔结构。在填充过程中，流动前沿表面的泡孔受剪切和泉涌流场作用发生破裂，当这些破裂泡孔在被泉涌流场翻到塑件表面并与模具型腔表面接触时，熔体快速冷凝，被保留在表面上。这是微孔发泡注塑件表面泡痕形成的主要原因，如图 6-15 所示。

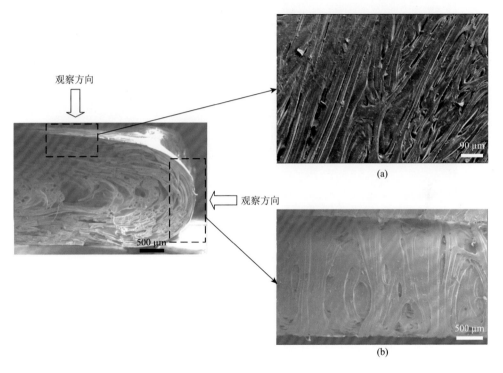

图 6-15　微孔发泡注塑流动前沿处的 SEM 图

（a）表面流痕；（b）流动前沿处的破裂气泡

对于微孔发泡注塑件冷凝层外的不发泡皮层，由于其内部不存在明显的泡孔，其断面形貌与实心件相似。然而，这部分不发泡皮层与传统注塑的实心件相比还是有一定区别的，因为这部分皮层中含有溶解的发泡剂气体。图 6-16 给出了不含泡孔的不发泡皮层与传统注塑实心塑件的 SEM 图对比。由此可见，在放大 2000 倍的条件下，微孔发泡注塑件的不发泡皮层在结构上更加疏松，其断面的撕裂形态也较为明显，与之相比，传统注塑件实心部分的结构更加致密，断面相对平滑，不存在撕裂形态。所以，微孔发泡注塑件中看似致密的不发泡皮层与传统注塑生产的实心件还是有一定区别的。

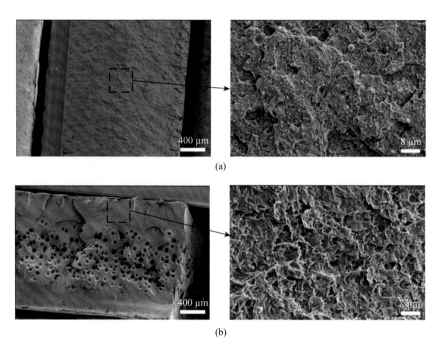

(a)

(b)

图 6-16 微孔发泡注塑产品致密不发泡皮层与实心注塑件的 SEM 图

（a）传统注塑得到的实心注塑件；（b）微孔发泡注塑件

6.4.4 不发泡皮层形成的厚度影响因素分析

选取射胶位移 96 mm 条件下的微孔发泡注塑件为对象，其不同位置处不发泡皮层的厚度受注射速率、模具温度和熔体温度的影响，如图 6-17 所示。

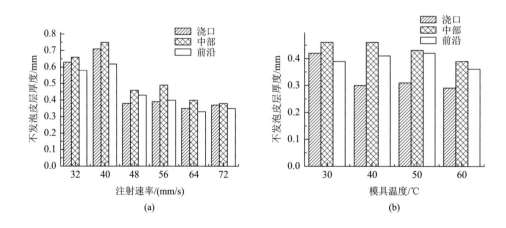

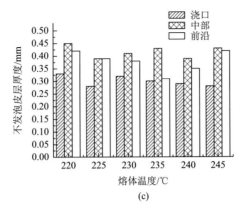

图 6-17 工艺参数对微孔发泡注塑件不发泡皮层厚度的影响

(a) 注射速率；(b) 模具温度；(c) 熔体温度

对于所选取的注射速率、熔体温度和模具温度三个工艺参数，由图 6-17 可知：注射速率对微孔发泡注塑件不发泡皮层整体厚度的影响最大，随注射速率的增大，塑件不发泡皮层的厚度明显减小。这是因为随着注射速率的增加，塑件的填充时间缩短，使得填充过程中的冷却效果大大降低。在填充结束后，塑件的熔体温度整体较高，故塑件截面上发泡的区域也较大，不发泡皮层的厚度随之减小。此外，微孔发泡注塑件不发泡皮层的厚度随模具温度的增加也有减小的趋势。这是由于模具温度的升高延缓了熔体的冷却，使得塑件截面发泡区域增大，不发泡皮层厚度相应减小。

图 6-18 给出了熔体温度 245℃条件下的微孔发泡注塑件浇口处截面的 SEM 图，由于 245℃是注塑工艺中设定的熔体最高温度，故其不发泡皮层的厚度是所有工艺样品中最小的。从图中可以看出，几乎整个截面都已经发泡，上下两侧不发泡皮层的厚度分别约为 0.28 mm、0.29 mm。

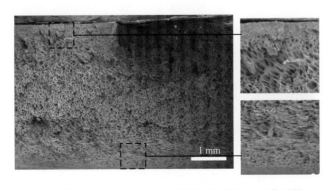

图 6-18 熔体温度 245℃条件下微孔发泡注塑件浇口处截面的 SEM 图

6.4.5 微孔发泡注塑工艺生产实践

从上述分析可知，"填充结束后发泡"形成的泡孔结构优良，泡孔变形小且分布均匀。因此，使产品各处尽可能发生"填充结束后发泡"是获得良好泡孔结构的关键。为此，可通过增大注塑机射胶位移，使"填充过程中发泡"的变形泡孔在填充结束前都再次溶解回聚合物熔体中，而在冷却过程中重新发泡。同时，考虑产品的减重，射胶位移不可以过大。此外，为尽量减小塑件表面缩痕，需要采用尽量大的注射速率和较高的模具温度，以减小不发泡皮层的厚度。经过工艺调试，本章所讨论的医疗器械外壳产品的最佳微孔发泡成型工艺参数组合见表6-4。采用该工艺参数组合注塑得到的微孔发泡产品减重13%，内部泡孔结构优良，表面缩痕消除，满足产品的组装和使用要求，组装后的产品如图6-19所示。

表 6-4　医疗器械外壳产品微孔发泡注塑成型最佳工艺参数组合

工艺参数	数值
注射速率/(mm/s)	75
SCF 百分比/%	0.3
熔体温度/℃	230
模具温度/℃	60
背压/MPa	20
冷却时间/s	20
保压时间/s	0
射胶位移/mm	126

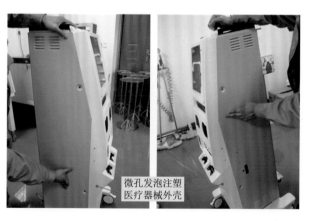

微孔发泡注塑
医疗器械外壳

图 6-19　医疗器械外壳微孔发泡注塑件在最终产品上的组装[24]

6.5 动态模温控制技术辅助微孔发泡注塑成型工艺

微孔发泡注塑件的表面容易出现银纹、螺旋纹、泡坑等缺陷。动态模温控制技术工艺是解决塑件表面缺陷问题的重要途径[27-39]。根据第 5 章的介绍，结合动态模温控制技术，微孔发泡注塑工艺可以制备表面质量优质的聚合物发泡制件。模具温度不仅起到改善产品表面质量的作用，还是影响发泡制件内部泡孔结构的重要因素[40, 41]。本节将从发泡注塑件表面质量和内部泡孔结构两个方面介绍动态模温控制技术对微孔发泡注塑成型工艺的改进效果，以期为调控和改善微孔发泡注塑件表面质量和内部泡孔结构提供理论基础和技术指导。

6.5.1 模具温度对发泡注塑件表面质量的影响

为掌握动态模温控制技术辅助微孔发泡注塑件表面的形貌特征及其调控方法，选择模具温度 20℃、60℃、90℃、120℃、140℃和 150℃（注：该模具温度指动态模温控制技术辅助填充阶段的模具温度，下同）条件下的微孔发泡注塑件为分析对象。不同模具温度条件下，微孔发泡注塑件的表面形貌变化如图 6-20 所示。从图中可以看出，在较低模具温度条件下，微孔发泡注塑件表面有明显的气泡痕形貌，这些气泡痕是气泡在沿熔体流动方向发生拉伸破裂后形成的。在低温

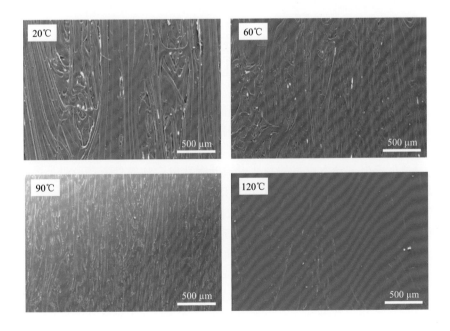

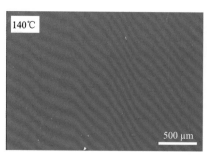 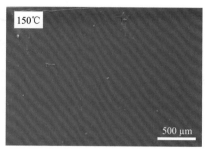

图 6-20　不同模具温度条件下微孔发泡注塑产品的表面气泡痕形貌

的模具附近，塑件表面气泡痕呈现一种条带和沟壑夹杂的形态。随着模具温度的升高，这种形貌逐渐趋于平整。当模具温度升高到 120℃时，微孔发泡注塑件表面开始有较大面积的光滑表面出现，遗留在产品表面的气泡痕也不再是拉伸破裂的泡孔形状，而是变为长径比较小的气滴状。当模具温度升高到 140℃和 150℃时，微孔发泡注塑件表面的气泡痕已经基本消除，整个观察区域的表面呈现光滑且平整的形貌。利用光泽度仪对不同模具温度条件下微孔发泡注塑件的表面分别进行测试，每组实验做 3 次，取平均值后得到不同模具温度条件下微孔发泡注塑件表面光泽度数值，见表 6-5。

表 6-5　不同模温下微孔发泡注塑件的光泽度

模温/℃	光泽度/Gs	模温/℃	光泽度/Gs
20	0	120	33.1
60	12.3	140	72.7
90	25.4	150	72.7

根据上述微孔发泡注塑件表面气泡痕形貌变化和光泽度变化可知，动态模温控制技术可以有效消除微孔发泡注塑件的表面缺陷，大幅提升塑件的表面光泽度。

图 6-21 给出了动态模温控制技术辅助微孔发泡注塑件流动前沿处的表面形态。从图中可以看出，模具温度从 20℃升高到 150℃，微孔发泡注塑件在填充过程中流动前沿处表面形貌变化不大，仍旧是以拉伸破裂泡孔为主的"沟壑"型表面。从泡孔的大小和破裂情况来看，在高模温条件下，微孔发泡注塑件填充流动前沿表面拉伸破裂的泡孔更为粗大。模具温度的提高并没有使流动前沿表面的拉伸破裂泡孔消除，反而在高模具温度条件下，表面破裂泡孔的尺寸更大，而且流动前沿表面的形貌更杂乱。因此，动态模温控制技术并不是通过较高的模具温度防止流动前沿上的泡孔破裂所致，而是动态模温控制技术辅助的微孔发泡注塑成

型件表面气泡痕经历了一个"先产生，后消除"的过程。塑件表面气泡破裂后产生的泡坑、丝状条带、沟壑等会被射胶压力挤压在模具型腔表面，高温模具将防止这部分熔体过早冷凝，聚合物熔体依然具有良好的复制型腔表面的能力，从而把气泡破裂产生的缺陷整平、压实，最终消除塑件表面气泡痕。

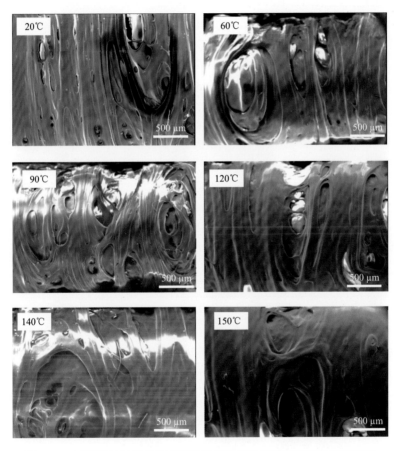

图 6-21　不同模具温度条件下微孔发泡注塑件流动前沿处的表面形貌

　　根据上述分析，在高模温条件下微孔发泡注塑件表面气泡痕的形成和消除过程如下：在流动前沿处，受剪切流动和泉涌流动行为的影响，填充过程中发泡形成的泡孔在流动前沿表面受拉伸发生破裂，破裂泡孔又被翻转到熔体两侧而与模具型腔表面接触。由于在高模温条件下，塑件表面不会马上冷凝，表面熔体仍有良好的流动性。随着填充的进行，熔体流动前沿逐渐前移，在熔体的内部压力和泡孔长大压力的双重作用下，拉伸破裂泡孔底部的熔体逐渐被顶出并与模具表面接触。同时，塑件与模具表面之间的气泡破裂释放气体将重新溶解进入熔体。最后，熔体将原先的气体空间填充补实，气泡痕得以消除，塑件表面变得平整。

虽然动态模温控制技术可以显著地改善微孔发泡注塑件的表面质量，消除微孔发泡注塑件的表面缺陷，但是在动态模温控制技术辅助微孔发泡注塑工艺实践中，在熔接痕附近依然存在一些难以消除的表面缺陷。本节以一种 LCD 电视的前面框和一种电视机底座微孔发泡注塑件为例，进一步讨论表面缺陷的形成机理及其消除方法[23]。表 6-6 中给出了动态模温控制技术辅助微孔发泡注塑成型的工艺参数。聚合物材料是韩国 LG Chemical 公司生产的一种高光阻燃聚合物混合物（GN-5001RF，ABS/PC，Acrylonitrile-Butadiene-Styrene And Polycarbonate）。

表 6-6　动态模温控制技术辅助微孔发泡注塑成型工艺参数

工艺参数	数值
注射速率/(mm/s)	80
熔体温度/℃	230
模具温度/℃	140
SCF 含量/wt%	0.3
冷却水温度/℃	10
大气温度/℃	23.5
加热棒功率密度/(W/cm²)	25

图 6-22 给出了动态模温控制技术辅助微孔发泡注塑工艺生产的电视机前面框表面缺陷形貌，该形貌是通过白光干涉仪在 8 mm×8 mm 范围内扫描所得。从图 6-22（a）～（c）和（h）可以看出，两个制件的大部分表面已经呈现高光效果（镜面效果）。但是在电视机前面框的熔接痕附近仍然存在许多麻点，电视机底座的充填末端存在许多凹坑。从图 6-22（g）可以看出，表面的麻点呈凸起状态，可以推断：这些麻点的形成与气体的聚集有关。聚集的发泡气体可以溶解在塑件表面层，部分气体将在冷却阶段形核长大。它们将塑件的表面顶起，形成凸状麻点形貌。对于较高的模具温度，由于在冷却开始阶段塑件表皮相对较软，麻点的形貌也更容易形成。从图 6-22（i）可以看出，表面的凹坑呈现碗状。这些凹坑的形成机理也与该区域的气体聚集有关。当模具温度足够高，聚合物熔体的流动性得以保持，界面张力可以将聚集气体与聚合物熔体之间的界面演变成球形界面，然后形成一个碗状的凹坑。因此，消除聚集气体是消除充填末端处表面缺陷的关键。

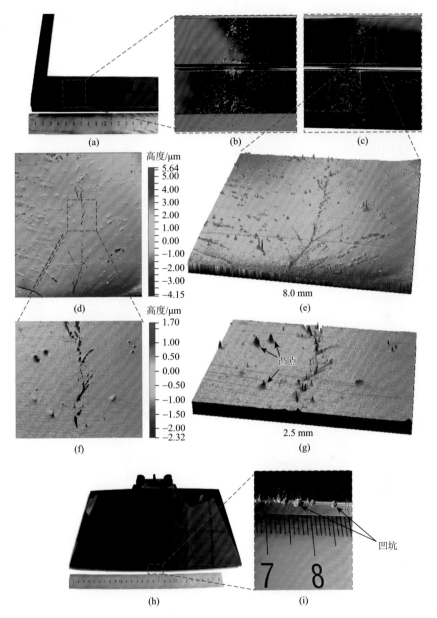

图 6-22 动态模温控制技术辅助微孔发泡注塑工艺成型的聚合物制件的表面缺陷[23]

(a) 电视机前面框的局部;(b) 熔接痕的局部图;(c) 另一个熔接痕;(d) 白光干涉仪测得的熔接痕的表面形貌;
(e) 是图(d) 的三维形貌图;(f) 是图(d) 的局部放大图;(g) 是图(f) 的三维形貌图;(h) 电视机底座;
(i) 是图(h) 的局部放大图

从图 6-22(d)～(g)可以看出,微孔发泡注塑件表面熔接痕呈现一种树枝状形状。为了阐明动态模温控制技术辅助微孔发泡注塑工艺中树枝状熔接痕的形成机理，文献[22]基于有限体积法建立多相流-液固耦合传热数值模拟模型，针对注塑熔接痕的流动模式，建立了两股熔体对流的三维多相流模型。图 6-23 给出了该模型的数值模拟结果。该模拟过程在充填时间为 0.2 s 时设置了四个直径为 200μm 的气泡。初始的模具型腔表面温度设为 140℃。如图 6-23（g）所示，在充填时间 0.7 s 时，四个气泡在两股熔体的上表面形成了四道泡痕，而且这四道凹痕一直留存到两股熔体汇合，最终形成了类似于树枝状的熔接痕。在最终的形貌中，熔接线类似于树的主干，而四道泡痕类似于树的枝叶，如图 6-23（h）所示。

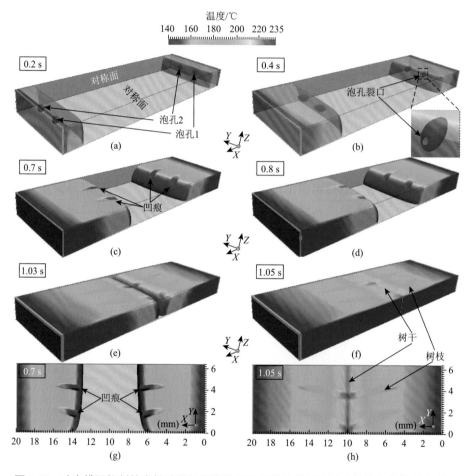

图 6-23　动态模温控制技术辅助微孔发泡注塑工艺塑件表面的树枝状熔接痕的形成过程

（a）～（f）对应的充填时间分别为 0.2 s、0.4 s、0.7 s、0.8 s、1.03 s 和 1.05 s；（g）是图（c）的俯视图；（h）是图（f）的俯视图

根据数值模拟结果可知：树枝状熔接痕是在注塑充填过程中形成的，在后续的保压冷却过程中依然留存到最终产品表面上，这种缺陷是很难通过工艺调控消

除的，主要是由于无法避免熔接痕的产生。考虑到塑件表面熔接痕附近仍存在前文所述的麻点和凹坑缺陷，由此可以判断，在动态模温控制技术辅助微孔发泡注塑成型工艺中，塑件表面的熔接痕附近的表面缺陷是不易被高模温消除的。为此，在动态模温控制技术辅助微孔发泡注塑工艺中的模具可采用热流道代替传统浇道系统，并采用顺序开启热流道的方法来避免熔接痕的形成。具体工艺方法是，待主热流道的熔体流过次级浇口后，再开启次级热流道，以避免在注塑充填过程形成熔接痕。

6.5.2　模具温度对塑件内部泡孔结构的影响

提升模具温度可以消除塑件表面气泡痕，提高塑件表面光泽度。与此同时，熔体内部发泡过程对模具温度十分敏感，提升模具温度也将影响熔体的泡孔结构。因此，动态模温控制技术对微孔发泡注塑件内部最终的泡孔结构也将产生显著的影响。

图 6-24 分别给出了不同模具温度条件下微孔发泡注塑样件内部泡孔结构变化情况。从 SEM 图可以看出，随着模具温度的升高，塑件截面泡孔的直径有逐渐增大的趋势。当模具温度从 20℃升高到 60℃时，泡孔直径变化不大，但当模具温度进一步升高到 90℃及以上时，截面中心区域的泡孔直径明显增大，并且开始出现直径大于 100 μm 的大泡。同时，随着泡孔直径的增大，泡孔密度随模具温度的升高而逐渐下降。当模具温度达到 90℃及以上时，内部泡孔密度出现明显下降。在模具温度为 150℃的条件下，塑件内部的泡孔尺寸分布的均匀性变差。

总体而言，随着填充阶段模具温度的升高，塑件截面泡孔平均尺寸呈增大趋势，泡孔尺寸分散度也呈增加趋势，而泡孔密度则呈减小趋势。当模具温度高于 90℃时，泡孔直径出现明显增大，泡孔密度出现明显减小，未发泡表层厚度也减小。温度会影响超临界流体的溶解度、扩散速率和熔体强度。模具温度的改变虽然不会显著影响聚合物熔体内部温度，但是会改变模具型腔内部熔体的冷却过程。根据前文所述，球形的泡孔结构主要是在充填结束后形成的，也就是在保压和冷却阶段形成的。模具温度的改变将影响发泡剂气体的溶解度、扩散速率和熔体的黏弹性，进而影响泡孔在熔体冷却过程中的形核长大。在冷却阶段，熔体温度逐渐降低。存在某临界温度，在该临界温度以下，由于熔体强度较高，内部泡孔不再长大。显然，随着模具温度升高，熔体温度降低到该临界温度的时间推迟。这意味着，随着模具温度升高，泡孔在冷却阶段的长大时间增加。因此，在冷却阶段，随模具温度升高，泡孔直径增大，而泡孔密度减小。

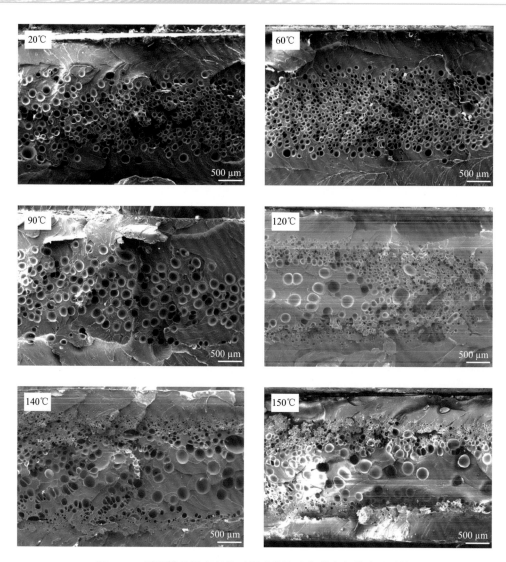

图 6-24　不同模具温度条件下微孔发泡注塑件内部的泡孔结构

　　为了研究模具温度对微孔发泡注塑工艺充填流场中气泡形貌演变的影响，文献[22]和[23]利用数值模拟方法模拟不同模具温度条件下泡孔形态演变过程。图 6-25 给出了模具温度为 40℃和 120℃时塑件内部气泡形态的演变过程。从图中不难看出，泡孔 2 的破裂时间明显滞后于泡孔 1。泡孔 1 约在 0.37 s 发生了破裂，此时流动前沿位于距离浇口约 15 mm 的位置；泡孔 2 约在 0.8 s 发生了破裂，此时流动前沿位于距离浇口约 32 mm 的位置。由此可知，提高模具温度可推迟气泡的破裂时间。

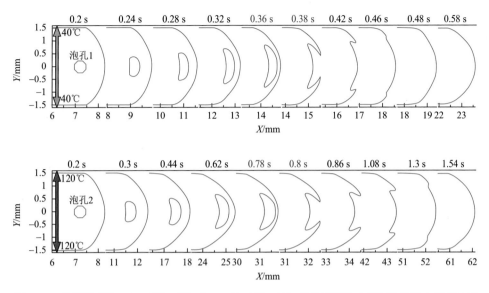

图 6-25　模具温度为 40℃（第一行）和 120℃（第二行）条件下塑件内部气泡的形态演变过程

　　为揭示提高模具温度推迟气泡破裂的原因，图 6-26 给出了模具温度为 40℃和120℃条件下充填 0.3 s 时模具型腔中的流场数据。根据图 6-26（a）、（b）和（g）可知，模具温度虽然仅影响熔体边界温度场，但边界温度场的改变却引起剪切流场和泉涌流场较大幅度改变。当模具温度为 40℃时，如图 6-26（c）所示，被泉涌流场翻转至表面的聚合物一旦接触模具就基本停止流动。当模具温度为 120℃时，如图 6-26（d）所示，刚接触模具表面的熔体依然保持约 40 mm/s 的 X 轴正向流动速率。当聚合物接触到低温模具表面后会立即被冻结，而接触到高温模具表面时就不会立即被冻结。

　　实际上，低模具温度对聚合物流动前沿起到了"压板作用"，在注射压力推动下，中心层聚合物熔体将被分配更多的流动压力。相比之下，高模具温度解锁了"压板作用"，边界层处的聚合物熔体会分担中心层聚合物的流动压力。在相同的注塑速率条件下，与低模具温度相比，高模具温度将降低型腔内部熔体在 X方向上的速率梯度。该速率梯度的下降意味着气泡被推向流动前沿的速率放缓。

　　注塑流场 Y 向速率梯度可以表征注塑流场泉涌效应的大小。从图 6-26（e）、（f）和（i）中可以看出，在高模具温度条件下，熔体流动前沿处的 Y 向速率梯度显著降低，说明高模具温度可以缓解流动前沿的泉涌效应。泉涌效应的降低会减弱泡孔所承受的 Y 向拉伸作用。当泡孔接近流动前沿界面时，这种拉伸作用会使泡孔与前沿界面之间的熔体迅速减薄，进而发生气泡破裂。减轻气泡受到的泉涌效应意味着气泡更不容易破裂。

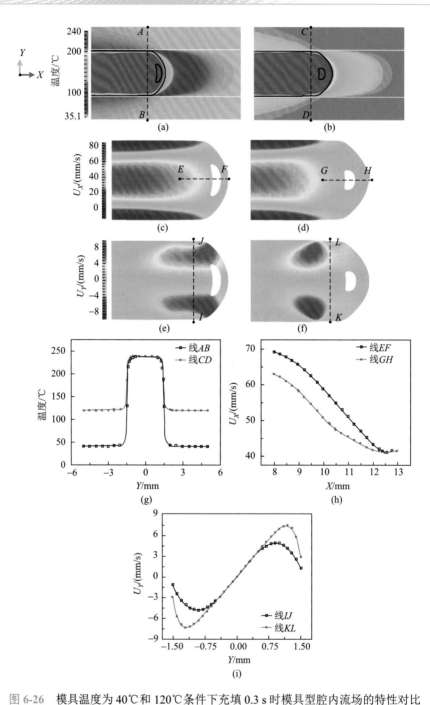

图 6-26　模具温度为 40℃和 120℃条件下充填 0.3 s 时模具型腔内流场的特性对比

（a）和（b）分别为初始模温 40℃、120℃条件下充填阶段的局部温度图；（c）和（d）为 X 向速率分量图，（e）
和（f）为 Y 向速率分量图；（g）为线 AB 和线 CD 上的温度值；（h）为线 EF 和线 GH 上的 X 向速率分量值；
（i）为线 IJ 和线 KL 上的 Y 向速率分量值

多数情况下为了降低成本，动态模温控制技术仅用在塑件的外观面侧。这种工艺方法会引起流场厚度方向上存在非对称的温度场分布。图 6-27 给出了单个气泡在对称模温和非对称模温型腔熔体中的形态演变过程，其中图 6-27 中第一行图片所示为泡孔在双侧模温均为 50℃的型腔中的形态演变过程，图 6-27 中第二行图片所示为气泡在上侧模温为 150℃和下侧模温为 50℃的型腔中的形态演变过程。对比两行图片，可以明显看出，在非对称模温的型腔中，随充填过程的进行，气泡逐渐偏离中心位置，并向低模温侧靠近。从图 6-27 第二行图片看出，气泡最终的破裂位置位于流动前沿偏下的位置，破裂后形成的残余泡皮也主要出现在流动前沿偏下的位置。随聚合物泉涌流场的流动，残余泡皮开始向模具表面移动，在此过程中，靠近高模温侧的泡皮逐渐消失，并被高温聚合物熔体重新融合，而靠近低温侧的泡皮即使接触到模具表面也仍未消失。两侧泡皮的演变规律决定了气泡破裂后对塑件表面质量的影响程度。显然，气泡破裂后的残缺熔体将更多地流动到低模温塑件表面，而流向高模温侧塑件表面的残缺熔体则相对较少。

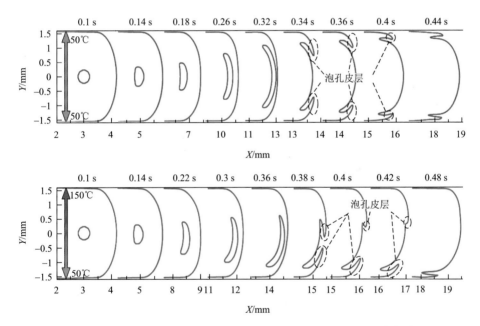

图 6-27　单个 SCF 气泡在对称模温和非对称模温型腔中的形态演变过程

图 6-28 给出了气泡寿命和模具型腔表面温度的关系。很明显，高模具型腔表面温度可以延长气泡的寿命。图中还给出了不同模具温度条件下塑件表面的粗糙度[42]，通过对比可见，气泡寿命的变化趋势与微孔发泡注塑工艺制件表面质量呈现显著的相关性。气泡寿命越长、塑件表面粗糙度越小，塑件表面质量也就越高，由

此可以解释动态模温控制技术辅助微孔发泡注塑工艺成型的塑件表面质量的改进机理，高模具温度不仅可以在充填阶段熨平塑件表面缺陷，而且可以延缓泡孔破裂。

当然，模具温度也不是越高越好。由图 6-28 看出，当模具温度高于 180℃后，气泡的寿命反而缩短。例如，初始温度为 160℃时，泡孔 4 的寿命大约为 0.59 s，但当初始模具温度为 200℃，其寿命降到了 0.57 s。这是由于模具温度过高，熔体强度越低，气泡更容易破裂。

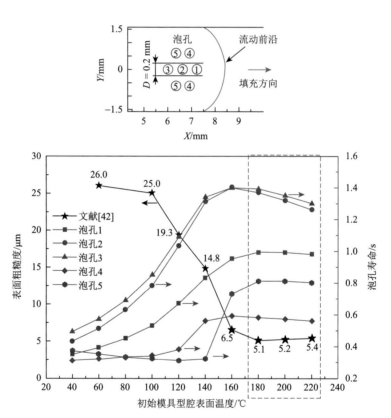

图 6-28　数值计算获得初始模具型腔表面温度对气泡寿命的影响[22]和测得的粗糙度[42]

图 6-29 给出了不同初始模具型腔表面温度下泡孔 4 在破裂前周围的温度场和黏度场。在圈 1 中，破裂点附近的温度范围为 190～200℃，在圈 2 中，破裂点附近的温度范围为 210～220℃。温度的差异导致了黏度的差异。对比圈 3 和圈 4 中的黏度场，高温模具型腔表面附近的熔体黏度比低温模具型腔表面附近的熔体黏度低。低黏度代表低熔体强度，当气泡移动到流动前沿界面，低黏度熔体附近的气泡变得更容易破裂。

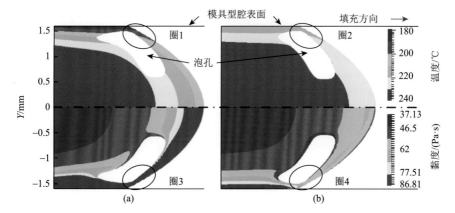

图 6-29　在充填时间为 0.56 s 时图 6-28 中气泡 4 附近的温度场（上半部分）和黏度场（下半部分）

（a）初始模具型腔表面温度为 160℃；（b）初始模具型腔表面温度为 200℃

结合初始模具温度对气泡寿命的影响机理可知，当模具温度过高时，气泡更容易破裂，从而导致了过高模具温度下粗糙度出现增加现象[42, 43]。所以，在动态模温控制技术辅助微孔发泡注塑工艺实践中，存在一个改善制件表面质量的模具温度上限值，该温度值与聚合物材料相关。

参 考 文 献

[1]　REZAVAND S A M，BEHRAVESH A H，MAHMOODI M，et al. Experimental study on microstructural，surface hardness and flexural strength of injection molded microcellular foamed parts[J]. Cellular polymers，2009，28（6）：405-428.

[2]　CHANDRA A，GONG S Q，YUAN M J，et al. Microstructure and crystallography in microcellular injection-molded polyamide-6 nanocomposite and neat resin[J]. Polymer engineering & science，2005，45（1）：52-61.

[3]　GUO M C，HEUZEY M C，CARREAU P J. Cell structure and dynamic properties of injection molded polypropylene foams[J]. Polymer engineering & science，2007，47（7）：1070-1081.

[4]　HWANG S S，LIU S P，HSU P P，et al. Morphology，mechanical，thermal and rheological behavior of microcellular injection molded TPO-clay nanocomposites prepared by kneader[J]. International communications in heat & mass transfer，2011，38（5）：597-606.

[5]　HWANG S S，LIU S P，HSU P P，et al. Morphology，mechanical，and rheological behavior of microcellular injection molded EVA-clay nanocomposites[J]. International communications in heat & mass transfer，2012，39（3）：383-389.

[6]　WANG G L，ZHAO G Q，WANG J C，et al. Research on formation mechanisms and control of external and inner bubble morphology in microcellular injection molding[J]. Polymer engineering & science，2015，55（4）：807-835.

[7]　KAEASHIMA H，SHIMBO M. Effect of key process variables on microstructure of injection molded microcellular polystyrene foams[J]. Cellular polymers，2003，22（3）：175-190.

[8]　TURNG L S，KHARBAS H. Effect of process conditions on the weld-line strength and microstructure of microcellular injection molded parts[J]. Polymer engineering & science，2003，43（1）：157-168.

[9] EGGER P，FISCHER M，KIRSCHLING H，et al. Versatility mass production in MuCell injection moulding[J]. Kunststoffe-plast Europe，2005，95（12）：66-70.

[10] YOON J D，KIM J H，CHA S W. The effect of control factors and the effect of $CaCO_3$ on the microcellular foam morphology[J]. Polymer-plastics technology and engineering，2005，44（5）：805-814.

[11] MI H Y，JING X，TURNG L S，et al. Microcellular injection molding and particulate leaching of thermoplastic polyurethane（TPU）scaffolds[C]. AIP Conference Proceedings，2014，1593：392-396.

[12] SRITHEP Y，TURNG L S. Microcellular injection molding of recycled poly(ethylene terephthalate) blends with chain extenders and nanoclay[J]. Journal of polymer engineering，2014，34（1）：5-13.

[13] BEHRAVESH A H，RAJABPOUR M. Experimental study on filling stage of microcellular injection molding process[J]. Cellular polymers，2006，25（2）：85-97.

[14] YUAN M J，TURNG L S，GONG S Q，et al. Study of injection molded microcellular polyamide-6 nanocomposites[J]. Polymer engineering & science，2004，44（4）：673-686.

[15] YUAN M J，TURNG L S. Microstructure and mechanical properties of microcellular injection molded polyamide-6 nanocomposites[J]. Polymer，2005，46（18）：7273-7292.

[16] ZHAI M，XIE Y. Investigation of the effect of process conditions on cell size of microcellular injection molded part[J]. KGK-kautschuk gummi kunststoffe，2010，63（3）：85-88.

[17] LAN H Y，TSENG H C. Temperature correction on shear heating for the viscosity of PP/supercritical CO_2 mixture at high shear rates[J]. Journal of the Chinese institute of chemical engineers，2003，34（4）：405-415.

[18] BLEDZKI A K，FARUK O. Influence of processing temperature on microcellular injection-moulded wood-polypropylene composites[J]. Macromolecular materials and engineering，2006，291（10）：1226-1232.

[19] KRAMSCHUSTER A，CAVITT R，ERMER D，et al. Effect of processing conditions on shrinkage and warpage and morphology of injection moulded parts using microcellular injection moulding[J]. Plastics rubber and composites，2006，35（5）：189-209.

[20] MI H Y，JING X，PENG J，et al. Influence and prediction of processing parameters on the properties of microcellular injection molded thermoplastic polyurethane based on an orthogonal array test[J]. Journal of cellular plastics，2013，49（5）：439-458.

[21] XI Z H，SHA X Y，LIU T，et al. Microcellular injection molding of polypropylene and glass fiber composites with supercritical nitrogen[J]. Journal of cellular plastics，2014，50（5）：489-505.

[22] ZHANG L，ZHAO G Q，WANG G L，et al. Investigation on bubble morphological evolution and plastic part surface quality of microcellular injection molding process based on a multiphase-solid coupled heat transfer model[J]. International journal of heat and mass transfer，2017，104：1246-1258.

[23] ZHANG L，ZHAO G Q，WANG G L. Formation mechanism of porous structure in plastic parts injected by microcellular injection molding technology with variable mold temperature[J]. Applied thermal engineering，2017，114：484-497.

[24] 董桂伟. 微孔发泡注塑成型技术及其产品泡孔结构形成过程和演变规律研究[D]. 济南：山东大学，2015.

[25] DONG G W，ZHAO G Q，GUAN Y J，et al. The cell forming process of microcellular injection-molded parts[J]. Journal of applied polymer science，2014，131（12）：40365.

[26] DONG G W，ZHAO G Q，GUAN Y J，et al. Formation mechanism and structural characteristics of unfoamed skin layer in microcellular injection-molded parts[J]. Journal of cellular plastics，2016，52（4）：419-439.

[27] ZHAO G Q，LI X P，GUAN Y J. Multi-objective optimization of the heating rods layout for rapid electrical heating cycle injection mold[J]. Journal of mechanical design，transactions of the ASME，2010，132（6）：061001-061008.

[28] WANG X X, ZHAO G Q, WANG G L. Research on the reduction of sink mark and warpage of the molded part in rapid heat cycle molding process[J]. Materials & design, 2013, 47: 779-792.

[29] WANG G L, ZHAO G Q, WANG X X. Experimental research on the effects of cavity surface temperature on surface appearance properties of the moulded part in rapid heat cycle moulding process[J]. The international journal of advanced manufacturing technology, 2013, 68 (5): 1293-1310.

[30] WANG G L, ZHAO G Q, WANG X X. Effects of cavity surface temperature on reinforced plastic part surface appearance in rapid heat cycle moulding[J]. Materials & Design, 2013, 44: 509-520.

[31] WANG G L, ZHAO G Q, WANG X X. Effects of cavity surface temperature on mechanical properties of specimens with and without a weld line in rapid heat cycle molding[J]. Materials & design, 2013, 46: 457-472.

[32] WANG G L, ZHAO G Q, GUAN Y J. Thermal response of an electric heating rapid heat cycle molding mold and its effect on surface appearance and tensile strength of the molded part[J]. Journal of applied polymer science, 2013, 128 (3): 1339-1352.

[33] LI X P, ZHAO G Q, YANG C. Effect of mold temperature on motion behavior of short glass fibers in injection molding process[J]. The international journal of advanced manufacturing technology, 2014, 73 (5): 639-645.

[34] LI X P, ZHAO G Q, GUAN Y J, et al. Multi-objective optimization of heating channels for rapid heating cycle injection mold using Pareto-based genetic algorithm[J]. Polymers for advanced technologies, 2010, 21 (9): 669-678.

[35] WANG W H, ZHAO G, WU X, et al. The effect of high temperature annealing process on crystallization process of polypropylene, mechanical properties, and surface quality of plastic parts[J]. Journal of applied polymer science, 2015, 132 (46): 42773.

[36] WANG W H, ZHAO G Q, GUAN Y J, et al. Effect of rapid heating cycle injection mold temperature on crystal structures, morphology of polypropylene and surface quality of plastic parts[J]. Journal of polymer research, 2015, 22 (5): 1-11.

[37] ZHANG A M, ZHAO G Q, GUAN Y J. Effects of mold cavity temperature on surface quality and mechanical properties of nanoparticle-filled polymer in rapid heat cycle molding[J]. Journal of applied polymer science, 2015, 132 (6): 41420.

[38] ZHAO H B, LIU X, SUI Y, et al. Transition from the hierarchical distribution to a homogeneous formation in injection molded isotactic polypropylene (iPP) with dynamic mold temperature control[J]. Polymer testing, 2017, 60: 299-306.

[39] ZHANG A M, ZHAO G Q, CHAI J L, et al. Crystallization and mechanical properties of glass fiber reinforced polypropylene composites molded by rapid heat cycle molding[J]. Fibers and polymers, 2020, 21 (12): 2915-2926.

[40] DONG G W, ZHAO G Q, ZHANG L, et al. Morphology evolution and elimination mechanism of bubble marks on surface of microcellular injection-molded parts with dynamic mold temperature control[J]. Industrial & engineering chemistry research, 2018, 57 (3): 1089-1101.

[41] DONG G W, ZHAO G Q, HOU J J, et al. Effects of dynamic mold temperature control on melt pressure, cellular structure, and mechanical properties of microcellular injection-molded parts: An experimental study[J]. Cellular polymers, 2019, 38 (5-6): 111-130.

[42] CHEN S C, LIN Y W, CHIEN R D, et al. Variable mold temperature to improve surface quality of microcellular injection molded parts using induction heating technology[J]. Advances in polymer technology, 2010, 27 (4): 224-232.

[43] CHEN S C, LI H M, HWANG S S, et al. Passive mold temperature control by a hybrid filming-microcellular injection molding processing[J]. International communications in heat & mass transfer, 2008, 35 (7): 822-827.

第7章
开合模辅助微孔发泡注塑成型技术

常规微孔发泡注塑成型工艺是一个非等温动态热物理过程，伴随着复杂的传热传质、凝聚态组织和泡孔结构演变行为[1-10]。首先，微孔发泡过程与填充流动过程耦合在一起，意味着泡孔生长是在复杂的剪切流场中进行的，泡孔生长的环境随时间和空间改变而不断变化，这决定了泡孔的结构演变规律十分复杂，使得泡孔结构难以有效调控，导致微孔发泡注塑件泡孔形态不规则、均匀性差[11-15]。其次，为了提高熔体的流动性，确保熔体可以完全充满模具型腔，需要采用相对较高的熔体温度，但过高的熔体温度不利于泡孔生长，会引起严重的泡孔破裂、合并和溃灭现象，导致微孔发泡注塑件的内部泡孔形貌粗大且不均匀[16-20]。再次，微孔发泡是在密闭的模具型腔内进行的，由于受到模具型腔的空间限制，泡孔生长将会遭遇极大的阻力，导致微孔发泡注塑件的减重十分有限，一般低于20%，并且微孔发泡注塑件各区域的减重也非常不均匀。最后，为了加快模具型腔内微孔发泡注塑件的冷却，提高微孔发泡注塑成型的生产效率，模具温度需要远低于熔体温度，这意味着微孔发泡是在强烈温度梯度环境下进行的，从而进一步增大了泡孔结构演变的复杂程度，导致微孔发泡注塑件的泡孔结构更加难以调控。上述问题导致常规微孔发泡注塑工艺生产的微孔发泡注塑件存在减重十分有限、外观品质差、力学性能不佳等不足，严重制约了微孔发泡注塑成型技术的推广应用[21-25]。

从发泡工艺原理角度分析，为了克服常规微孔发泡注塑成型工艺存在的上述技术缺陷，需要从三个方面入手：①解耦微孔发泡过程和填充流动过程，以避免强剪切流动对泡孔结构演变造成的不利影响；②在微孔发泡过程启动前，调控熔体温度至合理范围，确保微孔发泡在优化的温度窗口进行；③为微孔发泡创造自由空间，以减小泡孔生长阻力，从而增大微孔发泡注塑件的减重水平。基于此，开合模辅助微孔发泡注塑成型技术应运而生[26-30]。

7.1　工艺原理

　　开合模辅助微孔发泡注塑成型工艺包括合模、注射、保压、开模发泡、冷却、开模取件五个阶段，其工艺原理如图 7-1 所示。其中，合模、注射两个阶段与常规微孔发泡注塑成型工艺的操作基本相同，但保压阶段与常规微孔发泡注塑成型工艺的操作截然不同。对于常规微孔发泡注塑成型工艺，保压的目的是防止模具型腔及流道系统中的熔体发生回流，以避免最终成型的塑件出现欠注、凹缩等缺陷；采用的保压压力不宜过大，设定的保压时间不宜过长，否则会有过多的熔体流入模具型腔，导致最终成型的微孔发泡注塑件密度较大，减重下降。而对于开合模辅助微孔发泡注塑成型工艺，保压的目的则完全不同：一方面保压的作用是将填充流动阶段熔体中形成的泡孔完全压溃，以使析出的发泡剂重新溶解回聚合物熔体之中；另一方面保压的作用是通过冷却调节模具型腔内熔体的温度，以使熔体温度达到适宜发泡的温度水平，因此设定的保压压力相对较高，采用的保压时间也相对较长。保压结束后，整个动模或部分模芯结构迅速打开一定距离，以迅速降低模具型腔内塑料熔体的压力，从而诱导二次稳态发泡，同时开模形成的空间为发泡提供了自由膨胀空间，从而获得泡孔均匀细密、密度更低的微孔发泡注塑件。开模发泡结束后，进入冷却阶段，待微孔发泡注塑件冷却至合理温度水平后，完全打开模具，并取出微孔发泡注塑件，从而完成一个完整的开合模辅助微孔发泡注塑成型工艺过程。

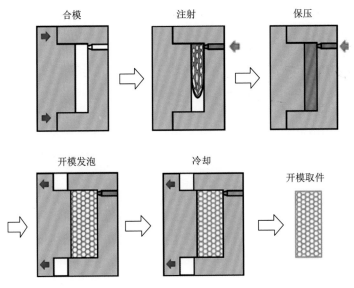

图 7-1　开合模辅助微孔发泡注塑成型工艺原理示意图

由此可见，常规微孔发泡注塑成型工艺属于一种低压发泡注塑成型技术，而开合模辅助微孔发泡注塑成型工艺则属于一种开合模辅助微孔发泡注塑成型技术，两种工艺在发泡过程、发泡条件、发泡空间等方面存在显著差异，因此两者的工艺控制方法也存在显著不同。下面将分别以聚苯乙烯、聚丙烯和尼龙弹性体为代表性材料，详细阐述开合模微孔发泡注塑成型工艺的控制方法、微孔发泡注塑件的结构特性及其力学和功能属性。

7.2 聚苯乙烯开合模辅助微孔发泡注塑成型工艺[31]

聚苯乙烯是一种由苯乙烯单体经自由基加聚反应合成的聚合物。通用聚苯乙烯是一种非晶态无规聚合物，玻璃化转变温度在100℃以上，其制品具有很高的透明度，透光率可达90%以上，同时还具有优良的电绝缘性能、加工流动性能和耐化学腐蚀性能。但是聚苯乙烯属于一种脆性材料，冲击强度较差，易出现应力开裂。为了提高聚苯乙烯的冲击韧性，可以将聚丁二烯接枝到聚苯乙烯链上，以获得聚丁二烯橡胶相分散在聚苯乙烯基体中的一种相形貌结构，弥散分布的橡胶相可以有效抑制裂纹萌生和阻碍裂纹扩散，从而显著增强聚苯乙烯基体的延展性和冲击韧性。

7.2.1 材料、设备、制备工艺及分析测试

本节涉及的聚合物材料是一种高抗冲聚苯乙烯，其橡胶相质量分数为10%，生产商为江苏镇江奇美化工有限公司，牌号为PH-88HT。该高抗冲聚苯乙烯的密度为1.05 g/cm^3，熔融指数为40 g/10 min（220℃/10 kg），维卡软化温度为102℃。本节涉及的发泡剂为氮气，其纯度为99.5%。

本节涉及的微孔发泡注塑成型主体设备是一台由德国阿博格（Arburg）公司制造的50 t液压注塑成型机，其型号为Allrounder 270C，配套的超临界流体输送设备由美国Trexel公司制造，其型号为Trexel series Ⅱ。本节涉及的注塑成型模具采用冷流道和扇形浇口，模具型腔长度、宽度和高度分别为 132 mm、108 mm和3 mm，如图7-2所示。沿着熔体填充流动方向，从浇口位置到模具型腔末端，依次安装了四个压力传感器，用于测试注塑成型过程中模具型腔内不同位置的压力变化。此外，图7-2中还给出了利用SEM观测发泡试样内部泡孔结构的取样位置。对于开合模辅助微孔发泡注塑成型工艺，模具温度、保压时间、冷却时间、开模距离及开模速度等工艺参数是影响微孔发泡注塑件结构与性能的重要因素，因此本节将重点介绍这些工艺参数对微孔发泡注塑件结构的影响规律。如果没有特殊说明，本节中模具温度、保压时间、开模距离和开模速度参数的默认值分别为60℃、15 s、0 mm 和30 mm/s。

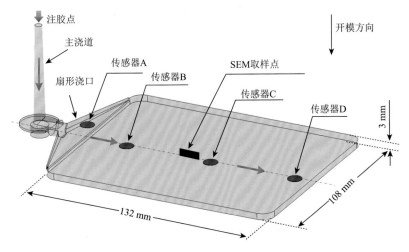

图 7-2 注塑模具流道系统、型腔结构、压力传感器布局及 SEM 观测取样点

7.2.2 保压时间对泡孔形貌的影响

保压控制对于开合模辅助微孔发泡注塑成型工艺至关重要。在保压过程中，在熔体填充阶段形成的气泡被重新溶解回聚合物熔体中，这样就可以将发泡过程与填充流动过程分离。为了确保泡孔可以重新溶解于熔体，保压压力应该足够高和保压时间应该足够长。

图 7-3 绘制了注塑过程中记录的图 7-2 中四个传感器位置的型腔压力曲线。其中，图 7-3（a）～（d）对应的保压时间分别为 2 s、5 s、10 s 和 15 s。从图中可以看出，型腔压力变化曲线可以明显分为三个阶段。第一阶段对应于填充阶段，在此期间型腔压力随时间增加逐渐升高，当模具型腔接近充满时，型腔压力开始急剧增加。在填充阶段结束之后，立即进入保压阶段，在此阶段型腔压力保持在相对稳定的水平。与其他位置相比，位置 A 最靠近喷嘴，因此它在保压期间显示出最高的型腔压力。由于存在压力损失，距离喷嘴越远，型腔压力越低。此外，可以观察到，位置 B、位置 C、位置 D 的型腔压力在较长的保压时间内呈现出明显的下降趋势，如图 7-3（d）所示。随着保压时间的增加，聚合物熔体温度不断降低，聚合物熔体传递压力的能力下降，从而导致压力沿流动方向损失增加。但需要注意的是，最长保压时间后的最低模腔压力仍高于 13.79 MPa，远高于 0.4 wt%用量的 N_2 对应的饱和压力。因此，保压压力仍然足够高，从而能够避免气相从聚合物熔体中析出。在最后阶段，通过快速开模突然释放型腔压力，以触发二次发泡。

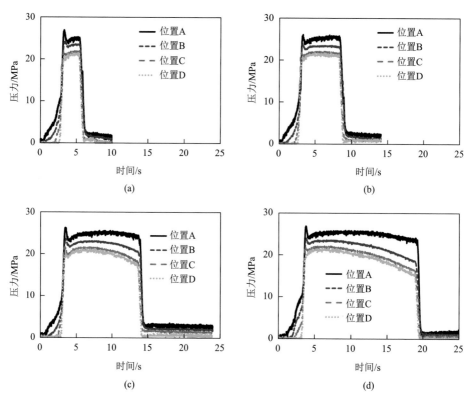

图 7-3　不同保压时间条件下测量的注塑过程中型腔压力曲线

（a）2 s；（b）5 s；（c）10 s；（d）15 s

图 7-4 显示了不同保压时间制备的泡沫样品的泡孔形态。总体而言，所有泡沫样品都呈现出典型的夹层结构，中间发泡层被未发泡的实心皮层包裹。所有样品具有几乎相同厚度的未发泡实心皮层，其厚度约为 550 mm。模具温度是决定未发泡实心皮层厚度的关键参数，由于在这些实验中模具温度保持恒定，所以所有样品具有几乎相同的未发泡实心皮层。对于较短的保压时间，如 2 s 和 5 s，发泡样品显示出不均匀的泡孔形貌，中心区域还存在许多不规则的泡孔，这些不规则的泡孔应当是在填充过程中形成的。由于保压时间太短，部分在填充过程中生成的变形严重的泡孔没有被完全压溃而保留下来，开模诱导二次发泡时，这些泡孔倾向于形成不规则的泡孔结构。随保压时间的增加，泡沫样品的多孔结构变得更加均匀，不规则孔的数量减少。当保压时间增加到 10 s，获得了非常均匀的泡孔结构，原因是填充过程中形成的泡孔全部重新溶解于聚合物熔体中，并且在发泡样品中看到的所有泡孔都是在开模引起的二次发泡过程中形成的。

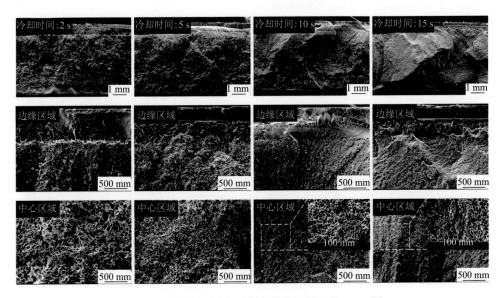

图 7-4　不同保压时间下制备的泡沫样品的 SEM 图

为定量比较发泡样品的泡孔结构，统计了发泡倍率、泡孔尺寸和泡孔密度等泡沫结构信息，如图 7-5 所示。从图 7-5（a）可以看出，随着保压时间增加，发泡样品的发泡倍率先增大后减小。当保压时间太短时，最终发泡样品中的大部分气泡是在填充过程中形成的，在这种情况下，气体已从聚合物熔体中分离出来，并在填充过程中存在于泡孔中，从而导致聚合物熔体在填充后的膨胀能力较低。随保压时间增加，填充过程中形成的更多气泡被压溃而重新溶解于聚合物熔体中，因此聚合物/气体均相体系的膨胀能力相应增大，导致泡沫的发泡倍率增大。然而，随保压时间进一步增加，聚合物熔体温度进一步降低，导致泡沫膨胀阻力显著增大，当增加的阻力大于增加的膨胀能力时，发泡倍率开始下降。从图 7-5（b）可

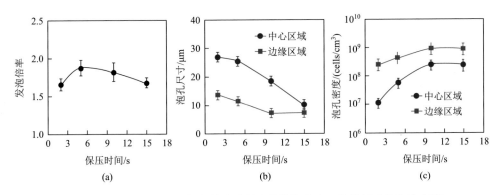

图 7-5　不同保压时间下制备的泡沫样品的发泡倍率、泡孔尺寸和泡孔密度

以看出，随保压时间增加，中心区域和边缘区域的泡孔尺寸逐渐减小，究其原因是：首先，随保压时间增加，发泡过程与熔体充填过程逐渐分离，与填充阶段第一次发泡相比，保压后的二次发泡过程中泡孔合并与破裂较少，因此泡孔尺寸减小；其次，增加的保压时间导致较低的熔体温度，从而增加了泡孔生长阻力并减少了泡孔合并和破裂，这也会导致较小的泡孔尺寸。由于边缘区域的温度远低于中心区域，因此边缘区域的泡孔尺寸小于中心区域的泡孔尺寸。

从图 7-5（c）可以看出，随着保压时间从 2 s 增加到 10 s，泡孔密度逐渐增加。原因是填充时的第一次发泡减少，而保压后的二次发泡增加。二次发泡显示出比第一次发泡更高的泡孔密度，因为发泡已与填充操作分开。随着保压时间从 10 s 进一步增加到 15 s，泡孔密度没有显著变化。在这种情况下，填充过程中形成的泡孔由于保压时间过长已经完全重新溶解回聚合物熔体中，因此最终发泡样品中的泡孔均来自二次发泡。由于几乎相同的发泡条件，泡孔密度没有显著变化。关于发泡样品不同区域的泡孔密度，从图 7-5（c）可以看出，边缘区域的泡孔密度远高于中心区域的泡孔密度，其原因是边缘区域的温度远低于中心区域，局部能量变化增加导致边缘区域的泡孔形核更多。此外，较低的温度意味着较高的熔体强度，导致较少的泡孔聚结。

7.2.3 冷却时间对泡孔形貌的影响

冷却时间直接影响开模引起二次发泡前的熔体温度，并进一步间接影响发泡样品的泡孔形态。由于温度是影响发泡的关键参数之一，因此调整冷却时间将是调整泡沫结构的重要手段。为确定冷却时间对泡孔结构的影响，实验中冷却时间的调控范围设定为 0～140 s，每次时间增量设为 10 s。值得注意的是，冷却操作的开始是保压压力释放的时刻，冷却结束后，开模操作开始并同时引发二次发泡。实验中的保压时间和模具温度分别设定为 15 s 和 90℃。保压时间设为 15 s，以确保注射过程中形成的泡孔全部重新溶解回聚合物熔体中，同时模具温度设为 90℃，以在较大范围内调节泡孔结构。

图 7-6 给出了不同冷却时间下制备的泡沫样品的泡孔形貌。当冷却时间较短时，如 0 s 和 10 s，发泡样品显示出均匀的泡孔形貌。随着冷却时间增加到 20 s，发泡样品显示出典型的双峰泡孔结构，大泡孔应当是在冷却过程中发泡形成的，而小泡孔是在开模过程中发泡形成的。由于冷却过程中收缩引起的压降速率远小于开模引起的压降速率，因此大孔的形核密度远小于小孔的形核密度。对于具有双峰泡孔结构的泡沫样品，可以观察到随着冷却时间增加，泡孔数量逐渐减少。这是因为随着冷却时间增加，聚合物熔体的黏度和模量增大，导致泡孔形核阻力增大，泡孔形核变得更加困难。实际上，如果冷却时间足够长，可以获得完全不发泡的样品。

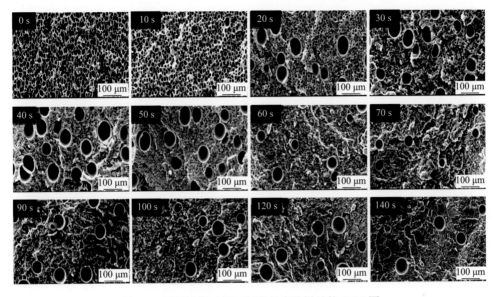

图 7-6　不同冷却时间下制备的泡沫样品的 SEM 图

　　图 7-7 显示了不同冷却时间制备的泡沫样品的定量结构信息。从图 7-7（a）可以看出，随着冷却时间增加，泡沫样品的发泡倍率逐渐降低，这是因为较长的冷却时间增加了聚合物熔体的黏度和模量，从而阻碍了泡孔生长。出于同样的原因，泡孔尺寸也随着冷却时间的增加而逐渐减小，如图 7-7（b）所示。图 7-7（c）给出了泡孔密度对冷却时间的依赖性。可以看出，随着冷却时间增加，中心区域和边缘区域的泡孔密度都先增大后减小，这是因为增加冷却时间对泡孔密度变化具有正面和负面两方面的影响。对于正面影响，增加冷却时间导致熔体强度提高，因此发泡过程中的泡孔合并与破裂减少。另外，在低温下聚合物熔体的高黏弹性

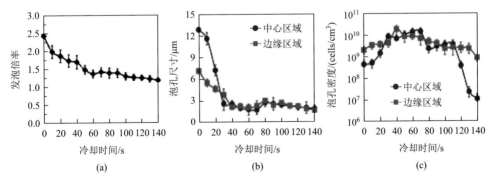

图 7-7　不同冷却时间下制备的泡沫样品的发泡倍率、泡孔尺寸和泡孔密度

增加了局部能量振动，从而增强了泡孔形核。对于负面影响，增加冷却时间导致聚合物熔体的刚性更高，这增加了泡孔形核阻力。当正面效应占主导地位时，泡孔密度会随着冷却时间的增加而增加，反之亦然。

7.2.4 开模距离对泡孔形貌的影响

对于开合模辅助微孔发泡注塑成型工艺，开模操作是影响泡孔形貌的关键因素。开模不仅是触发发泡的诱因，同时也为发泡提供了膨胀的自由空间。开模操作是决定发泡样品发泡倍率的关键。图 7-8 给出了不同开模距离下制备的泡沫样品的泡孔形貌。对于 0 mm 的开模距离，发泡样品的泡孔形态不是很均匀，泡孔尺寸分布较宽。此外，还可以看出在样品中存在大量未发泡区域，表明在发泡过程中膨胀不均匀。随着开模距离增加，泡孔形态越来越均匀。图 7-9 给出了泡孔结构的定量信息。从图 7-9（a）可以看出，增加开模距离会导致更高的发泡倍率，这是因为较大的开模距离为发泡提供了更多的自由空间。增加的发泡倍率主要来自增加的泡孔尺寸[图 7-9（b）]，因为泡孔密度几乎保持不变[图 7-9（c）]。此外，由于泡沫样品的发泡倍率非常小（<2.5），可以推断泡孔生长过程中的泡孔破裂与合并现象非常有限。

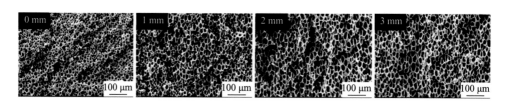

图 7-8 不同开模距离下制备的泡沫样品的 SEM 图

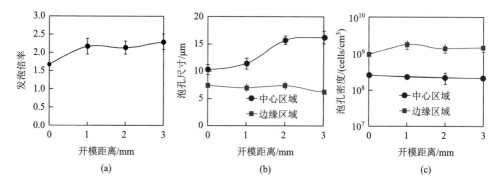

图 7-9 不同开模距离下制备的泡沫样品的发泡倍率、泡孔尺寸和泡孔密度

7.2.5　开模速度对泡孔形貌的影响

开模速度是开合模辅助微孔发泡注塑成型的另外一个重要成型参数。图 7-10 显示了不同开模速度下制备的泡沫样品的泡孔形态。总体而言，这些泡沫呈现出相似的泡孔形态，泡沫样品的定量结构信息进一步证实了这一点（图 7-11）。从图 7-11 可以看出，不同开模速度下制备的泡沫具有几乎相同的发泡倍率、泡孔尺寸和泡孔密度，这表明开模速度对发泡的影响不大。根据经典的泡孔形核理论，压降速率对泡孔形核具有显著影响。一般而言，较高的压降速率可以增加泡孔形核的驱动力，从而导致泡孔密度增加。对于开合模辅助微孔发泡注塑成型工艺，因压降是由开模所引起的，所以开模速度会影响压降速率，进而影响泡孔形核。从图 7-10 和图 7-11 中可以看出，开模速度对泡孔形貌的影响非常有限，这可能是由在 15～45 mm/s 的开模速度范围内开模引起的压降速率变化不明显造成的。

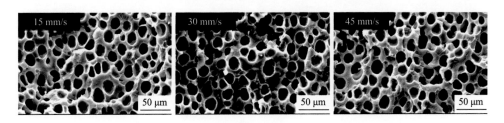

图 7-10　不同开模速度下制备的泡沫样品的 SEM 图

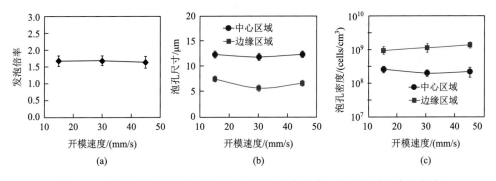

图 7-11　不同开模速度下制备的泡沫样品的发泡倍率、泡孔尺寸和泡孔密度

7.2.6　模具温度对泡孔形貌的影响

模具温度会影响模具型腔中聚合物材料的温度，从而进一步影响发泡样品的泡孔形貌。图 7-12 给出了在不同模具温度下制备的泡沫样品的泡孔形貌。从图中可

以看出，所有泡沫样品都显示出相对均匀的泡孔形貌。随着模具温度升高，泡孔尺寸逐渐增大。图 7-13 给出了在不同模具温度下制备的发泡样品的定量泡孔结构信息。从图 7-13（a）可以看出，泡沫的发泡倍率也随着模具温度的升高而逐渐增大。由于随着模具温度升高，中心区域和边缘区域的泡孔密度均逐渐减小，所以发泡倍率增大主要是由泡沫样品中心区域的泡孔尺寸增大所导致的，如图 7-13（b）所示。升高模具温度导致聚合物熔体黏度和模量降低，这会降低泡孔生长阻力，从而有利于增大发泡倍率。但在较高温度下，泡孔破裂与合并现象会增加，这会导致泡孔密度减小。

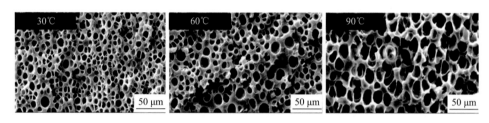

图 7-12 不同模具温度下制备的泡沫样品的 SEM 图

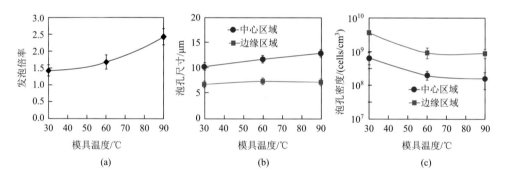

图 7-13 不同模具温度下制备的泡沫样品的发泡倍率、泡孔尺寸和泡孔密度

7.2.7 发泡注塑件的隔热性能

因为泡沫中引入的空气相具有比聚合物基体相低得多的热导率，所以发泡聚合物比未发泡聚合物表现出更好的绝热性能。由于聚合物泡沫的热导率主要取决于泡沫结构，因此通过调节泡沫结构来调整泡沫的隔热性能是可行的。为了阐明热导率对泡沫结构的依赖性，制备了不同发泡倍率的聚合物泡沫，并测量了它们的热导率。图 7-14 显示了热导率对泡沫样品发泡倍率的依赖性。从图中可以看出，随着发泡倍率增加，热导率逐渐降低，当发泡倍率达到 3.5 时，发泡样品的热导

率下降到仅为 60.4 mW/(m·K)，这表明提高发泡倍率是提升泡沫保温性能的有效
方法。

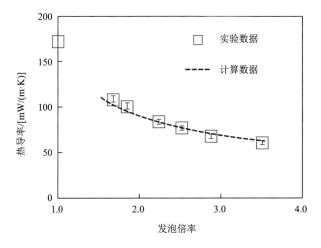

图 7-14　不同发泡倍率 PS 泡沫的热导率实验及计算数据

7.2.8　发泡注塑件的介电性能

随着微电子工业的不断小型化，越来越需要低介电常数材料以减小器件尺
寸、互联距离、互联信号延迟和功耗。因为聚合物具有低介电常数、良好的化
学稳定性和耐候性、易于成型加工等优点，已发展成为一类重要的低介电常数
材料。由于空气具有比聚合物更低的介电常数，所以通过微孔发泡可以进一步
降低聚合物的介电常数。

图 7-15（a）给出了在 0.1 Hz～20 GHz 的宽频率范围内测量的具有不同发泡
倍率的泡沫样品的介电常数。总体而言，介电常数随着发泡倍率的增加而逐渐降
低。当发泡倍率为 3.51 时，泡沫样品的介电常数可低至 1.25，明显优于其他金属
或陶瓷基介电材料。图 7-15（b）给出了泡沫样品的发泡倍率对其介电常数的影响
规律。从图中可以清楚地看到，随着发泡倍率增大，介电常数首先快速下降而后
逐渐趋于稳定，可以预测，当发泡倍率无限增大时，介电常数最终将趋近于空气
的介电常数。

对于两相材料体系，如聚合物泡沫，有效介电常数（ε_{eff}）可以基于 Lichtenecker
混合法则用以下等式进行描述：

$$\varepsilon_{eff}^{\alpha} = \frac{\varPhi - 1}{\varPhi}\varepsilon_{air}^{\alpha} + \frac{1}{\varPhi}\varepsilon_{sol}^{\alpha} \tag{7-1}$$

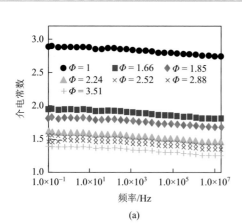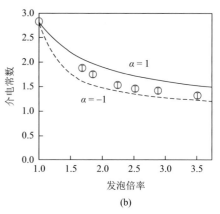

图 7-15　不同发泡倍率 PS 泡沫的介电常数

式中，$\varepsilon_{air}^{\alpha}$ 为空气相的介电常数；$\varepsilon_{sol}^{\alpha}$ 为聚合物相的介电常数；α 为决定混合物规则类型的参数；Φ 为发泡倍率。如果 $\alpha = 1$，式（7-1）为平行混合规则，代表介电常数的上限。如果 $\alpha = -1$，则式（7-1）为串行混合规则，代表介电常数的下限。将 $\varepsilon_{air}^{\alpha} = 1$，$\varepsilon_{sol}^{\alpha} = 2.82$，$\alpha = 1$ 或 -1 代入式（7-1），可计算发泡倍率与介电常数的相关性。图 7-15（b）中的实线和虚线分别表示对应于 $\alpha = 1$ 和 $\alpha = -1$ 的计算结果。值得注意的是，所有实验数据均落在计算出的上下限曲线之间的区域内。因此，这证实了可以使用 Lichtenecker 混合理论定量预测聚合物泡沫的介电性能。

7.3　聚丙烯开合模辅助微孔发泡注塑成型工艺[32-40]

聚丙烯（PP），作为世界五大通用塑料之一，是一种性能优异的半结晶型热塑性人工合成树脂，具有无毒无味、价格低、密度小、易加工等特点。PP 作为发泡材料，与 PS 和 PE 相比，具有如下优势：①PP 的弯曲模量远高于 PE，PP 泡沫的静态载荷能力高于 PE；②PP 的玻璃化转变温度为 -15℃，而 PS 的则为 105℃，常温下 PP 的非晶区处于高弹性状态，而 PS 处于玻璃态，PP 泡沫的冲击韧性优于 PS 泡沫；③通常，PS 泡沫在 90℃下使用，PE 泡沫要低于 80℃，而 PP 泡沫则可以耐得住 120℃，可见 PP 具有更加优良的耐热性；④PP 材料的比强度高、韧性及耐弯折性优异，PP 泡沫表现出较高的韧性、拉伸强度、冲击强度和抗压强度；⑤PP 泡沫还具备良好的加工性、绝缘与隔热性及环境友好性等。因此，PP 泡沫在很多领域，如隔热、建筑、汽车、保压等，得到了广泛的应用，被视为 PS 泡沫材料的良好替代品。

7.3.1　材料、设备、制备工艺及分析测试

本节所涉及的材料为日本聚丙烯公司（Polypropylene Corporation）生产的型号为 Novate-PP FY4 的线型均聚聚丙烯（LPP）。在温度为 230℃、载荷为 2.16 kg 的条件下，其熔融指数为 5 g/10 min。开合模辅助微孔注塑成型实验所使用的发泡剂为超临界 CO_2（Linde gas，Canada），其纯度为 99%。为了更完整地表征泡沫结构，图 7-16 给出了开合模辅助微孔发泡注塑成型泡沫的 SEM 制样示意图，可以看出开合模辅助微孔发泡注塑成型泡沫具有明显的各向异性结构，因此分别沿平行开模方向和垂直开模方向取样。

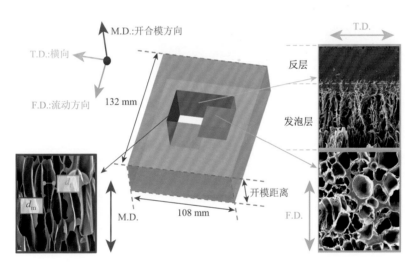

图 7-16　开合模辅助微孔发泡注塑成型泡沫的典型泡孔形貌

7.3.2　保压时间对泡孔形貌的影响

图 7-17 给出了不同保压时间下开合模辅助微孔发泡注塑成型 LPP 泡沫沿开合模方向（M.D.）泡孔的 SEM 图，其中保压压力为 30 MPa。在成型过程中，除上述保压时间以外，还尝试了 25 s 和 50 s，但在这两个保压时间下成型的试样分别出现了中空及局部发泡的现象，故在图 7-17 中未给出。另外，从图中可以看出，随保压时间增加，泡孔直径不断减小，泡孔数量不断增加。

为了定量分析保压时间对于泡孔形貌的影响，图 7-18 给出了不同保压时间（t_p）下泡孔直径（d）和泡孔密度（ρ_c）的变化情况。需要说明的是，所有泡沫试样的发泡倍率（Φ）为 7 ± 0.5，且泡孔的长径比（d_m/d_f）为 3 ± 0.3。从图中可知，在保

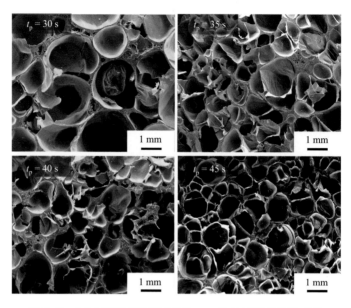

图 7-17　不同保压时间下制备的 LPP 泡沫试样的泡孔形貌

压时间从 30 s 增加到 45 s 的过程中，泡孔密度从 1.0×10^4 cells/cm^3 增加到 2.72×10^4 cells/cm^3，并且泡孔直径从 710 μm 降低到 390 μm。

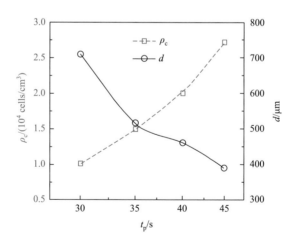

图 7-18　LPP 泡沫试样的泡孔密度和泡孔直径随保压时间的变化

　　泡孔结构的这种变化规律可从熔体温度对结晶及熔体强度的影响角度来理解，这是因为保压时间直接决定了熔体温度，进而影响熔体结晶和熔体强度。首先，当保压时间较短（$t_p < 30$ s）时，LPP/N$_2$ 均相体系的温度相对较高，结晶

程度及熔体强度均较低，根据弹性应变能对泡孔形核的影响机理，存在的少量晶体对熔体弹性的增强作用有限，并且为泡孔形核提供的异相形核点很少，泡孔的形核能力差。此外，由于熔体温度比较高，已形核泡孔在长大过程中会出现大量的合并与破裂现象，从而造成试样发泡层中空的现象。其次，当保压时间过长（$t_p > 45\,s$）时，均相体系的温度过低，造成 LPP 熔体特别是型腔末端出现较大程度的结晶，熔体强度急剧增加，极大地增加了泡孔形核和生长的阻力，最终致使泡沫试样出现局部发泡倍率低或未发泡的现象。而当保压时间在合适范围内（$30\,s < t_p < 45\,s$）时，均相体系的黏弹性适中，大量存在的晶体可以显著增加熔体的弹性应变能，为泡孔的形核提供足够的异相形核点，从而显著促进泡孔的形核。另外，此时均相体系的熔体强度既能有效抑制泡孔出现大量的合并和破裂现象，又能避免因变形阻力过大而导致的泡孔成核和长大困难。在此过程中，随着保压时间增加，熔体的结晶程度不断增加，不仅促进了熔体强度的提高，而且所形成的晶粒也作为异相形核剂进一步促进泡孔的形核，从而导致泡孔直径不断减小而泡孔密度不断增加的趋势。

7.3.3　保压压力对泡孔形貌的影响

图 7-19 给出了不同保压压力下 LPP 泡沫发泡层部沿流动方向（F.D.）的 SEM 图。图中所有泡沫试样均是在 45 s 的保压时间下制备的。从图中可以看出，随着保压压力增加，泡孔直径呈现不断减小且泡孔数量不断增加的趋势，但是其增量均相对较小。该现象可以归因于，增加的保压压力会增加均相体系内的压应力，增强 LPP 分子的相互作用，在开模发泡过程中，均相体系内积聚的压应力能够在一定程度上促进泡孔的形核。另外，保压压力的增加还可以减小均相体系的自由体积，增加体系的黏度，提高 LPP 分子的扩散难度，对体系的结晶行为产生影响，进而造成泡孔直径的下降和泡孔数量的增加。

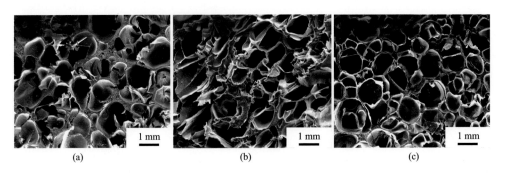

图 7-19　不同保压压力下制备的 LPP 泡沫试样的泡孔形貌

7.3.4 开模距离对泡孔形貌的影响

为了进一步研究 LPP 的发泡能力，完成了不同开模距离（D）下 LPP 的开合模辅助微孔发泡注塑成型实验，实验中的保压压力和保压时间分别设置为 30 MPa 和 35 s，开模距离设置了包括 6 mm、9 mm、12 mm 和 15 mm 在内的 4 个水平。图 7-20 给出了不同开模距离下开合模辅助微孔发泡注塑成型的样品照片。从图中可以明显看出，当开模距离为 6 mm、9 mm 和 12 mm 时，LPP 试样都可以均匀完整的发泡成型，而当开模距离达到 15 mm 时，试样出现了明显的发泡不均匀现象，近浇口区域发泡效果较好，而远离浇口的区域发泡效果较差。

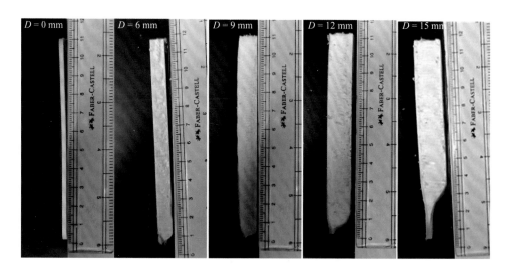

图 7-20　不同开模距离下成型的 LPP 泡沫试样的横截面照片

7.3.5 聚四氟乙烯改性对泡孔形貌的影响

图 7-21 给出了不同保压时间（t_p）下，四种不同聚四氟乙烯（PTFE）含量的 LPP 开合模辅助微孔发泡注塑成型泡沫的结构及其沿流动方向（F.D.）的泡孔形貌。其中，所有发泡试样对应的开模距离为 12 mm。由图可知，当 t_p 为 25 s 时，成型试样呈现中空结构，即两皮层中间没有泡孔结构形成。当 t_p 大于 45 s 时，除 LPP 外，所有 LPP/PTFE 复合材料泡沫试样均未形成均匀的泡孔形貌，而是出现了局部发泡的现象。当 t_p 在 25～45 s 之间时，所有泡沫试样都呈现出比较均匀的泡孔形貌。

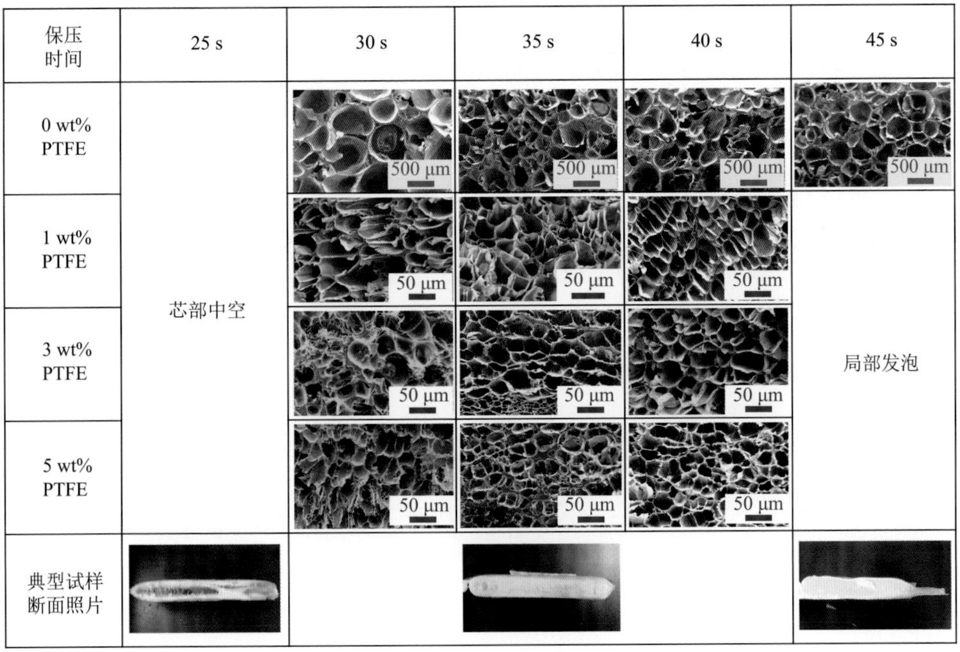

保压时间	25 s	30 s	35 s	40 s	45 s
0 wt% PTFE	芯部中空				局部发泡
1 wt% PTFE					
3 wt% PTFE					
5 wt% PTFE					
典型试样断面照片					

图 7-21　不同保压时间下 LPP 和 LPP/PTFE 泡沫的 SEM 图

在开合模辅助微孔发泡注塑成型工艺中，保压过程不仅是为了将注射过程中所形成的不均匀泡孔压溃，以使析出的气体重新溶入聚合物熔体中，而且也是通过冷却调节熔体温度的过程。保压时间的长短则直接决定了熔体的温度，进而显著影响均相体系的结晶程度和熔体强度。因此，当保压时间较短（$t_p < 25$ s）时，均相体系的温度相对较高，此时在 LPP 和 LPP/PTFE 熔体内只有少量晶体形成，不能大范围形成网状结构，造成熔体黏弹性相对较低。根据聚合物弹性应变能对泡孔形核的影响机理，较低的熔体黏弹性会导致泡孔的形核能力下降。另外，在泡孔生长阶段，低黏弹性熔体无法承受过大应变的单向或双向拉伸，导致泡孔大量合并、塌陷和溃灭，最终使得聚合物发泡试样形成中空结构。

随着保压时间的不断增加，均相体系的温度下降，体系内晶体的数量增加并能够形成网状结构，使得熔体强度显著提高，有效地抑制了泡核在生长过程中的合并与塌陷，从而可以制备获得优质的发泡试样。然而，当保压时间继续增加（$t_p > 45$ s）时，均相体系的温度继续下降，其内部大量形成的晶体将进一步提高网状结构的强度，导致熔体黏度、模量和强度急剧增大，这将严重抑制泡孔的形核和生长，导致所制备泡沫试样的发泡倍率减小。

此外，通过对比 LPP 和 LPP/PTFE 的发泡结果可知，当保压时间 $t_p = 25$ s 时，PTFE 纤维对 LPP 基体的发泡能力无明显改善作用。而当保压时间 t_p 在 25～40 s

之间时，PTFE 纤维有效地减小了 LPP 的泡孔直径，泡孔平均直径减小一个数量级以上。PTFE 纤维是通过改善熔体的结晶行为和黏弹性，从而增强 LPP 基体的发泡能力，而 PTFE 纤维自身作为异相形核的作用不明显。

为了定量分析 PTFE 纤维及保压时间对泡孔结构的影响，图 7-22 给出了不同 PTFE 含量的 LPP 泡沫在流动方向（F.D.）上的平均泡孔直径（d）和泡孔密度（ρ_c）随保压时间从 30 s 增加到 42.5 s 的变化曲线。其中，泡沫试样的发泡倍率（Φ）为 7 左右，泡孔的长径比（d_m/d_f）为 3 左右。

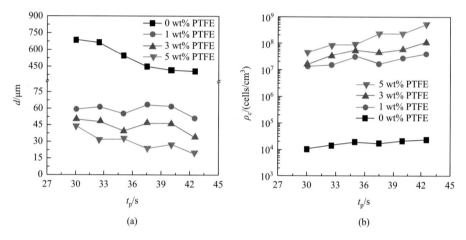

图 7-22　不同保压时间下制备的泡沫样品的泡孔直径（a）和泡孔密度（b）

对于所制备的泡沫试样而言，随着保压时间增加，泡孔直径呈降低趋势，而泡孔密度呈增加趋势。当加入 1 wt% PTFE 纤维时，泡孔直径降低了一个数量级，从 600 μm 左右降低到 60 μm 左右，而泡孔密度则增加了三个数量级，从 10^4 cells/cm^3 增加到 10^7 cells/cm^3。随着 PTFE 含量从 1 wt% 增加到 5 wt%，泡孔直径从 60 μm 进一步降低到 30 μm，泡孔密度也进一步从 10^7 cells/cm^3 增加到 10^9 cells/cm^3。除此以外，对不同 PTFE 含量的 LPP 复合材料泡沫而言，泡孔直径和泡孔密度对保压时间表现出了不同的敏感程度，即高 PTFE 含量泡沫的泡孔直径和泡孔密度对于保压时间的敏感程度高于低 PTFE 含量的泡沫。在结晶放热过程中，不同 PTFE 含量的 LPP 复合材料的开始结晶温度及结晶行为均不相同，并且随着 PTFE 含量的增加，开始结晶温度也不断升高。因此，对某一保压时间而言，PTFE 含量高的复合材料更容易结晶，更有效地提高 LPP 的熔体黏弹性，高含量 PTFE 纤维可更高效地促进泡孔成核，抑制泡核的塌陷与合并，从而更为显著地改善泡孔形貌。

为了进一步研究开模距离对泡孔形貌的影响，对 LPP 和 LPP/PTFE（5 wt%）复合材料进行了更大开模距离的发泡注塑成型实验。实验结果显示，LPP 材料所能达到的最大开模距离为 15 mm，其对应的发泡倍率为 10，而 LPP/PTFE 复合材料所能达到的最大开模距离为 28 mm，其对应的发泡倍率约为 18。结合黏弹性泡孔形核理论可知，PTFE 纤维可以有效地提高 LPP 的结晶度及黏弹性，进而可以促进泡孔的异相形核，并有效抑制泡核的塌陷和合并。此外，增强的熔体强度可以显著抑制气体的扩散外泄，从而为其进一步发泡膨胀提供更多的气体。这也就解释了 PTFE 纤维可以显著增加 LPP 基体发泡倍率的原因。

图 7-23 是开模距离分别为 12 mm、18 mm 和 24 mm 时，LPP/PTFE 泡沫发泡中间层沿流动方向（F.D.）和开合模方向（M.D.）的 SEM 图。由图可知，随着开模距离增加，泡孔形貌在流动方向上几乎没有明显变化，这说明开模距离对泡孔形核及泡孔数量的影响很小；而泡孔沿开合模方向被明显拉长，并且开模距离越大，发泡倍率就越大，泡孔也会被更加严重地拉长，这是由于泡沫的主要膨胀发生在开合模方向上。

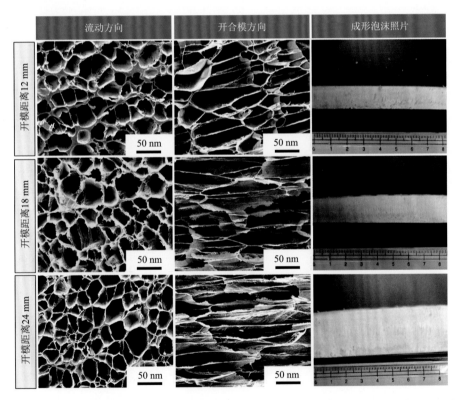

图 7-23　不同开模距离下制备的 LPP/PTFE（5 wt%）泡沫样品的 SEM 图及实物断面照片

图 7-24 定量给出了 LPP/PTFE（5 wt%）复合材料泡沫的泡孔直径（d）和泡孔密度（ρ_c）随开模距离和发泡倍率的变化规律。从图中可知，对于某一特定保

压时间，泡孔直径和泡孔密度随发泡倍率的增加基本上保持在一恒定值，这与从图 7-23 中观察到的关于泡沫形貌的直观结果是一致的。另外，从图 7-24 中还可以看出，泡孔直径随保压时间增加呈先减小后增大的变化规律，当保压时间为 37.5 s 时，泡孔直径达到了最小值，为 20 μm 左右，较其他保压时间对应的泡孔直径下降了约 40%，而泡孔密度则随着保压时间增加呈现出先增大后减小的变化趋势。这种变化规律可从保压时间对熔体结晶、黏弹性和熔体强度的影响，进而改变泡孔形核和长大行为的角度来理解。相对较长的保压时间能够降低熔体温度并产生较多的晶体，这有助于提高熔体强度和提供更多的异相形核点，从而有效减小泡孔尺寸和提高泡孔密度。然而，过长的保压时间会导致聚合物产生过高的结晶度，使熔体强度过高，导致泡孔成核能垒增大，阻碍泡孔形核，最终降低所制备的泡沫试样的泡孔密度。

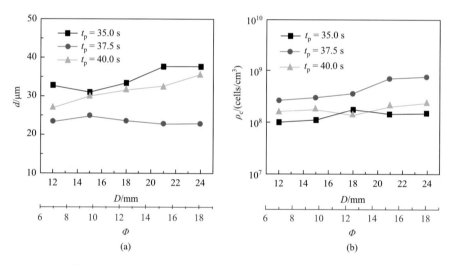

图 7-24 不同开模距离和发泡倍率下制备的 LPP/PTFE（5 wt%）泡沫试样的泡孔直径（a）和泡孔密度（b）

7.3.6 发泡注塑件的隔热性能

图 7-25 给出了 LPP 和 LPP/PTFE（5 wt%）泡沫试样的总热导率与其发泡倍率之间的关系。从图中可以看出，无论是 LPP 泡沫试样还是 LPP/PTFE 复合材料泡沫试样，其热导率均随发泡倍率的增大而逐渐降低。出现这种变化规律的原因是，泡沫试样的发泡倍率越大，试样中空气相占的体积分数就越高，而聚合物基体相占的体积分数相应的就越低，由于聚合物基体相的热导率远高于空气相的热导率，因此，高发泡倍率的泡沫试样便具有更低的热导率，即更优异的隔热性能。

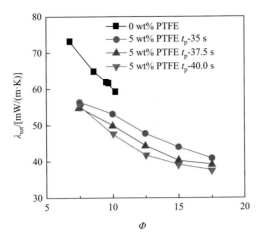

图 7-25　测量获得的不同发泡倍率的 LPP 泡沫和 LPP/PTFE 泡沫的热导率

从图 7-25 还可以看出，LPP 泡沫所能达到的最小总热导率约为 60 mW/(m·K)，其对应的发泡倍率为 10，而 LPP/PTFE 泡沫的总热导率最小值达到了 36.5 mW/(m·K)，所对应的发泡倍率为 18，说明发泡倍率的大幅度提高是 LPP/PTFE 泡沫热导率显著降低的主要原因。即使 LPP/PTFE 泡沫与 LPP 泡沫在相同的发泡倍率条件下，LPP/PTFE 泡沫仍然呈现出更低的热导率，且不同保压时间（t_p）下发泡成型的 LPP/PTFE 泡沫也呈现出不同的隔热性能，即其热导率随着 t_p 的增加而降低。这些均说明，发泡倍率的增加并不是导致 LPP/PTFE 泡沫隔热性能显著提高的唯一原因。

为进一步研究影响聚合物泡沫热导率的因素，图 7-26 给出了发泡倍率均为 10 的 LPP 和 LPP/PTFE 泡沫试样的 SEM 图。与 LPP 泡孔结构相比，LPP/PTFE 泡沫的泡孔壁上出现了大量的微孔及微纳纤维结构，泡孔壁上的这些微纳结构破坏了聚合物的连续性，致使热传导路径的曲折程度增加，同时微纳结构还会加剧声子在传输过程中的散射现象。这些因素导致材料的热阻增大，从而获得更低的热导率。

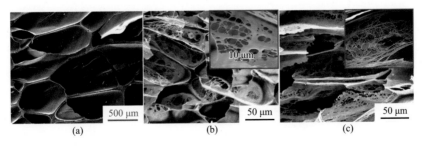

图 7-26　LPP 和 LPP/PTFE（5 wt%）泡沫泡孔壁的 SEM 图（发泡倍率为 10）

（a）LPP（保压时间 35 s）；（b）LPP/PTFE（保压时间 35 s）；（c）LPP/PTFE（保压时间 40 s）

另外，通过对比图 7-26（b）和（c）可知，随着保压时间（t_p）从 35 s 增加到 40 s，泡孔的开孔程度增加，并且泡孔壁上的微孔及微纳纤维都显著增多，这意味着可以通过适当增加保压时间制备具有更低热导率的泡沫试样。此外，PTFE 纤维还能够显著减小泡沫试样的泡孔尺寸，这意味着泡沫试样的泡孔壁数量显著增多，增加的泡孔壁有利于阻隔热辐射的传输，这也有助于降低 LPP/PTFE 泡沫的热导率。

7.3.7 发泡注塑件的压缩性能

根据压缩测试标准 ASTM D1621-10，应用英斯特朗电子拉力机对不同发泡倍率 LPP/PTFE（5 wt%）泡沫的压缩强度（E_c）进行了检测。利用热熔丝切割机，从制备的发泡制件上切割出边长为 15 mm 的立方体试样，测试中选用的压缩速率为 1.5 mm/s。图 7-27 给出了不同发泡倍率泡沫的应力-应变曲线和压缩强度变化曲线。

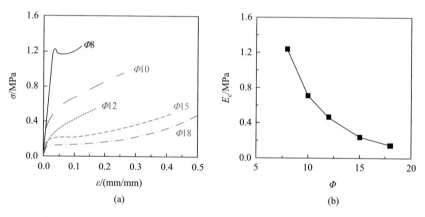

图 7-27　不同发泡倍率 LPP/PTFE（5 wt%）泡沫的应力-应变曲线（a）和压缩强度（b）

从图 7-27 中可以知，泡沫的压缩模量及压缩强度随着发泡倍率（Φ）增加而逐渐降低，并且压缩强度的降低速率也不断减小，当发泡倍率从 8 增加到 18，即增加了 1.25 倍时，压缩强度降低了 6 倍，从 1.2 MPa 降至 0.2 MPa。图 7-28（a）和（b）分别为具有相同发泡倍率（8）和不同泡孔直径的 LPP/PTFE（5 wt%）泡沫的应力-应变曲线和压缩强度变化曲线。

从图 7-28 中可知，随着泡孔直径（d）从 38 μm 增加到 50 μm，泡沫的杨氏模量呈不断下降的趋势，说明减小泡孔直径有助于提高泡沫的压缩强度。根据 Gibson 等的理论模型可知[41-43]，多孔材料的压缩强度主要取决于泡孔支柱的强度，而泡孔支柱的强度（σ）满足 $\sigma \propto 1/I^3$，其中 I 为泡孔的外径。因此，在相同的发泡倍率下，随着泡孔直径的减小，泡孔支柱的强度增加，进而泡沫的强度也会随之提高。

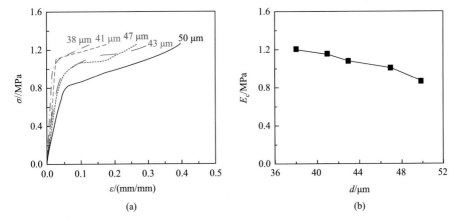

图 7-28　不同泡孔尺寸的 LPP/PTFE 泡沫的应力-应变曲线（a）和压缩强度（b）

7.4　尼龙弹性体开合模辅助微孔发泡注塑成型工艺[44]

聚醚嵌段酰胺（PEBA）是一种典型的热塑性弹性体（TPE），由交替的橡胶状聚醚链段和刚性聚酰胺链段制成。由于两种组分的热力学不相容性，聚合物显示出典型的两相微观结构。由软聚醚链段组成的基体相赋予其弹性和柔韧性，而由刚性聚酰胺链段组成的分散相赋予其硬度和刚度。与流行的热塑性聚氨酯（TPU）弹性体相比，PEBA 具有较小的密度、优异的柔韧性和弹性，以及在不同温度下的机械性能稳定性。这些卓越的性能使其更适用于汽车零部件、建筑材料、运动器材、工程管道和医疗器械等对综合物性要求更高的应用领域。微孔发泡成型工艺不但可以进一步减轻 PEBA 构件的质量，从而节省材料，而且可以赋予其高回弹、吸附、过滤等功能属性[45-48]，从而进一步拓展 PEBA 的应用范围和领域。

7.4.1　材料、设备、制备工艺及分析测试

在开合模辅助微孔发泡注塑成型实验中使用了 Arkema 集团的商业级聚醚嵌段酰胺（PEBA）35R53 SP 01。它是一种热塑性弹性体，由基于可再生资源的柔性聚醚和刚性聚酰胺制成，具有良好的耐热性和抗紫外线性。图 7-29 显示了 PEBA 配方及其化学合成原理。具有极低玻璃化转变温度（-60℃）的软聚醚嵌段即使在低温下也能提供出色的柔韧性和弹性，而硬质聚酰胺嵌段则可提供刚性和强度。PEBA 的力学性能可以通过改变聚醚/聚酰胺的比例来调节。实验中使用的 PEBA 的密度为 1.02 g/cm³，熔点为 135℃，肖氏硬度为 32D。在正式实验之前，所有

PEBA 材料需要在 80℃ 条件下充分干燥至少 6 h，以去除材料中吸附的水分。在发泡实验中，采用氮气（N_2）作为物理发泡剂，不仅非常环保，而且非常便宜且可回收利用。

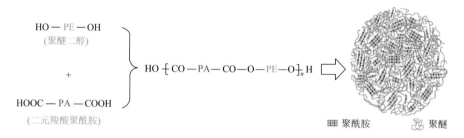

图 7-29　PEBA 配方及其合成原理

7.4.2 保压时间对泡孔形貌的影响

图 7-30 给出了利用开合模辅助微孔发泡注塑成型工艺在不同保压时间下制备的 PEBA 泡沫试样的横截面照片。如图 7-30（a）所示，当保压时间较短时，所制备的泡沫试样具有空芯结构，空芯结构外围包裹着未发泡的实心皮层。这是因为保压时间太短，模具型腔中熔体的温度过高，意味着熔体强度比较低，导致开模发泡时熔体无法包裹住气体，从而在中间层形成了很大的孔洞结构，开模发泡时熔体中溶解的气体不断扩散进入中间层的孔洞中，最终就在发泡试样的中间形成了完全空芯的结构。随着保压时间增加，模具型腔中熔体温度逐渐降低，熔体强度逐渐升高，发泡试样中间层的空芯结构逐渐变小，如图 7-30（b）和（c）所示。

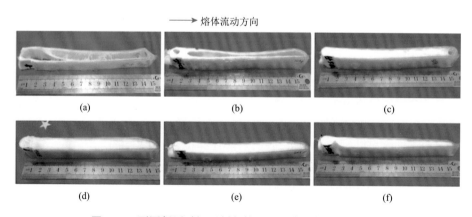

图 7-30　不同保压时间下制备的 PEBA 泡沫的横截面照片

（a）10 s；（b）20 s；（c）30 s；（d）35 s；（e）40 s；（f）50 s

当保压时间增加到 35 s 时，可以得到完全没有空芯的泡沫试样，如图 7-30（d）所示。进一步增加保压时间，模具型腔中熔体的温度会进一步降低，而熔体的强度进一步升高，这会导致泡孔成核和生长的阻力过大，不利于发泡膨胀，因此发泡试样的发泡倍率会逐渐变小，发泡的均匀性也会恶化，如图 7-30（e）和（f）所示。

7.4.3　开模距离对泡孔形貌的影响

图 7-31 给出了利用开合模辅助微孔发泡注塑成型工艺在不同开模距离下制备的 PEBA 泡沫试样的横截面照片。需要说明的是，这里所有试样都是在保压时间为 35 s 的条件下制备的，这意味着开模发泡前所有试样对应的熔体温度应当是基本一致的。从图 7-31 可以看出，所有泡沫试样都呈现出典型的夹心结构，中间偏白色的区域是发泡层，而边缘包裹着的是偏米黄色的未发泡实心皮层。致密的实心皮层能够提供出色的耐磨性和强度，而具有多孔结构的中心芯层能够提供出色的回弹性、柔韧性和减震缓冲性能。

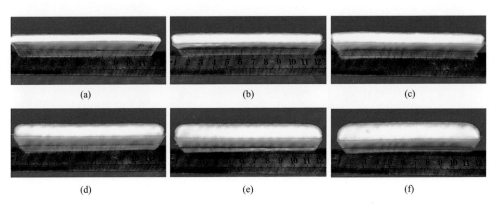

图 7-31　不同开模距离下制备的 PEBA 泡沫的横截面照片

（a）2 mm；（b）4 mm；（c）6 mm；（d）8 mm；（e）10 mm；（f）12 mm

图 7-32 给出了不同开模距离下制备的 PEBA 泡沫试样的泡孔形貌，以及统计的发泡倍率、泡孔尺寸和泡孔密度等定量信息。从泡沫形貌 SEM 图中可以看出，所有泡沫试样都具有比较均匀的泡孔结构，并且泡孔呈现明显的各向异性结构，泡孔沿开模方向发生了明显的取向，随着开模距离增加，泡孔取向程度愈加明显。在开合模辅助微孔发泡注塑成型工艺中，开模发泡时模具型腔中的熔体沿开模方向可以自由膨胀，而在其他方向由于受到未发泡实心皮层的强有力约束，无法自由膨胀，即发泡主要是沿开模方向进行的，因此所制备的发泡试样都具有这种典

型的取向泡孔形貌。从图 7-32（a）可以看到，随开模距离增大，泡沫试样的密度逐渐减小，而发泡倍率逐渐增大，当开模距离为 12 mm 时，泡沫试样的密度可以低至 0.17 g/cm³，而发泡倍率可以达到 6。进一步增大开模距离，虽然有可能进一步提高发泡倍率，但是泡沫试样在不同位置区域的发泡程度会出现明显差异，导致严重的发泡不均匀问题。图 7-32（b）给出了开模距离对泡沫试样泡孔尺寸的影响。从图中可以看出，随着开模距离增大，泡孔尺寸逐渐增大，其原因是增大开模距离可以创造更多的自由膨胀空间，泡孔可以生长到更大尺寸。图 7-32（c）给出了开模距离对泡沫试样泡孔密度的影响。从图中可以看出，随着开模距离增大，泡孔密度逐渐下降，其原因是在发泡膨胀过程中难以避免地会发生泡孔破裂、合并和溃灭的现象，泡沫试样的发泡倍率越高，这种现象就愈加严重，所以高发泡倍率的泡沫试样具有相对较低的泡孔密度。

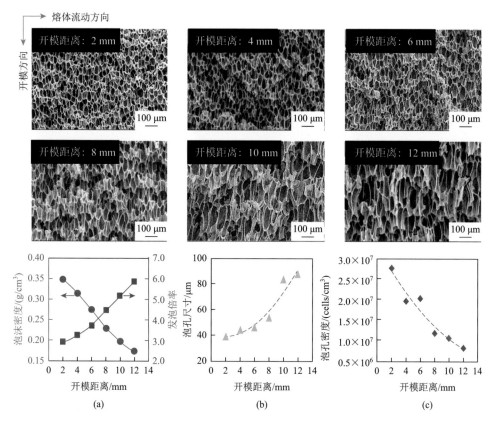

图 7-32　不同开模距离下制备的 PEBA 泡沫的 SEM 图及其泡沫密度、发泡倍率、泡孔尺寸和泡孔密度

7.4.4　气体含量对泡孔形貌的影响

对于开合模辅助微孔发泡注塑成型工艺，气体含量是影响发泡的另外一个重要参数。图 7-33 给出了在相同开模距离但不同气体含量下制备的 PEBA 泡沫试样的泡孔形貌。从图中可以看出，随着气体含量增加，泡孔形貌变得愈加细密，气体含量由 0.3 wt%增加到 0.8 wt%，泡孔直径可由 162 μm 减小至 39 μm，而泡孔密度可由 5.4×10^6 cells/cm^3 升高到 4.5×10^7 cells/cm^3，泡孔密度提高了近一个数量级。由此可见，改变气体含量是调控泡沫试样泡孔结构的一个非常有效的手段，这也为进一步调控泡沫试样的力学性能和功能属性提供了有效技术途径。

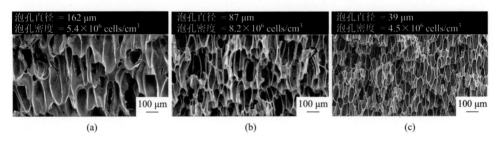

图 7-33　不同气体含量下制备的 PEBA 泡沫的 SEM 图

（a）0.3 wt%；（b）0.6 wt%；（c）0.8 wt%

7.4.5　保压压力对泡孔形貌的影响

对于开合模辅助微孔发泡注塑成型工艺，保压阶段的保压压力需要达到一定水平，以确保可以在保压阶段将填充流动阶段发泡产生的不规则泡孔全部压溃，从而使得析出的气体重新溶入熔体中，为后续的开模发泡做好准备。通常，保压压力越高，将填充流动阶段产生的泡孔完全压溃所需要的保压时间就越短，但保压压力不宜过高，否则会导致严重的溢料和飞边，同时还会增加能耗，并缩短设备和模具的使用寿命。另外，保压压力还会影响熔体/发泡剂均相体系的凝聚状态、黏弹属性和结晶行为，进而影响后续开模发泡制备的泡沫试样的泡孔形貌。图 7-34 给出了不同保压压力下制备的泡沫试样的泡孔形貌。从图中可以看出，随着保压压力增大，泡孔尺寸逐渐减小，泡孔密度明显升高。泡孔形貌的这种变化规律可归因于两个方面：一是提高保压压力会增大开模瞬间熔体的压降速率，从而增大泡孔成核动力，促进泡孔成核和提高泡孔密度；二是提高保压压力会带来更大的应变能，这也可以为泡孔成核提供额外驱动力，从而促进泡孔成核和提高泡孔密度。

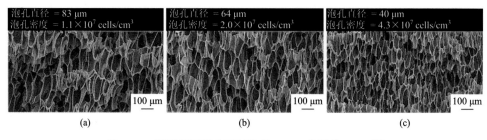

图 7-34　不同保压压力下制备的 PEBA 泡沫的 SEM 图

（a）150 bar；（b）200 bar；（c）250 bar

7.4.6　注射速率对泡孔形貌的影响

对于开合模辅助微孔发泡注塑成型工艺，由于所制备泡沫试样的泡孔形貌主要取决于开模后的二次发泡，因此注射速率并不直接影响最终制备的泡沫试样的泡孔形貌。但是注射速率对填充流动阶段熔体的流动状态和发泡状态具有直接且重要的影响，不合理的注射速率会加剧填充阶段熔体中气体的扩散逃逸，从而降低后续开模发泡时熔体内的气体含量。另外，注射速率还会影响模具型腔中熔体的温度状态和分布，进而也会影响后续开模发泡过程。因此，注射速率也会间接影响最终制备的泡沫试样的泡孔形貌。图 7-35 给出了不同注射速率下制备的泡沫试样的泡孔形貌。从图中可以看出，随着注射速率增大，泡孔形貌会在一定程度上变得更加细密。例如，注射速率由 40 cm³/s 增大到 120 cm³/s，平均泡孔尺寸可由 92 μm 减小到 65 μm，而泡孔密度由 9.5×10^6 cells/cm³ 升高到 1.9×10^7 cells/cm³。适当提高注射速率可以加快熔体充填模具型腔的过程，缩短填充时间，从而减少熔体中气体的扩散逃逸，使得后续开模发泡时熔体内的气体含量更高，从而促进泡孔成核和增加泡孔密度。另外，适当提高注射速率还能够减少填充过程熔体的冷却，改善模具型腔中熔体温度的均匀性，这也有利于制备发泡均匀的泡沫试样。

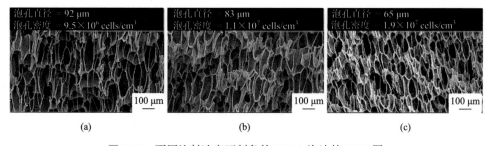

图 7-35　不同注射速率下制备的 PEBA 泡沫的 SEM 图

（a）40 cm³/s；（b）80 cm³/s；（c）120 cm³/s

7.4.7　发泡注塑件的弹性

通过调控上述成型工艺参数，可利用开合模辅助微孔发泡注塑成型工艺制备结构可调控的 PEBA 泡沫试样，这为研究建立泡沫结构与其性能之间的构效关系奠定了坚实的基础。PEBA 是一种具有优异弹性的聚合物材料，微孔发泡不但可以调控其弹性，而且还可以进一步赋予其轻量化和隔热等特性。图 7-36（a）给出了密度为 0.17 g/cm^3 的 PEBA 泡沫试样在循环压缩过程中的照片。从照片中可以看出，PEBA 泡沫试样在经历了 75%的压缩应变并卸载后可以几乎完全恢复加载前的几何形状，而没有产生任何明显的永久残余变形，这表明 PEBA 泡沫试样具有非常优异的压缩回弹性。图 7-36（b）～（d）给出了密度均为 0.17 g/cm^3 但具有不同泡孔尺寸（32 μm、90 μm、182 μm）的 PEBA 泡沫试样的循环压缩回弹曲

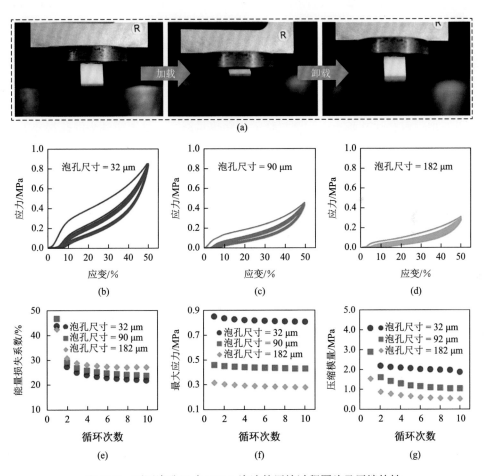

图 **7-36**　不同泡孔尺寸 PEBA 泡沫的压缩过程图片及压缩特性

线。从图中可以看出，经过 10 次循环加载-卸载后，所有泡沫试样产生的残余压缩应变均小于 5%，并且随着放置时间的延长，残余压缩应变还会逐渐减小，这意味着所有 PEBA 泡沫试样均具有优异的压缩回弹特性。

图 7-36（e）给出了循环压缩过程中泡沫试样的能量损失系数随循环压缩次数的变化规律。从图中可以看出，对于所有泡沫试样，经过第一个压缩循环后，能量损失系数快速降低，而后随压缩循环次数继续增加，能量损失系数逐渐减小并趋于一个稳定的水平。值得注意的是，泡孔尺寸越小，能量损失系数越小，这意味着 PEBA 泡沫在循环压缩过程中的能量损耗越小，即压缩回弹性更优异。图 7-36（f）给出了循环压缩过程中最大压缩应力随循环压缩次数的变化规律。从图中可以看出，对于每一个 PEBA 泡沫试样，随着循环压缩次数增加，最大应力均呈现略有降低的变化趋势，这表明持续的循环压缩会在一定程度上降低泡沫试样的强度。对比具有不同泡孔尺寸的泡沫试样的最大应力可以发现，泡孔尺寸越小，最大应力越高，这意味着减小泡孔尺寸有利于提高泡沫试样的压缩强度。图 7-36（g）给出了循环压缩过程中泡沫试样的压缩模量随循环压缩次数的变化规律。从图中可以看出，经过第一个压缩循环后，压缩模量快速降低，而后随循环次数继续增加，泡沫试样的压缩模量呈略有降低的趋势，这表明循环压缩变形过程中，泡沫试样的刚性会在一定程度上受到削弱。对比具有不同泡孔尺寸的泡沫试样的压缩模量可以发现，泡孔尺寸越小，泡沫试样的压缩模量越高，这表明减小泡孔尺寸是提高泡沫试样刚性的一个有效手段。

循环压缩回弹测试主要用于评估低应变速率下泡沫试样的回弹性能。为了评估高应变速率下泡沫试样的回弹性能，可以采用落球回弹测试进行评价。图 7-37（a）给出了具有不同泡孔尺寸的 PEBA 泡沫试样的落球回弹率。从图中可以看出，所有泡沫试样的平均回弹率均超过了 75%，远高于目前常用的乙烯-乙酸乙烯共聚物（EVA）泡沫和 TPU 泡沫的落球回弹率（低于 65%），这表明在高应变速率下 PEBA 泡沫也具有优异的回弹性能。

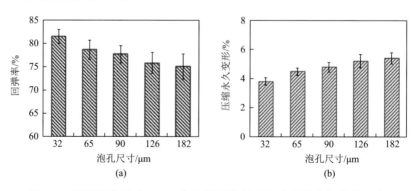

图 7-37 不同泡孔尺寸 PEBA 泡沫的回弹率（a）和压缩永久变形（b）

循环压缩测试和落球回弹测试都是用于评估泡沫试样的瞬态回弹特性。如果需要进一步评估泡沫试样在经过长时间变形后的弹性恢复能力，业内一般采用压缩永久变形测试进行评价。图 7-37（b）给出了泡沫试样的压缩永久变形与泡孔尺寸的对应关系。从图中可以看出，所有 PEBA 泡沫试样的压缩永久变形均小于 6%。这进一步验证了这些 PEBA 泡沫试样具有优异的变形恢复能力。需要注意的是，从图 7-37（b）中还可以看出，随着泡孔尺寸增大，压缩永久变形呈现逐渐增大的变化趋势，这意味着减小泡孔尺寸可以改善 PEBA 泡沫试样的弹性。例如，当泡孔尺寸从 182 μm 减小到 32 μm，泡沫试样的压缩永久变形从 5.4%缩小到 3.8%，降低了约 30%。

7.4.8　发泡注塑件的隔热性能

采用瞬态平面热源（TPS）法测量了制备的 PEBA 泡沫试样的热导率。图 7-38（a）给出了沿泡沫厚度方向测量得到的 PEBA 泡沫试样热导率随发泡倍率的变化规律。从图中可以看出，随着发泡倍率增加，泡沫试样的热导率呈逐渐减小的变化趋势，当发泡倍率增加到 10.6 时，泡沫试样的热导率可以低至 38 mW/(m·K)。泡沫试样的热导率之所以会随着发泡倍率升高而降低，其原因是随着发泡倍率增大，泡沫试样中聚合物基体相占的体积分数逐渐减少，而空气相占的体积分数会增大，由于空气相的热导率远低于聚合物基体相的热导率，所以高发泡倍率的泡沫试样具有更低的热导率[49-52]。

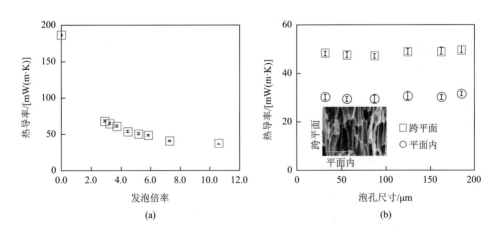

图 7-38　PEBA 泡沫试样的热导率随其发泡倍率（a）和泡孔尺寸（b）的变化规律

另外，利用同样的热导率测试方法，还测量了具有近似相同发泡倍率（约 6）但具有不同泡孔尺寸（30～192 μm）的泡沫试样的热导率，测量结果如图 7-38（b）

所示。为了评估 PEBA 泡沫试样的各向异性泡孔结构对其传热行为的影响，分别测量了平面内（与泡孔取向方向垂直）和跨平面（与泡孔取向方向平行）两个方向的热导率。从图中可以看出，所有泡沫试样在跨平面和平面内两个方向的测试结果均几乎相同。这表明此时热导率主要取决于泡沫试样的发泡倍率，而受泡孔尺寸的影响非常有限。但需要特别注意的是，所有泡沫试样在跨平面方向上测量的热导率均明显高于在平面内方向上测量的热导率。这是因为泡孔沿跨平面方向高度取向，这样更多比例的聚合物基体相将参与到热量传输中，从而导致较高的热导率，而在平面内方向，参与热量传递的聚合物基体相相对较少，所以该方向具有更低的热导率。利用各向异性泡孔结构在热量传递方面的这种方向性差异，可以设计开发具有定向传热或隔热要求的特种材料。

7.4.9　发泡注塑件的隔声性能

消音隔声是聚合物泡沫的一个重要应用方向，振动声能主要通过聚合物骨架和泡孔中的气体相传递。声能在多孔聚合物中传递时的主要能量耗散机理包括黏性流动、热阻尼和赫姆霍兹共振效应，通过这些机理声能不断耗散而转化为热能。基于上述声能耗散机理，软质聚合物泡沫通常比硬质聚合物泡沫具有更优异的消音隔声性能，其原因是软质聚合物泡沫能够产生更多的黏性耗散。采用阻抗和传输管在 200～4000 Hz 频率范围内测量了所制备的 PEBA 泡沫试样对声音的吸收系数。图 7-39（a）给出了具有相同发泡倍率（约 6）但具有不同泡孔尺寸的 PEBA 泡沫试样的吸收系数。从图中可以看出，对于所有泡沫试样，随着声频由 200 Hz 升高至 1200 Hz，吸收系数由 0.1 左右快速升高至 0.8 左右，而后随着声频继续升高，吸收系数又呈缓慢降低的变化趋势。这表明泡沫试样在低频范围的消声性能相对较差，而在高频范围展现出优异的消声性能。需要特别注意的是，在整个频率范围内，具有较小泡孔尺寸的泡沫试样具有更低的吸收系数。这表明适当细化泡孔形貌可以改善泡沫试样的消声性能。图 7-39（b）给出了泡沫试样的降噪系数随泡孔尺寸的变化规律。从图中可以清楚地看到，减小泡孔尺寸可以增大泡沫试样的降噪系数，即增强泡沫试样的降噪效果。究其原因可能是：①减小泡孔尺寸可以提高泡沫的整体刚性，从而增强声波在聚合物基体骨架和泡孔内空气相中传播时引起的振动，进而增加振动声能损耗；②减小的泡孔尺寸会显著增加聚合物泡沫的比表面积，即增大了聚合物基体与泡孔中空气的接触面积，这势必会增大声波在传递过程中的能量耗散；③更小的泡孔尺寸意味着更薄和更柔软的聚合物基体骨架，这也会增加声波在聚合物基体中传播时黏性振动或流动引起的能量耗散。

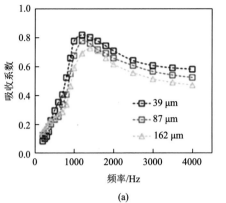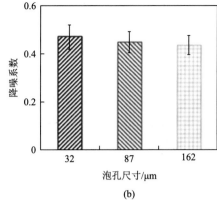

(a)　　　　　　　　　　　　　　(b)

图 7-39　不同泡孔尺寸 PEBA 泡沫的隔声特性

（a）吸收系数；（b）降噪系数

参 考 文 献

[1] 董桂伟. 微孔发泡注塑成型技术及其产品泡孔结构形成过程和演变规律研究[D]. 济南：山东大学，2015.

[2] 李帅. 气体反压技术对注塑熔体填充过程和塑件性能影响规律的研究[D]. 济南：山东大学，2015.

[3] 赵近川. 大倍率聚丙烯泡沫高压发泡注塑成型技术及其性能研究[D]. 哈尔滨：哈尔滨工业大学，2018.

[4] 张磊. 聚合物/二氧化碳体系的动态相演变与结晶行为研究[D]. 济南：山东大学，2019.

[5] 侯俊吉. 聚丙烯泡沫材料的微孔发泡制备工艺及其性能研究[D]. 济南：山东大学，2019.

[6] 吴昊. 型芯后撤二次注射开合模发泡注塑成型技术研究[D]. 济南：山东大学，2019.

[7] 杨春霞. 聚丙烯及其复合材料微孔发泡注塑成型工艺与微发泡注塑件力学性能研究[D]. 济南：山东大学，2021.

[8] 胡广洪. 微细发泡注塑成型工艺的关键技术研究[D]. 上海：上海交通大学，2009.

[9] 王健康. 微孔注塑实验设备构建及泡孔形态影响因素研究[D]. 广东：华南理工大学，2009.

[10] 祝首元. 基于联合仿真的微发泡注塑轻量化制品的性能研究[D]. 北京：北京化工大学，2017.

[11] WANG G L，ZHAO G Q，WANG J C，et al. Research on formation mechanisms and control of external and inner bubble morphology in microcellular injection molding[J]. Polymer engineering & science，2015，55（4）：807-835.

[12] DONG G W，ZHAO G Q，GUAN Y J，et al. The cell forming process of microcellular injection-molded parts[J]. Journal of applied polymer science，2014，131（12）：40365.

[13] DONG G W，ZHAO G Q，GUAN Y J，et al. Formation mechanism and structural characteristics of unfoamed skin layer in microcellular injection-molded parts[J]. Journal of cellular plastics，2016，52（4）：419-439.

[14] DONG G W，ZHAO G Q，ZHANG L，et al. Morphology evolution and elimination mechanism of bubble marks on surface of microcellular injection-molded parts with dynamic mold temperature control[J]. Industrial & engineering chemistry research，2018，57（3）：1089-1101.

[15] WANG J C，WANG G L，ZHAO J C，et al. Research on cellular morphology and mechanical properties of microcellular injection-molded BCPP and its blends[J]. The international journal of advanced manufacturing technology，2021，116：2223-2241.

[16] ZHAO J C，ZHAO Q L，WANG G L，et al. Injection molded strong polypropylene composite foam reinforced with

rubber and talc[J]. Macromolecular materials and engineering，2020，305：1900630.

[17] ZHAO J C，WANG G L，ZHU W J，et al. Lightweight and strong polypropylene/talc/polytetrafluoroethylene foams with enhanced flame-retardant performance fabricated by microcellular foam injection foaming[J]. Materials & design，2022，215：110539.

[18] WANG G L，ZHAO G Q，WANG S，et al. Injection-molded microcellular PLA/graphite nanocomposites with dramatically enhanced mechanical and electrical properties for ultra-efficient EMI shielding applications[J]. Journal of materials chemistry C，2018，6（25）：6847-6859.

[19] ZHAO J C，WANG G L，CHAI J L，et al. Polylactic acid/UV-crosslinked *in-situ* ethylene-propylene-diene terpolymer nanofibril composites with outstanding mechanical and foaming performance[J]. Chemical engineering journal，2022，447：137509.

[20] WANG G L，ZHAO G Q，DONG G W，et al. Lightweight and strong microcellular injection molded PP/talc nanocomposite[J]. Composites science and technology，2018，168：38-46.

[21] GÓMEZ-MONTERDEA J，HAINB J，SÁNCHEZ-SOTOC M，et al. Microcellular injection moulding：A comparison between MuCell process and the novel micro-foaming technology IQ Foam[J]. Journal of materials processing technology，2019，268：162-170.

[22] DING Y F，HASSAN M，BAKKER O，et al. A review on microcellular injection moulding[J]. Materials，2021，14（15）：4209.

[23] JIANG J，LI Z H，YANG H G，et al. Microcellular injection molding of polymers：A review of process know-how，emerging technologies，and future directions[J]. Current opinion in chemical engineering，2021，33：100694.

[24] ZHAO J C，QIAO Y N，WANG G L，et al. Lightweight and tough PP/talc composite foam with bimodal nanoporous structure achieved by microcellular injection molding[J]. Materials & design，2020，195：109051.

[25] LIEWELLYN G，REES A，GRIFFITHS C，et al. Advances in microcellular injection moulding[J]. Journal of cellular plastics，2020，56（6）：646-674.

[26] CHAI J L，WANG G L，ZHANG A M，et al. Microcellular injection molded lightweight and tough poly(L-lactic acid)/*in-situ* polytetrafluoroethylene nanocomposite foams with enhanced surface quality and thermally-insulating performance[J]. International journal of biological macromolecules，2022，215：57-66.

[27] WU H，ZHAO G Q，WANG G L，et al. A new core-back foam injection molding method with chemical blowing agents[J]. Materials & design，2018，144：331-342.

[28] YANG C X，WANG G L，ZHAO J C，et al. Lightweight and strong glass fiber reinforced polypropylene composite foams achieved by mold-opening microcellular injection molding[J]. Journal of materials research and technology，2021，14：2920-2931.

[29] HOU J J，ZHAO G Q，WANG G L. Polypropylene/talc foams with high weight-reduction and improved surface quality fabricated by mold-opening microcellular injection molding[J]. Journal of materials research and technology，2021，12：74-86.

[30] WANG L，HIKIMA Y，ISHIHARA S，et al. Fabrication of lightweight microcellular foams in injection-molded polypropylene using the synergy of long-chain branches and crystal nucleating agents[J]. Polymer，2017，128：119-127.

[31] WANG G L，ZHAO G Q，DONG G W，et al. Lightweight，thermally insulating，and low dielectric microcellular high-impact polystyrene （HIPS） foams fabricated by high-pressure foam injection molding with mold opening[J]. Journal of materials chemistry C，2018，6：12294-12305.

[32] ZHAO J C，ZHAO Q L，WANG C D，et al. High thermal insulation and compressive strength polypropylene foams

fabricated by high-pressure foam injection molding and mold opening of nano-fibrillar composites[J]. Materials & design，2017，131：1-11.

[33]　ZHAO J C，ZHAO Q L，WANG L，et al. Development of high thermal insulation and compressive strength BPP foams using mold-opening foam injection molding with *in-situ* fibrillated PTFE fibers[J]. European polymer journal，2018，98：1-10.

[34]　ZHAO J C，HUANG Y F，WANG G L，et al. Fabrication of outstanding thermal-insulating，mechanical robust and superhydrophobic PP/CNT/sorbitol derivative nanocomposite foams for efficient oil/water separation[J]. Journal of hazardous materials，2021，418：126295.

[35]　ZHANG A M，CHAI J L，YANG C X，et al. Fibrosis mechanism，crystallization behavior and mechanical properties of *in-situ* fibrillary PTFE reinforced PP composites [J]. Materials & design，2021，211：110157.

[36]　ZHANG A M，WANG Z Z，GUAN Y Y，et al. Strong PP/PTFE microfibril reinforced composites achieved by enhanced crystallization under CO_2 environment[J]. Polymer testing，2022，112：107630.

[37]　ZHAO J C，WANG G L，ZHANG L，et al. Lightweight and strong fibrillary PTFE reinforced polypropylene composite foams fabricated by foam injection molding[J]. European polymer journal，2019，119：22-31.

[38]　WANG G L，ZHAO G Q，ZHANG L，et al. Lightweight and tough nanocellular PP/PTFE nanocomposite foams with defect-free surfaces obtained using *in situ* nanofibrillation and nanocellular injection molding[J]. Chemical engineering journal，2018，350：1-11.

[39]　WANG G L，ZHAO J C，WANG G L，et al. Strong and super thermally insulating *in-situ* nanofibrillar PLA/PET composite foam fabricated by high-pressure microcellular injection molding[J]. Chemical engineering journal，2020，390：124520.

[40]　ZHAO J C，WANG G L，CHEN Z L，et al. Microcellular injection molded outstanding oleophilic and sound-insulating PP/PTFE nanocomposite foam[J]. Composites part B，2021，215：108786.

[41]　GIBSON L，ASHBY M. The mechanics of three-dimensional cellular materials[J]. Proceedings of the royal society of London，A：mathematical and physical sciences，1982，382：43-49.

[42]　ANDREWS E，GIBSON L，ASHBY M. The creep of cellular solids[J]. Acta materialia，1999，47（10）：2853-2863.

[43]　ANDREWS E，SANDERS L，ASHBY M. Compressive and tensile behavior of aluminum foams[J]. Materials science and engineering A，1999，270（2）：113-124.

[44]　WANG G L，ZHAO G Q，DONG G W，et al. Lightweight，super-elastic，and thermal-sound insulation bio-based PEBA foams fabricated by high-pressure foam injection molding with mold-opening[J]. European polymer journal，2018，103：68-79.

[45]　ZHAO J C，WANG G L，XU Z R，et al. Ultra-elastic and super-insulating biomass PEBA nanoporous foams achieved by combining *in-situ* fibrillation with microcellular foaming[J]. Journal of CO_2 Utilization，2022，57：101891.

[46]　XU Z R，WANG G L，ZHAO J C，et al. Super-elastic and structure-tunable poly（ether-block-amide）foams achieved by microcellular foaming[J]. Journal of CO_2 utilization，2022，55：101807.

[47]　GE C B，WANG G L，ZHAO G Q. Facile fabrication of amphiphilic and asymmetric films with excellent deformability for efficient and stable adsorption applications[J]. Macromolecular materials and engineering，2021，306：2000738.

[48]　GE C B，WANG G L，ZHAO J C，et al. Poly（ether-block-amide）membrane with deformability and adjustable surface hydrophilicity for water purification[J]. Polymer engineering & science，2021，61：2137-2146.

[49] WANG G L，ZHAO J C，MARK L H，et al. Ultra-tough and super thermal-insulation nanocellular PMMA/TPU[J]. Chemical engineering journal，2017，325：632-646.

[50] WANG G L，WANG C D，ZHAO J C，et al. Modelling of thermal transport through a nanocellular polymer foam: Toward the generation of a new superinsulating material[J]. Nanoscale，2019，9：5996-6009.

[51] WANG G L，ZHAO J C，WANG G L，et al. Low-density and structure-tunable microcellular PMMA foams with improved thermal-insulation and compressive mechanical properties[J]. European polymer journal，2017，95：382-393.

[52] ZHAO J C，WANG G L，WANG C D，et al. Ultra-lightweight，super thermal-insulation and strong PP/CNT microcellular foams[J]. Composites science and technology，2020，191：108084.

第8章

高压气体辅助微孔发泡注塑成型技术

在微孔发泡注塑成型（MIM）过程中，在熔体填充模具型腔阶段，其流动前沿处的泡孔容易破裂，并在最终发泡成型的产品表面形成气泡痕（又称银纹或漩涡痕）缺陷，影响微孔发泡注塑产品的外观品质[1-9]。为提高聚合物熔体的流动性，就需要提高聚合物熔体温度，但会造成聚合物熔体强度变差，导致发泡时的泡孔形核少且容易破裂或合并，使最终成型的发泡产品存在泡孔结构不良问题。同时，聚合物熔体的充模流动与发泡是耦合进行的，充模流动造成的复杂流场会加剧泡孔的破裂与合并，并导致泡孔发生严重且不均匀的变形，进一步恶化泡孔结构，影响最终发泡产品的力学性能。另外，由于发泡是在密闭的模具型腔中进行的，模具型腔表面的约束也会严重限制泡孔长大，为让聚合物熔体充满整个模具型腔，还需施加较高的注射压力，这也会严重抑制泡孔生长，导致发泡产品的减重效果有限。

为解决上述产品质量问题，通过将高压气体辅助成型技术引入微孔发泡注塑成型工艺，可形成高压气体辅助微孔发泡注塑成型技术，主要包括内部气辅、表面气辅和反压辅助微孔发泡注塑成型技术[10-16]。虽然上述三种工艺技术均属于高压气体辅助微孔发泡注塑成型技术，但其在工艺原理、控制方法、技术方案和产品特性方面存在明显不同。

8.1 内部气体辅助微孔发泡注塑成型技术[14, 15, 17]

在微孔发泡注塑成型工艺中，聚合物/超临界流体均相体系是在密闭的模具型腔内进行发泡的，这在一定程度上抑制了熔体的膨胀，从而导致微孔发泡注塑件的减重效果有限，最大减重量一般在20%以下。因此，为提高发泡注塑件的减重量，需要为均相体系提供更自由的发泡空间。内部气体辅助注塑成型技术可同时减轻注塑制件重量和提升其表面质量及尺寸精度。

8.1.1 成型原理

内部气体辅助微孔发泡注塑（GAMIM）工艺的基本原理如图 8-1 所示，其工艺过程分为以下四个步骤：

（1）闭合模具，向模具型腔内注射一定量的聚合物/超临界流体均相体系。此过程中的熔体发泡与微孔发泡注塑过程相同，即均相体系被注入型腔后，由于压力快速下降，过饱和的超临界流体开始析出并发泡。由于型腔内熔体压力在熔体流动方向上呈现不均匀分布，从而引起熔体内部发泡不均匀。此阶段产生的泡孔结构随熔体流动受到的剪切作用而发生变形，越靠近模壁的泡孔所受剪切作用越强烈，其变形就越严重，且在流动过程中，由于泉涌流场的作用，泡孔被翻向型腔表面，从而产生表面泡痕缺陷[18-21]。

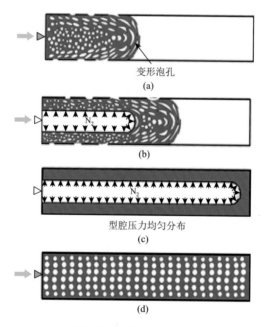

图 8-1　内部气体辅助微孔发泡注塑工艺原理

（a）充填熔体；（b）充填高压辅助气体；（c）高压辅助气体保压；（d）撤去高压辅助气体诱导发泡

（2）当聚合物熔体注射完毕后，接着注射一定压力的高压辅助气体，如 N_2 等。在辅助气体压力的驱动下，熔体在型腔内继续流动，直至熔体完全充满模具型腔。与微孔发泡注塑成型工艺相比，该过程可采用较小的注射量，即可充满模具型腔体积，因此可进一步降低发泡制件的重量。

（3）当熔体完全充满模具型腔后，继续维持内部的高压辅助气体一段时间，以建立较高的模腔压力。由于高压气体直接均匀地作用在聚合物熔体的各个部分，因此熔体内部各处的压力分布较均匀。在压力维持时间内，已产生的泡孔会被高的模腔压力完全压溃，重新溶入熔体，使熔体内部的不均匀泡孔完全消失。在一定模具温度下，表面产生的泡痕在高压辅助气体的压缩作用下也同样被压回熔体，因而使制件的表面质量得到明显改善。在该阶段，通过调节高压气体的保压时间，可调控熔体温度，从而提升熔体强度，这有利于后续的熔体发泡过程。

（4）撤去熔体内部的高压辅助气体，诱导熔体进行二次发泡。二次发泡过程与熔体填充过程完全分离，此时熔体的发泡过程是在稳定状态下进行，这类似于间歇式发泡工艺。由于保压后熔体内部的压力分布均匀，在压力释放后，熔体内部就能够生成如图 8-1（d）所示的均匀分布的良好泡孔结构。

高压辅助气体的作用能够有效增加熔体膨胀的自由空间，调控熔体发泡的温度及解耦熔体发泡和填充过程，对于成型高减重、泡孔均匀、表面质量优异及力学性能良好的发泡注塑件具有重要意义。

图 8-2 给出了内部气体辅助微孔发泡注塑成型系统的基本组成。该系统主要包括高压辅助气体控制系统、注塑机、超临界流体输送装置和气体辅助注塑模具。其中，高压辅助气体控制系统用来精确控制高压辅助气体的加载、维持和排出。超临界流体输送装置用来准确和快速地完成对超临界流体的输送和计量。为防止料筒内的熔体发生流延而引起料筒内部压力下降，在料筒前端需要配备由压缩空气控制的自锁式喷嘴。气体辅助注塑模具内部设置专用的气体通道，以便使高压气体可被注入熔体内部。

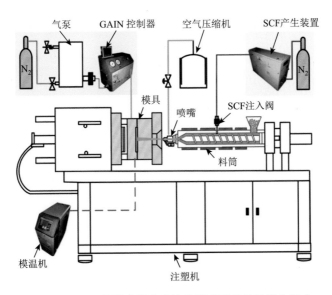

图 8-2　内部气体辅助微孔发泡注塑成型系统的基本组成

8.1.2 内部气体辅助微孔发泡注塑件的性能与质量

图 8-3 给出了实验用内部气体辅助微孔发泡注塑模具及其型腔布局和流道系统。在整个模具中心部位，设置了一个热流道进胶点，模具型腔包含两个圆柱形试样型腔、两个长方柱试样型腔和四个平板试样型腔。考虑到所用注塑机的注射量较大，在模具上设计了六个储料井。考虑到料流平衡，采用阻流块将图 8-3（a）所示的模具左上方型腔区域（蓝色平面覆盖区）堵住。在模具右下侧壁上设置了四个高压辅助气体进气孔，为使高压辅助气体顺利注入熔体内部，在两个圆柱形试样型腔和两个长方柱试样型腔的浇口处，分别设置了四个进气孔，其位置如图 8-3（a）所示。

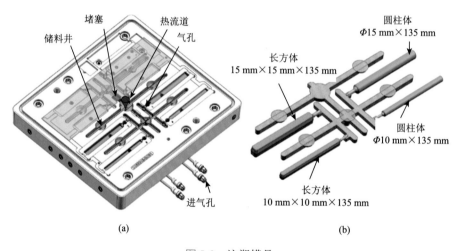

图 8-3 注塑模具

（a）模具型腔布局；（b）流道系统及试样

经注塑后，获得形状如图 8-3（b）所示的塑件，其中两个圆柱形试样的横截面直径分别为 $\Phi10\,mm$ 和 $\Phi15\,mm$，两个长方柱试样的横截面尺寸分别为 $10\,mm\times10\,mm$ 和 $15\,mm\times15\,mm$，所有试样的长度均为 135 mm。截面直径为 $\Phi15\,mm$ 的圆柱形试样用于泡孔形貌观察和拉伸性能测试，截面为 $15\,mm\times15\,mm$ 的长方柱试样用于表面质量、弯曲和冲击性能测试。

注塑材料为注塑级线型均聚聚丙烯，熔融流动指数为 20 g/10 min（230℃，2.16 kg），密度为 0.91 g/cm³。注塑前，材料在 80℃下烘干 8 h。发泡剂和高压辅助气体均为工业氮气，纯度为 99.5%。发泡剂的用量为塑件质量的 0.3%。

对于内部气体辅助微孔发泡注塑成型工艺，高压气体的压力和保压时间是影响发泡制件成型质量的关键因素。较低的压力难以将填充过程中形成的泡孔全部压回熔体，在再次发泡时，这部分泡孔会优先生长，影响泡孔的均匀性。较短的持压时间难以使熔体充分冷却，熔体依然在高温下进行发泡，此时熔体的强度较低，也会影响发泡质量。为保证泡孔完全溶入熔体，再次形成聚合物/超临界流体均相体系，施加的高压辅助气体压力应高于超临界氮气的饱和压力。当温度为 220℃，N_2 含量为 0.3%时，采用线性插值计算后获得的饱和压力不足 3 MPa，因此施加 3 MPa 的压力就能够使气体重新溶入聚丙烯熔体。由于气体溶解需要一定的时间，为使气体快速溶入熔体，提高成型效率，选取的高压辅助气体压力为 20 MPa。

为了确定合适的保压时间，可将注射量设为固定值，通过改变不同保压时间，获得一系列内部气体辅助微孔发泡注塑成型试样。图 8-4 为获得的发泡注塑成型试样的断面形貌。从图中可以看出，当保压时间较短时，试样内部存在较大孔洞，如图 8-4（a）和（b）所示；随保压时间增加，内部孔洞尺寸减小，如图 8-4（c）所示；当保压时间为 25 s 时，试样内部孔洞已完全消失，如图 8-4（d）所示；但当保压时间进一步增加时，试样内部又出现了孔洞，且其尺寸随保压时间的增加逐渐增大，如图 8-4（e）和（f）所示。因此，在高压辅助气体压力为 20 MPa 时，发泡试样内部不存在孔洞的最佳保压时间为 25 s，在后续的内部气体辅助微孔发泡注塑成型时，可选取辅助气体压力为 20 MPa，保压时间为 25 s。微孔发泡注塑成型和内部气体辅助微孔发泡注塑成型工艺的具体成型条件如表 8-1 所示，其中注射量表示每个试样的实际质量与其设计质量之比，该变量通过多次调节螺杆的注射距离确定。

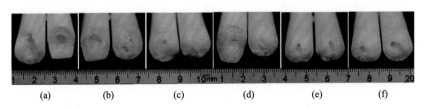

图 8-4 内部气体辅助微孔发泡注塑成型预实验中不同保压时间下获得试样的断面
(a) 0 s；(b) 5 s；(c) 15 s；(d) 25 s；(e) 35 s；(f) 45 s

表 8-1 两种注塑实验中所用的工艺参数

参数	微孔发泡注塑成型	内部气体辅助微孔发泡注塑成型
注射速率/(mm/s)	85	85
熔体温度/℃	220	220
模具温度/℃	60	60

续表

参数	微孔发泡注塑成型	内部气体辅助微孔发泡注塑成型
发泡剂含量/wt%	0.3	0.3
背压/MPa	16	16
辅助气体压力/MPa	—	20
气体保持时间/s	—	25
注射量/%	60、65、70、75	45、50、55、60

1. 发泡制件的减重与泡孔形貌

图 8-5 表示具有不同减重量的微孔发泡注塑成型和内部气体辅助微孔发泡注塑成型发泡试样的断面，图中百分数表示试样的减重量。对于两种注塑工艺对应的试样，均存在一个临界减重值，当减重量大于这个值时，试样芯部会出现较大孔洞，显然这些孔洞会降低制件的力学性能。随减重量降低，试样芯部的孔洞逐渐减小并消失，无孔洞的试样被视为合格试样。

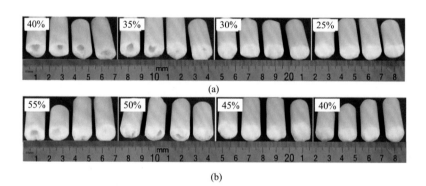

图 8-5　微孔发泡试样的断面
（a）微孔发泡注塑；（b）内部气体辅助微孔发泡注塑

临界减重值可认为是合格试样的最大减重量，微孔发泡注塑成型和内部气体辅助微孔发泡注塑成型工艺所制备试样的最大减重量分别为 30% 和 45%，其对应的相对密度分别为 0.70 和 0.55，表观密度分别为 0.64 g/cm^3 和 0.50 g/cm^3。与微孔发泡注塑成型工艺相比，内部气体辅助微孔发泡注塑成型工艺注塑试样最大减重量提升了 50%。对于微孔发泡注塑成型工艺，因熔体进入模具型腔内就开始发泡，此时熔体在较高温度下进行发泡，泡孔生长时易合并和粗化，且在冷却过程中，试样芯部易发生收缩，因而在较高的减重量下，试样芯部产生较大孔洞，为获得合格试样须降低减重量。而在内部气体辅助微孔发泡注塑成型工艺中，熔体经历了保压阶段，保压结束后熔体的温度有所降低，熔体强度也有所提升，在二次发泡时，高压辅助 N_2 的迅速撤去为熔体提供了充足的发泡空间和较高的压力降，使熔体自由膨胀，从而发泡更加充分，试样芯部产生孔洞的临界减重量得以增加。

下面对减重量为 30%的微孔发泡注塑成型试样（相对密度 0.70）和减重量为 45%的内部气体辅助微孔发泡注塑成型试样（相对密度 0.55）进行对比，分析其泡孔形貌、表面质量和力学性能。图 8-6 给出了成型试样横断面上沿半径方向不同观察位置处的泡孔形貌，其中 P_1 代表中心位置，P_3 代表靠近表层位置。对于微孔发泡注塑成型试样，从图 8-6（a）～（c）可以看出，横断面上不同位置处的泡孔尺寸差别很大，中心位置处泡孔尺寸最大，而靠近表层处的泡孔尺寸最小，即泡孔尺寸随离中心位置距离的增大呈减小趋势。对于内部气体辅助微孔发泡注塑成型试样，如图 8-6（d）～（f）所示，尽管靠近表层位置处的泡孔尺寸偏小，但整体而言，沿半径不同位置处泡孔的尺寸差别不大。这表明内部气体辅助微孔发泡注塑成型试样具有更均匀细密的泡孔结构。

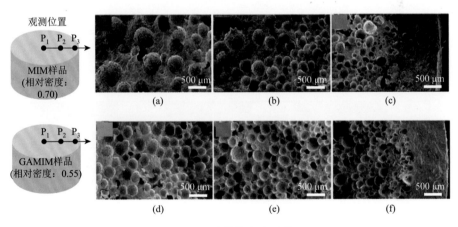

图 8-6　试样的泡孔形貌

（a）和（d）P_1 位置；（b）和（e）P_2 位置；（c）和（f）P_3 位置

在微孔发泡注塑成型工艺中，试样中心处的温度较高，泡孔生长时的阻力小，泡孔易发生粗化，而靠近模壁处试样表层的温度较低，泡孔生长时的阻力较大，其泡孔尺寸相对较小。在内部气体辅助微孔发泡注塑成型工艺中，熔体发泡是在高压辅助气体保压一段时间（25 s）后进行的，该保压阶段相当于对熔体进行冷却，使熔体温度降低，熔体强度提升，从而增加了泡孔成核，有效抑制泡孔破裂或合并，进而防止泡孔出现局部粗化，泡孔整体上分布较均匀且尺寸较细小。

图 8-7 表示微孔发泡注塑成型和内部气体辅助微孔发泡注塑成型试样在不同取样位置横断面芯部附近的泡孔形貌。从图 8-7（a）可以看出，微孔发泡注塑成

型试样在三个位置处的泡孔数目和泡孔尺寸相差较大,随距浇口位置距离的增加,泡孔数量逐渐减小,而泡孔尺寸逐渐增大。在微孔发泡注塑成型的模具型腔内部压力沿流动方向存在一定的梯度,越远离浇口处,其型腔压力越小,因此在距离浇口较远处泡孔生长的阻力较小,泡孔容易粗化合并,从而造成泡孔数目较少,泡孔尺寸较大。而从图 8-7(b)可以看出,内部气体辅助微孔发泡注塑成型试件在三个取样位置处,其泡孔数目和密度变化较小,说明该试样整体上发泡比较均匀。在诱导发泡前,高压气体的保压作用使熔体内部的压力分布较均匀,释放压力时各部分的压力降较均匀,因此熔体各处发泡比较均匀,泡孔数目和尺寸基本不随取样位置发生变化。从图中还可以看出,在同一取样位置处,内部气体辅助微孔发泡注塑成型试样的泡孔尺寸小于微孔发泡注塑成型试样,且泡孔数目也多于微孔发泡注塑成型试样。

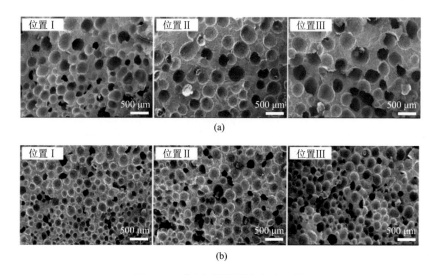

图 8-7 不同取样位置的泡孔形貌

(a)微孔发泡注塑成型试样;(b)内部气体辅助微孔发泡注塑成型试样

为进一步比较微孔发泡注塑成型和内部气体辅助微孔发泡注塑成型试样的泡孔密度和尺寸,图 8-8 给出了其定量统计结果。从图 8-8(a)可以看出,从靠近浇口处到末端(Ⅰ→Ⅲ),微孔发泡注塑成型试样的泡孔密度由 7.1×10^4 cells/cm^3 下降到 4.3×10^4 cells/cm^3,而内部气体辅助微孔发泡注塑成型试样的泡孔密度在三个位置处基本维持在 8.0×10^5 cells/cm^3 左右。与微孔发泡注塑成型试样相比,内部气体辅助微孔发泡注塑成型试样的泡孔密度提升了一个数量级,说明内部气体辅助微孔发泡注塑成型工艺能够显著促进泡孔的形核。就泡孔尺寸而言,从靠近浇口处到末端,微孔发泡注塑成型试样的泡孔尺寸由 213 μm 增大到 254 μm,

而内部气体辅助微孔发泡注塑成型试样的泡孔尺寸则基本维持在 142 μm 左右。由于泡孔密度的提升，内部气体辅助微孔发泡注塑成型试样的泡孔尺寸显著减小。对比图 8-8（c）和（d）可以发现，微孔发泡注塑成型试样泡孔尺寸分布范围较宽，而内部气体辅助微孔发泡注塑成型试样泡孔尺寸分布范围较小，这充分说明内部气体辅助微孔发泡注塑成型试样发泡更加均匀。总之，内部气体辅助微孔发泡注塑成型工艺不仅能够促进泡孔形核，减小泡孔尺寸，而且能改善泡孔的均匀性。

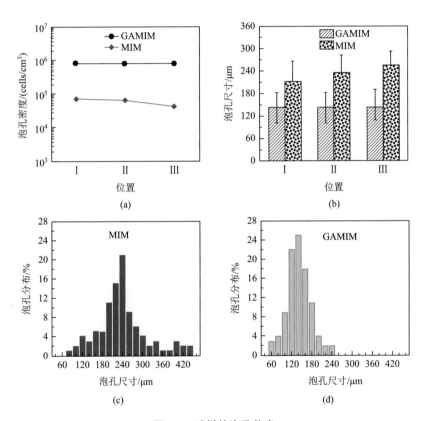

图 8-8　试样的泡孔信息

（a）泡孔密度随取样位置的变化；（b）泡孔尺寸随取样位置的变化；（c）微孔发泡注塑（MIM）试样的泡孔分布；
（d）内部气体辅助微孔发泡注塑（GAMIM）试样的泡孔分布

图 8-9 为微孔发泡注塑成型和内部气体辅助微孔发泡注塑成型试样在取样位置Ⅱ处皮层附近的断面形貌，其中横断面表示断面方向垂直于熔体流动方向，而纵断面则表示断面方向平行于熔体流动方向。从图 8-9（a）中可以看出，微孔发泡注塑成型试样的皮层中夹杂着泡孔，其中的部分泡孔产生一定变形，且纵断面

上的泡孔变形更为严重。在微孔发泡注塑成型工艺中，发泡是在熔体填充过程中进行的，在注塑流场的剪切和拉伸作用下，泡孔沿熔体流动方向被拉长，越靠近模具表面的熔体受到的剪切作用越强，因而靠近表层的泡孔变形越严重，最终在纵断面上形成沿流动方向严重取向的泡孔。而对于内部气体辅助微孔发泡注塑成型试样，其皮层内部不存在任何泡孔，皮层较密实，如图 8-9（b）所示。这说明施加的高压辅助气体能够将熔体填充过程形成的泡孔压回熔体。在二次发泡过程中，皮层处的熔体冻结，不能进行发泡，形成了较为密实的皮层结构。

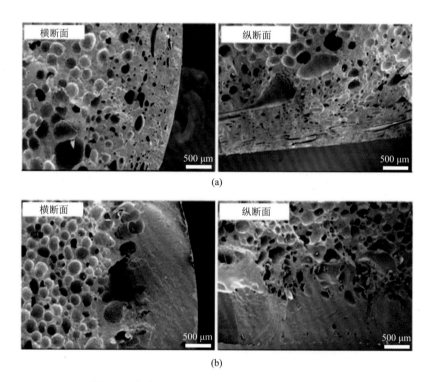

图 8-9　发泡试样在位置 Ⅱ 处皮层附近的断面形貌

（a）微孔发泡注塑成型试样；（b）内部气体辅助微孔发泡注塑成型试样

图 8-10 为不同试样经过刻蚀获得的晶体形貌，其中实心试样表示常规注塑获得的试样。由图 8-10（a）和（c）可以看出，试样中的晶粒尺寸粗大，晶粒数目较少。而从图 8-10（b）和（d）中可以看出，试样内部晶粒尺寸较小，且晶粒数目较多。因内部气体辅助注塑和内部气体辅助微孔发泡注塑成型工艺均包含高压辅助气体的注射过程，能够改善熔体的结晶行为，而对于聚丙烯等半结晶型材料，结晶对其发泡行为影响较为显著。

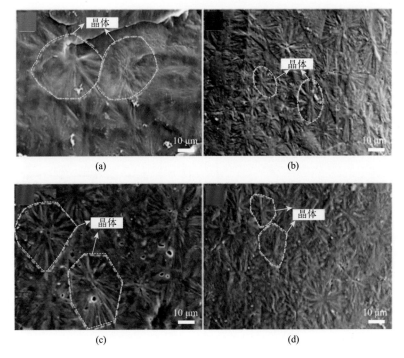

图 8-10　不同试样刻蚀后的晶体形貌

（a）实心试样；（b）内部气体辅助注塑成型试样；（c）微孔发泡注塑成型试样；（d）内部气体辅助微孔发泡注塑成型试样

2. 发泡制件的表面质量

微孔发泡注塑成型和内部气体辅助微孔发泡注塑成型对塑件表面质量具有不同影响。图 8-11 表示试样的表面粗糙度和表面光泽度与距离浇口位置之间的关系。从图 8-11（a）看出，当距离浇口位置由 15 mm 增加到 120 mm 时，微孔发泡注塑成型试样表面粗糙度由 1.08 μm 增加到 1.88 μm，平均值为 1.37 μm，说明微孔发泡注塑成型试样的表面质量沿着试样长度方向发生变化，即靠近浇口处的表面质量较好，而远离浇口处的表面质量较差。对于内部气体辅助微孔发泡注塑成型试样，表面粗糙度几乎与距离浇口的位置无关，其值基本稳定在 0.52 μm 左右，说明内部气体辅助微孔发泡注塑成型试样各处的表面质量差别很小。在同一位置处，内部气体辅助微孔发泡注塑成型试样的表面粗糙度小于微孔发泡注塑成型试样的表面粗糙度。从图 8-11（b）可知，微孔发泡注塑成型试样的表面光泽度随距离浇口位置的增加而降低，在距离浇口 15 mm 处，光泽度为 6.30，而靠近试样末端，表面光泽度变为 1.00，整个试样长度上的平均表面光泽度为 4.14。对于内部气体辅助微孔发泡注塑成型试样，其表面光泽度几乎不随距离浇口位置的变化而发生变化，其值稳定在 11.88 左右。在同一位置处，内部气体辅助微孔发泡注塑成型试样的表面光泽度均大于微孔发泡注塑成型试样的表面光泽度。与微孔发泡注塑成型试样相比，内部气体辅助微孔发泡注塑成型试样的平均表面粗糙度降低62.0%，而表面光泽度提高 1.87 倍。因此，内部气体辅助微孔发泡注塑成型工艺比微孔发泡注塑成型工艺具有更好的型腔表面形貌的复制能力，塑件表面质量得以显著提升。

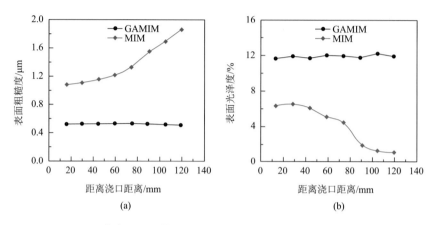

图 8-11　距离浇口不同位置处的表面粗糙度（a）和表面光泽度（b）

图 8-12 表示实心试样（常规注塑成型试样）、微孔发泡注塑成型试样和内部气体辅助微孔发泡注塑成型试样的表面形貌，其中图 8-12（a1）～（c1）为显微镜测得的表面显微形貌，图 8-12（a2）～（c2）为白光干涉仪测得的表面局部轮廓。从图 8-12（a1）看出，实心试样的表面显微形貌比较细腻，其表面存在的细小条纹为抛光模具型腔时留下的痕迹。对于微孔发泡注塑成型和内部气体辅助微孔发泡注塑成型试样，其表面均存在一些不同尺寸的泡痕，如图 8-12（b1）和（c1）所示，且微孔发泡注塑成型试样表面的泡痕尺寸远大于内部气体辅助微孔发泡注塑成型试样表面的泡痕尺寸，这些泡痕是降低试样表面质量的主要原因。从图 8-12（a2）看出，实心试样对应的表面局部轮廓比较平整，而微孔发泡注塑成型和内部气体辅助微孔发泡注塑成型试样表面局部轮廓则呈现不同程度的高低起伏，如图 8-12（b2）和（c2）所示，且微孔发泡注塑成型试样局部轮廓表面高低起伏较大，存在较多的蓝色塌陷区，这些塌陷区为试样表面的泡痕或者凹坑。通过试样表面形貌对比，也证实了内部气体辅助微孔发泡注塑成型工艺所制备试样的表面质量明显优于微孔发泡注塑成型工艺所制备试样的表面质量。

在微孔发泡注塑中，熔体流动前沿部位变形或破裂的泡孔在注塑流场"泉涌效应"作用下被推向模腔表面，模腔表面处的熔体随后发生冷凝，使泡孔内气体不能顺利排出模腔，在制件表面产生泡痕。因注塑流场中的熔体压力沿流动方向

图 8-12　不同试样的表面形貌

（a）实心试样；（b）微孔发泡注塑成型试样；（c）内部气体辅助微孔发泡注塑成型试样

存在梯度，靠近浇口处熔体压力较高而会消除局部泡痕，但在试样末端，熔体依靠发泡膨胀充满模腔，这种膨胀压力不足以使熔体完全复制模腔表面形貌，因此在距离浇口位置越远处，微孔发泡注塑成型试样表面质量较差。而在内部气体辅助微孔发泡注塑过程中，高压辅助气体能够建立均匀分布的压力，且保持时间也较长，在一定模具温度下，长时间高保压就能消除试样表面的绝大部分泡痕，在二次发泡过程中，表层熔体已冷凝，仅内部熔体才能发泡，二次发泡不会影响试样表面质量。

3. 发泡制件的力学性能

图 8-13（a）表示微孔发泡注塑成型和内部气体辅助微孔发泡注塑成型试样的拉伸应力-应变曲线。与微孔发泡注塑成型试样相比，内部气体辅助微孔发泡注塑成型试样具有更高的拉伸强度和断裂伸长率，说明内部气体辅助微孔发泡注塑工艺能同时增加试样的强度和拉伸韧性。图 8-13（b）表示微孔发泡注塑和内部气体辅助微孔发泡注塑成型试样的弯曲应力-应变曲线。与微孔发泡注塑成型试样相比，内部气体辅助微孔发泡注塑成型试样具有更高的弯曲强度和弯曲弹性模量，说明内部气体辅助微孔发泡注塑工艺还能够提升试样的刚度。尤其值得注意的是，与微孔发泡注塑成型试样相比，虽然内部气体辅助微孔发泡注塑成型试样的密度更小，但却表现出更优良的力学性能。

为进一步验证内部气体辅助微孔发泡注塑工艺在改善试样力学性能方面的有效性，图8-14给出了两种塑件的比力学性能（力学性能绝对值与试样密度的比值），图中 δ 表示相关力学指标的提升幅度。从图中看出，与微孔发泡注塑成型试样相比，内部气体辅助微孔发泡注塑成型试样的比拉伸强度、比弹性模量和断裂伸长率分别提升了 71.8%、54.0% 和 26.5%。对于弯曲性能，内部气体辅助微孔发泡注塑成型试样的比弯曲强度和比弯曲模量分别比微孔发泡注塑成型试样提升了

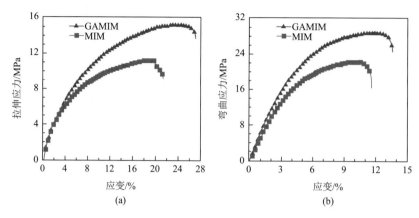

图 8-13 （a）拉伸应力-应变曲线；（b）弯曲应力-应变曲线

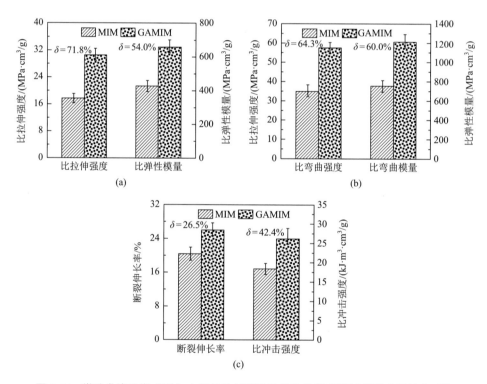

图 8-14 微孔发泡注塑成型与内部气体辅助微孔发泡注塑成型试样的力学性能对比

（a）比拉伸强度和比弹性模量；（b）比弯曲强度和比弯曲模量；（c）断裂伸长率和比冲击强度

64.3%和 60.0%。此外，内部气体辅助微孔发泡注塑成型试样的比冲击强度比微孔发泡注塑成型试样提升了 42.4%。可见，内部气体辅助微孔发泡注塑工艺可大幅度提升试样的拉伸、弯曲和冲击性能。

发泡试样的力学性能同时受其内部泡孔结构和外部皮层的影响。微孔发泡注塑成型试样内部的泡孔尺寸较大，且泡孔分布不均匀，由外力引起的裂纹在泡孔之间扩展较快。而内部气体辅助微孔发泡注塑成型试样内部泡孔细小且分布均匀，可减慢裂纹在内部泡孔之间的扩展速度。就外部皮层而言，微孔发泡注塑成型试样的皮层中存在一些泡孔，而内部气体辅助微孔发泡注塑成型试样的皮层则为密实结构。当微孔发泡注塑成型试样在承受外力时，皮层内存在的泡孔割裂了基体材料的连续性，且这些泡孔周围容易产生应力集中，因此削弱了试样抵抗变形外力的能力。然而内部气体辅助微孔发泡注塑成型试样存在的密实皮层则有助于提升力学性能，同时，高压辅助气体的穿透作用能使靠近型腔表面附近熔体内部的分子链沿流动方向发生取向，从而对基体也起到一定增强作用。上述因素共同作用显著提升了内部气体辅助微孔发泡注塑成型试样的各项力学指标。

8.2　气体反压辅助微孔发泡注塑成型技术[13, 22, 23]

气体反压（gas counter pressure，GCP）技术是一种动态气体压力控制技术，将气体反压技术应用于注塑成型工艺，构成气体反压辅助注塑工艺。根据注塑工艺的不同，可分为气体反压辅助常规注塑工艺、气体反压辅助化学发泡工艺和气体反压辅助微孔发泡注塑工艺，其对应的模具称为气体反压辅助注塑模具。

在气体反压辅助常规注塑工艺中，气体反压技术对填充过程中的熔体进行反向施压，可解决注塑过程中流动前沿熔体压力不足的问题，从而提高成型塑件的尺寸精度。在气体反压辅助化学发泡注塑工艺和气体反压辅助微孔发泡注塑工艺中，气体反压技术可有效消除发泡注塑件表面的螺旋纹、银纹等气痕缺陷[24, 25]，显著提升成型塑件的表面质量，取消打磨、罩光及喷涂等二次加工工序，有效降低生产成本和能耗，减少环境污染。

8.2.1　气体反压辅助注塑工艺[13, 23, 26]

1. 气体反压辅助注塑工艺及气道设计

气体反压辅助注塑工艺一般分为合模、注射、保压、冷却、开模、顶出、取件等阶段，根据注塑成型过程不同阶段的工艺要求，对模具型腔气体进行快速加压和快速卸压，动态调控成型过程中模具型腔内的气体压力。为提高模具型腔气体压力的控制精度，气体反压辅助注塑模具需进行有效密封。在一个注塑周期内，模具型腔气体压力变化曲线如图 8-15 所示，其过程分为快速加压、高压保持和快速卸压三个阶段。

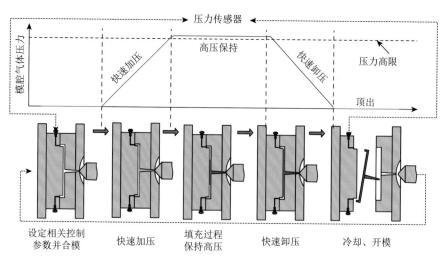

图 8-15　气体反压辅助注塑工艺中模具型腔内气体压力变化曲线

由于在模具型腔气体加压过程完成后才进行熔体注射，在气体反压辅助注塑模具的气道设计中，就需要综合考虑模具型腔气体加压/卸压效率和气道尺寸对塑件飞边的影响。模具气道的尺寸设计越大，成型过程中模具型腔气体的加压/卸压效率就越高，从而可缩短模具型腔气体的加压时间和卸压时间，降低模具型腔气体压力控制过程对注塑成型周期的影响。但是，由于气道与模具型腔直接连通，气体反压辅助注塑模具气道尺寸设计越大，塑件对应气道部分产生飞边缺陷的概率越大。因此，对于气体反压辅助注塑模具，合理的模具气道设计方案是保证成型过程顺利进行和获得高品质塑件的前提。

下面结合图 8-16 说明气道的设计方法。模具内部的气道首先到达模具型腔外围的分型面位置，由模具分型面上的主气道进行串联，模具分型面上的主气道与模具型腔通过分气道进行连通，注塑成型过程中气体分别经模具内部气道、主气道和分气道到达模具型腔。受注塑模具钻孔设备的限制，模具内部气道的横截面一般为圆形，其直径一般选为 6~8 mm，分气道可采用数控加工而成，根据实际情况和熔体流动性能，分气道深度一般为 0.03~0.05 mm。这种模具气道设计方法既可避免大尺寸气道直接接触塑件表面而引起飞边缺陷，又可通过增加分气道数量及其长度来提高成型过程中模具型腔气体的加压/卸压效率。

2. 气体反压辅助注塑成型控制方法

合理的气体反压辅助注塑工艺流程既可保证成型过程中气体反压参数控制的准确性，又可保证每个成型周期成型过程的连续性和稳定性。图 8-17 为气体反压辅助注塑控制系统的结构框架，主要包括模具型腔气体压力控制系统和注塑成型

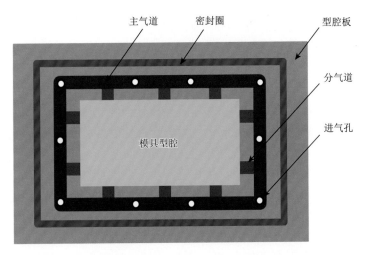

图 8-16　气体反压辅助微孔发泡注塑模具气道设计原理示意图

系统。由于注塑成型系统已具有较高的稳定性和安全性，可采用相互独立的设计方式，以减小模具型腔气体压力控制系统对注塑成型系统的影响，进而保障气体反压辅助注塑系统整体的稳定性和安全性。模具型腔气体压力控制系统和注塑成型系统采用信号通信的方式进行控制过程匹配，确保气体反压辅助注塑工艺中各个过程的顺利进行。模具型腔气体压力的控制方法如下。

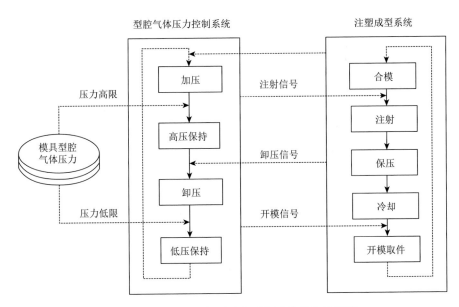

图 8-17　气体反压辅助注塑成型系统的结构框架

在气体反压辅助注塑过程开始阶段，首先利用模具型腔气体压力控制系统对气体反压压力和气体反压作用时间进行设定，然后开始注塑。注塑成型系统控制注塑机动作并进行合模，当合模过程结束时，由注塑成型系统向模具型腔气体压力控制系统发出模具型腔气体加压信号，模具型腔气体压力控制系统接收到加压信号后，对模具型腔气体进行快速加压。当模具型腔气体压力达到设定的气体反压压力时，模具型腔气体压力控制系统发出允许注射信号。当注塑成型系统接收到允许注射信号后，进行熔体注射。

在熔体填充模具型腔过程中，熔体进一步压缩模具型腔内的高压气体，模具型腔内的气体压力逐渐增大。为提高气体反压压力的控制精度及实际生产中的气体反压参数的调试效率，在模具型腔气体压力控制系统中可设定气体反压压力误差范围，实现熔体填充过程中的模具型腔气体压力的调控。假设设定的气体反压压力为 x，气体反压压力误差为 Δx。在熔体填充过程中，当气体反压压力高于 $x+\Delta x$ 时，模具型腔气体压力控制系统对模具型腔气体进行卸压；当气体反压压力降至 x 时，模具型腔气体压力控制系统停止对模具型腔气体的卸压。

当气体反压作用时间达到设定的时间时，模具型腔气体压力控制系统对模具型腔气体进行快速卸压。设定的模具型腔气体压力低限为 y，当气体反压压力下降到 y 时，模具型腔气体压力控制系统停止气体卸压并发出允许开模信号。在实际生产中，当模具型腔气体压力较高时进行开模动作，将导致模具的密封圈被吹掉甚至被吹破。因此，在满足生产要求的前提下，模具型腔气体压力的压力低限设定值越小越好。根据实际使用情况，模具型腔气体压力低限设定范围为 0.2～0.5 MPa。

当冷却过程结束并允许开模时，注塑成型系统进行开模动作。当模开模时，注塑成型系统发出开模信号，模具型腔气体压力控制系统利用此信号进行气体反压参数的初始化设定，为下一个成型周期做准备。

8.2.2 模具型腔气体压力控制系统

模具型腔气体压力控制系统主要由高压气体发生装置、气体回收装置（或排空）、报警装置、阀门管路转换装置、控制单元等组成，其中高压气体发生装置可选择高压氮气发生器、高压氮气瓶或空气压缩机。气体压力控制系统与注塑机和气体反压辅助注塑模具的组成如图 8-18 所示。

高压气体发生装置可提供满足一定压力要求的高压气源，作为加压模具型腔气体的介质。气体回收装置的作用是回收模具型腔气体卸压时由模具型腔内排出的较高纯度的气体，作为高压气体发生装置的供气气源，以节省能源和资源。阀门管路转换装置可为模具型腔气体加压/卸压过程提供切换管路，改变高

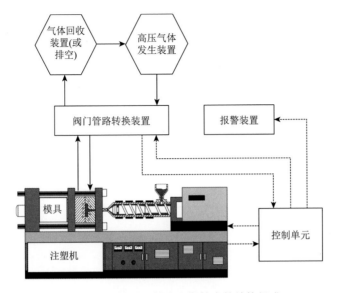

图 8-18　气体反压辅助注塑技术的结构组成

压气体的流动方向，实现模具型腔气体加压、稳压及卸压过程控制。控制单元
一方面可与注塑机控制单元进行信号通信，根据气体反压辅助注塑工艺的不同
过程，实现各单元及阀门管路转换装置的协调动作，保证成型过程的顺利进行；
另一方面可对模具型腔内的气体压力进行实时监控，便于技术人员对整个过程
的控制。另外，控制单元还控制报警装置，当模具型腔气体压力出现压力过高
或供压不足的情况时，报警装置将发出警报，及时通知相关工作人员进行故障
排查。

　　动态模具型腔气体压力控制系统结构如图 8-19 所示。阀门管路转换装置主要
由加压阀、稳压阀、卸压阀和高压气道管路组成。控制单元的主要部件为电路集
成的智能数控表，智能数控表内部的集成电路与外部控制电路对接，接收相应的
控制信号并完成信息采集，根据相关设定发出对应的控制指令，保证不同阶段各
执行元件的协调动作。在靠近注塑模具位置的管道上安装气体压力传感器，实时
测量并反馈模具型腔内气体的压力信息，通过气体压力传感器和控制单元，实现
对模具型腔气体压力的闭环控制和动态监控。

　　气体反压辅助注塑工艺的具体过程如下：

　　在进行注塑成型前，调节调压阀的下游压力，使其稍大于所需的气体反压压
力，以减小高压气体对模具密封装置的冲击，提高模具的使用寿命。设定成型过
程中所需的气体反压参数，包括气体反压压力及其时间。

　　在上述设定完成后，进行合模操作，模具闭合完成后注塑机控制单元对模具
型腔气体压力控制单元发出加压信号，模具型腔气体压力控制单元控制加压阀打

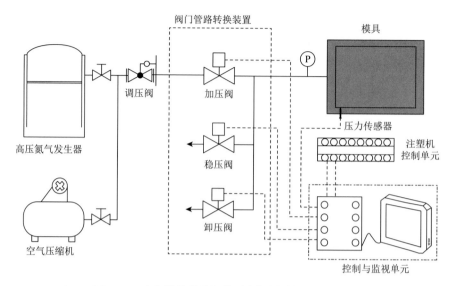

图 8-19 动态模具型腔气体压力控制系统的结构组成

开，建立模具型腔气体加压通道，高压气体经加压阀、过滤器、加压气体管路和模具气道进入模具型腔，实现模具型腔气体的快速加压。当气体压力传感器反馈给模具型腔气体压力控制单元的气体反压压力达到设定值时，模具型腔气体压力控制单元控制加压阀关闭，停止对模具型腔气体加压，同时向注塑机控制单元发出允许注射信号，进行熔体的注射过程。

在熔体填充模具型腔的过程中，由于模具型腔内的气体被进一步压缩，气体压力逐渐增大。当气体反压压力误差大于设定的气体反压压力误差值时，模具型腔气体压力控制单元控制稳压阀打开，建立气体稳压通道，模具型腔内的气体经模具气道、过滤器、稳压管路和稳压阀排出模具型腔。当气体反压压力降低到设定范围后，模具型腔气体压力控制单元控制稳压阀关闭，停止模具型腔气体卸压。

当气体反压作用时间达到设定的时间值时，模具型腔气体压力控制单元控制卸压阀开启，建立模具型腔气体卸压通道，模具型腔内的高压气体经模具气道、过滤器、卸压管路和卸压阀排出模具型腔。当气体反压压力达到设定的压力低限时，模具型腔气体压力控制单元控制卸压阀关闭，停止模具型腔气体卸压，同时向注塑机控制单元发出允许开模信号，若此时模具冷却过程已完成，可立即进行开模取件，若此时模具冷却过程未完成，需在冷却过程完成后进行开模取件。

基于智能数控表控制的动态模具型腔气体压力控制单元的结构组成如图 8-20 所示，主要包括气体压力传感器、控制信号、模拟/数字转换模块、数字输入模块、智能数控表、显示屏、输出模块、执行元件和注塑机控制系统。气体压力传感器主要用于实时监测成型过程中模具型腔气体压力的变化，并经模拟/数字转换模块进行信号转换后反馈给智能数控表，从而实现成型过程中模具型腔气体压力的闭环控制。控制信号包括气体反压压力和气体反压作用时间，设定的气体反压参数经数字输入模块转化后可被智能数控表识别，实现成型过程中气体反压压力和气体反压作用时间的精确控制。注塑机控制系统与智能数控表之间的信号通信主要有合模结束信号、气体反压加压完成信号、气体反压卸压完成信号和开模信号，注塑机控制系统和模具型腔气体压力控制系统根据这些信号进行相应的动作，有效保证整个成型过程的顺利进行。智能数控表根据注塑机控制系统发出的信号和气体反压参数控制信号，向输出模块发出动作指令，动作指令经输出模块处理后控制各执行元件进行相应的动作，完成成型过程中模具型腔气体的加压、稳压及卸压过程。显示屏的主要功能是实时显示气体反压压力和气体反压作用时间，便于工作人员对气体反压参数的实时掌握。

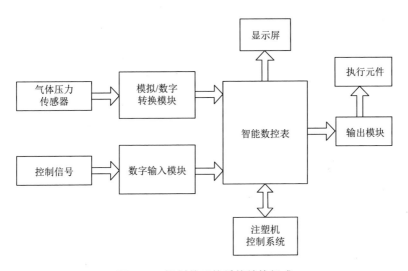

图 8-20　控制单元的系统结构组成

　　模具型腔气体压力控制系统的控制程序如图 8-21 所示。模具型腔气体压力控制系统的控制程序分为手动控制模式和自动控制模式。在手动控制模式中，模具型腔气体压力控制系统与注塑机控制系统无任何信号通信，模具型腔气体的加压过程和卸压过程均由工作人员手动操作，可满足气体反压辅助注塑模具调试过程中的技术要求。当模具密封性能测试完成后，将控制模式转为自动控制模式，实现气体反压辅助注塑过程连续稳定运行。图 8-22 为开发的不同型号和规格的模具型腔气体压力控制系统。

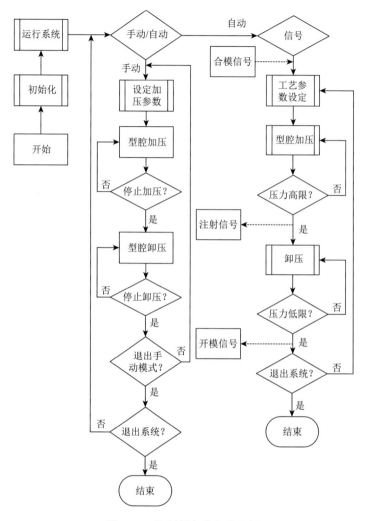

图 8-21　控制程序的主流程图

图 8-22　开发的不同型号和规格的模具型腔气体压力控制系统

8.2.3　气体反压对微孔发泡注塑件表面质量和泡孔形态的影响

图 8-23 是某一医疗器械外观件的微孔发泡注塑件，图中给出了塑件的形状及主要尺寸，壁厚为 3 mm，加强筋厚度为 2 mm，加强筋主体高度为 4 mm，图中 A～C 指向的长条区域为塑件泡孔形态的观察区域，$P_1 \sim P_9$ 指向的圆点位置为塑件表面光泽度测试位置。

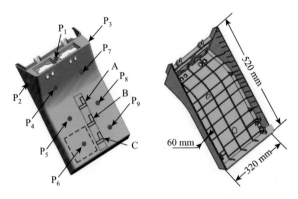

图 8-23　某一医疗器械的外观塑件

气体反压辅助微孔发泡注塑模具结构如图 8-24 所示，模具采用热流道结构设计。气体反压辅助微孔发泡注塑模具的分型面采用主气道和分气道的结构，利用主气道对到达分型面上的模具内部气道进行串联，利用分气道连通主气道和模具型腔，分气道数量为 19，分气道横截面尺寸为 10 mm×0.05 mm，分型面主气道外围加工密封凹槽并放置密封硅胶，对模具分型面进行密封。采用密封圈压板结构设计，在密封圈压板上顶出机构对应的位置加工密封凹槽并放置密封圈，对模具顶出机构实现密封，并利用热流道针阀实现模具流道的密封。

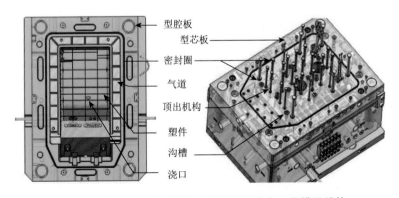

图 8-24　某一医疗器械的外观塑件微孔发泡注塑模具结构

1. 气体反压压力及作用时间对塑件表面质量的影响

不同气体反压压力及其作用时间下微孔发泡注塑件表面质量如图 8-25 所示。当反压压力 $p = 0$ MPa 时，工艺过程代表常规微孔发泡注塑成型，塑件表面质量照片如图 8-25（a）所示，塑件表面存在大量螺旋纹缺陷，光泽度的测量结果仅为 2.14。随气体反压压力的不断增大和气体反压作用时间的不断延长，塑件表面螺旋纹逐渐减少。当气体反压压力 $p = 4.5$ MPa 和作用时间 $t = 2.0$ s 时，气体反压辅助微孔发泡注塑件表面的螺旋纹基本消失。当气体反压压力 $p = 4.5$ MPa 和作用时间 $t = 2.5$ s 时，气体反压辅助微孔发泡注塑件表面的螺旋纹完全消失，如图 8-25（b）所示，产品表面质量达到实际使用要求。

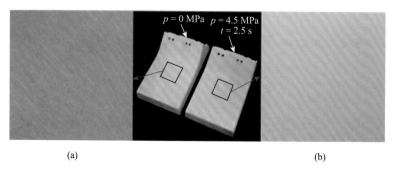

(a) (b)

图 8-25　注塑件表面质量对比

（a）$p = 0$ MPa；（b）$p = 4.5$ MPa，$t = 2.5$ s

图 8-26 为不同气体反压压力及其作用时间下微孔发泡注塑件的表面光泽度对比曲线。对于不同的气体反压作用时间，随气体反压压力的增大，塑件表面光泽度显著提高。当气体反压压力大于 4.5 MPa 时，塑件表面光泽度随气体反压压力增大而提高的趋势变缓，说明当气体反压压力达到一定值后，其对塑件表面光泽度的改善作用变弱。对于不同的气体反压压力，延长气体反压作用时间同样可提高塑件的表面光泽度，但反压作用时间对塑件表面光泽度的影响远小于反压压力对塑件表面光泽度的影响。当 $p = 6.0$ MPa，$t = 3.5$ s 时，气体反压辅助微孔发泡注塑件表面光泽度高达 34.2，大约为常规微孔发泡注塑件表面光泽度的 16 倍。因此，气体反压辅助微孔发泡注塑工艺可显著提高塑件的表面质量。

Colton 和 Suh[27]在吉布斯形核理论的基础上考虑微孔发泡过程的热力学不平衡特性，以及气体过饱和引起的体系自由能的变化等因素，建立了微孔发泡的经典形核理论，并根据形核诱导力的不同将微孔发泡的形核过程分为均相形核、非均相形核、空穴形核三种类型。在微孔发泡注塑成型工艺中，由于形核过程是由均相熔体的压力降诱发进行的，因此整个成型过程可以用均相形核理论来解释。

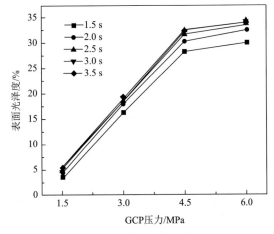

图 8-26 不同气体反压压力及其作用时间对微孔发泡注塑件表面光泽度的影响

Colton 和 Suh[28]对经典形核模型进行了相关假设和计算，建立了均相体系发生相分离后形成一个稳定的泡孔核所需克服的临界自由能垒的计算公式：

$$\Delta G_{\mathrm{hom}}^* = \frac{16\pi}{3\Delta p^2}\gamma_{\mathrm{bp}}^3$$

（8-1）

式中，$\Delta G_{\mathrm{hom}}^*$ 为临界自由能垒；γ_{bp} 为聚合物-泡孔界面的表面能。

$$\Delta p = p_{\mathrm{g}} - p_{\mathrm{l}}$$

（8-2）

式中，p_{g} 为泡核内的压强；p_{l} 为外部熔体压强。

经过相关假设及计算后，可得均相形核速率计算公式如下：

$$N_{\mathrm{hom}} = f_0 C_0 \exp(-\Delta G_{\mathrm{hom}}^* / kT)$$

（8-3）

式中，N_{hom} 为均相形核速率；f_0 为均相形核的频率因子；C_0 为均相体系中气体分子的浓度；k 为玻尔兹曼常量；T 为热力学温度。

由式（8-1）~式（8-3）可知，在气体反压辅助微孔发泡注塑工艺中，随气体反压压力的增大，形成稳定泡孔核所需克服的临界自由能垒变大，发泡系统的均相形核速率降低，因此熔体流动前沿泡孔破裂的机会减少。此外，成型过程中气体反压压力越大，泡孔破裂所需的泡孔内压力越大，进而抑制泡孔的破裂行为，从而减少微孔发泡注塑件的表面螺旋纹，提高塑件的表面光泽度。当熔体流动前沿的泡孔破裂行为被完全抑制后，微孔发泡注塑件表面皮层为完全不发泡的实体层。此时，继续提高成型过程中的气体反压压力，对塑件表面光泽度的变化影响不大。

气体反压作用时间主要影响气体反压压力卸除时模具型腔未填充部分的表面质量。当气体反压作用时间短于熔体填充时间时，在气体反压压力卸除后，未填充部分塑件表面螺旋纹将加重，这会降低塑件整体的表面光泽度；当气体反压作用时间达到熔体填充时间时，气体反压压力卸除时，熔体能够完全覆盖模具表面，则塑件表面光泽度较均匀。

2. 气体反压压力及作用时间对塑件泡孔结构的影响

微孔发泡注塑件的内部泡孔形态是影响产品力学性能的重要指标之一。图 8-27 给出了不同气体反压压力及其作用时间下塑件在图 8-23 中 B 位置平行于熔体流动方向的试样断口 SEM 图。由图可以看出，随气体反压压力的增大及气体反压作用时间的延长，塑件内部平行于熔体流动方向断面上的泡孔由椭球形逐渐

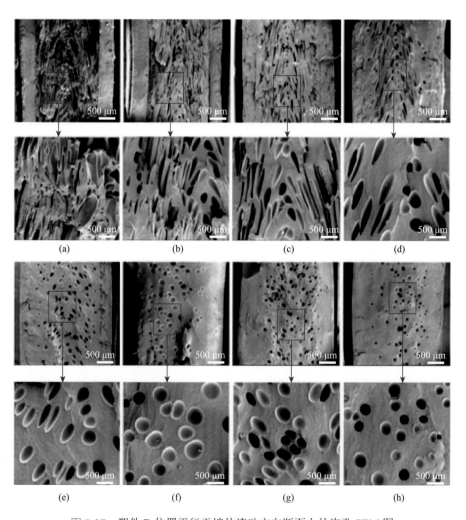

图 8-27　塑件 B 位置平行于熔体流动方向断面上的泡孔 SEM 图

（a）$p=1.5$ MPa，$t=1.5$ s；（b）$p=1.5$ MPa，$t=3.5$ s；（c）$p=3.0$ MPa，$t=2.0$ s；（d）$p=3.0$ MPa，$t=2.5$ s；（e）$p=4.5$ MPa，$t=2.5$ s；（f）$p=4.5$ MPa，$t=3.5$ s；（g）$p=6.0$ MPa，$t=2.5$ s；（h）$p=6.0$ MPa，$t=3.5$ s

向球形转变，且泡孔尺寸差异逐渐减小。这种现象表明随气体反压压力的增大及气体反压作用时间的延长，塑件成型过程中泡孔受到的剪切作用逐渐减小，成型后泡孔尺寸的均一性较好。

　　为定量表征图 8-27 中气体反压压力及其作用时间对泡孔尺寸的影响规律，测量并计算了不同气体反压压力及作用时间下微孔发泡注塑件泡孔尺寸和泡孔长宽比数据，如图 8-28 所示。其中，图 8-28（a）表示不同气体反压压力及其作用时间下对应的泡孔尺寸，R_a 为泡孔的平均长度，R_b 为泡孔的平均宽度；图 8-28（b）表示不同气体反压压力及其作用时间下对应的泡孔平均长宽比 $\alpha = R_a/R_b$。当气体反压压力为 1.5 MPa，作用时间由 1.5 s 延长到 3.5 s 时，塑件泡孔的平均长度与平均宽度的相差幅度由 348.6 μm 降低到 252.6 μm，泡孔平均长宽比由 12.5 降低到 7.1。当气体反压压力为 6.0 MPa，作用时间由 1.5 s 延长到 3.5 s 时，塑件泡孔的平均长度与平均宽度的相差幅度由 133.0 μm 降低到 6.9 μm，泡孔平均长宽比由 2.9 降低到 1.1。可见，当气体反压压力较小，如 1.5 MPa 时，泡孔在空间上呈现细长的椭球形，其长轴与短轴尺寸差别较大。但随气体反压压力不断增大，泡孔平均长度和平均宽度的差别逐渐减小，平均长宽比逐渐趋近于 1，表明在三维空间中泡孔逐渐由椭球形向球形转变。在气体反压压力相同的情况下，随气体反压作用时间的延长，泡孔平均长度逐渐减小，平均宽度逐渐增大，表明随气体反压作用时间延长，泡孔在三维空间上由椭球形也逐渐趋于球形。

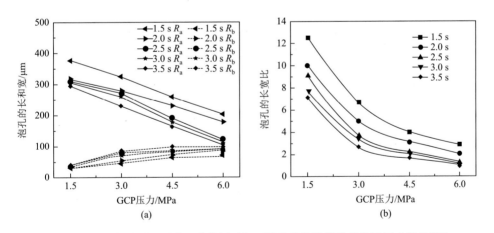

图 8-28　不同气体反压压力及其作用时间下微孔发泡注塑件的泡孔尺寸及长宽比

（a）泡孔平均长度和平均宽度；（b）泡孔平均长宽比

　　总之，增大气体反压压力和延长气体反压作用时间均有利于微孔发泡注塑件内部泡孔由椭球形形态向球形形态转变。这是因为随气体反压辅助微孔发泡注塑成型工艺中气体反压压力的增大，形成稳定泡孔核所需克服的临界自由能垒增大，发泡熔体的均相形核速率降低。气体反压压力越大,发泡体系形成的稳定泡孔核的数量越少,熔体在填充模具的过程中受到剪切作用的泡孔数量越少,气体反压压力卸除后形成的剪切作用较小的泡孔数量相对越多,从而使塑件的整体泡孔形态越好。与此同时,较高的气体反压压力可以有效抑制泡孔的长大,如果气体反压压力卸除时熔体未冷却,已经变形的泡孔将进一步长大,最终得到更加趋近于球体的泡孔。随着气体反压压力对熔体作用时间的延长,气体反压压力卸除后熔体内形成的泡孔受到的剪切作用时间越短,成型塑件的泡孔形态越趋近于球体。

微孔发泡注塑件泡孔密度的大小是产品减重幅度的重要指标之一,增大塑件泡孔密度是增大塑件减重的重要途径。在气体反压辅助微孔发泡工艺中,为了提高塑件表面质量,需要减少熔体填充过程中的发泡量,使发泡行为主要发生在气体反压压力卸除之后,这在一定程度上降低了塑件的泡孔密度。在增大塑件的泡孔密度以尽可能减轻塑件重量与保证塑件表面质量之间存在一定矛盾,这也增加了成型参数调控的难度。

掌握气体反压压力及其作用时间对微孔发泡注塑件泡孔密度的影响规律对于提高参数调试效率和准确性十分重要。图 8-29 表示不同气体反压参数组合成型的微孔发泡注塑件的泡孔密度变化曲线。由图可知,气体反压压力及其作用时间对成型塑件泡孔密度均有较大影响。随气体反压压力的增大,成型塑件的泡孔密度逐渐降低,当成型过程中气体反压压力大于 3.0 MPa 时,塑件泡孔密度随气体反压压力增大而降低的趋势变缓。随气体反压作用时间的延长,成型塑件的泡孔密度降低。当气体反压作用时间为 1.5 s,气体反压压力由 1.5 MPa 增大到 6.0 MPa 时,成型塑件的泡孔密度由 5.30×10^5 cells/cm^3 降低到 1.61×10^5 cells/cm^3,降低

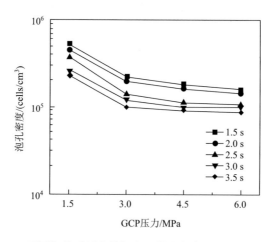

图 8-29　不同气体反压参数组合下微孔发泡注塑件的泡孔密度

比例为 69.6%，表明在熔体填充过程中，较高的气体反压压力不利于熔体发泡。当成型过程中气体反压压力为 1.5 MPa，气体反压作用时间从 1.5 s 延长到 3.5 s 时，成型塑件的泡孔密度从 5.30×10^5 cells/cm^3 降低到 2.30×10^5 cells/cm^3，降低比例为 56.6%，泡孔密度降低幅度仍很大，表明较长的气体反压作用时间同样抑制了成型过程中的熔体发泡过程，也不利于成型塑件的减重。需要指出，图 8-29 中的结果是在模具型腔温度为 30℃时获得的，当然，模具型腔温度对气体反压辅助微孔发泡注塑件泡孔密度也会产生影响，较低的模具型腔温度会使填充过程中发泡熔体较早冷却。

在气体反压辅助微孔发泡注塑成型过程中，熔体前沿气体反压压力越大，均相体系形成稳定的泡孔核所需克服的临界自由能垒越大，发泡体系的形核速率越低。气体反压压力及其作用时间对填充过程中熔体发泡行为的影响可概括如下：一是气体反压压力增大降低了熔体流动前沿的泡孔数量，增大了成型塑件不发泡皮层的厚度；二是气体反压压力卸除后，熔体温度降低使其黏度增大，进而降低发泡体系的发泡能力，导致熔体内部泡孔数量减少；三是气体压力作用时间越长，受气体反压压力抑制的发泡熔体的冷却时间就越长，压力卸除时的熔体温度越低，成型塑件的泡孔密度就越低。因此，在实际的气体反压辅助微孔发泡注塑生产中，较低的气体反压压力和较短的气体反压作用时间有利于塑件获得较大的泡孔密度和减重比。

3. 临界气体反压压力

在气体反压辅助微孔发泡注塑过程中，存在一个使熔体流动前沿泡孔不发生破裂的临界气体反压压力。当气体反压压力高于此临界气体反压压力时，所制得的气体反压辅助微孔发泡注塑件表面无螺旋纹缺陷，塑件的表面光泽度较高。气体反压压力对微孔发泡注塑过程中熔体发泡行为的影响机理示意图如图 8-30 所示。图中包含两个临界气体反压压力值，分别为前沿泡孔不发生破裂的临界气体反压压力 p_a 和熔体不发泡的临界气体反压压力 p_b。当 $p = 0$ 时，成型过程属于常规微孔发泡注塑工艺，填充过程中熔体流动前沿存在泡孔破裂现象，破裂的泡孔被熔体带到模具型腔表面，冷却后形成塑件的表面螺旋纹缺陷，如图 8-30（a）所示。当 $0 < p < p_a$ 时，成型过程属于气体反压辅助微孔发泡注塑工艺，在熔体填充过程中，熔体流动前沿仍存在泡孔破裂现象，但泡孔破裂受到一定抑制，成型塑件的表面螺旋纹缺陷减少，如图 8-30（b）所示。当 $p_a \leqslant p \leqslant p_b$ 时，成型过程属于气体反压辅助微孔发泡注塑工艺，在填充过程中存在熔体发泡行为，但熔体流动前沿的泡孔破裂现象被完全抑制，成型的塑件表面无任何螺旋纹缺陷，塑件表面质量良好，如图 8-30（c）所示。当 $p \geqslant p_b$ 时，熔体的发泡行为被完全抑制，熔体填充过程中无任何泡孔产生，如图 8-30（d）所示。

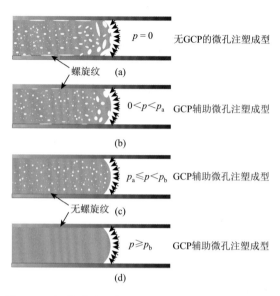

图 8-30 气体反压压力对熔体发泡行为的影响示意图

在气体反压辅助微孔发泡注塑过程中，熔体注射填充前需完成对模具型腔的加压，因此模具型腔气体加压时间的长短直接影响了塑件的生产周期。在加压能力一定的前提下，较大的气体反压压力代表了更长的加压时间，即更长的塑件生产周期。在实际生产中，建议选择临界气体反压压力 p_a 作为一个标准来选择合适的气体反压压力参数。对于图 8-23 所示的医疗器械外壳，选用 $p = 4.5\ \text{MPa}$ 和 $t = 2.5\ \text{s}$ 的气体反压压力参数组合比较合适。

8.3 气体反压辅助化学发泡注塑成型技术[13, 29]

发泡注塑工艺主要包括化学发泡注塑工艺和物理发泡注塑工艺。物理发泡注塑工艺需要较多的外部设备，生产成本较高，而化学发泡注塑工艺可在常规注塑机上实现，具有操作简单、技术成熟及成本较低等特点，并可有效解决常规注塑件存在的尺寸精度差、产品翘曲、凹坑及缩痕等缺陷。但化学发泡注塑产品表面存在大量的气痕缺陷，极大地降低了产品的表面质量，致使化学发泡注塑产品无法作为外观件直接使用，需经打磨、喷涂等二次加工后方可满足外观件使用要求。

气体反压技术是目前消除化学发泡注塑件表面气痕缺陷最为有效的方法，成型过程中气体反压压力、气体反压作用时间、发泡剂含量、熔融温度、注射压力及注射速率等工艺参数直接影响塑件发泡层厚度、泡孔直径及泡孔密度。获得表面质量较高、发泡层厚度较大、泡孔尺寸较小、泡孔密度较大的优良化学发泡注塑外观件一直是业界的生产目标。

8.3.1　气体反压对熔体发泡行为和泡孔形态的影响

气体反压技术影响化学发泡注塑过程中熔体发泡行为、塑件表面气痕及内部泡孔结构。分析气体反压技术消除化学发泡注塑件表面气痕缺陷的机理，获得气体反压技术对化学发泡注塑过程中熔体发泡行为的影响规律，揭示气体反压参数与气体反压辅助化学发泡注塑件泡孔形态之间的内在关系，对于指导实际生产具有重要意义。

图 8-31 是气体反压辅助化学发泡注塑成型系统基本构成，主要包括注塑机、注塑模具、模温机、模具型腔气体反压压力控制设备、空气压缩机、冷却水塔等。在注塑成型过程中，流动前沿的熔体因"泉涌效应"被推到模具型腔表面，模具型腔表面位置的熔体冷却后形成了塑件的表面皮层。在化学发泡注塑工艺中，成型塑件表面的气痕缺陷主要是由流动前沿熔体的发泡行为形成的。因此，可采用短射注塑实验设计方法，通过短射样条前沿"泉涌"的形貌，揭示气体反压技术消除化学发泡注塑件表面气痕缺陷的机理。为研究气体反压技术对化学发泡注塑过程中熔体发泡行为的影响，可采用全析因实验设计方法，进行不同气体反压压力和气体反压作用时间组合下的气体反压辅助化学发泡满料注塑成型实验，通过对比分析塑件内部泡孔形态，揭示气体反压技术对成型过程中熔体发泡行为的影响机理。不同实验设计方案中气体反压参数取值如表 8-2 所示。以通用型 PP（7000-NR700，沃特新材料有限公司）和偶氮二甲酰胺（AC）发泡剂（EY04，武汉富蒂亚新型材料有限公司）分别作为成型材料和发泡介质，经气体反压辅助化学发泡注塑成型，制备出用于结构与性能测试评价的标准试样。

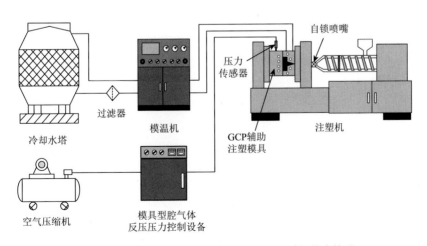

图 **8-31**　气体反压辅助化学发泡注塑成型系统基本构成

表 8-2　不同实验设计方案中气体反压参数取值

工艺参数	短射注塑实验	满料注塑实验
填充率/%	60	100
气体反压压力/MPa	0、0.2、0.4、0.6	0、0.2、0.4、0.6
气体反压作用时间/s	60	2.3、60

在气体反压辅助化学发泡注塑实验中，除填充率、气体反压压力和气体反压作用时间变化外，其他工艺参数的取值保持固定，分别为注射延时时间 6 s，注射压力 85 MPa，注射时间 2.3 s，保压压力 0 MPa，保压时间 0 s，喷嘴温度 210℃，热流道温度 210℃，冷却时间 60 s。在观察样条内部泡孔前，对样条进行淬断，淬断及观察位置如图 8-32 中 a、b、c 所示。

图 8-32　气体反压辅助化学发泡注塑样条内部泡孔观察位置

8.3.2　气体反压对熔体流动前沿的影响

图 8-33 给出了不同气体反压压力下气体反压辅助化学发泡注塑短射样条熔体流动前沿的对比照片，图中 Ⅱ 为 Ⅰ 中框图部分的局部放大照片。当压力为 0 MPa 时，成型过程属于常规化学发泡注塑工艺，短射样条熔体流动前沿照片如图 8-33（a）所示。由图 8-33（a）中 Ⅰ 部分可看出，常规化学发泡注塑短射样条的"泉涌"表面存在大量因泡孔破裂而形成的凹坑，"泉涌"表面较粗糙。由图 8-33（a）中 Ⅱ 部分可看出，常规化学发泡注塑短射样条熔体流动前沿部分塑件表面的平整度较差，且存在大量气痕缺陷，这些气痕缺陷是"泉涌"表面的凹坑缺陷受到模具型腔的剪切作用被拉长而形成的。当压力为 0.2 MPa 时，成型过程属于气体反压辅助化学发泡注塑工艺，成型的短射样条熔体流动前沿照片如图 8-33（b）所示。由图可看出，与压力为 0 MPa 时成型的短射样条相比，压力为 0.2 MPa 时成型的短射样条的"泉涌"表面和塑件表面同样存在凹坑缺陷和气痕缺陷，但"泉涌"表面更光滑，塑件表面气痕缺陷减少，表明在此条件下熔体流动前沿同样存在泡孔的破裂行为，但泡孔的破裂行为减少。当压力为 0.4 MPa 和 0.6 MPa 时，成型的短射样条熔体流动前沿照片分别如图 8-33（c）和（d）所示。由图看出，当气体反压压力达到 0.4 MPa 时，成型的短射样条"泉涌"表面无任何凹坑缺陷，"泉涌"表面光泽度较高，塑件流动前沿位置的表面

无任何气痕缺陷。这表明当气体反压压力达到 0.4 MPa 时，气体反压辅助化学发泡注塑过程中熔体流动前沿无任何泡孔破裂行为，可获得表面质量良好的塑件。

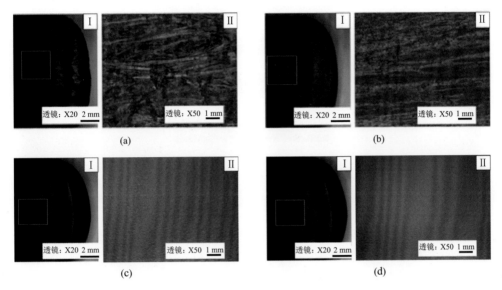

图 8-33　不同气体反压压力下发泡注塑短射样条熔体流动前沿的对比照片

（a）0 MPa；（b）0.2 MPa；（c）0.4 MPa；（d）0.6 MPa

气体反压技术能够有效抑制化学发泡注塑过程中熔体流动前沿的泡孔破裂行为，从而能够提高成型塑件的表面质量。随气体反压辅助化学发泡注塑过程中气体反压压力的增大，熔体流动前沿的泡孔破裂行为逐渐减少直至消失，使成型塑件的表面气痕缺陷逐渐减少直至完全消除。当塑件表面气痕缺陷完全消除后，进一步提升气体反压压力对改善发泡注塑件表面质量的效果影响不再明显。

8.3.3　气体反压对塑件表面光泽度的影响

通过进行不同气体反压压力下气体反压辅助化学发泡注塑实验，获得如图 8-34 所示的发泡成型样条对比照片。由图可看出，当气体反压压力为 0 MPa 时，样条表面存在大量气痕缺陷，表面质量较差。随气体反压压力增大，样条表面气痕缺陷均逐渐减少，表面质量逐渐提高。当气体反压压力达到 0.4 MPa 时，样条表面无任何气痕缺陷，表面质量较好。当气体反压压力为 0.4 MPa 和 0.6 MPa 时，气体反压辅助化学发泡注塑样条的表面质量都达到了常规未发泡注塑样条的表面质量效果。

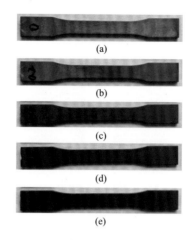

图 8-34　发泡注塑样条的对比照片

（a）0 MPa；（b）0.2 MPa；（c）0.4 MPa；（d）0.6 MPa；（e）常规注塑（未发泡）样条

　　测量图 8-34 中样条的表面光泽度，得到如图 8-35 所示的气体反压压力对化学发泡注塑样条表面光泽度的影响规律。随气体反压压力的增大，发泡注塑样条的表面光泽度逐渐增大，当气体反压压力达到 0.4 MPa 时，塑件表面光泽度随气体反压压力提高而增大的趋势变缓。当气体反压压力为 0.6 MPa 时，成型的气体反压辅助化学发泡注塑样条的表面光泽度已达 11.8%，而常规化学发泡注塑样条的表面光泽度仅为 6.2%。气体反压技术可有效抑制化学发泡注塑成型过程中熔体流动前沿的泡孔破裂行为，减少塑件的表面气痕缺陷，从而提高塑件的表面光泽度。当气体反压压力达到一定值时，成型的气体反压辅助化学发泡注塑件表面无任何气痕缺陷，塑件的表面光泽度较高，塑件表面视觉效果良好。

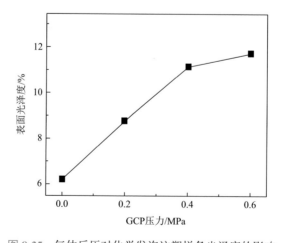

图 8-35　气体反压对化学发泡注塑样条光泽度的影响

8.3.4　气体反压对塑件内部泡孔形态的影响

气体反压辅助化学发泡注塑过程中熔体的发泡行为影响成型塑件的减重率、冲击性能、拉伸强度及弯曲强度等性能，而塑件内部的泡孔数量、泡孔尺寸等泡孔形态直接反映成型过程中熔体的发泡行为。图 8-36 给出了气体反压压力及其作用时间对成型样条内部泡孔形态的影响规律。其中，图 8-36（a）～（c）分别为气体反压作用时间为 2.3 s 时成型样条对应图 8-32 所示位置 a、b 和 c 的内部泡孔形态，而图 8-36（d）为气体反压作用时间为 60 s 时成型样条对应图 8-32 所示位置 b 的内部泡孔形态。

由图 8-36（a）～（c）可以看出，气体反压压力对成型塑件泡孔数量及泡孔尺寸的影响较大，随压力增大，样条靠近浇口位置（图 8-32 中位置 a）、中间位置（图 8-32 中位置 b）和流动前沿位置（图 8-32 中位置 c）的泡孔数量均逐渐减少，泡孔尺寸均逐渐增大。在气体反压辅助化学发泡注塑过程中，熔体流动前沿的气体反压压力越高，熔体的发泡行为受到的抑制作用越大，熔体的气泡形核过程越困难，导致泡孔形核点越少，使参与每个泡孔长大过程的气体相对越多，从而导致成型塑件内部泡孔数量越少，且泡孔尺寸越大。

对比图 8-36（a）～（c）中的（i）可以发现，常规化学发泡注塑样条不同位置的泡孔形态差别较大，随熔体流长增加，样条泡孔数量逐渐减少，泡孔尺寸逐渐增大。气体反压辅助化学发泡注塑样条熔体流长对泡孔形态的影响规律与常规化学发泡注塑样条一致。这是由于随熔体流长的增加，填充过程中模具对熔体的冷却时间逐渐变长，熔体的温度逐渐降低，熔体的发泡能力逐渐较差，泡孔的形核数量逐渐减少，参与每个泡孔长大过程的气体量逐渐增多，导致成型塑件的泡孔数量逐渐减少，泡孔尺寸逐渐增大。

由图 8-36（b）和（d）可以看出，气体反压作用时间对成型样条泡孔数量及泡孔尺寸的影响较大。当气体反压作用时间为 2.3 s 时，气体反压压力卸除时熔体的温度较高，气体反压压力卸除后熔体可进一步发泡；当气体反压作用时间为 60 s 时，气体反压压力卸除时熔体已冷却定型，气体反压压力卸除后熔体无进一步发泡行为。

对比图 8-36（b）和（d）中的（ii）可以发现，当气体反压压力较低，如 0.2 MPa 时，气体反压作用时间为 2.3 s 和 60 s 时成型的样条内部均有泡孔存在，但气体反压作用时间为 60 s 时成型样条的泡孔数量减少。气体反压辅助化学发泡注塑过程中气体反压压力较小时，填充过程中熔体的发泡行为虽然受到一定的抑制，但仍可进行发泡，此时熔体的发泡行为分为两部分，即填充过程中熔体的发泡行为和气体反压压力卸除后熔体的二次发泡行为，两种发泡行为产生的泡孔数量均较多。

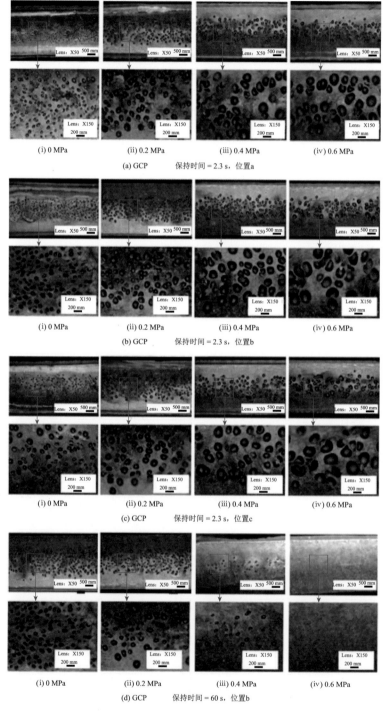

(i) 0 MPa   (ii) 0.2 MPa   (iii) 0.4 MPa   (iv) 0.6 MPa

(a) GCP   保持时间 = 2.3 s，位置a

(i) 0 MPa   (ii) 0.2 MPa   (iii) 0.4 MPa   (iv) 0.6 MPa

(b) GCP   保持时间 = 2.3 s，位置b

(i) 0 MPa   (ii) 0.2 MPa   (iii) 0.4 MPa   (iv) 0.6 MPa

(c) GCP   保持时间 = 2.3 s，位置c

(i) 0 MPa   (ii) 0.2 MPa   (iii) 0.4 MPa   (iv) 0.6 MPa

(d) GCP   保持时间 = 60 s，位置b

图 8-36   气体反压参数对气体反压辅助化学发泡注塑样条泡孔形态的影响

对比 8-36（b）和（d）的（iii）可以发现，当气体反压压力为 0.4 MPa 时，气体反压作用时间为 2.3 s 和 60 s 时成型的样条内部均有泡孔存在，但气体反压作用时间为 60 s 时成型样条的泡孔数量非常少。这是由于随着气体反压辅助化学发泡注塑过程中气体反压压力的提高，填充过程中熔体的发泡行为受到的抑制作用增大，导致填充过程中形成的泡孔数量较少，成型塑件内部泡孔主要是由气体反压压力卸除后熔体的二次发泡行为形成的。

对比图 8-36（b）和（d）中的（iv）可发现，当气体反压压力为 0.6 MPa 时，作用时间为 2.3 s 时成型的样条内部有泡孔存在，而作用时间为 60 s 时成型的样条内部无任何泡孔存在。当气体反压压力达到一定值时，填充过程中熔体的发泡行为被完全抑制，成型塑件内部泡孔均由气体反压压力卸除后熔体的二次发泡行为形成。气体反压压力卸除时若熔体温度较高，熔体可进行二次发泡行为，成型的塑件内部出现泡孔，若熔体温度较低，熔体无法进行二次发泡行为，导致成型塑件内部无任何泡孔存在。

气体反压辅助化学发泡注塑过程同样存在两个临界气体反压压力，即熔体流动前沿泡孔不发生破裂的临界气体反压压力和熔体不发生发泡行为的临界气体反压压力。气体反压压力等于或稍大于熔体流动前沿泡孔不发生破裂的临界气体反压压力，且气体反压作用时间等于或稍长于熔体填充时间时，可获得表面质量优良、泡孔数量较多的化学发泡注塑外观产品。

8.4　气体反压参数和注塑参数对塑件内部泡孔的影响[13, 29]

气体反压技术的引入会增加成型工艺参数的调控难度，气体反压参数（如气体反压压力和气体反压作用时间）、注塑参数（如熔融温度、注射压力和注射速率）及发泡剂含量等均对气体反压辅助化学发泡注塑件的内部泡孔形态，如发泡层厚度、泡孔直径及泡孔尺寸等具有影响。

8.4.1　气体反压参数对塑件内部泡孔的影响

图 8-37 和图 8-38 分别为气体反压压力对成型样条发泡层厚度和泡孔直径的影响。随气体反压压力增大，样条的发泡层厚度逐渐减小，这是因为随压力增大，熔体的发泡行为受到的阻力越大，气体反压压力卸压后熔体受模具冷却无法进行发泡的冷凝层厚度越大，导致塑件的发泡层厚度减小。而随气体反压压力增大，样条的平均泡孔直径逐渐增大。对于熔体填充过程中形成的泡孔，气体反压压力越大，熔体泡孔形核过程受到的抑制作用越大，气体形核点越少，

导致参与每个泡孔长大过程的气体相对越多，泡孔直径越大；对于气体反压压力卸压后熔体二次发泡形成的泡孔，气体反压压力越大，气体反压压力卸压时参与二次发泡行为的气体相对越多，二次发泡形成的泡孔直径相对越大。因此，气体反压压力的增大导致塑件泡孔直径变大。

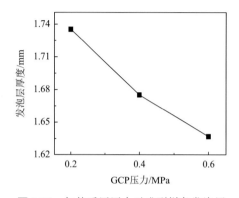

图 8-37　气体反压压力对成型样条发泡层
厚度的影响

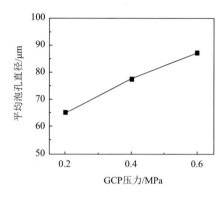

图 8-38　气体反压压力对成型样条泡孔
直径的影响

图 8-39 给出了反压压力对样条泡孔密度的影响。随气体反压压力增大，样条的泡孔密度和发泡层厚度逐渐减小。在气体反压辅助化学发泡注塑工艺中，较小的气体反压压力可成型发泡层厚度大、泡孔直径小、泡孔密度大的塑件。

图 8-40 给出了反压压力作用时间对样条发泡层厚度的影响。随气体反压作用时间的延长，样条的发泡层厚度逐渐减小。气体反压作用时间主要决定成型过程中气体反压压力卸除时对应的熔体温度，而此时熔体温度的高低对熔体的发泡行为具有重要影响。图 8-41 为通过模流分析软件 Moldflow 模拟得到的不同时间熔

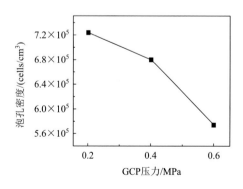

图 8-39　压力对样条泡孔密度的影响

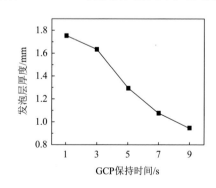

图 8-40　压力作用时间对样条发泡层厚度
的影响

体温度的变化曲线，可以看出随时间的推移，熔体温度逐渐降低，且降低幅度较大。在气体反压辅助化学发泡注塑工艺中，气体反压作用时间越长，气体反压压力卸除时熔体的温度越低，熔体芯层部分可进行发泡的高温区域越少，导致成型塑件的发泡层厚度越小。

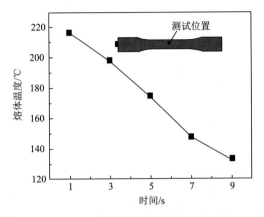

图 8-41　Moldflow 模拟获得的不同时间熔体的温度

　　图 8-42 和图 8-43 分别为气体反压作用时间对成型样条泡孔直径和泡孔密度的影响。在气体反压辅助化学发泡注塑工艺中，气体反压作用时间越长，气体反压压力卸除时发泡熔体的温度越低，熔体二次发泡过程形成的直径相对较小的泡孔数量越少，导致塑件整体的平均泡孔直径越大。随气体反压作用时间的延长，样条的泡孔密度逐渐降低。这是由于气体反压作用时间越长，气体反压压力卸除时熔体的二次发泡过程越困难，二次发泡形成的泡孔数量越少，因而样条的泡孔密度就越低。

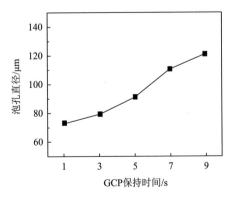

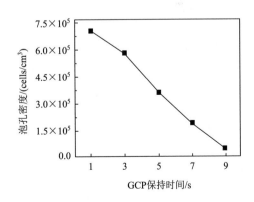

图 8-42　气体反压作用时间对样条泡孔
直径的影响

图 8-43　气体反压作用时间对样条泡孔
密度的影响

总之，较短的气体反压作用时间可成型发泡层厚度大、泡孔直径小、泡孔密度大的气体反压辅助化学发泡注塑件。但气体反压作用时间过短，气体反压压力卸除时熔体尚未完全充满模具型腔，将导致气体反压压力卸除后成型的塑件部分对应的表面质量变差。图 8-44 给出了气体反压作用时间为 1 s 时成型样条不同位置的表面质量。由图可见，与气体反压压力卸除前形成的样条部分的表面相比，气体反压压力卸除后形成的样条部分的表面存在大量气痕缺陷，表面视觉效果较差。因此，在实际生产中，为成型表面质量良好的气体反压辅助化学发泡注塑产品，气体反压作用时间应等于或稍长于熔体填充时间。

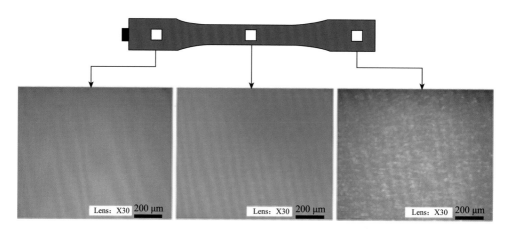

图 8-44   气体反压作用时间为 1 s 时成型样条不同位置的表面质量对比照片

8.4.2   发泡剂含量对塑件内部泡孔的影响

发泡剂含量决定参与熔体发泡过程的气体量，影响塑件的发泡层厚度、泡孔直径和泡孔密度。图 8-45 给出了发泡剂含量对气体反压辅助化学发泡注塑样条发泡层厚度的影响规律。随发泡剂含量增加，样条的发泡层厚度逐渐增大，当发泡剂含量达到 2.0 wt%时，样条的发泡层厚度随发泡剂含量增加而增大的趋势变缓。发泡剂含量越多，参与熔体发泡过程的气体量越多，熔体的发泡动力越大，熔体内部的可发泡区域越大，成型样条的发泡层厚度越大。成型过程中越靠近模具型腔部分的熔体温度越低，导致越靠近模具型腔部分的熔体发泡越困难。因此，当发泡剂含量增加到一定程度时，受模具温度和熔体温度的限制，发泡剂含量的增加虽能进一步提高样条的发泡层厚度，但提高幅度不大。

图 8-46 给出了发泡剂含量对气体反压辅助化学发泡注塑样条泡孔直径的影响

规律，发现随发泡剂含量的增加，成型样条的泡孔直径呈先增大后减小的趋势。发泡剂含量的增加对填充过程中的熔体发泡行为和气体反压压力卸除后的熔体二次发泡行为均有促进作用。因此，当发泡剂含量的增加对泡孔长大过程的促进作用大于对泡孔形核过程的促进作用时，成型塑件的平均泡孔直径将变大；当发泡剂含量的增加对泡孔长大过程的促进作用小于对泡孔形核过程的促进作用时，成型塑件的平均泡孔直径将变小。

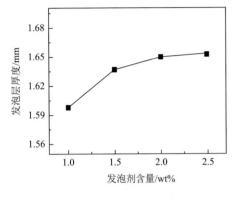

图 8-45　发泡剂含量对样条发泡层厚度的
影响

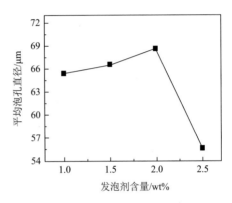

图 8-46　发泡剂含量对样条泡孔直径的
影响

　　图8-47给出了发泡剂含量对气体反压辅助化学发泡注塑样条泡孔密度的影响规律，发现随发泡剂含量的增加，样条的泡孔密度逐渐增大。发泡剂含量越大，参与发泡过程的气体越多，填充过程中熔体发泡行为和气体反压压力卸除后熔体的二次发泡行为形成的泡核数量越多，使成型塑件的泡孔密度越大。

8.4.3　熔融温度对塑件内部泡孔的影响

　　熔融温度对成型过程中熔体温度变化及发泡行为具有较大影响，最终会影响成型塑件的发泡层厚度、泡孔直径和泡孔密度。图 8-48 给出了熔融温度对气体反压辅助化学发泡注塑样条发泡层厚度的影响规律，发现随熔融温度升高，样条的发泡层厚度逐渐增大。在气体反压辅助化学发泡注塑工艺中，熔融温度主要影响成型过程中熔体的温度，从而间接影响熔体的发泡行为。图 8-49 给出了通过 **Moldflow** 模拟获得的熔融温度对成型过程中熔体温度的影响规律，发现熔体的熔融温度越高，成型过程中熔体的温度越高，从而使熔体可进行发泡的高温区域越广，最终使成型塑件的发泡层厚度越大。

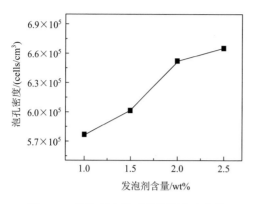

图 8-47 发泡剂含量对样条泡孔密度的影响

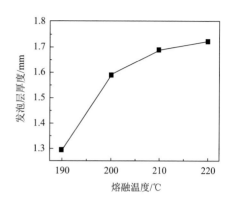

图 8-48 熔融温度对样条发泡层厚度的影响

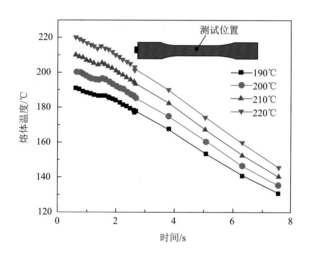

图 8-49 Moldflow 模拟获得的熔融温度对熔体温度的影响

图 8-50 给出了熔融温度对气体反压辅助化学发泡注塑样条泡孔直径的影响规律，发现随熔融温度的提高，样条的泡孔直径逐渐减小。在气体反压辅助化学发泡注塑过程中，对于填充过程中熔体发泡形成的泡孔和气体反压压力卸除后熔体二次发泡形成的泡孔，熔融温度越高，熔体的能量起伏越大，熔体内部的形核点越多，使成型塑件的泡孔直径越小。图 8-51 给出了熔融温度对气体反压辅助化学发泡注塑样条泡孔密度的影响规律，发现随熔融温度的升高，样条的泡孔密度逐渐增大。当熔融温度由 190℃提高到 220℃时，样条的泡孔密度由 3.89×10^5 cells/cm^3 增大到 1.26×10^6 cells/cm^3，泡孔密度增大了 223.9%。

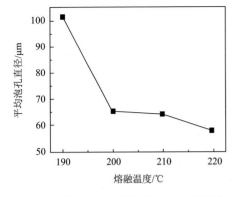

图 8-50　熔融温度对样条泡孔直径的影响

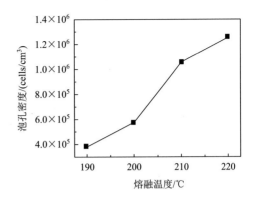

图 8-51　熔融温度对样条泡孔密度的影响

在气体反压辅助化学发泡注塑过程中，熔融温度的提高在降低熔体黏度的同时增大了熔体的能量起伏，大幅度提高了熔体填充过程中的泡孔形核数量，同时有利于气体反压压力卸除后熔体二次发泡行为的气泡形核，从而提高成型塑件的泡孔密度。因此，较高的熔融温度可成型发泡层厚度大、泡孔直径小、泡孔密度大的气体反压辅助化学发泡注塑件。

8.4.4　注射压力对塑件内部泡孔的影响

注射压力直接影响气体反压辅助化学发泡注塑过程中熔体的压力降，从而影响填充过程中熔体的发泡行为，最终引起塑件发泡层厚度、泡孔直径和泡孔密度的变化。本小节中的注射压力是指注塑机液压系统的压力值（即系统的液压压力），一般以 bar 为单位。图 8-52 为注射压力对气体反压辅助化学发泡注塑样条发泡层厚度的影响规律。随注射压力的提高，样条的发泡层厚度略有增大。在气体反压辅助化学发泡注塑工艺中，注射压力主要影响填充过程中熔体的压力，而熔体的压力对填充过程中因冷却形成的不发泡皮层厚度的影响较小。因此，在满足成型基本要求的前提下，注射压力的改变对塑件发泡层厚度的影响较小。

图 8-53 给出了注射压力对气体反压辅助化学发泡注塑样条泡孔直径的影响规律。由图可以看出，随注射压力的提高，样条的泡孔直径逐渐减小，当注射压力由 50 bar 提高到 90 bar 时，样条的泡孔直径由 88.56 μm 减小到 65.27 μm，减小了26.3%。提高注射压力可提高气体反压辅助化学发泡注塑成型过程中熔体的压力降，有效促进熔体填充过程中泡孔形核，减小填充过程中熔体发泡行为形成的泡孔直径，从而最终减小成型塑件整体的泡孔直径。

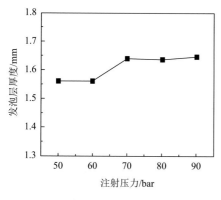 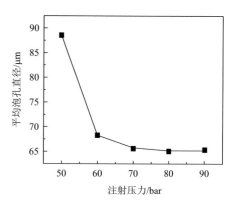

图 8-52　注射压力对样条发泡层厚度的影响　　　图 8-53　注射压力对样条泡孔直径的影响

图 8-54 为注射压力对气体反压辅助化学发泡注塑样条泡孔密度的影响规律。随注射压力的增大，样条的泡孔密度逐渐增大。当注射压力由 50 bar 提高到 90 bar 时，样条的泡孔密度由 4.98×10^5 cells/cm³ 增大到 8.11×10^5 cells/cm³，泡孔密度增大了 62.9%。在气体反压辅助化学发泡注塑工艺中，注射压力越高，熔体注射时的压力降越大，气体越容易从熔体中析出形核，填充过程中熔体发泡行为形成的泡孔数量越多，使成型塑件的泡孔密度越大。

8.4.5　注射速率对塑件内部泡孔的影响

在气体反压辅助化学发泡注塑工艺中，注射速率直接影响熔体的压力降速率，从而对熔体的发泡行为造成一定影响。图 8-55 给出了注射速率对气体反压辅助化学发泡注塑样条发泡层厚度的影响规律。随注射速率提高，样条的发泡层厚度逐渐增大。当注射速率由40%提高到80%时，样条的发泡层厚度由1.43 mm 增大到1.63 mm，发泡层厚度增大了 14.0%。在气体反压辅助化学发泡注塑过程中，增大注射速率一方面提高了熔体的填充能力，减少了填充过程中熔体的冷却时间，从而减小了塑件冷凝皮层的厚度，即增大了塑件的发泡层厚度；另一方面增大注射速率还提高了模具型腔对熔体的剪切作用，增加了填充过程中生成的剪切热量，从而有利于维持熔体的高温状态，扩大熔体的可发泡区域，这也有利于增大塑件的发泡层厚度。

图 8-56给出了注射速率对气体反压辅助化学发泡注塑样条泡孔直径的影响规律。随注射速率的提高，样条的泡孔直径呈先减小后增大的变化趋势。在气体反压辅助化学发泡注塑过程中，提高注射速率可增大模具型腔表面对熔体的剪切作用，促进填充过程中气体的形核，减小样条的泡孔直径。然而，过高的注射速率将导致模具型腔表面与熔体发生强烈的剪切作用，使熔体局部温度过高，加剧了泡孔的长大和合并，从而增大了塑件的泡孔直径。

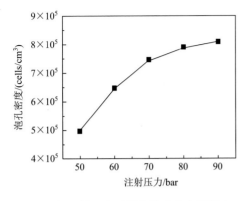

图 8-54　注射压力对样条泡孔密度的影响　　图 8-55　注射速率对样条发泡层厚度的影响

　　图8-57给出了注射速率对气体反压辅助化学发泡注塑样条泡孔密度的影响规律。随注射速率的提高，样条的泡孔密度呈先增大后减小的变化趋势。在气体反压辅助化学发泡注塑工艺中，适当提高注射速率可增加成型过程中的剪切热量，有利于填充过程中熔体的泡孔形核，提高样条的泡孔密度，而过高的注射速率将导致泡孔发生剪切破裂行为，从而降低样条的泡孔密度。

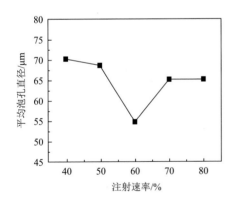
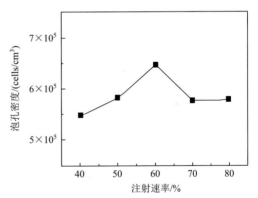

图 8-56　注射速率对样条泡孔直径的影响　　图 8-57　注射速率对样条泡孔密度的影响

　　适当的注射速率可成型发泡层厚度大、泡孔直径小、泡孔密度大的气体反压辅助化学发泡注塑件。对于此处介绍的样条注塑件，其注射速率为60%时，成型的发泡注塑样条内部泡孔质量最好。总体而言，较小的气体反压压力、较短的气体反压作用时间、较高的发泡剂含量、较高的熔融温度、较大的注射压力和合理的注射速率可成型发泡层厚度较大、泡孔直径较小、泡孔密度较大的气体反压辅助化学发泡注塑产品。

图 8-58 给出了气体反压辅助化学发泡注塑产品的照片，产品表面均无气痕缺陷，塑件表面质量良好，可作为外观件直接使用。

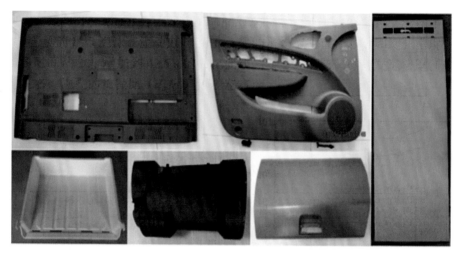

图 8-58　气体反压辅助化学发泡注塑产品

参 考 文 献

[1]　WANG G L，ZHAO G Q，WANG J C, et al. Research on formation mechanisms and control of external and inner bubble morphology in microcellular injection molding[J]. Polymer engineering & science，2015，55（4）：807-835.

[2]　WANG G L，ZHAO G Q，ZHANG L，et al. Lightweight and tough nanocellular PP/PTFE nanocomposite foams with defect-free surfaces obtained using *in situ* nanofibrillation and nanocellular injection molding[J]. Chemical engineering journal，2018，350：1-11.

[3]　GÓMEZ-MONTERDEA J，HAINB J，SÁNCHEZ-SOTOC M，et al. Microcellular injection moulding: A comparison between MuCell process and the novel micro-foaming technology IQ Foam[J]. Journal of materials processing technology，2019，268：162-170.

[4]　LIEWELYN G，REES A，GRIFFITHS C，et al. Advances in microcellular injection moulding[J]. Journal of cellular plastics，2020，56（6）：646-674.

[5]　LI S，ZHAO G Q，WANG G L，et al. Influence of relative low gas counter pressure on melt foaming behavior and surface quality of molded parts in microcellular injection molding process[J]. Journal of cellular plastics，2014，50（5）：415-435.

[6]　SHAAYEGAN V，WANG G，PARK C. Effect of foam processing parameters on bubble nucleation and growth dynamics in high-pressure foam injection molding[J]. Chemical engineering science，2016，155：27-37.

[7]　SHAAYEGAN V，WANG G，PARK C，et al. Identification of cell-nucleation mechanism in foam injection molding with gas-counter pressure via mold visualization[J]. AIChE journal，2016，62（11）：4035-4046.

[8]　AMELI A，NOFAR M，JAHANI D，et al. Development of high void fraction polylactide composite foams using injection molding: Crystallization and foaming behaviors[J]. Chemical engineering journal，2015，262：78-87.

[9] LEE J，TURNG L S，DOUGHERTY E，et al. A novel method for improving the surface quality of microcellular injection molded parts[J]. Polymer，2011，52（6）：1436-1446.

[10] 王桂龙，赵国群，侯俊吉，等. 一种压力流体辅助发泡注塑成型工艺：ZL201711433926.X[P]. 2019.

[11] 赵国群，张磊. 一种发泡倍率高、表面无泡痕的微孔发泡注塑工艺：ZL201610270600.9[P]. 2018.

[12] 王家昌，赵国群，鲁韶磊. 一种提升注塑发泡成型塑件表面质量的方法：ZL201811641589.8[P]. 2020.

[13] 李帅. 气体反压技术对注塑熔体填充过程和塑件性能影响规律的研究[D]. 济南：山东大学，2015.

[14] HOU J J，ZHAO G Q，WANG G L，et al. A novel gas-assisted microcellular injection molding method for preparing lightweight foams with superior surface appearance and enhanced mechanical performance[J]. Materials & design，2017，127：115-125.

[15] HOU J J，ZHAO G Q，ZHANG L，et al. Foaming mechanism of polypropylene in gas-assisted microcellular injection molding[J]. Industrial & engineering chemistry research，2018，57（13）：4710-4720.

[16] CHEN S C，LIAO W H，CHIEN R D. Structure and mechanical properties of polystyrene foams made through microcellular injection molding via control mechanisms of gas counter pressure and mold temperature[J]. International communications in heat & mass transfer，2012，39：1125-1131.

[17] 侯俊吉. 聚丙烯泡沫材料的微孔发泡制备工艺及其性能研究[D]. 济南：山东大学，2018.

[18] DONG G W，ZHAO G Q，GUAN Y J，et al. Formation mechanism and structural characteristics of unfoamed skin layer in microcellular injection-molded parts[J]. Journal of cellular plastics，2016，52（4）：419-439.

[19] DONG G W，ZHAO G Q，ZHANG L，et al. Morphology evolution and elimination mechanism of bubble marks on surface of microcellular injection-molded parts with dynamic mold temperature control[J]. Industrial & engineering chemistry research，2018，57（3）：1089-1101.

[20] ZHAO P，ZHAO Y，KHARBAS H，et al. *In-situ* ultrasonic characterization of microcellular injection molding[J]. Journal of materials processing technology，2019，270：254-264.

[21] ZHANG L，ZHAO G Q，WANG G L，et al. Investigation on bubble morphological evolution and plastic part surface quality of microcellular injection molding process based on a multiphase-solid coupled heat transfer model[J]. International journal of heat and mass transfer，2017，104：1246-1258.

[22] LI S，ZHAO G Q，WANG J C. A method to improve dimensional accuracy and mechanical properties of injection molded polypropylene parts[J]. Journal of polymer engineering，2016，37(4)：323-334.

[23] 赵国群，李帅，管延锦. 注塑模具型腔压力控制系统及控制方法：ZL201219517381.1[P]. 2014.

[24] ZHANG L，ZHAO G Q，DONG G L，et al. Bubble morphological evolution and surface defect formation mechanism in the microcellular foam injection molding process[J]. RSC advances，2015，5：70032-70050.

[25] LEE J，TURNG L S. Improving surface quality of microcellular injection molded parts through mold surface temperature manipulation with thin film insulation[J]. Polymer engineering & science，2010，50（7）：1281-1289.

[26] 李帅，赵国群，管延锦，等. 模具型腔气体压力对微发泡注塑件表面质量的影响[J]. 机械工程学报，2015，51（10）：79-85.

[27] COLTON J，SUH N. Nucleation of microcellular foam：Theory and practice[J]. Polymer engineering & science，1987，27（7）：500-503.

[28] COLTON J，SUH N. The nucleation of microcellular thermoplastic foam with additives：Part Ⅰ：Theoretical considerations[J]. Polymer engineering & science，1987，27（7）：485-492.

[29] LI S，SUN X M，WANG R，et al. Experimental investigation on the forming and evolution process of cell structure in gas counter pressure assisted chemical foaming injection molded parts[J]. Journal of cellular plastics，2021，57（5）：659-674.

第9章

釜压发泡成型技术

    釜压发泡工艺,也称间歇式发泡工艺或静态发泡工艺,是美国麻省理工学院 Suh 教授指导的博士生 Martini[1] 于 1981 年开发的一种用于制备微孔发泡聚合物的成型加工工艺。图 9-1 给出了釜压发泡工艺示意图,其发泡过程如下:首先将要发泡的聚合物样品置于发泡釜中,并将发泡剂引入容器中,然后保持所需的温度和压力足够长的时间以使样品充分吸收发泡剂,最后通过降压或升温以诱导聚合物发泡。

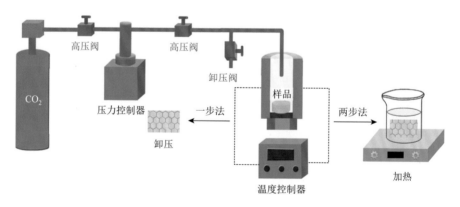

图 9-1　釜压发泡工艺示意图

    釜压发泡工艺突出的优点是赋予制品较高的形核密度和较小的泡孔尺寸。其设备简单、投资较低、成型参数少、可控性高,适合实验室或企业研发部门进行特种材料开发、小规模试制和工艺参数调试。但是在釜压发泡工艺中,发泡气体在聚合物内部扩散时间较长,因此通常釜压发泡工艺的生产周期长,效率相对较低，且无法生产具有固定形状的制件。在微孔发泡聚合物成型技术发展历程中，釜压发泡工艺是最早被提出并实验成功的。由于釜压发泡在生产效率方面的局限性，业内更多地把关注点放到了微孔挤出发泡和微孔发泡注塑工艺，釜压发泡成型技术的发展也一度陷于停滞。近些年，随着业界对特种功能发泡聚合物研发需求的提升，釜压发泡成型技术因其高可控性再度受到关注。另外，热塑性弹性体发泡材料的热度也将釜压发泡成型技术推向了产业化发展的前沿。

根据第 4 章介绍的发泡成型基本原理，可以通过压力变化和温度变化制造聚合物/发泡剂气体均相体系的热力学不稳定，从而通过形核长大形式诱导聚合物和发泡剂气体发生相分离。釜压发泡成型技术对环境变量参数控制能力较强，可以灵活调控材料体系的温度和压力。因此，釜压发泡成型技术可以实现多种发泡工艺路线，可分类为一步法（压力诱导）和两步法（温度诱导）。此外，针对半结晶型聚合物发泡工艺窗口小的问题，研究人员还发展了熔融降压法和预等温降压法等改进型发泡工艺。本章将介绍釜压发泡成型技术的基本原理，并结合具体发泡案例介绍不同工艺路线适用的材料体系及其泡孔结构特点，为该项技术的使用者提供参考。

9.2 降压发泡工艺

9.2.1 工艺原理与过程

在压力诱导的一步法发泡工艺中，聚合物与发泡剂气体的饱和温度通常低于聚合物熔融温度，当聚合物样品达到完全饱和（聚合物在所设定的温度和压力下吸附发泡剂达到平衡）时，快速打开发泡釜的排气阀门，以高的泄压速率使发泡釜内的压力快速下降。在这种发泡方法中，高压力梯度导致热力学不稳定，诱导泡孔的形核和长大。降压发泡的工艺原理如图 9-2 所示。围绕降压发泡工艺，本节将介绍聚丙烯[2-5]的降压发泡工艺及其泡孔结构。

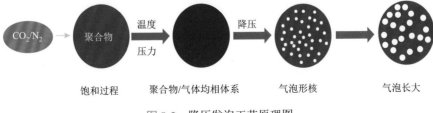

图 9-2 降压发泡工艺原理图

9.2.2 聚丙烯的降压发泡工艺

聚丙烯（PP）降压发泡工艺的发泡装置如图 9-3 所示，工艺流程中的温度和压力变化如图 9-4 所示。当发泡釜内温度达到设定值后，开始计时 20 min，以保证发泡剂气体充分扩散进聚丙烯样条中。该工艺方法采用 CO_2 作为发泡剂气体，保温时间通过测定聚丙烯在不同发泡压力下对 CO_2 的吸附曲线确定。待达到计时时间后，迅速打开球阀，泄去釜内的高压气体。压力的突然变化导致聚合物内吸

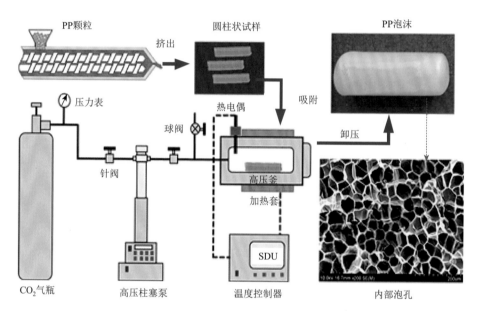

图 9-3 釜压发泡装置示意图

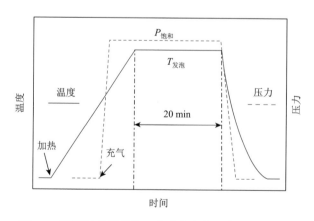

图 9-4 降压法釜压发泡工艺流程中的温度和压力变化

附的 CO_2 呈过饱和状态，气体开始析出发泡，形成泡孔。泄压后接着将发泡釜放入冷水中进行快速冷却，最终获得图 9-3 所示的柱状发泡试样。发泡剂 CO_2 的压力分别为 10 MPa、15 MPa、20 MPa 和 25 MPa。根据发泡试样的外形可确定发泡温度为 147～158.5℃。

图 9-5 给出了发泡压力为 15 MPa 时不同发泡温度下制备的发泡试样照片。由图可知，当发泡温度为 151.5℃时，发泡试样的体积较小，随发泡温度的升高，发泡试样体积呈增大趋势，但当发泡温度超过 155℃时，发泡试样的体积又开始减小。对于其他发泡压力下制备的发泡试样体积也呈现类似的变化规律。为了定量比较不同工艺条件下所制备试样的发泡倍率，图 9-6（a）给出了发泡倍率随发泡温度和发泡压力的变化关系。从图中可以看出，在所有发泡压力下，试样的发泡倍率随发泡温度呈"钟形"变化趋势，即先增加后减小，且温度一旦超过最大发泡倍率对应的发泡温度，试样发泡倍率会急剧下降。每个发泡压力均对应一个使样品具有最大发泡倍率的最优发泡温度，随发泡压力的升高，该最优发泡温度会降低。

图 9-5　发泡压力为 15 MPa 时不同发泡温度下制备的发泡试样

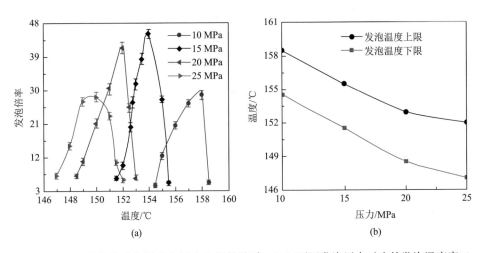

图 9-6　（a）发泡倍率与温度和压力之间的关系；（b）不同发泡压力对应的发泡温度窗口

图 9-6（b）给出了每个压力下对应的合适发泡温度窗口，该窗口由给定压力下的最高发泡温度和最低发泡温度决定。随着发泡压力的升高，试样的可发泡温度窗口向低温移动。高压 CO_2 会对聚合物基体产生一定的塑化作用[6, 7]。饱和压力越高，聚合物中 CO_2 的溶解度越大，从而对聚合物基体的塑化作用越强，聚合物熔体强度也就越低。由于聚合物必须具备一定的熔体强度才能进行发泡，因此随着压力的升高，为保证聚合物具有足够的熔体强度，发泡温度必须降低，即发泡区间须向低温移动。在所有发泡压力下，线型聚丙烯对应的发泡温度区间均在 5℃以内，说明线型聚丙烯可调控的工艺窗口极其狭窄。在所有的工艺窗口中，当饱和压力为 15 MPa，发泡温度为 154℃时，制得了发泡倍率最大的微孔聚合物，其发泡倍率约为 45，表观密度为 0.0202 g/cm^3。

当发泡压力和发泡温度分别为 10 MPa、154.5℃和 15 MPa、151.5℃时由于聚丙烯薄膜内部晶粒组织刚开始发生熔融，基体组织较硬，不利于大发泡倍率泡沫的制备。而在 10 MPa、158℃和 15 MPa、154℃的发泡条件下，聚丙烯薄膜内部的晶粒组织尚未完全熔化，确切地讲内部组织处在几乎完全熔化的状态，所制备的泡沫发泡倍率分别达到最大。更有趣的是，当温度超过上限发泡温度 0.5℃，即分别在 10 MPa、159℃和 15 MPa、156℃下停留 5 min，然后将温度降回这两个压力下对应的上限发泡温度，接着饱和 20 min 后进行泄压，发现聚合物试样几乎不再发泡。这是由于在 10 MPa、159℃和 15 MPa、156℃条件下，聚丙烯内部的晶体可能完全熔融，而再次降回上限发泡温度时，熔体内部不会发生结晶。因此，为获得大发泡倍率的试样，聚丙烯内部必须存在一定的晶粒。通过以上分析可知，在降压法釜压发泡工艺中，聚合物内部晶粒组织的变化对其发泡行为影响十分显著。为了保证聚丙烯能够顺利发泡，聚丙烯内部既不能保留大量的晶粒组织，也不能使得晶粒完全熔融，即需要在半熔融状态下降压发泡。具有最大发泡倍率试样的内部微观组织状态是晶粒处于几乎完全熔融状态。聚丙烯内部原先存在的晶体可能熔融为大量微小的结晶区，这些半熔融态有序结构的存在使得聚合物基体具有合适的熔体强度。

图 9-7 给出了 CO_2 压力为 10 MPa 时不同温度下的泡孔形貌。从图中可以看出，当发泡温度较低时，大小孔同时存在，泡孔的尺寸均匀性较差。在 154.5℃下，晶粒才刚开始熔化，基体的微观组织处于不均匀状态，同时 CO_2 在结晶区和非晶区的溶解能力不同。内部微观组织和气体含量的不均匀性共同导致了泡孔尺寸和分布的不均匀性。随发泡温度的升高，泡孔的尺寸均匀性得到逐步改善，特别是在 157℃条件下，如图 9-7（c）所示，内部泡孔尺寸分布非常均匀。这是由于随温度升高，大部分晶粒已经熔融，聚合物内部的微观组织逐渐趋于均匀化，且气体在不同区域的溶解度差异也逐渐减小。值得注意的是，当发泡温度为 158℃时，试样断面上出现几个零星分散的大泡孔，如图 9-7（d）所示，这可能是由于在较高发泡温度下发泡过程中的泡孔合并。

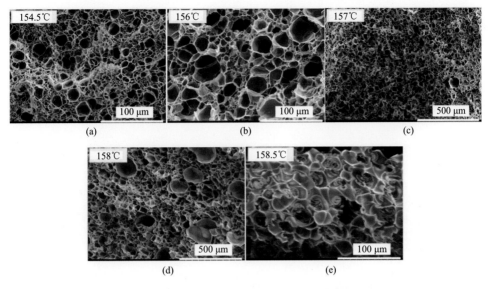

图 9-7　CO_2 压力为 10 MPa 时不同温度下的泡孔形貌

　　图 9-8 为 15 MPa、20 MPa 和 25 MPa CO_2 压力下的泡孔形貌。可以看出，泡孔尺寸同样随温度升高趋于均匀。但是在每个压力对应的最高发泡温度下，泡孔形貌严重恶化，甚至出现破裂，如图 9-8（a_5）～（c_5）所示，此时聚合物的发泡倍率也较小，在 5～6 之间[图 9-8（a）]。这是由于在高温下，晶体完全熔化，聚丙烯的熔体强度急剧下降，在泡孔生长过程中，周围的聚合物基体无法承受泡孔的径向膨胀，从而发生泡孔破裂，发泡气体快速耗散，用于完成体积膨胀的发泡剂气体显著减少，试样发泡倍率显著降低。

　　图 9-9 给出了 15 MPa、155℃，20 MPa、152.5℃和 25 MPa、151.5℃发泡条件下试样的泡孔形貌，三种发泡条件下泡沫的发泡倍率分别为 27.6、25.3 和 10.4。从图中可以看出，泡孔的壁面上出现了大量微小孔洞，即泡孔呈局部开孔结构。虽然泡孔出现了开孔结构，但与图 9-8（a_5）～（c_5）所示的泡沫相比，图 9-9 所示泡沫的发泡倍率要高很多。这可能是由于在这三种发泡条件下，形核后的泡孔在其生长过程中，泡孔壁并没完全被内部膨胀的气体胀裂，而是经历了一定生长时间后，泡孔壁逐渐被拉伸、变薄、破裂，在泡孔壁上出现许多微小孔洞。从图中还可以看出，随发泡压力升高，泡孔的局部开孔程度有所增加。这是由于发泡压力越高，溶解进聚丙烯的 CO_2 越多，塑化作用越强，聚合物熔体强度越低，泡孔壁也越容易发生破裂。由此可见，在降压法釜压发泡工艺中，可以在某一合适的发泡温度下制备具备较大发泡倍率且泡孔处于局部开孔状态的发泡聚合物，但是该工艺区间极其狭窄。

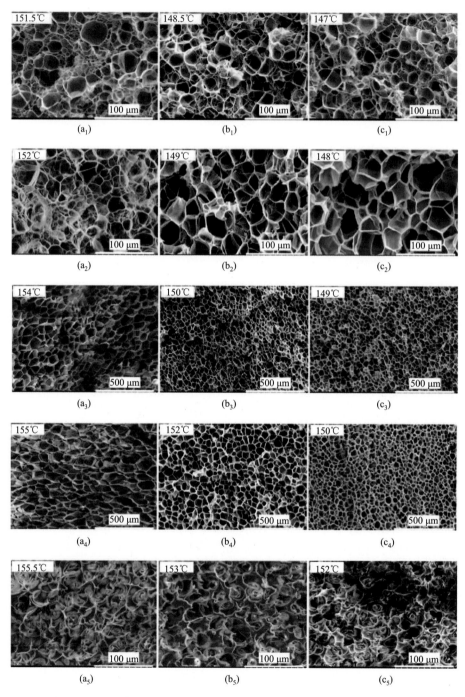

图 9-8 CO₂ 压力为 15 MPa、20 MPa 和 25 MPa 时不同温度下的泡孔形貌

（a₁）～（a₅）15 MPa；（b₁）～（b₅）20 MPa；（c₁）～（c₅）25 MPa

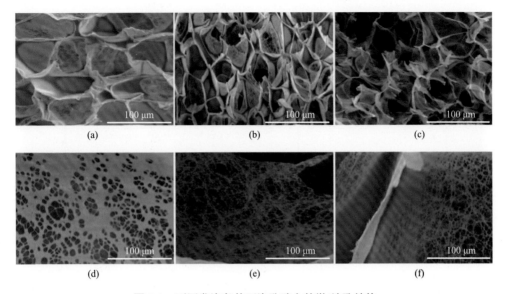

图 9-9 不同发泡条件下泡孔壁上的微/纳孔结构

（a）15 MPa、155℃；（b）20 MPa、152.5℃；（c）25 MPa、151.5℃；（d）～（f）分别为（a）～（c）中较高倍数下的泡孔壁

图9-10为不同发泡压力下发泡试样的泡孔直径和泡孔形核密度随发泡温度的变化曲线。当发泡压力相同时，较低温度下的泡孔直径较小。这是因为发泡温度较低时，熔体的强度较高，施加给泡孔生长的阻力较大，泡孔长大困难。随发泡温度的升高，内部晶体逐渐熔融，熔体强度逐渐减小，泡孔直径也会相应逐渐增大。但是当温度进一步升高，熔体强度过度降低，聚合物熔体难以承受发泡剂气体的径向膨胀作用力，进而会发生泡孔壁破裂，发泡剂气体逸出，泡孔生长动力

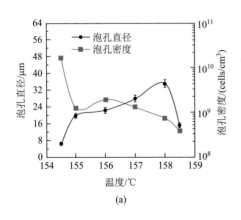

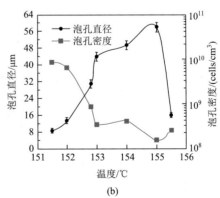

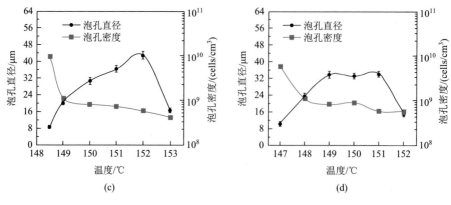

图 9-10　不同发泡压力下泡孔直径和泡孔形核密度随温度的变化曲线

（a）10 MPa；（b）15 MPa；（c）20 MPa；（d）25 MPa

受损，最终导致泡孔直径不增反减。对于泡孔形核密度而言，随发泡温度的升高，泡孔形核密度逐渐降低。在半熔融状态下发泡时，CO_2 的溶解度随温度的升高而增加，这会引起参与形核的气体浓度增大，理论上会增加泡孔形核密度。然而在一步升温釜压发泡工艺中，低温下存在的晶体能够起到显著的异相形核作用[8]，随着温度的升高这些晶体逐渐熔融，因此异相形核作用减弱，最终造成泡孔形核密度降低。

9.3 　升温发泡工艺

9.3.1　工艺原理与过程

在温度诱导的两步法发泡工艺中，聚合物与发泡剂气体的饱和温度通常低于聚合物玻璃化转变温度，当达到饱和状态时，快速降压后立即从发泡釜中取出混有发泡剂气体的聚合物样品，然后将其浸入热油浴或水浴中。在温度上升过程中，样品中溶解的气体迅速析出并通过形核长大进行发泡。升温发泡工艺原理如图 9-11 所示。浸渍液体的温度通常高于聚合物的玻璃化转变温度，该温度称为发泡温度。在这种发泡方法中，温度的突然变化导致均相体系的热力学不稳定。由于较高的温度会降低聚合物的黏度，进而降低泡孔生长的阻力，因而泡孔尺寸随发泡温度的升高而增大。与一步法相比，两步法的饱和温度较低，所制备的发泡聚合物的泡孔更细小，甚至可以达到纳米尺度。本节将以聚丙烯腈[9-15]为例，介绍升温发泡工艺方法以及通过该工艺所获得的泡孔结构。

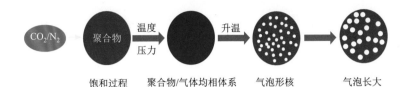

图 9-11　升温发泡工艺原理图

9.3.2　聚丙烯腈的升温发泡工艺

聚丙烯腈（PAN）是制备碳材料的前驱体，本案例将采用升温发泡法制备微孔发泡 PAN 泡沫，然后通过碳化处理制备碳泡沫。首先将 PAN 前驱体制备成易于饱和的薄膜状，然后通过升温诱导的两步法发泡工艺制备纳米级多孔 PAN 泡沫。图 9-12 所示为 PAN 泡沫的制备流程示意图。首先，将 10 wt% 的 PAN 加入 50 mL DMSO 中，于 65℃ 下机械搅拌至 PAN 完全溶解。然后，将制备好的溶液在培养皿中于 60℃ 下干燥 24 h，获得厚度约为 0.2 mm 的薄膜状 PAN 前驱体。将上述 PAN 前驱体裁剪成尺寸约为 30 mm×10 mm 的试样。薄膜试样发泡：将大约 15 片 PAN 试样置于釜内，将釜加热至 40℃ 并缓慢地通入 CO_2 排出空气，排空过程持续 1 min；然后将釜密封，并加压至饱和压力（10.34～31.03 MPa），让 PAN 吸收 CO_2 至饱和；迅速释放压力，将样品从釜中取出并快速浸入热水浴中发泡 1 min（水温为 60～100℃），最终获得 PAN 泡沫。

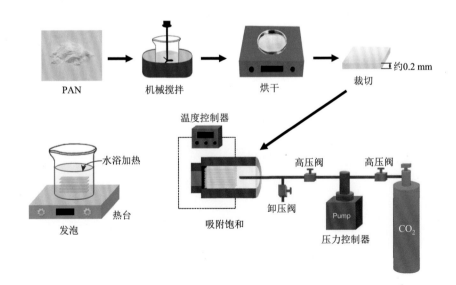

图 9-12　PAN 泡沫的制备流程示意图

在发泡之后，PAN 泡沫需要经过碳化过程以制备碳泡沫，即在充满空气的鼓风干燥箱中以 2℃/min 的升温速率升至 280℃并保持 8 h 以稳定化处理，然后在氩气保护下的管式炉中以 10℃/min 的升温速率升至目标碳化温度（600～900℃）并保持 1 h 以碳化处理。图 9-13 所示为薄膜状 PAN 前驱体及其经两步法发泡后获得的 PAN 泡沫和碳化后获得的碳泡沫的实物照片。发泡后，原本透明的前驱体薄膜变成不透明的白色，表明内部产生了多孔结构，样品的膨胀小，说明在低温下前驱体的强度高。碳化后，泡沫从白色转变为黑色，泡沫尺寸的减小是由于在碳化过程中 PAN 的分子结构重排和非碳元素（氢、氧、氮等）以气体小分子的形式消失。

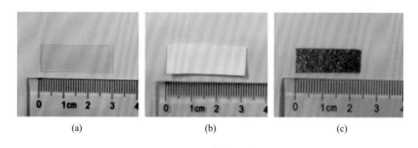

(a)　　　　　　　　(b)　　　　　　　　(c)

图 9-13　实物照片

（a）薄膜状 PAN 前驱体；（b）PAN 泡沫；（c）碳泡沫

图 9-14 给出了在 17.24 MPa 的饱和压力和不同发泡温度下制备的碳泡沫的 SEM 图。可以看出，当发泡温度为 60℃时，无法分辨出明显的泡孔结构。当发泡温度升至 80℃时，碳泡沫显示出高孔隙率的相互连通的纳米多孔支架结构，孔径低于 100 nm。当发泡温度继续升至 100℃，孔隙率减小，孔径增大。这种相互连通的纳米孔结构可归因于合适的发泡温度诱导的旋节分解发泡机理。在旋节分解中，由于上坡扩散，浓度波动的周期性波长随时间延长而增加，引发原本均匀

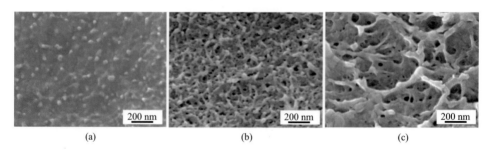

(a)　　　　　　　　(b)　　　　　　　　(c)

图 9-14　在 17.24 MPa 的饱和压力和不同发泡温度下制备的碳泡沫的 SEM 图

（a）60℃；（b）80℃；（c）100℃

的聚合物/CO_2 体系分为两个连续相：富聚合物相和孔隙相[16]。因此，升温诱导的两步法发泡工艺可以制备出具有纳米级多孔结构的 PAN 基碳泡沫，且发泡温度对孔结构的影响显著，调节发泡温度为调节其孔结构提供了一种有效的方法。

图 9-15 给出了在 17.24 MPa 的饱和压力和不同发泡温度下制备的碳泡沫的氮气吸附-解吸等温线和孔径分布图，其孔结构参数列于表 9-1 中。如图 9-15（a）所示，当发泡温度为 60℃时，其碳泡沫的氮气吸附-解吸等温线表现为 I 型等温线，表明其微孔为代表的孔结构特征。而当发泡温度为 80℃和 100℃时，其碳泡沫的氮气吸附-解吸等温线均表现出 I 型和IV型混合吸附等温线的特征，表明其内部同时具有大量的微孔和介孔。按照测得的吸附等温线，采用 BET 法计算各样品的比表面积，用 BJH 法和 HK 法分别表征各样品的介孔和微孔分布。当发泡温度为 60℃、80℃和 100℃时，所制备的碳泡沫的 BET 比表面积分别为164.84 m^2/g、312.62 m^2/g 和 214.15 m^2/g，总孔体积分别为 0.127 cm^3/g、0.381 cm^3/g和 0.279 cm^3/g。

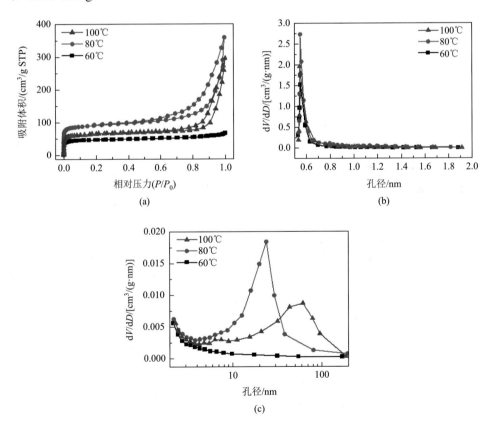

图 9-15　在 17.24 MPa 的饱和压力和不同发泡温度下制备的碳泡沫的氮气吸附-解吸等温线（a）和孔径分布图 [（b）、（c）]

从图 9-15（b）可以看出，三者的微孔孔径分布中心位点一致，微孔来源于 PAN 在碳化过程中小分子气体的释放。从图 9-15（c）可以看出，当发泡温度为 80℃时，碳泡沫具有最丰富且集中的介孔-大孔结构分布，孔径以约 24 nm 处为中心，集中分布在 5～60 nm 的范围内。当温度升至 100℃时，其碳泡沫的比表面积和孔体积均减小，且孔径分布变宽，孔径以约 60 nm 处为中心，分布在 5～200 nm 的范围内。而当温度为 60℃时，几乎没有 5 nm 以上的介孔或大孔分布。这是由于 60℃的发泡温度较低，不足以诱导发泡。因此，当温度为 80℃和 100℃时，碳泡沫中的介孔和大孔主要来源于发泡过程。

表 9-1   在 17.24 MPa 的饱和压力和不同发泡温度下制备的碳泡沫的孔结构参数

发泡温度/℃	S_{BET}/(m²/g)	S_{meso}/(m²/g)	S_{micro}/(m²/g)	V_t/(cm³/g)	V_{meso}/(cm³/g)	V_{micro}/(cm³/g)
60	164.84	19.25	145.59	0.127	0.045	0.082
80	312.62	92.09	220.53	0.381	0.259	0.122
100	214.15	48.56	165.59	0.279	0.192	0.087

选择 80℃作为发泡温度介绍饱和压力对孔结构的影响。图 9-16 给出了在 80℃的发泡温度和不同饱和压力下制备的碳泡沫的 SEM 图。可以看出，当饱和压力低于 31.03 MPa 时，图内出现相互连通的纳米多孔支架结构。当饱和压力为 31.03 MPa 时，从 SEM 图中难以观察到明显的孔结构，材料截面呈现出蠕虫状结构，

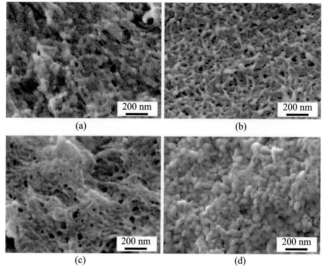

图 9-16   在 80℃的发泡温度和不同饱和压力下制备的碳泡沫的 SEM 图

（a）10.34 MPa；（b）17.24 MPa；（c）24.13 MPa；（d）31.03 MPa

这些"蠕虫"似乎紧紧地挤在一起，彼此之间存在一定的孔隙。Guo 等[17]认为，当 PMMA 聚合物基体中的 CO_2 溶解度和发泡温度均较高时也会形成连通多孔结构，但有关这类结构的形成机理还有待进一步研究。

图 9-17 给出了在 80℃的发泡温度和不同饱和压力下制备的碳泡沫的氮气吸附-解吸等温线和孔径分布图，其孔结构参数列于表 9-2 中。如图 9-17（a）所示，所有碳泡沫的氮气吸附-解吸等温线均表现出 I 型和 IV 型混合吸附等温线的特征，代表同时具有大量的微孔和介孔。对比表 9-2 中列出的碳泡沫的孔结构参数可知，饱和压力为 17.24 MPa 时，碳泡沫的 BET 比表面积和总孔体积均最大，表明其孔结构最丰富。从图 9-17（b）和（c）中可以看出，当饱和压力为 17.24 MPa 时，其孔径分布最集中。当饱和压力为 31.03 MPa 时，虽然从 SEM 图中观察不到明显的孔结构，但氮气吸附-解吸实验结果表明其内部存在介孔结构，这些介孔可归因于紧密堆积的"蠕虫"之间的孔隙。当发泡温度为 80℃和饱和压力为 17.24 MPa 时泡沫显示出相互连通的介孔-大孔结构，且其微孔和介孔均具有最大的比表面积和孔体积。

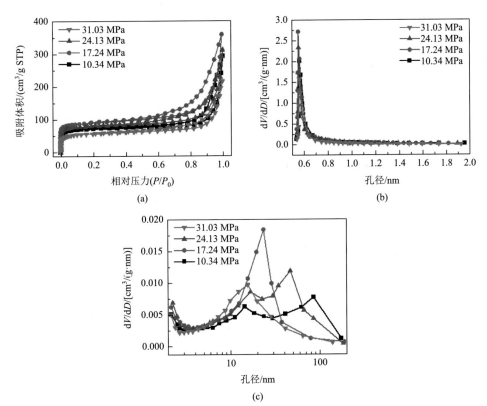

图 9-17　在 80℃的发泡温度和不同饱和压力下制备的碳泡沫的氮气吸附-解吸等温线（a）和孔径分布图（b，c）

表 9-2   在 80℃的发泡温度和不同饱和压力下制备的碳泡沫的孔结构参数

饱和压力/MPa	S_{BET}/(m²/g)	S_{meso}/(m²/g)	S_{micro}/(m²/g)	V_t/(cm³/g)	V_{meso}/(cm³/g)	V_{micro}/(cm³/g)
10.34	236.87	53.63	183.24	0.298	0.203	0.095
17.24	312.62	92.09	220.53	0.381	0.259	0.122
24.13	272.31	76.58	195.73	0.336	0.232	0.104
31.03	210.17	56.46	153.71	0.277	0.194	0.083

9.4   熔融降压发泡工艺

9.4.1   工艺原理与过程

相比前文所述的降压法和升温法釜压发泡工艺，熔融降压发泡工艺更适用于结晶型聚合物。由于结晶型聚合物的基体强度高，发泡阻力大，其发泡工艺窗口往往较窄。为此，熔融降压发泡工艺首先将聚合物加热到其熔点以上，并保温一段时间，确保其内部晶体完全熔融。然后将发泡釜的温度快速降低到设定值，再次保温一段时间。在第二次保温阶段，聚合物与发泡剂气体达到饱和状态，最后快速打开发泡釜的泄压阀，进行泄压发泡。这种熔融降压发泡工艺也是通过压力诱导泡孔形核与长大的，因此本质上仍属于一种降压发泡工艺。熔融降压发泡工艺原理如图 9-18 所示。在熔融降压发泡工艺中，结晶型聚合物的晶体结构首先被熔融消除，然后进行发泡，这样可以显著扩大材料的发泡工艺窗口，并能够对泡孔结构和发泡倍率进行有效调控。本节将以聚丙烯为例[2, 3]，介绍熔融降压发泡的工艺方法和泡孔结构。

图 9-18   熔融降压发泡工艺原理图

9.4.2   聚丙烯的熔融降压发泡工艺

熔融降压发泡工艺过程如下：首先将聚丙烯试样放置于高压釜内在其熔点以上进行熔融，然后将高压 CO_2 通入高压釜，并保温一段时间以确保熔融的试样充

分吸附 CO_2，待 CO_2 达到溶解平衡后，将釜体降低到某一温度，立即开始泄压发泡。考虑到聚丙烯结晶速率较快，为防止其内部发生结晶，所以在熔融降压后立即泄压发泡，没有后续二次等温吸附过程。图 9-19 给出了熔融降压发泡工艺路线图。为保证聚丙烯试样完全熔融，保温温度控制在 $180℃$。在如图 9-19 所示的发泡工艺中，由于试样在熔融状态下（高于熔点）吸附 CO_2，气体扩散较快，20 min 即能保证气体充分溶解，因此保温时间为 20 min。降温速率设为 $10℃/min$，待试样冷却到图中所示的温度 T_{f1}、T_{f2}、$\cdots$、T_{fn} 后，迅速泄压发泡。发泡压力分别为 10 MPa、15 MPa 和 20 MPa，发泡温度在 $95{\sim}145℃$ 之间变化。

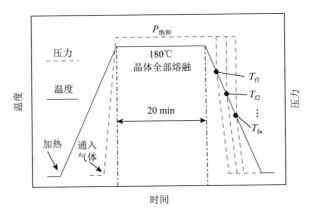

图 9-19　熔融降压发泡工艺

图 9-20 给出了不同发泡压力下聚丙烯的发泡倍率随温度的变化曲线。由图看出，在所有的发泡压力下，通过改变温度能够获得不同发泡倍率的聚丙烯泡沫，且可发泡的温度工艺窗口接近 $45℃$。在 9.2.2 节中，一步升温釜压发泡工艺的可发泡温度工艺窗口不超过 $5℃$。由此可见，熔融降压发泡工艺能够显著拓宽结晶型聚合物的发泡温度区间，从而使聚合物的泡孔结构更具可调控性。

在同一发泡压力下，发泡倍率先随发泡温度降低而升高，当温度降低到某一值时（在此称为最优发泡温度），发泡倍率达到最大值，且所有压力下的最大发泡倍率均在 $35{\sim}40$ 之间。此外，每个发泡压力对应的最优发泡温度也有所不同，对应于 10 MPa、15 MPa 和 20 MPa，其最优发泡温度分别为 $130℃$、$125℃$ 和 $120℃$。由此可见，随发泡压力上升，最优发泡温度有所下降。随着 CO_2 压力的升高，聚合物吸附的 CO_2 量增大，CO_2 对聚合物基体的塑化作用越强，聚合物熔体则具有越弱的熔体强度。为制备出较高发泡倍率的泡沫，熔体须具备一定的强度，因此在高饱和压力下，需通过降低发泡温度弥补 CO_2 塑化作用所引起的熔体强度的下降，从而造成最优发泡温度下降。随着发泡温度的进一步下降，聚合物的发泡倍率又逐渐减小。这是由于温度进一步降低，熔体强度就会进一步增强，过高的熔体强度严重抑制泡孔的生长，也不利于熔体充分发泡。

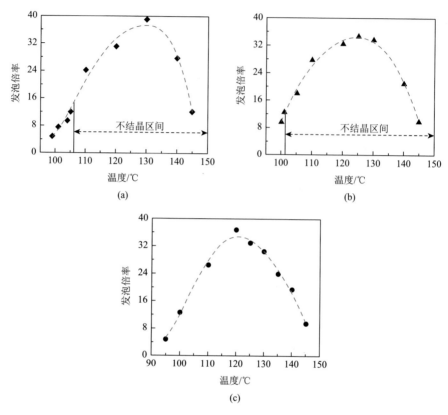

图 9-20　不同 CO_2 压力下泡沫的发泡倍率与温度之间的关系

（a）10 MPa；（b）15 MPa；（c）20 MPa

在更低温度下，如当压力为 10 MPa、温度为 101℃和 99℃时，聚丙烯的发泡倍率低于 8。此时熔体中存在晶体，晶体的存在会显著降低泡沫的发泡倍率。因此，在熔融降压发泡工艺中，为保证泡沫具有较高的发泡倍率，诱导发泡时熔体必须处在非结晶状态。换言之，聚合物只有先进行发泡后发生结晶才可获得较高的发泡倍率。此外，在 CO_2 存在的条件下，当熔体温度降到 120℃以下时熔体才会发生结晶，在注塑发泡工艺中，熔体从较高温度的浇口射出瞬间即开始发泡，不会发生结晶。然而，注塑发泡工艺中聚合物熔体在高温条件下进行发泡，不利于制备大发泡倍率的泡沫。

图 9-21 给出了 CO_2 压力为 10 MPa 时不同发泡温度下的泡孔形貌。在该压力下，所有温度下试样的泡孔均为典型的闭孔结构，且泡孔尺寸较为均匀。从

图 9-21（a）可以看出，泡孔壁上出现褶皱。由于发泡温度较高时，内部的泡孔尺寸较大，这些大尺寸的泡孔在从高温冷却到低温的过程中容易发生收缩，故泡孔壁产生褶皱。随着温度的降低，泡孔壁上的褶皱也逐渐消失。整体而言，随发泡温度的降低，泡孔尺寸逐渐减小。随着发泡温度的降低，熔体强度逐渐增强，从而增加了泡孔生长阻力，故温度越低泡孔尺寸越小。

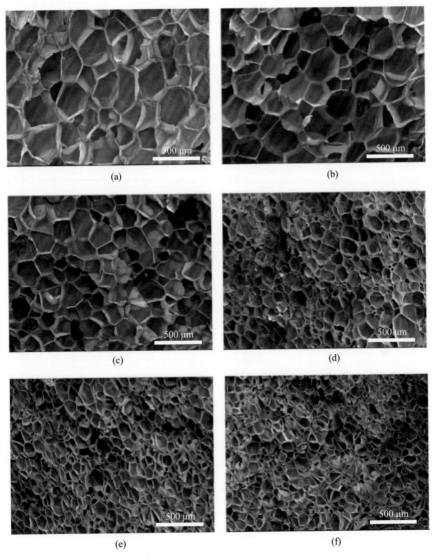

图 9-21 压力为 10 MPa 时不同发泡温度下的泡孔形貌

（a）140℃；（b）130℃；（c）120℃；（d）110℃；（e）105℃；（f）104℃

为了定量比较不同温度下的泡孔直径和泡孔形核密度，图 9-22（a）给出了两者随温度的变化曲线。从图中可以看出，随发泡温度的降低，泡孔直径从 248 μm 降低到 74 μm，但是泡孔形核密度随发泡温度的降低呈升高趋势。由于温度的降低，熔体强度会增强，因此泡孔的生长受到限制，造成泡孔尺寸减小。熔体在低温下发泡时，泡孔壁面能够包裹住气体，故发泡气体损失量较小，使得参与形核的气体增多，泡孔形核密度随着温度的降低而增大。此外，温度降低促使熔体趋于有序化，甚至发生结晶，这也有利于促进泡孔形核，故在 104℃泡孔形核密度达到最大值。

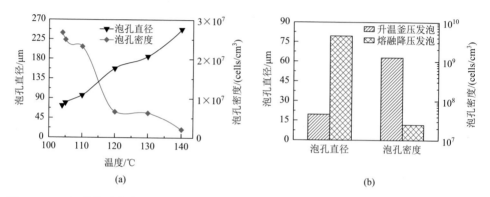

图 9-22　（a）发泡压力为 10 MPa 时泡孔直径和形核密度随温度的变化规律；（b）发泡倍率约为 12 时升温发泡和熔融降压发泡所制备试样的泡孔直径和形核密度

图 9-22（b）给出了发泡倍率约为 12 时升温发泡和熔融降压发泡工艺所制备试样的泡孔直径和泡孔形核密度。从图中可以看出，在相同的发泡倍率下，与升温发泡工艺相比，熔融降压发泡工艺所制备试样的泡孔直径较大，而泡孔形核密度较小。在升温发泡工艺中，为保证聚丙烯能够制备大发泡倍率的泡沫，基体中的晶体在 CO_2 饱和过程中不能全部熔融，即在诱导发泡前基体中存在部分晶体。与之相反，在熔融降压发泡工艺中，聚丙烯基体处在非晶态才能保证制备大发泡倍率泡沫。由于升温发泡工艺中聚合物基体内部存在的部分未熔融晶体能为泡孔异相形核提供大量的形核质点，而采用熔融降压发泡工艺制备大发泡倍率泡沫时，泡孔形核方式则以均相形核为主，因此熔融降压发泡工艺所制备的试样具有较低的泡孔形核密度。当泡孔形核密度低时，为了达到同样的发泡倍率，需要泡孔充分生长，故相同倍率下，熔融降压发泡工艺制备试样的泡孔尺寸较大。

图 9-23 给出了 CO_2 压力为 10 MPa 时较低温度下的晶体形貌和泡孔形貌。图 9-23（a）和（b）分别表示温度为 105℃时的晶体形貌和泡孔形貌。由于刚开始结晶不久（原位观察结果的结晶温度为 106℃），故图 9-23（a）中的晶粒尺寸较小。在 105℃下，发泡试样断面存在几处类似花簇状的泡孔结构。图 9-23（c）

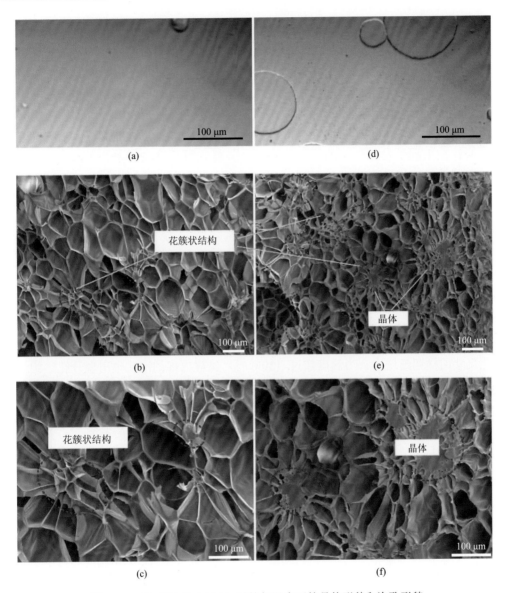

图 9-23　CO_2 压力为 10 MPa 时较低温度下的晶体形貌和泡孔形貌

（a）105℃时的晶体形貌；（b）105℃时的泡孔形貌；（c）图（b）的放大；（d）101℃时的晶体形貌；（e）101℃时的泡孔形貌；（f）图（e）的放大

为图 9-23（b）的放大图，可以清楚地看出，与周围较大的泡孔相比，花瓣状结构处的泡孔更加密集和细小，且泡孔围绕一个核心生长。图 9-23（d）表示温度为 101℃时的晶体形貌，与图 9-23（a）相比，因温度有所降低，晶粒数目增多，且晶粒尺寸有所增大。图 9-23（e）表示 101℃下发泡试样的泡孔形貌，其断面也存在花瓣状的泡孔结构，且花瓣状结构的数目明显多于图 9-23（b）。图 9-23（e）中存在的几处未发泡实心结构是花瓣状结构的剖切图。由于在 101℃下发泡时熔体内部已经发生了结晶，这些未发泡的实心结构（花瓣状结构）即为长大的晶体。这些晶体能够促进泡孔异相形核，因此花瓣状结构处的泡孔比较密集，且尺寸较小。当温度从 105℃降到 101℃时，晶体数目增多，故花瓣状结构也增多。尽管晶体能够促进泡孔异相形核，但是泡孔并不能在晶体内部形核，大尺寸晶体的存在不利于发泡倍率的提升。因此，若要获得大发泡倍率的泡沫，须在非晶态下诱导熔体发泡。

图 9-24 分别给出了压力为 15 MPa 和 20 MPa 时不同温度下的泡孔形貌。当 CO_2 饱和压力为 15 MPa，发泡温度为 101℃时，熔体刚开始结晶，在该温度下发泡时，断面出现了几处花瓣状结构，如图 9-24（a）所示。当温度由 101℃升高到 130℃时，泡孔尺寸逐渐增大，这与 10 MPa 压力下泡孔尺寸的变化规律相似。当发泡温度为 140℃时，泡孔出现了开孔结构。图 9-24（b）给出了压力为 20 MPa 时不同发泡温度下的泡孔形貌。当压力为 20 MPa 时，熔体开始结晶的温度应为 95.5℃。因此，当发泡温度为 95℃时，试样内部已经发生结晶，发泡试样的断面会存在肉眼可见的晶粒（花瓣状结构的核心）。当温度由 95℃变化到 110℃时，泡孔尺寸同样逐渐增大。当温度超过 130℃时，试样内部的泡孔也出现开孔结构。当发泡温度为 130℃、135℃和 140℃时，试样的发泡倍率分别为 30.3、23.9 和 19.5，说明存在一个可调的发泡温度区间使发泡聚合物出现开孔结构，且具有较大的发泡倍率。

通过上述分析，当 CO_2 压力为 15 MPa 和 20 MPa 时，泡孔的开孔结构均出现在较高的发泡温度下，此时熔体内部未发生结晶。为制备开孔泡沫，需在熔体结晶前诱导发泡，即在非结晶态下诱导熔体发泡。而在晶体存在的条件下，发泡倍率严重下降，泡孔生长受到严重限制。由于泡孔生长对泡孔壁引起的双向拉应力较弱，因此难以将泡孔壁拉裂而产生开孔结构，并且晶体的存在会使熔体的强度大幅度增加，过高的熔体强度也不利于泡孔壁的破裂。在非结晶状态下诱导发泡时，熔体强度相对较弱，泡孔生长产生的双向拉伸作用易将泡孔壁拉裂。尤其是在泡孔生长过程中，泡孔壁上的熔体开始发生结晶，结晶区和非晶区的共存可引起组织形态的不均匀性。确切地讲，结晶区起到硬相的作用，非晶区起到软相的作用，泡孔壁在拉伸作用下生长时，容易在非晶区（软相）或者结晶区与非晶区的界面处形成开孔结构[18]。此外，在诱导发泡后聚合物进行结晶时，晶体的生长会引起泡孔壁上聚合物的局部收缩，产生应力集中，这些应力作用也会促进泡孔壁的破裂。因此，避免引入第二相，通过有效调控聚丙烯的结晶和发泡，利用结晶引起的组织不均匀性，能够成功制备大发泡倍率聚丙烯开孔泡沫。

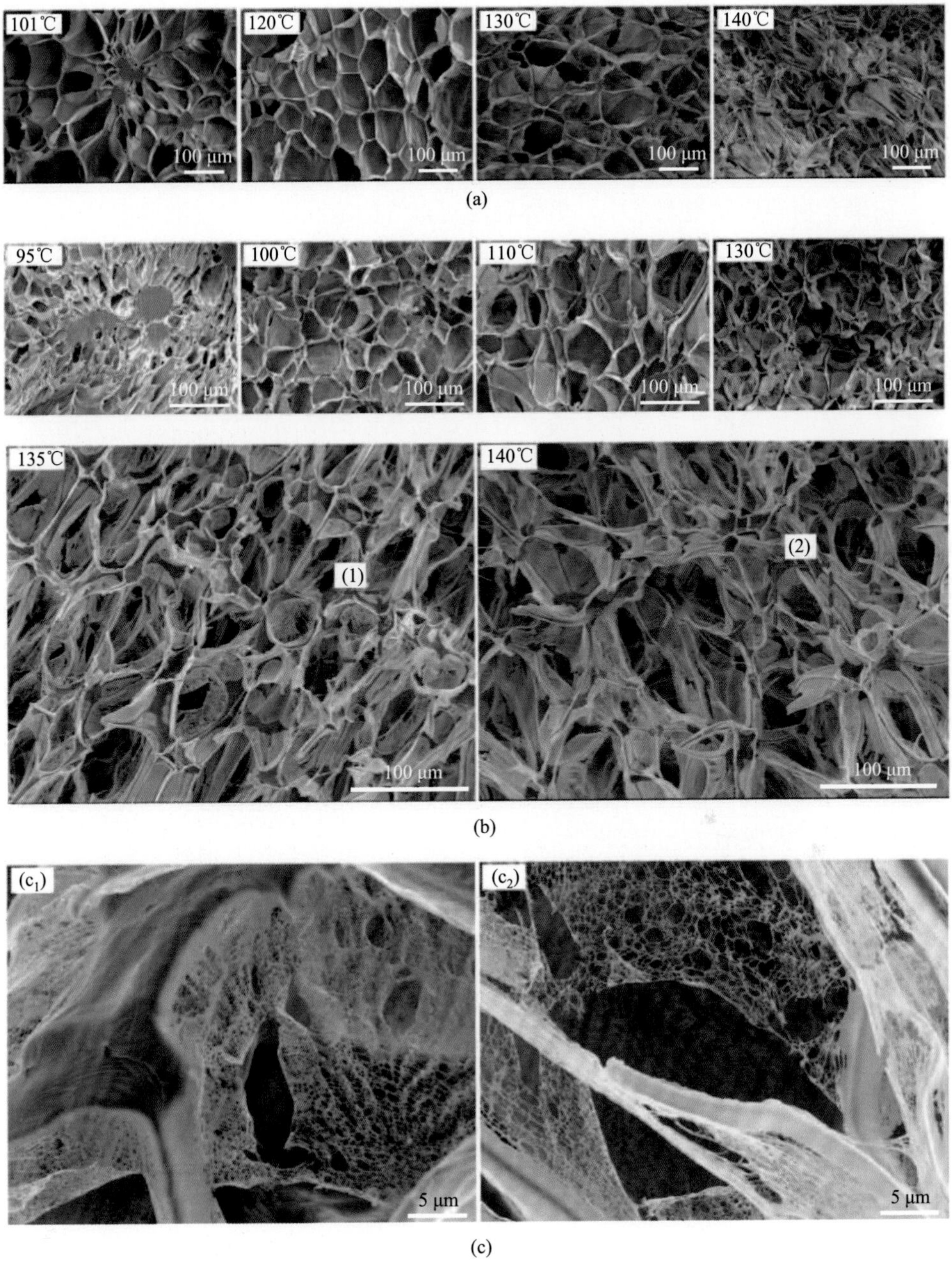

图 9-24　较高压力时不同发泡温度下的泡孔形貌

（a）15 MPa；（b）20 MPa；（c）图（b）中位置（1）和（2）处的放大图

9.5 预等温降压发泡工艺

9.5.1 工艺原理与过程

在聚合物釜压发泡工艺中,熔体强度对最终的泡孔结构和发泡倍率具有决定性作用。如果熔体强度过高,气泡生长阻力大,则最终发泡倍率小;如果熔体强度过低,气泡在生长过程中容易发生合并、爆裂,发泡剂气体大量逃逸,最终发泡倍率也会受限。对于半结晶型聚合物,晶体与熔体强度存在十分微妙的关系:晶体的存在会使熔体强度过大,而完全消除晶体又可能会导致熔体强度过低。为了获得大发泡倍率泡沫聚合物,需要对聚合物基体的结晶状态进行精细调控,找到合适的发泡工艺窗口。

文献[19]提出一种预等温降压发泡工艺,其过程与常规降压发泡工艺大致相同,区别是在加热阶段增设了一个预等温处理过程,其目的是诱导聚合物在发泡前进行更为充分的冷结晶。预等温降压发泡工艺的原理如图 9-25 所示。其中预等温处理阶段的温度要加热至聚合物玻璃化转变温度以上,让分子链的链段重新获得运动能力,聚合物能够发生冷结晶。这部分晶体也将保留至发泡剂气体饱和阶段。晶体的存在能够促进泡孔异相形核,同时增加高分子链缠结,限制高分子链运动,从而提高熔体黏弹性,降低气体损失,阻止泡孔过度破裂和塌陷,有利于泡孔充分长大形成大发泡倍率泡沫聚合物。通过适当增加晶体含量,有助于提高发泡倍率和扩大发泡工艺窗口[20-22]。

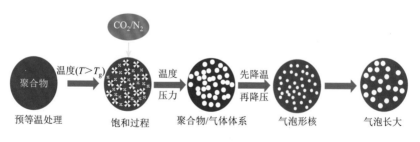

图 9-25　预等温降压发泡工艺原理图

9.5.2 聚乳酸的预等温降压发泡工艺

本节以聚乳酸的发泡工艺为例,对比常规降压发泡工艺,介绍了预等温降压发泡工艺方法和泡孔结构的控制规律。图 9-26 给出了两种发泡工艺的温度曲线。

如图所示，两种发泡工艺均包括三个阶段，即加热阶段、CO_2 饱和阶段和发泡阶段。在预等温发泡实验中，预等温处理温度和时间分别设为 90℃和 15 min。对于这两种发泡工艺，饱和压力均设为 10.3 MPa、17.2 MPa、24.1 MPa 和 31.0 MPa。上述饱和压力下的发泡温度分别设为 145～155℃、130～145℃、120～135℃和115～125℃。为区分不同工艺方法处理的聚乳酸试样，对试样规定如下命名方案：未经加热处理的试样用"M-PLA"表示，加热处理过程不含预等温阶段的试样用"NI-PLA"表示，加热处理过程含预等温阶段的试样用"I-PLA"表示。

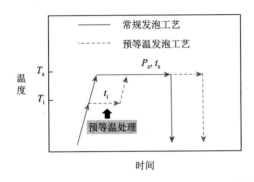

图 9-26　常规发泡工艺与预等温发泡工艺的温度曲线

T_i 和 T_s 分别为预等温处理温度和饱和温度（发泡温度），P_s 为饱和压力，t_s 和 t_i 分别为饱和时间和预等温处理时间

图 9-27 给出了饱和压力为 17.2 MPa、发泡温度为 137℃时 NI-PLA 发泡试样和 I-PLA 发泡试样的 SEM 图。可以看出，NI-PLA 发泡试样呈现出较为严重的泡孔壁破裂，泡孔形状不规则，泡孔尺寸较小且不均匀。而对于 I-PLA 发泡试样，泡孔呈规则、饱满的多边形形状，泡孔的尺寸有所增加，且泡孔均匀性提高。此外，I-PLA 发泡试样泡孔壁上存在开孔结构。NI-PLA 发泡试样的发泡倍率仅为3.05，而 I-PLA 发泡试样的发泡倍率增加至 17.7，发泡倍率同比增长 480%。

为阐释预等温处理增强聚乳酸发泡能力的作用机理，图 9-28（a）和（b）分别给出了通过常规发泡工艺制备 NI-PLA 发泡试样和通过预等温发泡工艺制备I-PLA 发泡试样的机理示意图。对于如图 9-28（a）所示的常规发泡工艺，由于聚乳酸本身结晶能力较差，初始的非晶态聚乳酸在非等温加热过程中发生不充分的冷结晶，形成一些完善程度和熔点较低的晶体。在这部分晶体的形成过程中，由于分子链段活动能力较弱，分子链更倾向于参与晶体形核而非晶体长大，进而形成细小晶体[23]。在后续 CO_2 饱和阶段，上述晶体发生部分熔融而只保留少量高熔点晶体。在这种情况下，聚乳酸/CO_2 体系表现出较差的熔体强度和不均匀的熔体结构。经发泡后，聚乳酸发泡试样表现出较小的发泡倍率和不均匀的泡孔形貌。

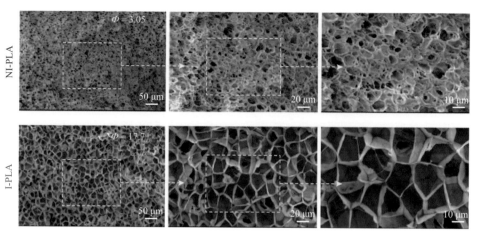

图 9-27 饱和压力为 17.2 MPa、发泡温度为 137℃时 NI-PLA 和 I-PLA 发泡试样的 SEM 图

对于如图 9-28（b）所示的预等温发泡工艺，聚乳酸分子链在预等温阶段和后续加热过程中能够获得足够的时间进行有序排列，晶体得以更为充分的长大和完善，进而形成更多高熔点晶体。在后续 CO_2 饱和阶段，上述晶体同样发生部分熔融，但更多高熔点晶体得以保留，并形成较为均匀的熔体结构。这些广泛分布的高熔点晶体起到物理交联点的作用，有助于分子链形成物理交联网络，进而显著提高熔体弹性和黏度。在随后的发泡过程中，泡孔壁过度破裂和气体逸出等问题被有效缓解，泡孔得以充分长大，最终使得聚乳酸发泡试样具有更高的发泡倍率和更均匀的泡孔结构。

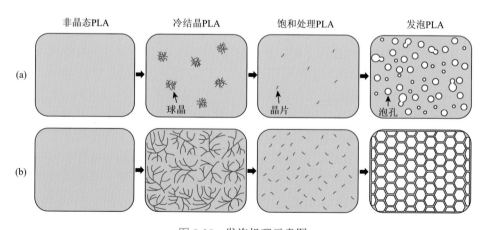

图 9-28 发泡机理示意图

（a）常规发泡工艺；（b）预等温发泡工艺

为进一步研究预等温处理对发泡行为的影响，图 9-29 给出了当饱和压力为 17.2 MPa 时不同发泡温度下 NI-PLA 发泡试样和 I-PLA 发泡试样的 SEM 图。由图可见，当发泡温度过低（132℃）时，两组聚乳酸发泡试样均呈纳米级絮状泡孔形貌，其特征是泡孔密度高、泡孔尺寸小，且发泡试样发泡倍率不高（低于 2）。这是由于在该温度区间的 CO_2 饱和阶段，无预等温处理的聚乳酸晶体含量高，晶体一方面对泡孔起到异相形核点的作用[24, 25]，使得泡孔在晶片之间发生大量形核，另一方面泡孔生长受到刚性晶片网络的强烈限制[26]，难以充分长大。也就是说，在无预等温处理的情况下，聚乳酸在低温下的 CO_2 饱和阶段已具有过高的熔体强度和刚度，进而导致发泡倍率偏低。此时，预等温处理赋予的额外晶体并不利于发泡倍率提高。当温度过高（143℃）时，两组聚乳酸发泡试样均呈粗糙的微米级圆形泡孔，并且发泡倍率也不高（2 以内）。在该条件下的 CO_2 饱和阶段，无预等温处理的聚乳酸基本发生了完全熔融，从而导致熔体强度较低。在这种情况下，泡孔易发生合并和塌陷，导致泡孔结构粗化；并且，易发生气体逸出而无法参与发泡，导致发泡倍率偏低。两组发泡试样呈现出相似的泡孔形貌和发泡倍率，表明经预等温处理的聚乳酸在该条件下的 CO_2 饱和阶段也已基本熔融，进而使得预等温处理在加热阶段赋予的额外晶体无法发挥作用。当温度适中（137℃）时，预等温处理能够明显改善泡孔形貌的均匀性，并显著提高发泡倍率。此时，晶体含量和熔体强度适中，泡孔的形核和长大达到平衡。

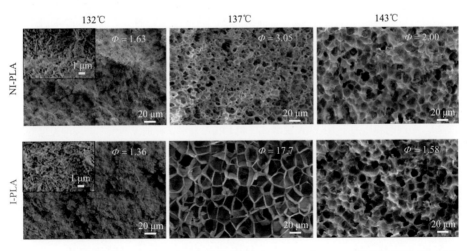

图 9-29　饱和压力为 17.2 MPa 时不同发泡温度下 NI-PLA 和 I-PLA 发泡试样的 SEM 图

图 9-30 给出了不同饱和压力下 NI-PLA 发泡试样和 I-PLA 发泡试样的发泡倍率随发泡温度的变化。由图可见，NI-PLA 发泡试样的发泡倍率普遍很低，最高发泡倍率仅为 6.4，证实了未经预等温处理的聚乳酸发泡能力较弱。与 NI-PLA 发泡

试样相比，I-PLA 发泡试样的发泡倍率在各饱和压力下较宽的发泡温度区间内均得以显著提高，最高发泡倍率可达 17.7，表明预等温处理是增强聚乳酸发泡能力的有效手段。这得益于预等温处理能够提高聚乳酸在高压 CO_2 饱和阶段的晶体含量和材料黏弹性，进而有效缓解泡孔壁过度破裂和塌陷等问题，保证泡孔的持续长大和材料的充分膨胀。

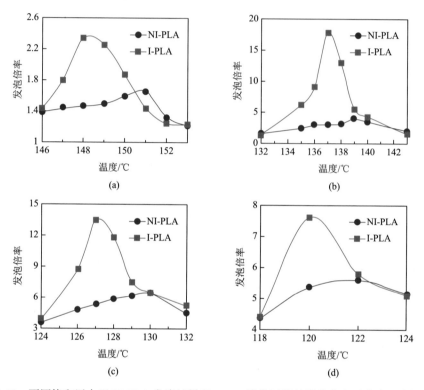

图 9-30　不同饱和压力下 NI-PLA 发泡试样和 I-PLA 发泡试样的发泡倍率随发泡温度的变化
（a）10.3 MPa；（b）17.2 MPa；（c）24.1 MPa；（d）31.0 MPa

从图 9-30 还可以看出，对于各饱和压力下的 NI-PLA 发泡试样和 I-PLA 发泡试样，发泡倍率与发泡温度的关系均呈"钟形曲线"，即随发泡温度升高，发泡倍率先增加后减小。这是因为随发泡温度升高，聚乳酸在 CO_2 饱和阶段的熔融程度逐渐增加，而晶体含量逐渐减少。低温下的较高晶体含量阻碍泡孔长大，而高温下的较低熔体强度和较高气体扩散速率也不利于泡孔持续长大。结合图 9-26，虽然预等温处理能够赋予聚乳酸更多晶体，但是低温饱和下的高度结晶和高温饱和下的高度熔融均会掩盖预等温处理的作用，进而使得两组发泡试样在过高和过低温度下具有相近的发泡倍率。

图 9-31（a）给出了 NI-PLA 发泡试样和 I-PLA 发泡试样的最大发泡倍率（Φ_{max}）随饱和压力的变化。当饱和压力为 10.3 MPa、17.2 MPa、24.1 MPa 和 31.0 MPa 时，NI-PLA 发泡试样的最大发泡倍率分别为 1.7、4.0、6.4 和 5.6，而 I-PLA 发泡试样的最大发泡倍率分别为 2.3、17.7、11.8 和 7.6，表明在所有饱和压力下，I-PLA 发泡试样的最大发泡倍率均高于 NI-PLA 发泡试样。此外，随饱和压力增加，两组聚乳酸发泡试样的最大发泡倍率均先增加后减小。这是由于饱和压力对发泡倍率具有正反两个方面的作用。一方面，饱和压力升高使得溶解于聚乳酸中的 CO_2 含量增加，从而保证更多气体参与泡孔生长，有利于聚乳酸发泡试样发泡倍率的增加。另一方面，饱和压力升高会引发泡孔形核密度和泡孔数量增加，使泡孔与聚乳酸基体间的面积增加，从而导致聚乳酸发泡试样的膨胀阻力增加，进而引起发泡倍率降低[27]。

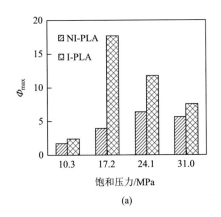 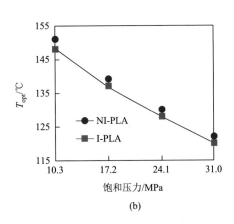

图 9-31　NI-PLA 发泡试样和 I-PLA 发泡试样的不同发泡结果随饱和压力的变化
（a）最大发泡倍率；（b）最佳发泡温度

图 9-31（b）给出了 NI-PLA 发泡试样和 I-PLA 发泡试样最大发泡倍率对应的最佳发泡温度（T_{opt}）随饱和压力的变化。随饱和压力升高，两种发泡工艺的最佳发泡温度均以近似线性的方式降低，且降低速率基本一致。当饱和压力每升高 6.9 MPa 时，最佳发泡温度大约降低 10℃，表明随饱和压力升高，聚乳酸的最佳发泡温度区间以线性方式下移。溶解于聚乳酸中的 CO_2 对聚乳酸具有塑化作用。随饱和压力升高，CO_2 对聚乳酸的塑化作用也以线性方式增强，进而使得聚乳酸的熔融温度线性降低[28, 29]。实际上，聚乳酸升温发泡工艺中的发泡温度区间与熔融温度区间高度重合。因此，最佳发泡温度区间也以线性方式下移。

除发泡倍率外，泡孔尺寸和泡孔密度也是影响发泡材料性能的重要因素。在相同的发泡倍率下，较小的泡孔尺寸和较高的泡孔密度通常能够赋予发泡材料更优异的性能，如力学性能等[27]。基于预等温发泡工艺，在饱和压力为 17.2 MPa、发泡温度为 137℃时制备出了最大发泡倍率为 17.7 的聚乳酸发泡试样，其泡孔尺寸和泡孔密度分别为 18.0 μm 和 2.1×10^8 cells/cm^3。表 9-3 对比了聚乳酸基发泡试样。如表 9-3 所示，在发泡倍率相近（16～22）的前提下，与文献报道的聚乳酸基发泡试样[30-34]相比，所制备聚乳酸发泡试样的泡孔尺寸更小、泡孔密度更高。而在泡孔尺寸相近（15.1～23.9 μm）的前提下，与文献报道的聚乳酸基发泡试样[32, 35]相比，所制备聚乳酸发泡试样的发泡倍率更大、泡孔密度更高。此外，使用纯的线型聚乳酸，未引入扩链剂、无机填料等添加剂，能够保证聚乳酸的生物降解性和回收再用性。因此，利用预等温发泡工艺和未改性聚乳酸，能同时实现较高的发泡倍率、较小的泡孔尺寸和较高的泡孔密度。这意味着，提出的预等温发泡工艺不仅能够显著增强聚乳酸的发泡能力，还能细化聚乳酸发泡试样的泡孔结构。

表 9-3   聚乳酸基发泡试样泡孔结构对比

材料	发泡工艺	泡孔尺寸/μm	泡孔密度*/(cells/cm^3)	发泡倍率	引文
PLA	釜压发泡	18.0	2.1×10^8	17.7	[19]
PLLA/PDLA	挤出发泡	约 30	约 3.0×10^8	约 22	[30]
短链支化 PLA	挤出发泡	30～40	约 5.0×10^6	约 20	[31]
PLA	挤出发泡	150～200	约 5.0×10^5	约 20	[31]
PLA/SiO$_2$	釜压发泡	40～50	N/A	约 16	[32]
PLA/扩链剂等	挤出发泡	100～150	N/A	16.9	[33]
PLA	釜压发泡	>30	约 1.5×10^7	18.5	[34]
PLA/SiO$_2$	釜压发泡	23.9	约 2.8×10^7	约 9	[32]
PLA/SiO$_2$	釜压发泡	15.1	约 2.8×10^8	约 7	[32]
PLA	釜压发泡	约 16	约 2.9×10^7	约 3.4	[35]

＊泡孔密度是指单位体积发泡材料（而非未发泡材料）中的泡孔数量。

9.6   珠粒发泡工艺

受生产效率低和外观形状控制难这两个问题的限制，釜压发泡难以直接用于工业化大规模生产。然而，珠粒发泡方法成功解决了釜压发泡工艺存在的问题。珠粒发泡是一种用于生产具有三维复杂几何形状的低密度发泡聚合物的发泡成型技术。19 世纪 50 年代，德国 BASF 公司首次研制出可发性聚苯乙烯，为聚合物发泡成型加工领域增添了一种新型加工技术——珠粒发泡成型技术。珠粒发泡成型技术包含预发泡珠粒生产技术和模压熔结成型技术。该技术充分发挥了这两种技术的优点，可生产出兼具高发泡倍率和复杂形状的发泡制品[36]。如图 9-32 所示，珠粒发泡技术路线主要分为挤出造粒、发泡与模塑成型三部分，即将通过挤出造粒所获得的塑料颗粒进行发泡，再通过高温模塑使大量已发泡珠粒成型为具有一定几何形状的大块发泡制品。

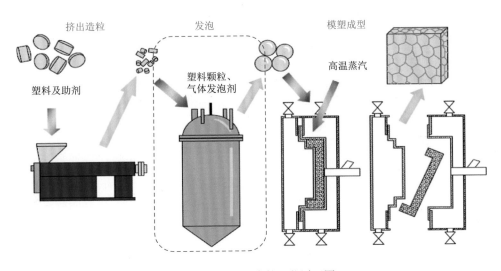

图 9-32　珠粒发泡的工艺原理图

9.6.1　工艺原理与过程

珠粒发泡工艺流程中影响最终产品品质的工艺过程主要包括以下三个方面。

1. 预发泡

预发泡是指将发泡室中的聚合物颗粒加热软化，发泡剂经过一段时间后渗透扩散到聚合物颗粒中，然后快速泄压进行降压发泡，使这些软化的颗粒膨胀到一定程度，最后经过冷却干燥，得到预发泡聚合物珠粒的过程。视聚合物原料不同，所得到的预发泡珠粒的状态略有不同。当采用聚苯乙烯时，所得到的是具有蜂窝状小气孔的充气珠粒（也称为可发性珠粒）；当采用聚丙烯时，则直接得到具有泡孔结构的发泡珠粒。这是因为即使在室温条件下，发泡剂在聚丙烯中的扩散速率比在聚苯乙烯中高得多[37]，所以聚丙烯无法将发泡剂包裹在珠粒中，直接得到已发泡的珠粒。

2. 熟化

聚合物珠粒经过预发泡阶段膨胀后，珠粒中的发泡剂会逐渐扩散到空气中，使珠粒内部产生局部真空，因此经过预发泡的珠粒需要放置在开口料仓中一段时间，令空气渗透到珠粒内部的真空区域中，使气泡内外压力达到平衡，这一过程称为熟化。熟化使预发泡珠粒具有较好的弹性，防止发泡制品成型后收缩[38]，对提高发泡制品的泡孔结构和外形尺寸的稳定性非常重要。熟化时间根据珠粒状况和空气条件而定，但不宜过长，因为在熟化阶段珠粒中的发泡剂也同时在向外扩散。

3. 模塑成型

模塑成型过程与注塑成型过程很相似，当动模板与定模板闭合后，经过熟化的预发泡珠粒被输送到模腔中，然后从模具上的通气孔或通气槽通入一定压力的蒸汽，使珠粒再次膨胀并熔结为整体，此时停止通入蒸汽并卸去模腔压力，发泡制品便进一步膨胀至充满整个型腔，接着通水将模腔和发泡制品冷却，待模腔应力下降到一定程度时，便可打开模具，顶出制品，最后发泡制品在空气中进一步冷却、干燥。在整个成型过程中，蒸汽既是加热介质，也是发泡剂[39]。蒸汽不仅使珠粒表面熔化，令珠粒能相互黏结在一起，同时也令珠粒软化，使蒸汽能渗透并扩散到珠粒中，因此当模腔卸压时，珠粒中的蒸汽便使软化的珠粒膨胀。另外，成型后珠粒中积聚了一些湿气，这对保持制品质量是不利的，所以经空气冷却后的发泡制品需要储放在干燥室中一段时间，让空气将珠粒中的湿气置换，稳定制品的泡孔结构。

9.6.2 珠粒发泡工艺中的预发泡

预发泡是成型聚合物珠粒的关键环节，其发泡效果控制的好坏直接影响后续工艺过程实施和最终的发泡制品质量。在技术发展进步过程中，针对珠粒发泡技术中的预发泡过程，业内形成了三种主流的技术方案[40]。

1. 悬浮聚合法

悬浮聚合法主要适用于非晶态热塑性聚合物可发性珠粒的制备，如可发性聚苯乙烯珠粒，因为这种聚合物在固态时能够有效地将发泡剂包裹在颗粒中。以可发性聚苯乙烯的制备为例，该方法将苯乙烯单体、悬浮介质、发泡剂及其他助剂一并加入反应容器中，在恒温恒压条件下完成单体聚合和发泡剂浸渍[41-43]。悬浮聚合法有很多局限性。首先，这种方法应用范围有限，因为并不是所有的聚合物都可以采用这种方法，只有类似于聚苯乙烯特性的聚合物才可以采用该方法制备可发性珠粒[44]。其次，该工艺生产成本较高，因为所使用的发泡剂大多为戊烷类，而戊烷是一种易燃物质，存在生产安全隐患，需要安全的生产保护设备，因而提高了生产成本[45]。最后，该方法所制备的可发性珠粒由于颗粒内部包含可挥发性的发泡剂，因而储存时间较短。

2. 挤出发泡-水下切粒法

挤出发泡-水下切粒法[46]既可用于制备可发性珠粒，也可用于制备已经发泡的珠粒。在该方法中，发泡剂被通入挤出机料筒内，经螺杆的旋转剪切作用与聚合物熔体混合，气体-聚合物混合体系经由模头挤出进入水流中被水下旋转的刀片切割成珠粒[47, 48]。当水压大于发泡剂的蒸气压时，发泡剂将被包裹在冷却固化的颗粒内，得到可发性珠粒。当水压较低时，溶解在聚合物熔体中的气体就会形成泡孔结构，得到发泡的珠粒[44]。这种方法具有以下缺点：第一，需要调控的参数太多，包括料筒温度、水压、螺杆转速和刀片转速等。性能良好的珠粒由于适宜的温度区间较窄而需要精确的温度控制。第二，设备复杂。不仅需要螺杆挤出机的成套设备，还需要气体供应设备和水下切粒设备，成本很高。第三，能源消耗较大。挤出机设备由于采用外部加热，加热效率低导致大量能源浪费。

3. 釜内气体浸渍法

釜内气体浸渍法是一种将聚合物颗粒、发泡剂及各种助剂放入密闭发泡釜内，在一定温度和压力下进行饱和浸渍，并通过升温或减压的方式制备珠粒的间歇发泡方法。该方法所采用的温度一般在聚合物颗粒的熔点附近[44]，这样既可维持颗粒的基本形状，又可以保证发泡剂能够扩散进入颗粒内部形成均相体系。这种方法有很多优点。首先，该方法设备简单。如果使用的发泡剂不是气体，只需要一个发泡釜和温控系统就可以了；如果使用气体发泡剂，则只需再增加配套的气体供应装置即可。其次，该方法涉及的工艺参数较少，主要是温度、压力及饱和时间的控制。最后，该方法制备的发泡珠粒可以具有很高的发泡倍率（10 以上），能够很大程度上提高发泡制品的比强度。

9.6.3　湿法发泡与干法发泡

目前，在运动鞋中底热塑性弹性体的珠粒发泡成型工艺中，釜内气体浸渍法是最常见的珠粒发泡工艺方法。但是这种方法在实际生产中也存在技术难题。生产工厂为了追求更高的生产效率，就制作了大容积的发泡釜，发泡釜容积的增大带来了釜内温度均匀性差的问题，直接导致同批次制备的聚合物发泡珠粒存在发泡倍率和泡孔结构的差异，进而导致成品率下降。为解决该技术问题，研发人员提出了两种解决方案。

1. 湿法发泡

在湿法发泡中，高压釜中含有大量高温高压水。其装置原理图如图 9-33 所示。

大量高温高压水的存在有利于改善釜温度均匀性，防止塑料颗粒粘连，传热输送载体。另外，水也能作为发泡剂从而有利于节省发泡剂。

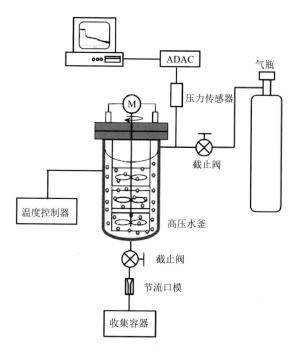

图 9-33　湿法釜压珠粒发泡系统及原理

然而湿法发泡仍然存在以下问题：第一，高压釜（≥15 MPa）属于特种设备，加工制造成本高，安全使用和日常维护成本高。第二，高压釜体积庞大，其内需要添加大量水，并且需要不断搅拌，导致能耗高、水耗高、水污染。第三，设备及其配套系统结构复杂，需要配备脱水机和硫化干燥床等，生产线占地面积大。第四，为了实现快速泄压和排料，需要配备耐高温、耐高压、大通径球阀，其使用和维护成本高。第五，釜内流动场、温度场、发泡剂浓度场等不均匀，导致制备的泡沫颗粒的均匀性差。另外，湿法发泡也不适用于耐水解性差的高分子材料。

2. 干法发泡

干法发泡工艺是近几年新出现的一种釜压发泡工艺，在珠粒发泡技术产业中得到推广应用。相比于湿法发泡，干法发泡无须水介质，采用模具代替高压釜，发泡压力更高，排气速率可控，成品率高；避免聚合物材料水解，可适用于不耐水解的高分子材料。为了在无水状态下保持高压釜内温度的均匀性和发泡珠粒的成品率，专利[49]公开了一种带有温度与压力调控系统的发泡装置。该装置包括中央控制器、温度调控系统、压力调控系统、换热器、气体限流阀。图 9-34 给出了该装置的结构组成示意图。该装置通过在储气罐与发泡装置间设置温度调控系统与压力调控系统，将储气罐内的气体在换热器内进行精细化、智能化的控温控压后，通入密闭的发泡装置中进行发泡。控温系统可对气体状态进行智能化实时闭环调节，从而避免了气体状态剧烈变化造成的不良影响，改善发泡工艺的稳定性，提高釜压发泡生产效率。

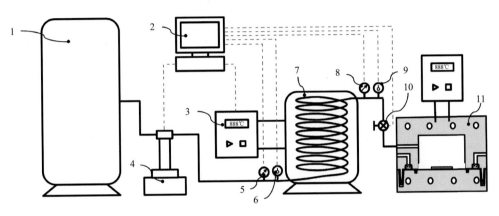

图 9-34 干法珠粒釜压发泡装置

1. 储气罐；2. 中央控制器；3. 模温机；4. 调压泵；5. 第一压力传感器；6. 第一温度传感器；7. 气体换热装置；8. 第二压力传感器；9. 第二温度传感器；10. 进气阀；11. 发泡模具

此外，传统的高压釜发泡装置利用密封圈实现高压密封，并利用球阀泄压，在使用过程中易损坏，且更换成本较高。若直接开模具泄压，其泄压过程不可控，气体急速膨胀爆破的过程具有很大安全隐患，并且噪声极大，对人员身体有一定损害。另外，传统釜压发泡装置泄压过程中气体直接排出，排气速率不可控，从而无法控制聚合物内部泡孔的形核和长大，泡孔结构单一。为解决上述问题，专利[50]公开了一种排气速率可控的釜压发泡装置。这种装置的结构原理及其排气过程如图 9-35 所示。该装置内设有两级密封件，在两级密封件间设置排气管路，排气管路内设有气体限流阀，从而实现泄压过程中排气速率的有效控制。该装置在闭合面上设置凸起和凹槽，凸起设有第二密封件，部分开模时第一密封件失效，聚合物原料内部形成一定程度的泡孔结构；全部开模时第一密封件和第二密封件全部失效，聚合物内部泡孔进一步生长，形成密度更低的发泡聚合物，从而避免一次泄压大量气体膨胀导致的强烈爆破，降低泄压过程高压气体冲击及巨大噪声。相比于传统高压釜，该装置的排气速率可控、安全性相对较高、噪声小、能耗低。

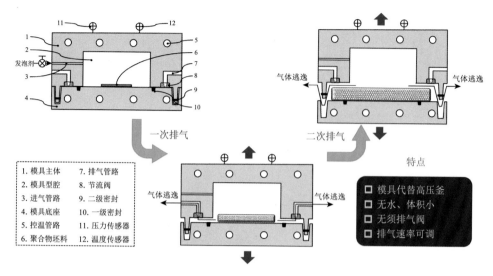

1. 模具主体　　7. 排气管路
2. 模具型腔　　8. 节流阀
3. 进气管路　　9. 二级密封
4. 模具底座　　10. 一级密封
5. 控温管路　　11. 压力传感器
6. 聚合物坯料　12. 温度传感器

一次排气　　二次排气

特点

□ 模具代替高压釜
□ 无水、体积小
□ 无须排气阀
□ 排气速率可调

图 9-35　排气速率可控的釜压发泡装置

参 考 文 献

[1]　MARTINI J E. The production and analysis of microcellular thermoplastic foam[D]. Cambridge：Massachusetts Institute of Technology，1981.

[2]　HOU J J，ZHAO G Q，WANG G L，et al. Ultra-high expansion linear polypropylene foams prepared in a semi-molten state under supercritical CO_2[J]. Journal of supercritical fluids，2019，145：140-150.

[3]　侯俊吉. 聚丙烯泡沫材料的微孔发泡制备工艺及其性能研究[D]. 济南：山东大学，2019.

[4]　董桂伟，赵国群，丁汪洋，等. 一种双峰泡孔聚合物泡沫材料的制备装置及方法：201910394060.9[P]. 2020.

[5]　董桂伟，赵国群，王桂龙，等. 一种用于聚合物间歇发泡的超临界流体多阶压力控制系统及方法：201910012729.3[P]. 2019.

[6]　LI D C，TAO L，ZHAO L，et al. Foaming of linear isotactic polypropylene based on its non-isothermal crystallization behaviors under compressed CO_2[J]. Journal of supercritical fluids，2011，60：89-97.

[7]　VARMA-NAIR M，HANDA P Y，MEHTA A K，et al. Effect of compressed CO_2 on crystallization and melting behavior of isotactic polypropylene[J]. Thermochimica acta，2003，396（1-2）：57-65.

[8]　BALDWIN D F，PARK C B，SUH N P. A microcellular processing study of poly(ethylenet erephthalate) in the amorphous and semicrystalline states. Part Ⅰ：Microcell nucleation[J]. Polymer engineering & science，1996，36（11）：1437-1445.

[9]　GONG J，ZHAO G Q，FENG J K，et al. Supercritical CO_2 foaming strategy to fabricate nitrogen/oxygen co-doped bi-continuous nanoporous carbon scaffold for high-performance potassium-ion storage[J]. Journal of power sources，2021，507：230275-230284.

[10]　GONG J，ZHAO G Q，WANG G L，et al. Fabrication of macroporous carbon monoliths with controllable structure via supercritical CO_2 foaming of polyacrylonitrile[J]. Journal of CO_2 utilization，2019，33：330-340.

[11] 赵国群，龚洁. 一种聚丙烯腈基三维大孔碳块的制备方法：ZL 201810479908.3[P]. 2019.

[12] 龚洁. PAN 基碳泡沫间歇式发泡制备方法及其结构调控与电化学性能研究[D]. 济南：山东大学，2021.

[13] 王桂龙，史展林，赵国群，等. 一种低压条件下利用 PMMA/PVDF 共混物制备大倍率聚合物泡沫的方法：ZL201810812022.6[P]. 2020.

[14] SHI Z L, MA X W, ZHAO G Q, et al. Fabrication of high porosity nanocellular polymer foams based on PMMA/PVDF blends[J]. Materials & design，2020，195：109002.

[15] WANG G L, WAN G P, CHAI J L, et al. Structure-tunable thermoplastic polyurethane foams fabricated by supercritical carbon dioxide foaming and their compressive mechanical properties[J]. Journal of supercritical fluids，2019，149：127-137.

[16] GUO H M, NICOLAE A, KUMAR V. Solid-state microcellular and nanocellular polysulfone foams[J]. Journal of polymer science，part B：polymer physics，2015，53（14）：975-985.

[17] GUO H M, NICOLAE A, KUMAR V. Solid-state poly(methyl methacrylate)（PMMA）nanofoams. Part Ⅱ：Low-temperature solid-state process space using CO_2 and the resulting morphologies[J]. Polymer，2015，70：231-241.

[18] WANG S S, WANG K, PANG Y Y, et al. Open-cell polypropylene/polyolefin elastomer blend foams fabricated for reusable oil-sorption materials[J]. Journal of applied polymer science，2016，133：43812.

[19] LI B, ZHAO G Q, WANG G L, et al. Fabrication of high-expansion microcellular PLA foams based on pre-isothermal cold crystallization and supercritical CO_2 foaming[J]. Polymer degradation and stability，2018，156：75-88.

[20] LI B, ZHAO G Q, WANG G L, et al. A green strategy to regulate cellular structure and crystallization of poly(lactic acid) foams based on pre-isothermal cold crystallization and CO_2 foaming[J]. International journal of biological macromolecules，2019，129：171-180.

[21] 赵国群，李博. 一种通过预等温冷结晶处理提高聚乳酸发泡倍率的方法：ZL201810312851.8[P]. 2020.

[22] 李博. 大倍率聚乳酸开孔泡沫的微孔发泡制备方法及其吸油性能研究[D]. 济南：山东大学，2021.

[23] KAKROODI A R, KAZEMI Y, DING W D, et al. Poly(lactic acid)-based *in situ* microfibrillar composites with enhanced crystallization kinetics，mechanical properties，rheological behavior，and foaming ability[J]. Biomacromolecules，2015，16（12）：3925-3935.

[24] COLTON J S, SUH N P. The nucleation of microcellular thermoplastic foam with additives：Part Ⅰ：Theoretical considerations[J]. Polymer engineering & science，1987，27（7）：485-492.

[25] WONG A, GUO Y, PARK C B. Fundamental mechanisms of cell nucleation in polypropylene foaming with supercritical carbon dioxide-effects of extensional stresses and crystals[J]. Journal of supercritical fluids，2013，79：142-151.

[26] JIANG X L, LIU T, XU Z M, et al. Effects of crystal structure on the foaming of isotactic polypropylene using supercritical carbon dioxide as a foaming agent[J]. Journal of supercritical fluids，2009，48（2）：167-175.

[27] WANG G L, ZHAO J C, WANG G Z, et al. Low-density and structure-tunable microcellular PMMA foams with improved thermal-insulation and compressive mechanical properties[J]. European polymer journal，2017，95：382-393.

[28] TAKADA M, HASEGAWA S, OHSHIMA M. Crystallization kinetics of poly(L-lactide) in contact with pressurized CO_2[J]. Polymer engineering & science，2004，44（1）：186-196.

[29] HUANG E, LIAO X, ZHAO C X, et al. Effect of unexpected CO_2's phase transition on the high-pressure differential scanning calorimetry performance of various polymers[J]. ACS sustainable chemistry & engineering，2016，4（3）：1810-1818.

[30] WANG L，LEE R E，WANG G.L，et al. Use of stereocomplex crystallites for fully-biobased microcellular low-density poly(lactic acid) foams for green packaging[J]. Chemical engineering journal，2017，327：1151-1162.

[31] WANG J，ZHU W L，ZHANG H T，et al. Continuous processing of low-density，microcellular poly(lactic acid) foams with controlled cell morphology and crystallinity[J]. Chemical engineering science，2012，75：390-399.

[32] JI G Y，ZHAI W T，LIN D P，et al. Microcellular foaming of poly(lactic acid)/silica nanocomposites in compressed CO_2: Critical influence of crystallite size on cell morphology and foam expansion[J]. Industrial & engineering chemistry research，2013，52：6390-6398.

[33] VADAS D，IGRICZ T，SARAZIN J，et al. Flame retardancy of microcellular poly(lactic acid) foams prepared by supercritical CO_2-assisted extrusion[J]. Polymer degradation and stability，2018，153：100-108.

[34] XUE S W，JIA P，REN Q，et al. Improved expansion ratio and heat resistance of microcellular poly(L-lactide) foam via *in-situ* formation of stereocomplex crystallites[J]. Journal of cellular plastics，2008，54（1）：103-119.

[35] TIWARY P，PARK C B，KONTOPOULOU M. Transition from microcellular to nanocellular PLA foams by controlling viscosity，branching and crystallization[J]. European polymer journal，2017，91：283-296.

[36] 郭艳婷. 使用高压釜制备聚丙烯发泡珠粒（EPP）的理论及技术[D]. 广州：华南理工大学，2013.

[37] LEE E K. Novel manufacturing processes for polymer bead foams[D]. Toronto：University of Toronto，2010.

[38] 何继敏. 新型聚合物发泡材料及技术[M]. 北京：化学工业出版社，2007.

[39] NAKAI S，TAKI K，TSUJIMURA I，et al. Numerical simulation of a polypropylene foam bead expansion process[J]. Polymer engineering & science，2007，48（1）：107-115.

[40] 乔亚辉. 聚醚型热塑性聚氨酯发泡珠粒的制备及性能研究[D]. 广州：华南理工大学，2016.

[41] SCHERZER D，HAHN K，SCHAEFER A，et al. Process for the preparation of expandable polystyrene：US05591778A[P]. 1997.

[42] LOZACHMEUR D. Aqueous suspension polymerization process of compositions containing styrene in the presence of rosin acid derivatives and their salts and expandable or non expandable polystyrene obtained：US04814355A[P]. 1989.

[43] CARLIER C，DOUAY D，GALEWSKI J M. Expandable polystyrene composition，expanded beads and moulded parts：US06271272 B1[P]. 2001.

[44] RAPS D，HOSSIENY N，PARK C B，et al. Past and present developments in polymer bead foams and bead foaming technology[J]. Polymer，2015，56：5-19.

[45] 陈浩，赵景左，刘娟，等. 泡沫塑料发泡剂的现状及展望[J]. 塑料科技，2009，37（2）：68-72.

[46] FISCHER J，DIETZEN F J，EHRMANN G，et al. Prefoamed polyolefin beads produced by extrusion：US05744505A[P]. 1998.

[47] 王桂龙，柴佳龙，魏超，等. 一种低密度聚丙烯珠粒泡沫及其制备方法与应用：ZL202010127510.0[P]. 2020.

[48] 王桂龙，柴佳龙，魏超，等. 一种低密度聚丙烯珠粒泡沫、其制备方法及应用：ZL202010127616.0[P]. 2021.

[49] 王桂龙，刘学栋，潘涵遇，等. 带有温度与压力调控系统的发泡装置及其发泡方法和应用：202110264254.4[P]. 2021.

[50] 王桂龙，刘学栋，潘涵遇，等. 一种排气速率可控的模压发泡装置及其发泡工艺和应用：202110264252.5[P]. 2021.

第10章

特殊功能微孔聚合物制备技术

在由物质堆积形成的实体中，多孔结构是一种常见且重要的物质内部结构。对于具有一定体积和外形的实体，其内部结构可以分为三类：实心结构、空心结构和多孔结构。这里的多孔结构不仅包括球形孔洞，也可以是多边形孔洞。相比于实心结构，多孔结构所需物质更少、实体更轻；相比空心结构，多孔结构具有更优的支撑性和结构稳定性。除了多孔结构优良的结构特性，多孔结构还为物质实体带来额外的功能性。经历了上百亿年进化过程的大自然在构造物质实体时，也更倾向于选择多孔结构。图10-1给出了几种自然界中动植物体内的多孔结构。

蜂巢内部由许多的六边形孔穴构成。科学家们研究发现，正六边形建筑结构的密合度最高，所需材料最少，可使用空间最大。竹子茎秆内部的多孔结构不仅保证了竹子具有足够高的刚度和耐折度，而且担负着竹子生长过程中营养液的输送任务。人类和动物骨骼中的多孔结构实现了骨骼质量与力学性能的良好搭配。甲壳虫外壳中的多孔结构还可让光线散射形成结构色，让甲壳虫具有白色伪装外壳。北极熊毛发芯部的多孔结构为毛发带来白色结构色和良好的隔热功能。

受自然界中多孔结构及其功能性的启发，新材料研发人员建立了通过赋予材料多孔结构而实现某些特殊功能的创新思维模式。随着工艺水平的进步和发展，微孔发泡成型技术及其配套装置为人们成型多孔聚合物提供了稳定、高效的方法和手段。运用微孔发泡技术，人们可以结合材料本身属性调控孔洞结构，制备具有特种功能的多孔发泡聚合物，如热导率接近空气的超级隔热微孔聚合物、轻质节材的导电微孔聚合物、可实现有效电磁屏蔽的微孔聚合物、可实现油水分离的亲油疏水微孔聚合物、用于组织工程支架的微孔可降解聚合物、用于压阻传感器

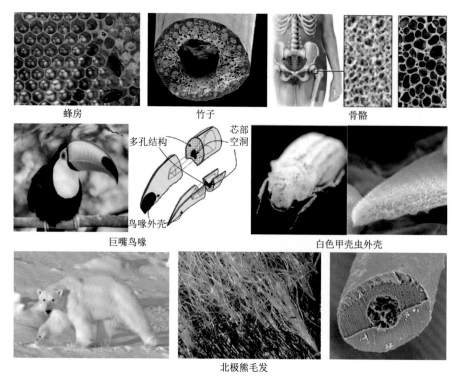

图 10-1　自然界中的多孔结构

的微孔聚合物和用于摩擦发电的微孔聚合物等。这一系列具有特殊功能的微孔聚合物的开发,不仅昭示了微孔聚合物功能化应用的巨大潜力,也为材料科学新型构效关系的创新开辟了全新发展领域。本章主要介绍具有特殊功能微孔聚合物的制备工艺及其研究进展。

10.2　导电微孔聚合物

10.2.1　聚合物导电原理

导电性能与载流子在材料内的传导密切相关。载流子通常是指物质内部存在的可以传递电流的自由电荷,可以是电子、空穴,也可以是正、负离子。载流子在电场作用下通过介质发生迁移,即为电导。材料导电性的优劣,与其所含载流子的多少及载流子的运动速度有关。具体来讲,材料导电性与载流子所带电荷量、迁移速度、载流子密度有关。

目前，材料的导电原理主要包括离子导电和电子导电。离子导电是指自由离子在电场中受电势梯度的驱动自发产生方向性运动实现导电，采用这种机理的有机物主要是离子液体材料。电子导电是聚合物实现导电的主要机理，可分为两种实现形式：一种是大分子链内和链间能够形成导电通道，另一种是聚合物内部有足够数量的载流子。前者主要依靠分子设计时主链上引入连续的共轭结构实现，通过共轭系统内的电子在整个分子主链的层面上离域，实现导电；后者则往往通过在有机物中添加具有导电性的填料实现。

根据导电原理的不同，导电聚合物可分为本征型导电聚合物和复合型导电聚合物。本节将分别就两种导电聚合物及其轻量化泡沫展开详细介绍。

10.2.2　本征型导电聚合物

本征型导电聚合物是指聚合物本身具有导电性或经过掺杂之后具有导电性的高分子聚合物材料。这类聚合物材料自身化学结构上一般具有共轭 π 键（如 p-π、π-π 共轭），主要是通过聚合物分子中的不定域电子（共轭双键或大 π 键的电子作为载流子）引入导电性基团，或掺杂一些其他物质，通过部分电荷转移使其具有导电性。

具有共轭双键的聚合物常具有半导性甚至导电性。其导电性能与 π 电子的非定域化有关。聚合物的共轭双键由一对 σ 电子和一对 π 电子构成，σ 电子定域于 C—C 键上，π 电子则没有定域，从而可以在不同的 C—C 键上进行转移。分子内 π 电子云存在一定程度的交叠，产生了为整个分子共有的能带，类似于金属导体中的自由电子。目前，导电聚合物主要是指具有良好环境稳定性的聚苯胺（PANI）、聚吡咯（PPy）和聚噻吩（PTh）等。它们在室温下能够保持 $10^{-8}\sim10^2$ S/cm 的电导率。

一般，通过向导电聚合物中掺杂导电填料可以进一步提高聚合物材料的电导率。共轭聚合物因其能隙小，电离位小，电子亲和力大，易与某些电子受体或给体发生电荷转移，从而提高导电性。然而，本征型导电高分子材料制备工艺较为复杂，通常需要通过化学方法引入一些成本高且具有腐蚀性的掺杂剂，导电性偏低；而改性本征型导电聚合物材料通常具有稳定性差、刚性大和难以熔融等缺点，导致后期加工和成型变得困难。

此外，以聚合物为前驱体，通过碳化可获得具有良好导电性的焦化聚合物。而且，聚合物可以先加工成具有复杂结构的构件，然后进行碳化。同时，借助异质原子掺杂，可以合理地调整焦化聚合物的电子结构，以用于电磁屏蔽、电化学储能、超级电容器等领域。常见聚合物前驱体包括生物聚合物（如木材、橘子皮等）或合成聚合物[如聚丙烯腈（PAN）、酚醛树脂、聚芳基乙炔等]。

10.2.3　复合型导电聚合物

复合型导电聚合物材料是指通过一定的方法将导电性良好的填料添加到电绝缘的聚合物基体中制备的导电材料，又被称为导电聚合物复合材料（conductive polymer composites，CPCs）。导电聚合物复合材料制备方式简单，可批量化生产，在技术上比本征型导电聚合物成熟，价格上更低廉，实际应用价值更高。此外，人们还可以通过改变导电填料的类型、含量和几何构型等方式调控复合材料的性能。多样化的制备方式为设计导电聚合物复合材料的多功能性提供了窗口。

传统方法制备的弥散型 CPCs 中，导电网络的优劣直接取决于导电填料的含量。当添加量较少时，导电填料彼此孤立地分布在基体中，此时复合材料的导电性并没有发生本质变化，仍然是绝缘的；当导电填料的含量增加到某一临界值时，填料粒子彼此互连形成连续的导电网络，此时复合材料的电导率陡然上升多个数量级，从绝缘体向导体转变。这种材料电导率突变的现象被称为逾渗现象[1]，揭示该现象的理论被称为逾渗理论[2]，相对应的填料临界含量被称为逾渗阈值。当导电填料的含量超过逾渗阈值后进一步增加，导电通道的数量增多，导电网络更完善，复合材料电导率会逐渐增加，直至导电网络完全形成，复合材料电导率达到平稳阶段，不再随填料的增多而上升。

CPCs 的导电性能与载流子在导电填料粒子和聚合物基体之间的传导密切相关。目前，人们认为载流子在 CPCs 中的传导机理主要有三种，分别是导电通道理论、隧道效应理论和场致发射效应[3]。

1. 导电通道理论

导电通道理论是指导电填料在聚合物基体中相互连接形成导电通道，电子沿导电通道定向移动从而使复合材料体系导电。也就是说，导电通道理论要求填料粒子之间直接接触形成导电通道。此理论从较为宏观的角度比较直观地解释了复合体系的非线性导电现象，也是最容易被理解、使用最为广泛的一个理论。在该理论中，导电填料的含量和互连导电通道的数量被认为是影响材料导电性最主要的因素。当导电填料含量较低时，导电粒子被绝缘的聚合物基体分隔开，不能直接接触形成导电通道，因此体系不导电。但研究发现，此时复合体系的电导率是处于半导体的范围而不是完全绝缘体的范围内，导电通道理论就无法对此种情况下复合材料的导电机理给出合理解释。

2. 隧道效应理论

隧道效应理论是指电子能够在不直接接触但距离十分接近的相邻导电填料粒子之间进行传递，从而使材料体系导电。研究发现，即使导电填料的含量超过

90%，材料的电导率仍低于导电填料本身的电导率，说明填料之间一定是有绝缘的聚合物基体进行阻隔，导电粒子之间的这层聚合物绝缘层会形成能量势垒。隧道效应理论认为，微观粒子具有波动性，虽然电子不具有足够的能量从势垒顶端翻越过势垒，但量子隧穿效应使电子依然有一定的概率在势垒的一边消失而在势垒的另一边出现，从而产生隧穿电流。隧穿电流是导电填料粒子之间间隙宽度的指数函数。隧道效应仅能发生在距离十分接近的填料粒子之间，间隙太大则不能产生隧穿电流。

隧道效应能够合理地解释"复合材料体系中导电填料含量较低、填料粒子之间的距离甚至大于 1 nm 时，不能形成导电通道但复合材料仍具有一定的导电能力"的现象。事实上，导电聚合物复合材料的非线性导电行为是多种效应综合作用的结果：当导电填料含量较低时，填料粒子无法形成导电通道，故只有隧道效应起作用；当导电填料含量较高时，导电通道与隧道效应协同作用，共同提升了复合材料的导电能力。

3. 场致发射效应

导电填料的电子受到原子核的强吸引力作用，通常被束缚在内部。但当外加电场强度超过 10^8 V/cm 时，电子受到电场力作用使其摆脱原子核的束缚，从固体表面发射出来。场致发射效应是指导电填料的电子在外加高电压下被电离，电离的电子在导电填料间迁移产生电流，从而使复合材料体系导电。场致发射可以认为是隧道效应的一种特殊情况，只有在超高的电场强度下才会发生。由于导电聚合物复合材料较少在超强电场下使用，因此该导电机理在导电聚合物中应用并不多，只有当局部过热或者局部电压过高时才会发生场致发射效应。

10.2.4　本征型导电微孔聚合物实例

多孔结构可以为导电实体带来比表面积数量级的提升。在储能电池中，电极是电池材料进行电化学反应的场所，更高的比表面积意味着更大的电池容量和更高的充放电效率。微孔发泡技术是规模化成型多孔结构的重要手段，采用微孔发泡成型技术制备导电微孔聚合物成为解决电池容量和充放电效率瓶颈问题的新型技术路线。然而，本征型导电聚合物因其独特的共轭结构，稳定性差且难加工，无法直接使用微孔发泡技术制备多孔结构。相比之下，通过对聚合物前驱体引入多孔结构，然后进行焦化制得多孔焦化聚合物，是实现本征型导电微孔聚合物制备的可行方案。综合考虑原料成本、元素组成、焦化可控性和碳收率，PAN 成为最佳前驱体材料之一。本节以 PAN 的釜压发泡工艺为例，介绍 PAN 基多孔焦化聚合物的制备方法。该方法具有无须借助模板、操作简单、可控度高、原料成本低、易扩大规模等优点，是制备本征型导电微孔焦化聚合物的一种新思路[4-8]。

图 10-2 给出了多孔 PAN 的制备流程示意图。第一，将 10 wt% PAN 加入 50 mL 的 DMSO 中，于 65℃下进行机械搅拌 10 h 使 PAN 完全溶解。第二，将溶液倒入培养皿中，在 60℃下烘干 12 h，得到厚度约为 0.5 mm 的 PAN/DMSO 片状前驱体。第三，将片状前驱体裁剪成 10 mm×30 mm 左右的小片。第四，取 12 片，经 160℃、10 MPa 热压 10 min 后获得尺寸为 10 mm×30 mm×4.5 mm 的长方体样品，再将长方体样品冲裁成直径为 9 mm 和厚度为 4.5 mm 的多个圆柱体作为块状前驱体。第五，将块状前驱体置于发泡高压釜中进行降压法发泡。

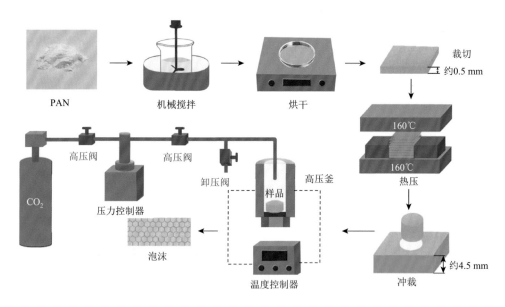

图 10-2　多孔 PAN 的制备流程示意图

图 10-3 给出了在不同温度和不同饱和压力下发泡制备的多孔 PAN 截面的 SEM 图。从图中可以看出，所有的多孔 PAN 都具有均匀的蜂窝状泡孔结构。通过比较相同发泡温度不同饱和压力下泡沫的泡孔结构，可以看到增加饱和压力泡孔尺寸明显减小。当饱和压力高于 17.24 MPa 时，可以获得泡孔尺寸小于 15 μm 的泡孔。因此，控制饱和压力即可有效调节泡孔尺寸。在较宽的发泡温度范围（100～150℃）和饱和压力范围（10.34～31.03 MPa）内，制备的多孔 PAN 的泡孔密度为 $1.16×10^8$～$5.93×10^{10}$ cells/cm^3，平均孔径为 5.34～51.43 μm，孔隙率为 74.8%～93.8%。

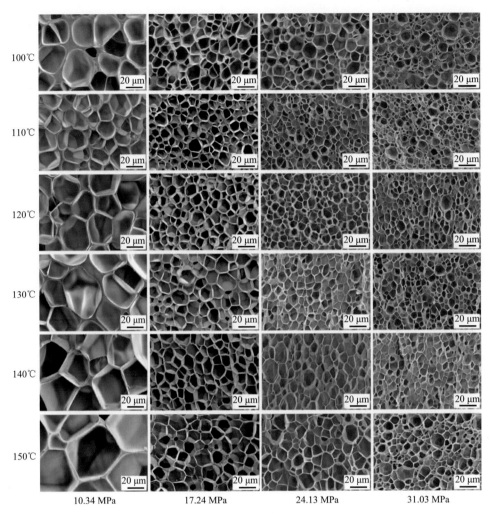

图 10-3　在不同发泡温度和饱和压力下发泡后制备的 PAN 泡沫的 SEM 图

为实现导电，需通过稳定化和焦化两个阶段将多孔 PAN 转变为多孔碳，即碳泡沫。为保证多孔 PAN 充分稳定化，首先将多孔 PAN 切成厚度约 2 mm 的片状样品，然后在空气充足的条件下，在鼓风干燥箱中以 5℃/min 的升温速率，升至 280℃并保温 5 h 进行稳定化处理。焦化过程分为低温焦化和高温焦化两个阶段，均在氮气保护下于管式炉中进行。低温焦化温度为 500℃，升温速率为 5℃/min，保温时间为 2 h。高温焦化温度为 800℃，升温速率为 5℃/min，保温时间为 2 h。

通过对比多孔 PAN 和焦化处理制备的碳泡沫的多孔结构可知，焦化后泡孔尺寸略微缩小，没有出现泡孔结构塌陷。经焦化后原始泡沫的结构得到了很好的保持，焦化多孔聚合物均呈现微米级蜂窝状闭孔结构。为定量分析碳化后泡孔的收缩率，表 10-1 将碳泡沫的平均泡孔尺寸与多孔 PAN 的平均泡孔尺寸进行比较。从表 10-1 中可看出，尽管在不同发泡条件下所制备碳泡沫的平均泡孔尺寸不同，但碳泡沫与多孔 PAN 的泡孔收缩率十分接近，表明不同发泡参数下获得的 PAN 泡沫，经相同的热处理工艺后其泡孔尺寸的收缩率十分接近。因此，只要在发泡工艺中调控 PAN 的泡孔结构，就能够有效控制碳泡沫的泡孔结构。此外，从表 10-1 中还可看出，通过改变发泡条件可获得密度为 $0.098\sim0.404$ g/cm^3 的碳泡沫，且碳泡沫的密度与多孔 PAN 的密度增加率十分接近，表明可以根据多孔 PAN 的密度来预测碳泡沫的密度。上述对比表明微孔发泡工艺可以通过调控前驱体的泡孔结构，有效调控导电多孔焦化聚合物的泡孔结构。

表 10-1　碳泡沫的平均泡孔尺寸和密度

样品		平均泡孔尺寸/μm	密度/(g/cm³)	样品		平均泡孔尺寸/μm	密度/(g/cm³)
10.34 MPa	100℃	22.88（23.8%）	0.404（40.5%）	24.13 MPa	100℃	7.02（20.0%）	0.296（35.5%）
	110℃	15.92（22.7%）	0.292（36.8%）		110℃	5.38（17.8%）	0.249（34.1%）
	120℃	24.16（20.3%）	0.269（34.3%）		120℃	5.66（18.7%）	0.190（36.2%）
	130℃	29.39（23.4%）	0.176（37.2%）		130℃	5.61（20.5%）	0.161（40.1%）
	140℃	29.43（23.6%）	0.151（36.6%）		140℃	7.62（18.4%）	0.131（37.0%）
	150℃	38.68（24.8%）	0.148（39.3%）		150℃	7.76（18.1%）	0.111（39.7%）
17.24 MPa	100℃	9.21（22.9%）	0.332（36.2%）	31.03 MPa	100℃	5.43（18.4%）	0.288（33.5%）
	110℃	6.87（19.5%）	0.268（37.8%）		110℃	4.31（19.3%）	0.198（36.5%）
	120℃	7.09（20.8%）	0.197（36.0%）		120℃	5.26（18.6%）	0.165（35.8%）
	130℃	9.47（21.5%）	0.176（38.5%）		130℃	5.32（19.0%）	0.126（34.5%）
	140℃	7.97（20.9%）	0.143（37.1%）		140℃	5.54（19.6%）	0.117（35.4%）
	150℃	9.43（22.2%）	0.124（39.4%）		150℃	5.92（18.8%）	0.098（37.7%）

注：平均泡孔尺寸后面的百分比是将碳泡沫与 PAN 泡沫相比的平均泡孔尺寸收缩率；密度值后面的括号内的百分比是碳泡沫与 PAN 泡沫相比的密度增加率。

图10-4给出了通过四点探针法测量的由不同孔隙率的碳泡沫在室温下的电导率。得益于孔之间良好的连接性和均匀的孔结构，所有碳泡沫均显示出良好的导电性。其中，由 10.34 MPa 和 100℃ 的发泡条件发泡后碳化所制备的碳泡沫具有最高的电导率，达 132 S/m，而由 31.03 MPa 和 150℃ 的发泡条件发泡后碳化所制备的碳泡沫的电导率最低，为 92 S/m。此外还可看出，电导率随孔隙率的增加而降低。这是因为泡沫主要靠泡孔壁提供电子传输通道，而泡沫的泡孔壁随孔隙率的增加而变薄。

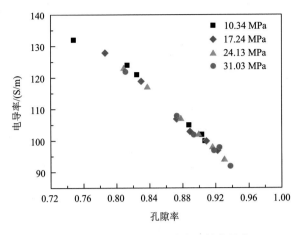

图 10-4　不同孔隙率的碳泡沫的电导率

10.2.5　复合型导电微孔聚合物实例

复合型导电聚合物（CPCs）在航空航天、汽车制造、包装运输等对轻量化要求高的领域发挥了重要作用。生产和制备轻量化导电聚合物对于降低能耗、节约材料和降低成本均具有重要意义。在复合型导电聚合物中引入多孔结构能显著降低材料密度，同时多孔结构还会改变导电填料在聚合物基体中的分散和分布状态，改变复合材料的逾渗行为，使复合型导电聚合物在较低的填料添加量下就可以获得较好的导电能力。许多研究表明，复合型导电聚合物经发泡制备的样品的逾渗阈值往往小于发泡前实心块状样品的逾渗阈值[9]。

导电填料自身结构和性质不同，对复合型导电聚合物的物理特性、力学性能、电学性能和热学性能的影响十分显著。按照填料属性的不同，目前用于制备复合型导电聚合物的填料可分为金属类填料、碳类填料及复合型填料。

1. 金属类填料

金属类填料可以制成粉末、薄片状和纤维状，还可以配成合金，20 世纪 70 年代开始人们将其作为导电填料使用。例如，金属粉末有银粉、铜粉、镍粉、合金粉、低碳钢和铝粉等；金属片有铝片；金属纤维常使用黄铜纤维与不锈钢纤维等。一些金属氧化物具有特殊的磁性能，能与电磁波相互作用，因此也常用作导电微孔复合材料的填料，如锰锌铁氧体、Fe_2O_3、Fe_3O_4、ZnO 等。金属类填料的种类、几何形状、添加量等均会对复合材料的电性能产生重要影响。一般，金属纤维具有较高的长径比，更容易在聚合物基体中形成连续的导电网络，从而大幅度提高复合材料的电导率。近几年来，银纳米粒子、银纳米线及二维过渡金属碳化物和氮化物（如 MAX、MXene 等）因其卓越的导电性受到研究者的青睐。然而，此类金属系填料的添加量大，复合材料本身的力学性能受到影响，密度也相对较大，很难满足材料轻量化的要求。

2. 碳类填料

碳类填料通常具有较小的密度、良好的热稳定性和导电性，非常适合用作导电填料制备导电聚合物复合材料。传统的碳基导电填料主要有炭黑（CB）、石墨、碳纤维（CF）等。然而，由于这些传统碳材料自身结构和导电性的限制，通常需要较大的添加量才能获得较好的电导率。例如，在丙烯腈-丁二烯-苯乙烯（ABS）中添加 30 wt%的炭黑，复合材料的电导率仅为 10^{-3} S/cm。碳纳米纤维（CNF）、碳纳米管（CNT）、石墨烯等新型碳材料的出现为复合型导电聚合物的发展注入了新的活力。这些新型碳材料不仅自身导电性和机械性能优异，而且超高长径比的结构特征更利于导电网络的形成，仅需要较少添加量就可以显著改善复合材料的导电性和电磁屏蔽性能，逐渐成为近几十年来最受关注的导电填料。

为制备轻量化、低逾渗阈值的复合型导电聚合物，此处介绍一种复合型导电微孔聚合物实例，该例以碳纳米管为填料、PMMA 为基体，以超临界 CO_2 为物理发泡剂，采用釜压式降压法制备获得[10]。图 10-5 给出了不同碳纳米管含量的复合材料的电导率随相对密度的变化情况。其中，相对密度为 1 代表实心未发泡材料，而相对密度小于 1 代表发泡材料。不难发现，碳纳米管含量相同、发泡程度不同的试样的电导率存在差异。除了碳纳米管含量为 0.28 vol%（体积分数，后同）的复合材料电导率随相对密度的降低而持续降低以外，其他四种组分的复合材料的电导率随相对密度呈现出相似的变化趋势：电导率先随相对密度的

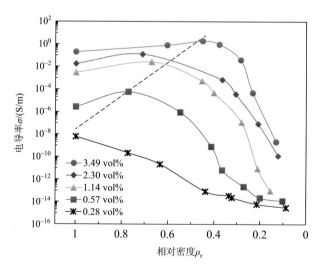

图 10-5　PMMA/CNTs 多孔复合材料电导率随相对密度的变化图

降低而提高，在某相对密度下达到最大值 σ_{max}，然后随相对密度降低而迅速下降。电导率达到最大值时的相对密度可称为最佳相对密度。最佳相对密度随碳纳米管初始含量的增加而减小，高碳纳米管含量允许复合材料以更大发泡倍率获得最高电导率。从图中可知，微孔发泡材料的最大电导率比相应实心材料电导率高大约一个数量级。

　　图 10-6 给出了 PMMA/CNTs 多孔复合材料的微观结构随发泡过程的演变示意图。泡孔长大过程中对聚合物基体的挤压作用能使泡孔周围的碳纳米管发生位移和转动。在发泡结束时，碳纳米管被泡孔挤压到泡孔壁中。碳纳米管在这种泡孔壁的狭窄空间中更容易搭接形成导电网络。所以，当复合材料经发泡处理后，电导率可以增加 1～2 个数量级。此外，由于泡孔壁的连通特征，也在一定程度上有利于碳纳米管在聚合物基体中构建隔离结构。考虑泡沫的整体体积时，复合型导电微孔聚合物的逾渗阈值可降低 0.06 vol%。

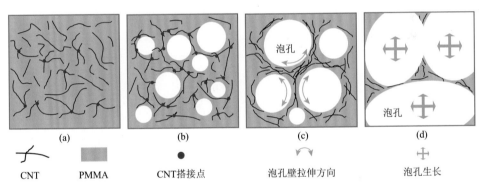

图 10-6　复合材料泡沫的微观结构随发泡过程的演变示意图

3. 复合型填料

　　在聚合物基体中同时引入两种或两种以上不同性质的填料，依靠多种填料可能存在着"1＋1＞2"的协同作用效果，使复合材料获得更好的综合性能。为了实现多种复合填料的协同作用效果，目前主要由两种复合材料设计思路：多特性复合和多结构复合。多种填料特性复合思路是利用填料不同的物理特性，实现复合材料的多功能性。例如，将磁性填料与导电填料混合[11, 12]，其中铁氧体等磁性材料表现出强微波吸收特性，而碳材料具有良好导电性，将二者同时引入到聚合物基体中，可同时整合磁性填料和导电填料的优势，进一步提高复合材料的性能。多结构复合思路是结合多种填料在结构上的优势，尤其是密度较小的碳类材料[13-16]，采用两种或以上几何形状不同的填料，如炭黑、碳纳米纤维、CNTs、石墨烯等零维球状/一维棒状/二维片状填料的多种组合，利用多种填料结构在空间堆砌上的互补性，协同形成共撑网络，从而达到降低填料含量、提高材料性能的目的。填料的分布状态、加工工艺参数及填料的组分比例等是影响这类材料性能的重要因素。

以一维线状 CNT 和二维片状石墨烯（GNP）为填料，制备总填料含量相同、填料比例不同的 PMMA/CNT/GNP 多孔复合材料[17]。图 10-7 给出了混合填料总含量为 6 wt%时各种 PMMA/CNT/GNP 多孔复合材料的体积电导率。图中，Cx-Gy 即 CNT 质量含量为 x wt%、GNP 质量含量为 y wt%，字母 P 代表实心 PMMA，字母 F 代表发泡（foamed）。对比两图可以发现，相同填料类型和含量下，微孔发泡所得多孔复合材料的电导率要比实心复合材料的电导率高 1~2 个数量级，说明该发泡程度下，发泡有利于促进导电网络形成。虽然 PMMA/CNT/GNP 多孔复合材料的电导率随着 CNT 与 GNP 填料比例减小也呈下降趋势，但是除了 FP/C1.5-G4.5 泡沫以外，其他混合填料多孔材料的电导率都要高于单一填料的多孔复合材料，说明混合填料对增强多孔复合材料的电性能表现出明显的协同效应。

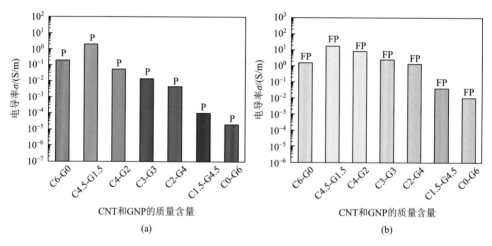

图 10-7 各种 PMMA/CNT/GNP 多孔复合材料的电导率

（a）实心 PMMA；（b）发泡样品

协同效应得益于多个方面，包括超临界 CO_2 发泡使 GNP 原位剥离成更多、更薄的石墨烯片、混合填料发生取向和再分布、泡孔之间的压缩作用减小了填料间的距离、CNT 在变薄的石墨烯之间充当桥梁为电子传递和跃迁提供了通道等。图 10-8 给出了 CO_2 饱和与气泡长大过程中 GNP 剥落和混合填料分散的示意图。

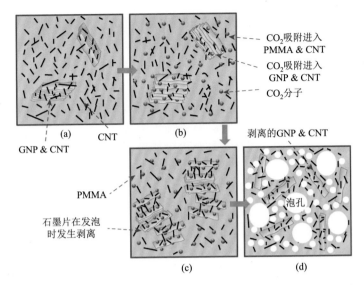

图 10-8　CO_2 饱和与气泡长大过程中 GNP 剥落和混合填料分散的示意图

10.3　电磁屏蔽微孔聚合物

10.3.1　电磁屏蔽基本原理

随着现代化信息技术的迅猛发展，电磁波在电子产品、数据传输、通信电子、无线网络系统、卫星发射、现代检测技术、雷达探测技术、医疗诊断等领域得以大规模应用，为人们的生活提供了巨大便利的同时也带来了严重的电磁辐射污染问题。电磁辐射污染看不见、摸不到，但却可能严重危害人们的身体健康，影响电子元件、电器设备的稳定性和可靠性，甚至影响国家精确制导武器装备和战略物资的使用。考虑到电磁波污染源的多样性及不可避免性，采用电磁屏蔽措施是控制污染、降低电磁辐射危害的重要可行性途径。

电磁屏蔽的方法是使用屏蔽材料将元部件、接收电路、设备或系统等被保护体包围起来，或用屏蔽材料将元部件、电路、组合件、电缆或整个系统等干扰源包围起来，从而保护设备不受外界干扰或有效衰减电磁辐射。简而言之，电磁屏蔽即利用电磁屏蔽材料阻隔或减弱电磁波在被屏蔽区域和外界间的传播。根据原理不同，电磁屏蔽一般可分为静电场屏蔽、磁场屏蔽和电磁场屏蔽三种。

（1）静电场屏蔽包括静电屏蔽和交变电场屏蔽，其原理是利用外部静电场或交变电场的作用，使导体的表面电荷重新分布，直到导体内部的总场强处处为零，通常用于屏蔽外界静电场和低频交电场。

（2）磁场屏蔽包括低频磁场屏蔽和高频磁场屏蔽，前者是利用高导磁率的铁磁材料（如铁、硅钢片、坡莫合金）对磁场进行分路，后者则是利用低电阻的良导体中感应电流产生的反向磁场抑制原始磁场。通常用于屏蔽外界静磁场和低频电流的磁场。

（3）电磁场屏蔽是指使用金属和磁性材料同时抑制或减弱电场和磁场，即隔离电磁波并有效控制电磁波从一个区域到另一个区域的辐射。然而，无论采用何种电磁屏蔽方法，都是通过改变或转移电磁能量的传播路径来实现的。一般，屏蔽主要指电磁场屏蔽。

电磁屏蔽材料通常涉及多种屏蔽原理，且材料属性不同，具体的屏蔽原理也有所不同。传统金属类电磁屏蔽材料通常具有高电导率但不具有磁性，内部存在大量可移动的自由电子。这些自由电子在外界电磁场的作用下，可形成宏观电流从而将电磁波转化为热能，也可产生反向涡流磁场从而削弱和抵消原电磁场。铁磁类电磁屏蔽材料通常具有较高的磁导率和磁损耗角正切，可引起磁滞损耗、畴壁共振、自然共振及涡流损耗等作用进而实现电磁屏蔽，如铁磁材料、高磁导率的合金材料及非金属磁性材料等。然而，这两类金属基电磁屏蔽材料均具有密度大、易腐蚀、难加工、成本高等缺点。与金属材料或陶瓷材料相比，导电聚合物具有密度小、生产成本低、耐腐蚀性强、容易成型等优点，是一类非常有潜力的电磁屏蔽材料。随着航空航天、通信电子、医疗器械等行业的发展，电磁屏蔽材料的研究方向逐渐朝着宽频带、低密度、高吸收发展。因此，导电微孔聚合物材料在电磁屏蔽领域展现出了光明的应用前景。

电磁屏蔽材料衰减或降低电磁信号的能力由电磁屏蔽效能（shielding efficiency，SE）这一指标进行衡量，其定义为电磁屏蔽材料存在和不存在时的场强比，即通过比较不同材料在相同电磁波频率范围内的电磁屏蔽值来对比材料电磁屏蔽性能的优劣。入射到屏蔽材料上的电磁波一部分被反射，一部分被吸收，剩余/残余的部分既不被吸收也不被反射，而是透过屏蔽材料传输出来，因此与屏蔽效能（SE）有关的定义公式如下：

$$\mathrm{SE}_E = 20\lg\frac{E_0}{E_S} \tag{10-1}$$

$$\mathrm{SE}_H = 20\lg\frac{H_0}{H_S} \tag{10-2}$$

$$\mathrm{SE}_P = 20\lg\frac{P_0}{P_S} \tag{10-3}$$

式中，E 为电场强度；H 为磁场强度；P 为功率密度。下标的 0 和 S 分别表示同一环境中某处存在屏蔽材料前或后时的对应测试数值。用分贝（dB）作为电磁屏蔽效能的单位。

10.3.2　微孔聚合物的电磁屏蔽机理

电磁屏蔽理论有很多种，其中传输线理论模型易理解、计算方式简便、精度较高，使用最为广泛。图 10-9 是传输线理论方法电磁屏蔽机理的示意图。根据 Schelkunoff 等的等效传输线理论和 Schulz 的平面波屏蔽理论，屏蔽效能可由透射电磁波能量（电场强度或磁场强度）相对于入射电磁波能量（电场强度或磁场强度）的衰减程度来计算。该方法是以传输线为屏蔽体的理论计算模型，将电磁波在传输过程中的损耗形式划分为反射损耗、吸收损耗和多次反射损耗三种，即

$$SE_T = SE_R + SE_A + SE_M \qquad\qquad (10\text{-}4)$$

式中，SE_T 为总的电磁屏蔽效能；SE_R 为反射损耗；SE_A 为吸收损耗；SE_M 为多次反射损耗。

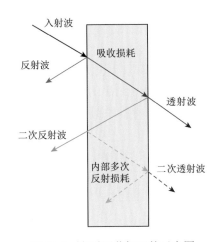

图 10-9　电磁屏蔽机理的示意图

反射屏蔽是由于屏蔽材料与空气的界面处存在波阻抗不匹配，当电磁波第一次传播到屏蔽材料表面时，首先一部分电磁波被屏蔽材料表面反射回空气中，从而造成电磁波强度衰减。表面反射损耗与波阻抗的大小有关，波阻抗越高，则反射损耗越大，当屏蔽体与空气阻抗接近时，会减少对电磁波的反射，增加对电磁波的吸收。微孔聚合物内部泡孔的存在会使材料的介电常数减小，从而导致电磁波通过微孔聚合物表面时的反射损耗减小。该屏蔽机理只能阻隔电磁波，对电磁波的能量损耗较小，且被反射的电磁波在空气中继续传播，易造成二次污染。

未被反射的电磁波进入到屏蔽材料内部，引起感应电流或通过介电损耗和磁损耗不断产生热能，这种衰减为吸收损耗。吸收损耗需要屏蔽材料具有大量的电偶极子或磁偶极子，偶极子在磁场作用下极化，从而损耗电磁波能量。通常，以

吸收损耗为主的屏蔽材料称为吸波材料，具备适当介电常数、高磁导率及高电磁损耗。屏蔽材料越厚、磁导率越大、电导率越高、电磁波频率越高，材料的吸收损耗越大。

在材料内部未被完全衰减的电磁波传播到屏蔽体的另一界面时会被再次反射；当屏蔽体厚度较薄时，从第二界面反射回第一界面的电磁波，又会被第一界面发射回第二界面，这样的反射在两界面间多次反复进行，由此造成的能量衰减统称为多次内反射损耗。微孔聚合物内部存在的泡孔提供了多个界面，电磁波在泡孔内部壁面和泡孔之间均易发生多次反射，从而导致能量逐步被吸收衰减，提升了整体电磁屏蔽性能。

10.3.3 电磁屏蔽微孔聚合物实例

实现填料在聚合物基体中的均匀分散是电磁屏蔽微孔聚合物制备的第一步。主要的填料分散方法是利用外部能量（如剪切力、超声振动等）将填料分散在聚合物基体中，目前主要包括原位聚合法、溶液共混法、熔融共混法[18-20]。

（1）原位聚合法是指将反应单体、导电填料和相关引发剂等充分混合均匀后在一定条件下诱导反应单体发生聚合反应，从而生成导电聚合物复合材料的方法。这种方法最常用于环氧树脂基复合材料的制备，先将导电填料分散在树脂中，然后加入固化剂使树脂固化。

（2）溶液共混法是指使用合适的溶剂将聚合物基体溶解并加入导电填料，后使溶剂挥发，从而制备复合材料的方法。溶液共混法是制备少量复合材料最为常用的方法。利用溶液共混法制备的 PEBA/CNT 复合材料薄膜的电磁屏蔽效能达26 dB；经拉伸辅助超临界流体发泡后，微孔聚合物的电磁屏蔽效能显著增加至41 dB，且主要屏蔽机理由未发泡时的反射屏蔽转变为吸收屏蔽，避免了二次污染[21]。

（3）熔融共混法是指在高温条件下通过剪切力将导电填料与熔融状态下的聚合物共混，从而制备导电复合材料的方法，常借助挤出机、密炼机、注塑机及转矩流变仪等仪器设备实现。在熔融共混过程中，通过增大螺杆转速、延长共混时间或者提高共混温度等措施，可以提高填料在聚合物基体中的分散性。由于熔融共混过程所用设备均是生产中常见设备，容易实现大规模微孔发泡注塑生产制造。例如，利用开合模微孔发泡成型工艺制备了 PP/CF 微孔聚合物，电磁屏蔽效能最高可达 25.8 dB[22]。

除了材料体系、共混方法等因素外，复合材料的结构也对其电性能和电磁屏蔽性能具有重要作用。比较有代表性的为多层结构和隔离结构。

1. 多层结构

多层结构的设计初衷是在保证高屏蔽效能的前提下，尽量减少反射损耗、增大吸收损耗，使复合材料成为以吸收损耗为主导的吸波材料。层状结构发泡聚合物基复合电磁屏蔽材料的主要制备方法有两种：一种方法是将复合材料多次堆叠，随后进行整体发泡[23]；另一种方法是将全部或部分的层状复合材料先进行发泡处理，再堆叠结合形成多层/夹层结构[24]。层状结构发泡聚合物基复合电磁屏蔽材料具有综合性能可调控、成本低、易于制造等诸多优点，但由于这类复合材料中各个相邻层之间主要是在热压或挤压过程中进行黏合，彼此之间的连接性较差，容易出现层间开裂，进而导致力学性能下降，很大程度上限制了这种复合材料在电磁屏蔽领域中的应用[25]。目前，可通过引入界面偶联剂或者添加黏结剂的方法来解决相邻层之间相容性差的问题。

2. 隔离结构

隔离结构发泡聚合物基复合电磁屏蔽材料的制备方法是将导电填料和聚合物基体预先共混或烧结后，直接高温热压成型。这样导电填料只分布在聚合物颗粒的界面之间，能够显著提高导电填料互相搭接的概率，从而可以降低导电网络形成所需的填料含量，使得较低填料含量的复合材料能获得较高的电导率和电磁屏蔽效能。另外，隔离结构还能够提供更多吸收电磁波的界面，使材料以吸收损耗为主要方式实现电磁屏蔽功能。

文献[26]通过溶液涂覆法将碳纳米管导电填料涂覆在 PMMA 微球表面，然后热压成型，制备具有隔离导电网络的 PMMA/CNT 复合材料。然后通过超临界二氧化碳微孔发泡技术向具有隔离结构的复合材料中引入多孔结构，制备具有双重隔离网络结构的微孔 PMMA/CNT 复合材料。微孔 PMMA/CNT 复合材料中存在不同大小和结构的多级泡孔。这些泡孔结构沿 PMMA 微粒径向呈现层状梯度分布，微粒中心是孔径较大的泡孔，而微粒边界处是孔径较小的泡孔，如图 10-10所示。图 10-10 为多孔复合材料泡沫的泡孔形貌，左侧示意图标示了不同 SEM 图的观察位置，其中 A、B、C 三个多面体几何模型分别代表三个相邻的、表面涂覆碳纳米管的 PMMA 发泡微粒。

碳纳米管原始含量为 5.0 wt%、厚度为 2.0 mm、密度为 0.46 g/cm³ 的多孔复合材料的电磁屏蔽效能可达 35.9 dB，其比屏蔽效能高达 356.5 dB·cm²/g，远高于具有单一隔离结构或泡孔结构的复合材料。这得益于适度发泡后多孔复合材料的导电能力得到进一步提高，其逾渗阈值低至 0.019 vol%。此外，多孔结构提供大量界面对电磁波进行反射和吸收，PMMA/CNT 多孔复合材料具备以吸收为主的电磁屏蔽特性。隔离结构和梯度泡孔结构使 PMMA/CNT 多孔复合材料具有优异的电磁屏蔽性能。

图 10-11 给出了电磁波在隔离结构多孔复合材料中耗散的原理图。首先，由于与空气接触的界面处存在阻抗不匹配特性，聚合物对入射电磁波进行反射屏蔽，这与其他结构的电磁屏蔽微孔聚合物类似。多孔复合材料中的微孔结构如同提供

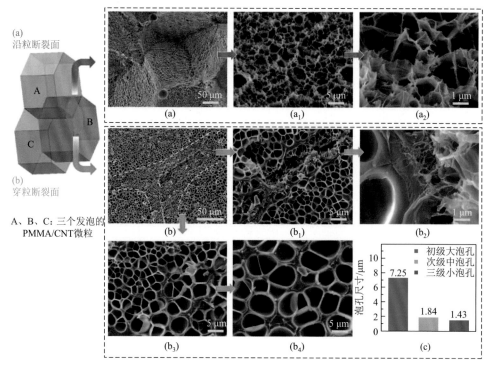

图 10-10　微孔 PMMA/CNT 复合材料的泡孔形貌

（a）沿粒断裂面；（b）穿粒断裂面；（c）泡孔尺寸

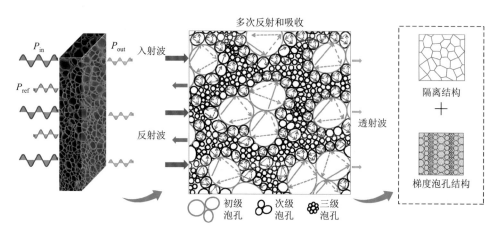

图 10-11　电磁波在隔离结构 PMMA/CNT 多孔复合材料中的耗散示意图

了大量的"空气-屏蔽体"阻抗不匹配界面，电磁波不断被泡壁反射、吸收，直至强度被大幅度衰减。因此，电磁波透过多孔屏蔽材料更加困难，最终大多数电磁波在屏蔽体材料中转化为热能散失。此外，多孔材料是由最内部初级泡孔（P）、中间次级泡孔（S）及最外侧三级泡孔（T）组成的三峰泡孔结构，形成大量的"P-S-T-S-P"多层结构。这也在一定程度上增强了多孔复合材料对电磁波的多次反射和吸收，从而增强电磁屏蔽效能。由此可见，同时利用隔离结构、多孔结构构建双隔离的导电网络是制备轻质高效电磁吸收材料的有效途径。

10.4　油水分离微孔聚合物

随着社会经济的发展，海上石油开采活动日趋活跃，海路石油运输也日益繁忙。然而，由于海上石油开采与运输具有高风险性，重大漏油与溢油事件频发，不仅造成了极大的能源与资源浪费，还导致了严重的环境与生态灾难。海上漏油的处理方法主要有物理方法、化学方法和生物方法等。相比于化学方法和生物方法，物理方法在化学残留、生态环境影响、原油回收方面更具优势，受到更为广泛的关注。物理方法主要是通过吸附材料进行油水分离，实现对溢油进行吸附、回收和再利用，是一种处置泄漏原油的重要措施，具有简单高效、技术成熟等优点。吸附材料是一种典型的多孔聚合物材料，孔穴可以用于储存吸附到聚合物内部的原油。微孔发泡成型技术在多孔聚合物材料制备方面具有可控性强和可规模化生产等优势，是一种绿色高效的聚合物加工成型技术，在油水分离材料领域具有广阔的推广应用前景。

油水分离微孔聚合物通过毛细作用力将溢油吸附并储存到内部的孔洞中，再经过离心或挤压等方式即可回收吸附的溢油。为实现高效的油水分离，油水分离微孔聚合物需要具备吸油速率快、吸附容量大与吸水性低等特点。这要求微孔聚合物具有高的亲油疏水性、高孔隙率与高开孔率。本节将介绍油水分离微孔聚合物的发泡成型制备方法及材料性能。

10.4.1　开孔发泡聚合物的制备方法

用于油水分离的微孔聚合物须具有开孔结构，即微孔聚合物内部的泡孔能够相互连通。根据开孔机理，基于微孔发泡技术的开孔泡沫制备方法可分为非均质结构法、均质结构法、粒子沥滤法、双峰泡孔法、超声法等[27-29]。

1. 非均质结构法

软硬相共存的非均质结构法是使用最多、最有效的方法，它利用聚合物基体中的硬相和软相构成不均匀的材料结构。非均质结构包括两类[30]，其开孔机理如图 10-12 所示。第一类非均质结构是以硬相为基体相、以软相为分散相。在泡孔长大过程中的双向拉伸应力作用下，分散于泡孔壁上的软相起到应力薄弱点的作用，诱导泡壁发生破裂，进而使相邻泡孔连通[30, 31]。第二类非均质结构是以软相为基体、以硬相为分散相。在泡孔长大过程中的双向拉伸应力作用下，分散于泡壁上的硬相起到应力集中点的作用，与基体发生脱离进而导致泡壁破裂，并使相邻泡孔连通。具体而言，非均质结构的构造方法包括不均匀结晶、聚合物共混和无机填料复合等。

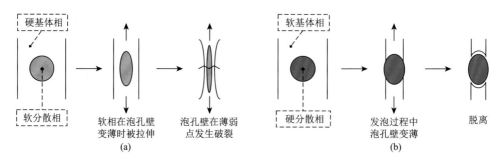

图 10-12 非均质结构法开孔机理

（a）硬基体相和软分散相；（b）软基体相和硬分散相

2. 均质结构法

在大发泡倍率工艺条件下，均质熔体在泡孔长大过程中能够直接发生破裂，进而形成开孔结构。Li 等[32]发现高 CO_2 压力和高温下的低熔体强度有利于泡壁破裂，并制备出开孔率为 91.4%、发泡倍率为 30 的聚乳酸开孔泡沫。Wang 等[33]利用挤出发泡中线型聚乳酸的低熔体强度制备出发泡倍率约为 38 的网状结构泡沫。Chauvet 等[34]通过挤出发泡制备出开孔率约 97%、发泡倍率约 31 的聚乳酸开孔泡沫。Ishihara 等[35]通过型芯后退注塑发泡中产生的剧烈拉伸获得开孔结构，并利用聚四氟乙烯原位纤维增强熔体黏弹性，制备出开孔率高于 80%、发泡倍率为 5 的开孔泡沫。

3. 粒子沥滤法

粒子沥滤法是向聚合物中添加水溶性粒子，然后将聚合物/粒子混合物进行发泡，最后将发泡聚合物在水中浸泡以溶解泡壁上的水溶性粒子，并使泡孔连通。常用的水溶性粒子包括聚乙二醇[36, 37]、聚乙烯醇、NaCl 等。利用聚乳酸/聚乙二醇/NaCl 共混物，Chen 等[37]制备出发泡倍率约为 9.1 的开孔泡沫。基于聚乳酸/聚乙烯醇/NaCl 共混物，Peng 等[38]制备出发泡倍率约为 14 的开孔泡沫。

4. 双峰泡孔法

双峰泡孔法是通过两次发泡依次产生大泡孔和小泡孔，并利用小泡孔将大泡孔连通。Huang 等[39]通过加热和降压两次发泡制备出开孔率为 82.4%、发泡倍率为 8.3 的开孔泡沫。基于 PLA/PBS 不相容共混物，Yu 等[40]通过两次泄压构造双峰泡孔，并且利用 PBS 软分散相诱导泡孔连通，进而获得了开孔率为 97%的发泡聚合物。

5. 超声法

超声法是利用超声振动使泡壁破裂。Wang 等[41]发现超声处理产生的循环拉伸能使泡壁破裂，并且超声产生的热量能促进泡沫膨胀和泡壁减薄，也有利于泡壁破裂。在此基础上，Wang 等[42]系统研究了泡孔尺寸和超声处理条件对发泡聚乳酸开孔率的影响。

10.4.2　聚丙烯油水分离微孔聚合物及其性能

聚丙烯具备良好的疏水亲油性，因此以其为基体制备的大发泡倍率开孔材料被认为是一种极具潜力的吸油材料，在油水分离或溢油处理领域引起了人们的广泛关注。聚丙烯作为一种半结晶材料，其内部的结晶区和非晶区在发泡过程中是一种软硬相共存结构。借助聚丙烯结晶引起的组织不均匀性，直接制备开孔材料能够省去材料共混的工序，可高效且大规模地获得油水分离用吸附材料[43, 44]。

吸油材料须具备良好的油水选择性，若在吸油的同时吸收水分，其对油质的吸附率会大幅度下降。图 10-13（a）和（b）分别给出了未发泡试样和发泡试样与水的接触角，其中发泡试样采用二氧化碳釜压发泡制备，饱和压力为 20 MPa，饱和温度为 135℃，泡沫的发泡倍率为 23.9，发泡方法和泡孔结构详见 9.4.2 节。根据图 10-13（a）可以看出未发泡试样与水的接触角为 95.9°，而图 10-13（b）所示的发泡试样与水的接触角高达 151.5°，说明发泡后材料的疏水性显著提升。

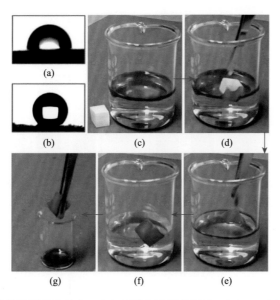

图 10-13　（a）未发泡试样的接触角；（b）开孔泡沫的接触角；（c）～（f）泡沫去除水中漂浮的辛烷过程；（g）油品挤出回收

这是因为发泡试样断面存在大量微米级的孔洞结构,能够增加断面的表面粗糙度,进而增加材料的疏水性。与水的接触角大于 150° 的材料被称为超疏水材料。因此,可通过聚丙烯微孔发泡工艺制备超疏水材料。泡孔结构除了可以提升材料的疏水性,还在材料内部形成大量空间,可用于储存吸附到材料内部的原油。图 10-13(c)~(f)给出了开孔发泡聚丙烯去除水中漂浮的辛烷(苏丹红染色后)的过程。从图中可以看出,当聚丙烯泡沫放入油水混合体系后,水中漂浮的红色油层逐渐减少直至消失,说明泡沫内部连通的泡孔能够有效吸附水中的油质,从而实现油水分离。另外,发泡聚丙烯在吸附完成后,经过简单的机械挤压即可实现油品的回收。图 10-13(g)为挤压发泡聚丙烯回收辛烷图像。

图 10-14 分别给出了发泡聚丙烯对不同油质的吸附容量。从图 10-14(a)可以看出,发泡聚丙烯对不同油品的吸附能力有所差别,对硅油、花生油、四氯化碳、环己烷和正辛烷的质量吸附容量分别为 17.0 g/g、19.9 g/g、48.9 g/g、26.7 g/g 和 21.3 g/g。吸附材料对油质的吸附能力与油质的黏度及密度有关,较小的黏度能减小吸附阻力,较大的密度能够增加吸附容量。对于四氯化碳,由于其黏度(0.97 MPa·s)较小、密度(1.60 g/cm^3)较大,发泡聚丙烯对其质量吸附容量最大。从图 10-14(b)可以看出,发泡聚丙烯对四氯化碳、环己烷和正辛烷的体积吸附容量大于 1,即发泡聚丙烯对有机物的吸附体积大于发泡聚丙烯试样自身的体积,额外吸附的这部分体积可能是有机物对聚丙烯的溶胀作用所致。

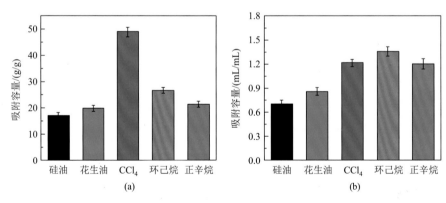

图 10-14　发泡聚丙烯对不同油品的吸附容量

(a)质量吸附容量;(b)体积吸附容量

图 10-15(a)给出了发泡聚丙烯对花生油和四氯化碳的质量吸附容量随时间的变化关系。在起始吸附阶段,随时间增加,吸附容量明显增加,经过一定时间后吸附容量慢慢趋于平衡。对于花生油,吸附容量在 1200 s 时接近平衡,而对于

四氯化碳，吸附容量在 540 s 时接近平衡，说明发泡聚丙烯对四氯化碳的吸附速率较快。

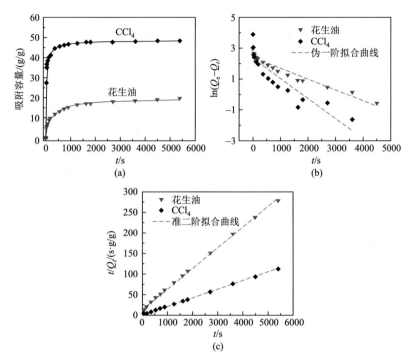

图 10-15　（a）发泡聚丙烯对花生油和四氯化碳的吸附动力学曲线；（b）准一阶吸附动力学模型拟合的曲线；（c）准二阶吸附动力学模型拟合的曲线

为定量分析发泡聚丙烯对油质的吸附规律，式（10-5）和式（10-6）分别给出了准一阶和准二阶吸附动力学模型：

$$\ln(Q_e - Q_t) = \ln Q_e - k_1 t \tag{10-5}$$

$$\frac{t}{Q_t} = \frac{1}{k_2 Q_e^2} + \frac{t}{Q_e} \tag{10-6}$$

式中，Q_e 为吸附平衡时发泡聚丙烯对油质的质量吸附容量；Q_t 为在 t 时刻发泡聚丙烯对油质的质量吸附容量；t 为吸附时间；k_1 为准一阶吸附动力学模型的吸附容量常数；k_2 为准二阶吸附动力学模型的吸附速率常数。根据上述模型，分别以 $\ln(Q_e - Q_t)$ 和 t/Q_t 为纵坐标，t 为横坐标作图，然后进行线性拟合，得到图 10-15（b）和（c）。从图 10-15（b）可以看出，实验数据点散乱排布在拟合直线的两侧，说明实验结果与准一阶动力学模型拟合的结果偏离程度较大。从图 10-15（c）可以看出，实验数据几乎均在直线上，对花生油和四氯化碳而言，拟合获得的决定系数 R^2 分别为 0.9978 和 0.9999，说明发泡聚丙烯对油质的吸附过程高度遵循准二阶吸附动力学模型。根据准二阶吸附动力学拟合的结果，发泡聚丙烯对花生油和四氯化碳吸附速率常数分别为 $2.28\times10^{-4}\,s^{-1}$ 和 $8.18\times10^{-4}\,s^{-1}$，这也说明发泡聚丙烯对于四氯化碳具有较快的吸附速率。这主要是因为四氯化碳的黏度（0.97 MPa·s）较小，而花生油的黏度（约为 10 MPa·s）相对较大。

在实际油水分离应用中，重复使用性能是吸油材料的重要属性。图 10-16（a）给出了发泡聚丙烯在 10 次循环压缩过程中的应力-应变曲线。由于发泡聚丙烯的发泡倍率较大且内部存在大量的连通泡孔，所以发泡聚丙烯的压缩强度较低。从图中可以看出，当压缩形变为 60%时，压缩强度约为 52 kPa。每经过一次循环压缩，发泡聚丙烯会产生一定的永久变形，图 10-16（b）给出了发泡聚丙烯的永久应变与压缩循环次数之间的关系。随循环次数增加，永久应变逐渐增大，但增加量越来越小。第一次循环后，发泡聚丙烯发生的永久应变为 28.4%，经过 10 次循环后，永久应变达到 34.8%，说明发泡聚丙烯的回复性能有待提高。由于聚丙烯材料不属于弹性体，且线型等规聚丙烯的结晶度较高，脆性较大，所以发泡聚丙烯的回复性能有限。

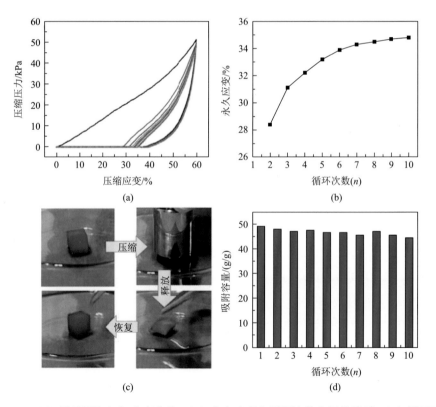

图 10-16　（a）循环压缩应力-应变曲线；（b）永久应变与循环次数之间的关系；（c）循环吸油实物图；（d）吸附容量随循环次数的变化关系

通常情况下，较差的回复性不利于吸油材料的重复利用，但从图 10-16（c）所示的循环吸油实物图中可以看出，当发泡聚丙烯第一次吸油后，采用重物挤压发泡聚丙烯将油挤出，发泡聚丙烯的回复程度较差，但再次把发泡聚丙烯浸入油内并吸附一段时间后，发泡聚丙烯基本完全回复。这说明尽管发泡聚丙烯自身的回复性能有限，但发泡聚丙烯对油较强的吸附能力，因而在二次吸油时发泡聚丙烯基本能够回复到初始形状。图 10-16（d）给出了吸油容量随循环次数的变化关系，整体上发泡聚丙烯对油的吸附容量随循环吸油次数的增加而降低，但降低量极其微小，从而说明制备的大发泡倍率开孔发泡聚丙烯具有良好的循环使用性能。

10.4.3 PLA/PBS 油水分离微孔聚合物及其性能

如 10.4.2 节所述，开孔方法主要包括均质结构法和非均质结构法。均质结构法一般是利用高温下低熔体强度泡壁的直接破裂获得开孔结构，因此往往会导致发泡温度偏高，造成成型能耗高、长链分子受损降解。并且均质结构法制备开孔聚合物的工艺窗口较窄，不利于开孔结构的稳定获得。非均质结构法是通过构造软相硬相共存的非均质结构促进开孔结构形成，能在一定程度上解决均质结构法的工艺问题。本节以聚乳酸（PLA）/聚丁二酸丁二醇酯（PBS）共混体系为例，介绍一种利用非均质结构法制备的油水分离微孔聚合物[45]。图 10-17 给出了不同发泡温度下不同 PBS 含量的 PLA/PBS 混合体系微孔发泡处理后的泡孔结构图。

由图 10-17 可以看出，除 PLA 发泡后的泡孔基本呈闭孔结构，PLA/PBS 体系在特定发泡温度下呈明显的开孔结构，其泡壁上分布有蕾丝状的网状结构（如图中蓝色虚线框内的 SEM 图所示）。这是由于 PBS 分散相的黏弹性低于 PLA 基体相，PLA/PBS 共混物形成了由软分散相和硬基体相组成的双相非均质熔体结构。在泡孔的长大阶段，泡壁受到双向拉伸作用而逐渐减薄，泡壁上熔体强度较低的 PBS 相成为受力的薄弱点，最终发生破裂而使泡孔连通。另外，随 PBS 含量增加，获得开孔结构所需要的最低发泡温度逐渐降低。这是因为泡孔破裂通常需要较低的熔体强度，而增加 PBS 含量能够降低熔体强度。开孔温度的降低有利于保持分子链结构的稳定性和减少发泡工艺中的能量消耗。PLA/PBS 发泡体系的发泡倍率基本上大于 25。其中，发泡 PLA/PBS（10 wt%）的发泡温度为 120℃和 115℃，发泡 PLA/PBS（20 wt%）的发泡温度为 115℃和 110℃，发泡 PLA/PBS（30 wt%）的发泡温度为 110℃和 105℃。这表明，PBS 不仅能降低开孔温度，还能拓宽大发泡倍率开孔泡沫的制备温度区间。

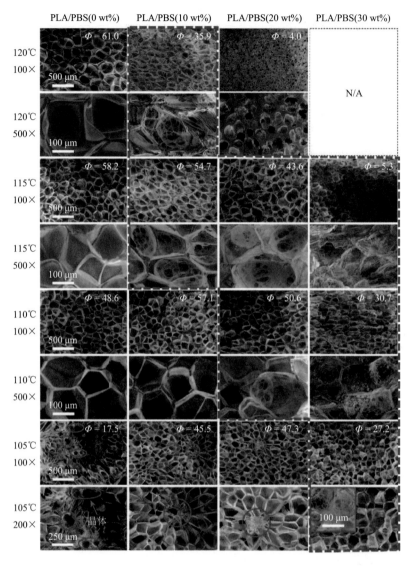

图 10-17　不同发泡温度下 PLA/PBS（0 wt%）泡沫、PLA/PBS（10 wt%）泡沫、PLA/PBS（20 wt%）泡沫和 PLA/PBS（30 wt%）泡沫的 SEM 图

　　图 10-18 给出了发泡 PLA/PBS 对 CCl_4 的吸附容量随 PBS 含量和发泡温度的变化。由图可知，除 115℃、PBS 含量 30 wt%的发泡聚合物外，随 PBS 含量和发泡温度增加，吸附容量均呈逐渐增加的趋势。这主要是因为适当提高 PBS 含量和发泡温度能够促进开孔结构形成。115℃、PBS 含量 30 wt%的发泡聚合物的吸附容量较低，这是由于其发泡倍率很低。相比之下，115℃、PBS 含量 20 wt%的发泡聚合物具有最高的吸附容量。

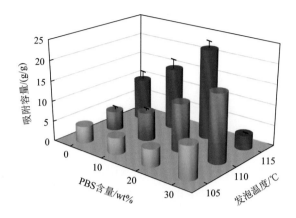

图 10-18　发泡 PLA/PBS 对 CCl$_4$ 的吸附容量随 PBS 含量和发泡温度的变化

图 10-19 给出了发泡 PLA 和发泡 PLA/PBS（20 wt%）的环己烷接触角和水接触角。可以看出，随时间增加，发泡 PLA 和发泡 PLA/PBS 的环己烷接触角逐渐减小为 0°。对于发泡 PLA，环己烷液滴完成铺展的时间约为 70 s。而对于发泡 PLA/PBS，铺展时间缩短至 3 s。这表明与发泡 PLA 相比，发泡 PLA/PBS 具有更快的吸油速率。这是因为发泡 PLA 内部泡孔呈闭孔结构，而发泡 PLA/PBS 内部泡孔呈高度连通的蕾丝网状开孔结构。这种开孔结构提供了大量的微观通道。在毛细作用下，环己烷液滴能够通过微观管道快速扩散进入材料内部，从而在泡沫表面迅速铺展，并实现完全润湿。

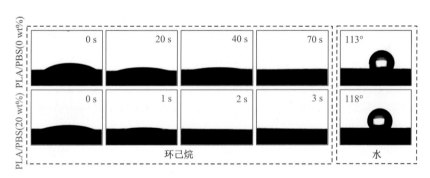

图 10-19　发泡 PLA 和发泡 PLA/PBS 的环己烷接触角和水接触角

由图 10-19 还可以看出，发泡 PLA 的水接触角为 113°，而发泡 PLA/PBS（20 wt%）的水接触角略微升高至 118°。这是因为提高材料表面的粗糙度能够增强其疏水性。发泡 PLA 的表面粗糙度主要由其封闭泡孔的骨架结构提供。而对于发泡 PLA/PBS（20 wt%），泡孔骨架结构和蕾丝网状的开孔结构共同构成了更复杂的表面粗糙结构，进而能提高泡沫的表面粗糙度和疏水性。

图 10-20（a）和（b）分别给出了发泡 PLA/PBS（20 wt%）从水中去除环己烷和 CCl₄ 的过程。其中，用苏丹红对环己烷和 CCl₄ 进行了染色处理。可以看出，发泡 PLA/PBS（20 wt%）能将水中的环己烷和 CCl₄ 几乎完全吸附，进而实现高效的油污清理。此外，发泡 PLA 平衡吸附时间约为 135 min，平衡吸附容量约为 12 g/g。而对于发泡 PLA/PBS（20 wt%），平衡吸附时间显著缩短至约 15 min，且平衡吸附容量增加至约 22 g/g。这表明发泡 PLA/PBS（20 wt%）的吸油能力远强于发泡 PLA。这是因为发泡 PLA/PBS（20 wt%）的蕾丝网状开孔结构能为油滴的快速扩散提供大量微观通道。同时，开孔结构将原本封闭的、独立的骨架泡孔连通起来，从而为油的储存提供较大的三维空间。

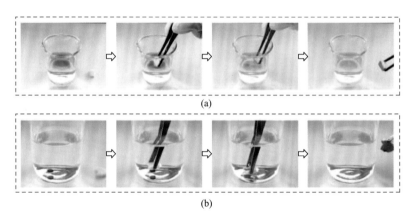

图 10-20　发泡 PLA/PBS（20 wt%）从水中去除不同有机溶剂的过程
(a) 环己烷；(b) CCl₄

为评估发泡聚合物的可重复利用性，图 10-21 给出了发泡 PLA/PBS（20 wt%）对 CCl₄ 的吸附容量随吸附-脱附循环次数的变化。可以看出，在 20 次的吸附-脱附循环过程中，发泡 PLA/PBS（20 wt%）的吸附容量未表现出明显的衰减，而是一直保持较高的数值。

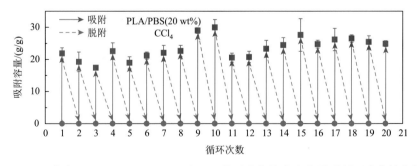

图 10-21　发泡 PLA/PBS（20 wt%）对 CCl₄ 的吸附容量随吸附-脱附循环次数的变化

其中，发泡 PLA/PBS（20 wt%）的首次吸附容量为 21.9 g/g。在第 10 次和第 20 次的循环使用时，吸附容量仍分别高达 30.0 g/g 和 24.9 g/g。并且，20 次循环过程的平均吸附容量高达 23.5 g/g。上述结果表明，发泡 PLA/PBS（20 wt%）具有良好的循环再用性，并且优于制备的发泡聚乳酸。

10.5　隔热微孔聚合物

隔热保温在节能减排中发挥着至关重要的作用，是应对全球变暖和能源短缺等全球性问题的关键，尤其是在能耗占总能耗 40%以上、二氧化碳排放占总排放 20%以上的民用住宅和商用建筑领域。隔热微孔聚合物因其保温性能优越、力学性能高、寿命长和成本低等优点，已成为最重要的保温材料之一，广泛应用于建筑、交通、石油化工、航空航天等各个工业部门。隔热微孔聚合物是目前仅次于矿棉的第二大保温建材。其典型热导率为 30～40 mW/(m·K)，低于矿棉的热导率[40～50 mW/(m·K)]，具有广阔的应用前景。

10.5.1　热传递基本原理

热传递是指由温度差引起的热能传递现象。热传递主要存在三种基本形式：热传导、热对流和热辐射[46, 47]。只要在物体内部或物体间有温度差存在，热能就必然通过以上三种方式中的一种或多种从高温到低温处传递。

1. 热传导

热传导是指当不同物体之间或同一物体内部存在温度差时，就会通过物体内部分子、原子和电子的微观振动、位移和相互碰撞而发生能量传递现象。不同相态的物质内部导热的机理不尽相同。气体内部的导热主要是其内部分子做不规则热运动时相互碰撞的结果；非导电固体中，在其晶格结构的平衡位置附近振动，将能量传递给相邻分子，实现导热；而金属固体的导热是凭借自由电子在晶格结构之间的运动完成的。

热传导是固体热传递的主要方式。在气体或液体等流体中，热的传导过程往往和对流同时发生。热导率是单位温度梯度下的导热热通量，代表物质的导热能力。物体的热导率与材料的组成、结构、温度、湿度、压强及聚集状态等许多因素有关。一般，金属的热导率最大，非金属次之，液体的较小，而气体的最小；固体金属材料热导率与温度成反比，固体非金属材料的热导率与温度成正比；金属液体的热导率很大，而非金属液体的热导率较小；气体的热导率随温度升高而增大。

2. 热对流

热对流是指由流体的宏观运动而引起流体各部分之间发生相对位移，冷热流体相互掺混所引起的热量传递过程。不同的温度导致系统的密度差是造成对流的原因。对流传导因为涉及流体动力过程，所以比直接传导迅速。

工业中热对流可分为以下几种类型：当流体无相变化时，有自然对流和强制对流两种，其中强制对流传热根据流动状态的不同，又可分为层流传热和湍流传热；当流体有相变化时，包括蒸气冷凝对流和液体沸腾对流。对流传热系数代表对流传热能力。影响对流传热系数的主要因素有引起流动的原因、流动状况、流体性质、传热面性质等。

3. 热辐射

热辐射是指直接通过电磁波辐射向外发散热量，传导速率取决于热源的热力学温度，温度越高，辐射越强。热辐射的光谱是连续谱，波长覆盖范围理论上可从 0 直至∞，一般的热辐射主要靠波长较长的可见光和红外线传播。当温度较低时，主要以不可见的红外光进行辐射；当温度为 300℃时，热辐射中最强的波长在红外区；当物体的温度在 500~800℃时，热辐射中最强的波长在可见光区。

任何物体都以电磁波的形式向周围环境辐射能量。辐射电磁波在其传播路上遇到物体时，将激励组成该物体的微观粒子的热运动，使物体加热升温。热辐射能把热能以光速穿过真空，从一个物体传给另一个物体。任何物体只要温度高于绝对零度就能辐射电磁波，被物体吸收而变成热能，称为热射线。电磁波的传播不需要任何媒质，热辐射是真空中唯一的热传递方式。太阳传递给地球的热能就是以热辐射的方式经过宇宙空间而来。

10.5.2 微孔聚合物的隔热性能测量方法及原理

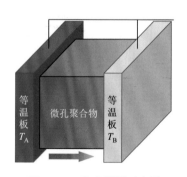

图 10-22　稳态测量示意图

微孔聚合物热导率的测量方法包括稳态测量法和瞬态测量法两大类。其中，稳态测量法是最为常用的测量手段，其测量过程如图 10-22 所示，即将微孔聚合物放置于温度分别为 T_A 和 T_B 的两等温板中间，通过控制从 A 板到 B 板之间的热流在已知厚度的微孔聚合物内建立起温度梯度，从而通过测量温度梯度和通过聚合物的热流得到其热导率。然而，该稳态测量法耗时长，并且对被测样品的尺寸及厚度有较为严格的要求，这些缺点也限制了其更为广泛的应用。

瞬态测量法作为一种实际应用更为高效和方便的热导率测量方法逐渐受到重视，其中瞬态板热源（transient plane source，TPS）法是瞬态测量法中最为常用的方法之一，TPS 测量过程示意图如图 10-23 所示。在标准检测过程中，将一个集成了热源及温度传感器的圆形平面 Hot Disk 探测器放入微孔聚合物中间，热源以步进的方式不断输出能量，同时温度传感器记录加热过程中温度响应随时间的变化关系。随后，通过内置于 TPS 内的热分析软件的计算，温度响应可以被进一步转化为微孔聚合物试样的热导率。

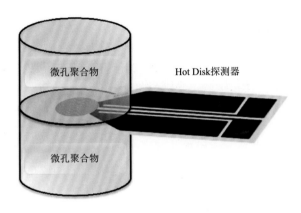

图 10-23　瞬态板热源法测量示意图

Hot Disk 测试方法[48]的特征热传导方程为

$$(\rho C_p)\frac{\partial T}{\partial t} = k_{in}\frac{1}{r}\left[\frac{\partial}{\partial r}\left(r\frac{\partial T}{\partial r}\right)\right] + k_{thru}\frac{\partial^2 T}{\partial z^2} + \sum_{rings} Q_r \delta(r-r')\delta(z) \quad (10\text{-}7)$$

式中，ρ 为试样的密度；C_p 为试样的热容；T 为测试温度；t 为测试时间；k_{in} 为试样层内热导率；k_{thru} 为试样层间热导率；δ 为狄拉克函数；r' 为 Hot Disk 传感器的半径；Q_r 为 Hot Disk 传感器单位长度所提供的能量；r 为半径变量；z 为步进距离。

由传感器的电流变化得到的瞬态温度变化平均值（ΔT）可以表示为

$$\Delta T = \frac{1}{\beta}\left(\frac{R_t}{R_0}-1\right) \quad (10\text{-}8)$$

式中，β 为试样的热阻温度系数；R_t 为传感器在 t 时刻的电阻；R_0 为传感器在初始时刻的电阻。通过求解式（10-8）同样可以得到传感器的温度增量，即

$$\Delta T = \frac{P}{\pi^{\frac{3}{2}} r\lambda} F(\tau)$$
$$\tau = \sqrt{\alpha_{in} t / r^2} \quad (10\text{-}9)$$

式中，P 为传感器的功耗；$F(\tau)$ 为无量纲时间函数；τ 为无量纲时间；r 为传感

器的半径；λ 表示成样的热导率；α_{in} 表示试样的热扩散率。此外，式（10-9）中无量纲时间函数 $F(\tau)$ 可以表示为

$$F(\tau) = \frac{1}{[m(m+1)]^2} \int_0^\tau \sigma^{-2} d\sigma \times \left[\sum_{l=1}^m l \sum_{k=1}^m k \exp\left(-\frac{l^2+k^2}{4m^2\sigma^2}\right) I_0\left(\frac{lk}{2m^2\sigma^2}\right)\right] \quad （10-10）$$

式中，m 为传感器螺旋的个数；σ 表示积分函数的自变量；I_0 为改进的贝塞尔函数。

10.5.3 微孔聚合物的传热原理

从理论上讲，微孔聚合物的传热方式包括气相热传导、聚合物泡孔壁及支柱的固相热传导、热对流和热辐射，其有效热导率（λ_{eff}）可以表示为[49]

$$\lambda_{eff} = \lambda_{gas} + \lambda_{sol} + \lambda_{cv} + \lambda_{rad} \quad （10-11）$$

式中，λ_{gas} 为气体通过热传导贡献的热导率；λ_{sol} 为聚合物通过热传导贡献的热导率；λ_{cv} 为气体通过热对流贡献的热导率；λ_{rad} 为热辐射贡献的热导率。

式（10-11）是一种较为精确地求解多孔结构热导率近似值的方法。该公式在低辐射系数边界层存在的多孔结构中将失效，因为在该边界层存在时热辐射所贡献的热导率将远高于通过独立于其他传热方式而分析热辐射所得到的热导率。

气体和聚合物通过热传导贡献的热导率可通过如下公式进行计算[49]

$$\lambda_{gas} + \lambda_{sol} = k_{gas} V_{gas} + k_{sol}\left(\frac{2}{3} - \frac{f_s}{3}\right) V_{sol} \quad （10-12）$$

式中，k_{gas} 为气体的热导率；V_{gas} 为气体在多孔结构中的体积分数；k_{sol} 为聚合物的热导率；V_{sol} 为聚合物在多孔结构中的体积分数；f_s 为多孔结构中泡孔支柱体积。

格拉肖夫系数（Grashof number，G_r）是评价热对流对传热贡献的一个指标。该系数是浮力驱动的热对流与黏性力对热对流抑制作用的比值[50]，其表达式为

$$G_r = \frac{g\beta\Delta T_c d^3 \rho^2}{\eta^2} \quad （10-13）$$

式中，g 为重力加速率；β 为气体的体积膨胀系数（对于理想气体，$\beta = 1/T$）；ΔT_c 为同一泡孔内温度的差异；d 为泡孔直径；ρ 为气体的密度；η 为气体的动态黏度。

通常只有当 G_r 大于 1000 时，热对流对于泡孔结构的热导率产生影响。通过将常用气体的属性参数代入式（10-13），得到有关热对流的普遍共识，即当闭孔泡孔直径小于 4 mm，或者开孔泡孔直径小于 2 mm 时，热对流对泡孔结构的有效热导率几乎没有影响[49, 51]。

对于泡孔结构中热辐射所贡献的热导率，当泡孔壁厚度不低于微米级时，可由下式计算得到[50]

$$\lambda_r = \frac{16n^2\sigma T^3}{3K_r} \qquad (10\text{-}14)$$

式中，n 为有效折射率；σ 为 Stephan-Boltzmann 常数；T 为环境温度；K_r 为 Rosseland 平均消光系数。

10.5.4 微孔聚合物的微观传热机理

随着微孔发泡技术的成熟与完善，大发泡倍率低密度的多孔聚合物的制备已经实现可控制备。这种大发泡倍率多孔结构中也出现了纳米级直径的泡孔和纳米级厚度的泡孔壁。此时，微孔聚合物的传热也需要考虑尺度效应带来的影响，重建泡孔结构与隔热性能之间的微观构效关系是制备具有优异隔热性能微孔聚合物的关键。然而，微孔聚合物的微观传热机理非常复杂，导致泡孔结构的优化设计十分困难。

图 10-24 给出了微孔聚合物内部传热机理。考虑到泡孔的尺寸远低于自然对流发生所必需的尺度，热对流可以忽略不计。微孔聚合物的传热主要有以下三种

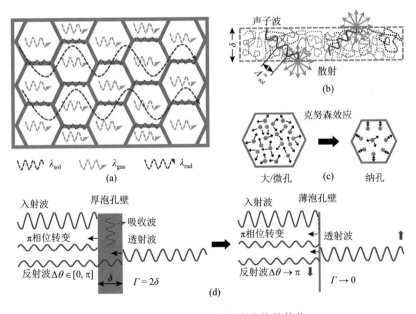

图 **10-24** 通过闭孔多孔聚合物的传热

（a）对多孔聚合物传热各种贡献的示意图；（b）多孔聚合物薄膜边界处的声子散射；（c）泡孔中受限气体分子的振动；（d）由于薄膜干涉，反射波减少与透射波增强

特性：①大发泡倍率微孔聚合物的实体骨架由纳米尺度的泡孔壁和纳米尺度的泡孔骨架组成。由于这种复杂的泡孔结构，热传导路径往往非常曲折。此外，聚合物骨架的特征长度可能接近甚至小于声子平均自由程。因此，由于边界处存在声子散射，大发泡倍率微孔聚合物的热传导会表现出明显的尺寸效应。先前的研究表明，纳米尺度上的固相热传导可以通过创建声子势垒来实现。②当泡孔尺寸接近气体分子的平均自由程，气体分子的碰撞受到了明显的抑制，从而导致气相热传导明显降低。③与红外电磁波波长相比，大发泡倍率微孔聚合物的泡孔壁和泡孔支柱非常薄，红外电磁波在微孔聚合物中的传输会表现出很强的干涉、衍射行为及散射行为，导致难以定量描述通过微孔聚合物的辐射传热。由于这些特性，定量预测微孔聚合物传热的研究并不适合微孔聚合物。虽然存在一些用于微孔聚合物的传热模型，但它们通常是不完整的，特别是只关注克努森效应而忽略辐射效应。此外，气凝胶的传热模型也不适合微孔聚合物，因为其成分和结构存在显著差异。气凝胶的固相骨架通常由堆叠的独立粒子组成，而微孔聚合物的骨架则由薄膜和支柱组成。

为了更好地理解微孔聚合物的微观传热机理，并为超级隔热微孔聚合物提供优化设计方案，文献[52]考虑声子散射效应、克努森效应和电磁波干涉与散射效应等微观尺度传热机理，提出了微孔聚合物的微观传热理论模型。

1. 聚合物本体的热传导

聚合物热传导的能量载体是声子。声子的平均自由程决定了聚合物本体的热导率。聚合物本体内部包含许多缺陷，如分子链末端、空隙、缠结和杂质等。它们会成为声子散射的位点。聚合物本体通常具有较短的声子平均自由程，因此表现出非常差的热导率。在微孔聚合物中，聚合物骨架包括纳米尺度的泡孔壁和支柱。在这种情况下，如图 10-24（b）所示的边界散射会对声子传输和微孔泡沫骨架中聚合物薄膜的导热产生重要影响。此外，纳米尺度聚合物中重新定向和较少纠缠的分子链会对传热产生重要影响。文献[52]的理论模型引入立方体泡孔模型模拟微孔聚合物的结构，通过将声子输运与骨架尺寸关联来模拟固相热传导的纳米效应。立方体泡孔模型分为两种，分别描述泡孔间壁面和泡孔间棱柱对热传导的贡献，图 10-25 和图 10-26 给出了这两种立方体泡孔模型。

2. 泡孔内气体的热传导

文献[52]的理论模型将气体分子的平均自由程与泡孔尺寸关联来考虑气相热传导的克努森效应。在充满气体的泡孔中，热传导的能量载体是气体分子。因此，热导率严重依赖于气体分子的平均自由程。由于泡孔尺寸与气体分子的平均自由程相当或小于气体分子的平均自由程，气体分子的振动将明显受到限制[图 10-24（c）]。因此，气体分子的平均自由程减小，从而降低了气体的有效热导率。根据气体动力学理论，泡孔内气体的有效热导率 k_{gas}^{eff} 可由克努森方程描述：

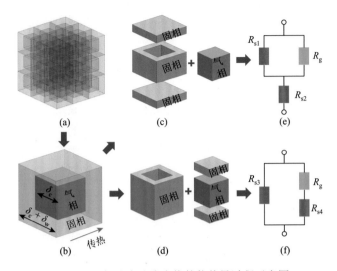

图 10-25　闭孔多孔聚合物的热传导过程示意图

（a）重构的立方泡孔结构模型；（b）从立方泡孔结构模型中提取的单元；（c）基于在垂直于传热方向平面上热导率无穷大的并联模型；（d）基于在垂直于传热方向平面上热导率为零的串-并联模型；（e）并-串联模型的等效热阻图；（f）串-并联模型的等效热阻图

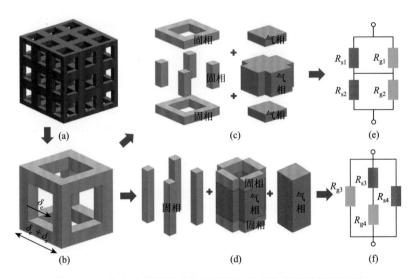

图 10-26　完全由支柱组成的多孔聚合物的热传导过程示意图

（a）完全由支柱组成的重建泡孔结构模型；（b）从重建的泡孔结构模型中提取的单元；（c）基于在垂直于传热方向平面上热导率无穷大的并联模型；（d）基于在垂直于传热方向平面上热导率为零的串-并联模型；（e）并-串联模型的等效热阻图；（f）串-并联模型的等效热阻图

$$k_{\text{gas}}^{\text{eff}} = k_{\text{gas}}^{\infty}(1 + 2\xi Kn)^{-1} \qquad （10\text{-}15）$$

式中，k_{gas}^{∞} 为气体在自由空间下的热导率；ξ 为表征气体分子与泡孔壁之间能量传递的参数；Kn 为克努森数，克努森数为泡孔尺寸 δ_{cell} 与气体分子平均自由程 Λ_{gas} 之比。气体分子的平均自由程为

$$\Lambda_{gas} = \frac{k_B T}{\sqrt{2}\pi d_{gas}^2 P} \tag{10-16}$$

式中，k_B 为玻尔兹曼常量；T 为温度；P 为压强；d_{gas} 为气体分子的直径。

通过计算式（10-15），在 10 nm～5 μm 范围内，由于克努森效应，泡孔尺寸对泡孔内空气的热导率有显著影响。值得注意的是，当泡孔尺寸减小到 100 nm 时，空气的热导率可以降低到小于 10，表明将泡孔尺寸缩小到纳米尺度是降低多孔聚合物气相导热非常有效的一种方法。

3. 热辐射

微孔聚合物的另一种传热方式是热辐射，其能量载体是电磁波。考虑到微孔聚合物中存在大量的界面，电磁波在传播过程中会发生散射。从微观上看，如图 10-24（d）所示，入射电磁波通过每一种聚合物膜传递时，入射的一部分能量会在界面处反射，另一部分能量会被吸收，只有剩下的部分能通过聚合物膜继续传递。反射发生在聚合物薄膜的两个界面。当入射波从折射率较小的气相进入折射率较大的聚合物相时，反射波会在第一界面产生 180° 的相位差。在第二界面，反射波不会产生任何相移，因为反射波依次从聚合物相进入气相。两束反射波的光程差 Γ 为 2δ，两束反射波束的相位差是 180°。相位差和光程差引起相位变化的叠加。在光学厚膜的情况下，考虑到辐射波的波长范围很宽，由光程差引起的相位变化应该分布在 0 到 π 之间。因此，两束反射波束的相位差也应该分布在 0 到 π 之间，如图 10-24（d）所示。总反射波强度为两束反射波的平均强度，与薄膜厚度无关，几乎保持不变。而对于光学薄膜，当波长远大于薄膜厚度时，由光学波长差引起的相位变化趋于零。两束反射波的相位差接近 π，如图 10-24（d）所示。在这种情况下，由于两束反射波的近破坏性干涉，总反射波强度将显著降低。在大发泡倍率微孔聚合物中，纳米尺度的泡孔壁厚度远小于微米尺度的辐射波长。在大发泡倍率微孔聚合物的辐射传热中应充分考虑薄膜干涉效应。文献[52]的理论模型利用菲涅尔方程，在热辐射建模中同时考虑薄膜干涉效应和纳米骨架的红外吸收。图 10-27 给出了热辐射波通过多层材料的传播行为示意图。

通过对不同泡孔结构、不同材料的微孔聚合物在不同条件下的预测结果与实验数据的广泛比较，文献[52]验证了上述理论模型的有效性，从而建立多孔结构、材料属性和多孔聚合物的隔热性能之间的定量关系。根据模型计算结果，聚合物的红外吸收性能在微孔聚合物的传热过程中起着至关重要的作用，通过提升基体红外吸收性能和优化泡孔结构，可以制备热导率小于空气热导率的超级隔热微孔聚合物[53-56]。上述理论模型为设计超级隔热微孔聚合物提供了量化指导工具。

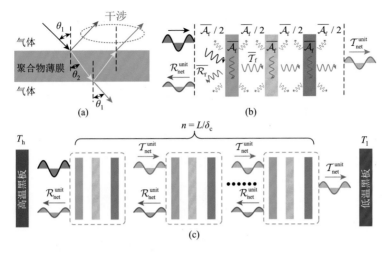

图 10-27　热辐射波通过多层材料的传播行为示意图

（a）单一聚合物薄膜的情况：由于聚合物薄膜厚度远小于辐射波长，强薄膜干涉效应可以显著降低反射率；
（b）由一块反射吸收板和两块纯吸收板组成的单个三板单元的情况：全部吸收的辐射能量的一半将向后重新
　　发射，另一半将向前重新发射；（c）一组 n 个三板单元夹在一块热黑板和一块冷黑板之间的情况

10.5.5　大发泡倍率 PMMA/CNT 微孔复合材料及其隔热性能[9, 10]

图 10-28 给出了不同碳纳米管含量和发泡倍率下微孔 PMMA 的 SEM 图。由图可以看出，所有试样都具有比较均匀的多边形泡孔结构，但纯 PMMA 与 PMMA/CNT 复合材料的泡孔形貌之间存在显著差异。首先，微孔 PMMA 具有很好的闭孔结构，而微孔复合材料在较小发泡倍率时呈现类似的闭孔结构，但是当发泡倍率高于 25 倍时，呈现开孔/半开孔结构。开孔/半开孔结构的形成可能是因为碳纳米管破坏 PMMA 基体的连续性造成应力集中。在较高发泡温度下，发泡倍率高，微孔复合材料的泡壁遭受较大的拉伸变形，从而导致泡壁易于破裂。另外，微孔复合材料的泡孔明显小于同发泡倍率的微孔 PMMA，尤其当发泡倍率为 10 时，泡孔尺寸差别显著。只对比微孔复合材料的泡孔可以直观地看出，增加碳纳米管含量使发泡倍率为 10 的试样内部泡孔尺寸变大，而对发泡倍率为 30 的试样的泡孔大小影响不明显。

为了探究泡孔结构和碳纳米管对复合材料传热行为的影响，采用瞬态平面热源法测试材料的热导率，并基于多孔材料的传热理论进行数值计算，然后结合测试结果和数值计算结果，对微孔 PMMA 及微孔 PMMA/CNT 复合材料的传热机理进行了分析。一般，微孔聚合物传热包括三个基本模式，即热传导、热对流和热辐射。当泡孔尺寸远小于 4 mm 时，泡孔内气体分子的移动受到强烈抑制，此时热对流可以忽略[52]。如图 10-28 所示，微孔 PMMA 和微孔 PMMA/CNT 复合材料

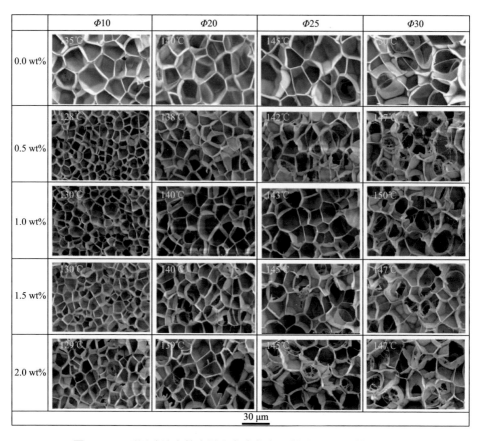

图 10-28   不同碳纳米管含量和发泡倍率下微孔 PMMA 的 SEM 图

的泡孔尺寸均分布在 8~30 μm 范围内，远小于 4 mm，因此忽略热对流对材料传热的影响。考虑到固相的聚合物和泡孔内的气体均可以作为热传导的介质，材料的热导率（λ）可表示为气相热传导（λ_{gas}）、固相热传导（λ_s）和热辐射（λ_{rad}）三部分的总和：

$$\lambda = \lambda_{gas} + \lambda_s + \lambda_{rad} \tag{10-17}$$

根据 Glicksman 模型[57]，泡孔内所有气体均参与热传导。根据克努森效应[58]，泡孔尺寸会影响气相热传导。考虑泡孔尺寸影响的气相热传导为

$$\lambda_{gas} = \varepsilon \cdot \frac{1}{1 + 2\dfrac{l_0}{d}\xi} \cdot K_{gas}^0 \tag{10-18}$$

式中，ε 为孔隙率；d 为泡孔直径；l_0 为气体分子的平均自由程（标准状态下约为 70 nm）；ξ 为气体分子与泡壁之间能量传输的效率（通常取 2）；K_{gas}^0 为隔热气体的本征热导率，其中空气为 26 mW/(m·K)。

对于具有规则多边形泡孔的多孔结构，固相热传导可以根据 Glicksman 模型进行定量计算。该模型中，仅三分之二的泡壁和三分之一的泡孔骨架参与热传导，则

$$\lambda_{s} = (1-\varepsilon)\left(\frac{2}{3} - \frac{f_{st}}{3}\right)K_{s} \tag{10-19}$$

式中，ε 为孔隙率；K_s 为实心聚合物或复合材料的热导率；f_{st} 为泡孔骨架部分的体积分数，可根据文献[59]和[60]提供的方法统计计算获得。从实际测得的热导率（λ）中减去计算得到的气相热导率（λ_{gas}）和固相热导率（λ_s），即可获得辐射热导率（λ_{rad}）的值。

图 10-29 给出了微孔 PMMA 的热导率及各组成部分与发泡倍率之间的关系。从图中可以看出，微孔 PMMA 在不同发泡倍率下主要的传热机理均为气相传热，气相热传导（λ_{gas}）是影响热传递的第一因素；当发泡倍率较低时，固相热传导（λ_s）是影响热传递的第二大主要因素；当发泡倍率较高时，热辐射（λ_{rad}）超过了固相热传导（λ_s）成为影响热传递的第二大因素，其原因是随发泡倍率上升，热辐射增强。此外，随发泡倍率的增大，微孔 PMMA 的热导率先显著降低，而后又略有上升：当发泡倍率由 10 增大至 25 时，热导率由 47.8 mW/(m·K)降低至 42.2 mW/(m·K)，而当发泡倍率继续增大至 30 时，又略微上升至 43 mW/(m·K)。这是"辐射热导率随发泡倍率上升"和"固相热导率随发泡倍率下降"共同作用的结果，说明存在一个使有效热导率最低的最佳发泡倍率。

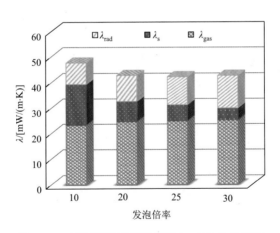

图 10-29　不同发泡倍率的微孔 PMMA 的热导率

除了影响泡孔结构，碳纳米管还影响复合材料的热导率。图 10-30 给出了 PMMA/CNT 复合材料的热导率随碳纳米管含量的变化规律。热导率随碳纳米管含量的增加呈现线性增长趋势。实心复合材料的热导率主要来源于两个部分，即 PMMA 基体和碳纳米管。采用 TPS 方法测得 PMMA 的热导率为 240.1 mW/(m·K)。

虽然单根碳纳米管具有优越的传热性能[热导率＞3000 mW/(m·K)]，但是分散均匀的碳纳米管与 PMMA 基体产生大量界面，作为热传导介质的声子在"碳纳米管-基体"界面处发生错配，产生声子散射[61, 62]，不利于传热。因此，随着碳纳米管的质量分数的增加，纳米复合材料的热导率上升的幅度并不大。

图 10-31 给出了不同碳纳米管含量的试样热导率随发泡倍率的变化规律。可以看出，随发泡倍率的增大，碳纳米管含量低于 1.0 wt%的微孔复合材料的热导率呈现与微孔 PMMA 类似的趋势，均存在一个使热导率最低的最佳发泡倍率，而且这个最佳发泡倍率随碳纳米管含量的增加而增大。然而，碳纳米管含量大于 1.0 wt%的微孔复合材料，其热导率随发泡倍率的增加而降低，根据曲线趋势推断，最佳发泡倍率应该高于 30。

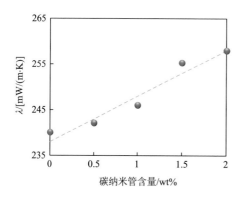

图 10-30　PMMA/CNT 复合材料的热导率与
碳纳米管含量的关系

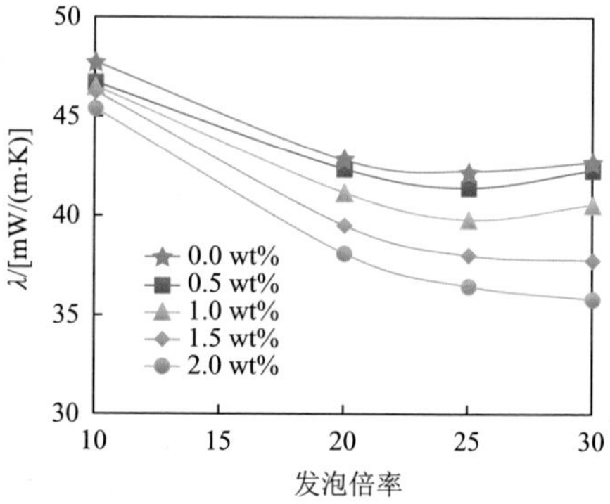

图 10-31　PMMA/CNT 复合材料泡沫的热导
率与发泡倍率的关系

图 10-32（a）给出了不同发泡倍率下发泡材料的热导率随碳纳米管含量的变化图。可以看出，发泡材料的热导率随碳纳米管含量的增加而下降，高发泡倍率时下降尤为明显。其中，发泡倍率为 30 的 PMMA/2 wt% CNT 复合材料的热导率低至 35.8 mW/(m·K)。图 10-32 还给出了发泡倍率为 30 时复合材料热导率的气相热导率、固相热导率和辐射热导率三个分量的贡献。如图 10-32（b）所示，微孔复合材料的气相热导率略微低于微孔 PMMA 的气相热导率，这是因为碳纳米管能促进复合材料的泡孔形核，从而细化泡孔。但整体而言，微孔复合材料的气相热导率随碳纳米管含量的变化不大。一方面是因为泡孔尺寸仍然较大，还不能引发明显的克努森效应；另一方面发泡倍率为 30 的复合材料中泡孔的孔隙率是一样的，其气体热导率十分接近。如图 10-32（c）所示，泡沫的固相热导率则随着碳纳米管含量的增加而上升，主要是因为不同泡孔结构中 f_{st} 相差较小，而实心复合材料的热导率随碳纳米管含量的增加而变大，导致泡沫的固相热导率上升。最值

得注意的是，微孔复合材料的辐射热导率随着碳纳米管含量的增加而明显下降，如图 10-32（d）所示。微孔 PMMA 的辐射热导率高达 12.9 mW/(m·K)，占其总热导率的 30.2%，而碳纳米管含量 2 wt%的微孔复合材料的辐射热导率仅为 5.7 mW/(m·K)，占总热导率的 15.9%。这是由于添加碳纳米管可增加复合材料红外辐射吸收能力从而减小材料热导率。综上所述，微孔 PMMA/CNT 复合材料隔热性能的提高得益于碳纳米管阻断辐射，显著降低辐射传热行为。

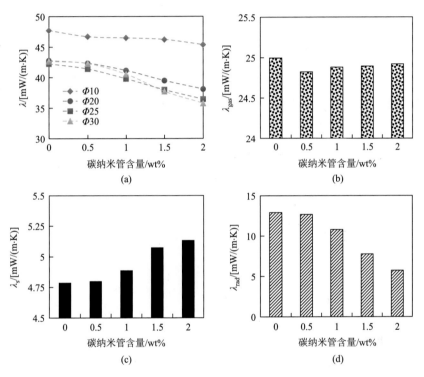

图 10-32　（a）微孔复合材料的热导率与碳纳米管含量的关系；发泡倍率为 30 时传热分量随碳纳米管含量的变化：（b）气相热导率、（c）固相热导率、（d）辐射热导率

10.6　其他特殊功能微孔聚合物

10.6.1　用于组织工程支架的微孔聚合物

组织工程支架能够控制再生组织细胞结构与形貌，引导组织细胞生长，是细胞附着和增殖的载体。它不仅对再生组织起到机械支撑的作用，还可作为活性因子的载体，用来承载一些生物活性物质，如生长因子，为细胞的生长、分化和增

殖提供养分。因此，组织工程支架要求多孔材料具有良好的机械强度和优良的生物相容性。同时，为确保细胞的生长与代谢活动，组织工程支架也要求多孔材料具有开孔结构，这是因为只有高度互连的开孔结构才能保证所需营养物质和代谢废物的输送与转运。

目前组织工程支架的制备方法主要有消失模板法、3D 打印、冷冻干燥、相分离、静电纺丝与颗粒沥滤等。然而上述方法仍存在一些较难克服的缺点，如制备流程复杂、成本高、细胞毒性大与难以工业化实施等。相比之下，微孔发泡法能够避免有机溶剂的使用，并拥有操作简单、成本低、绿色无毒和易于规模化生产等显著优势，而且所制备的发泡聚合物具有良好的力学性能与理想的泡孔形态，显示了其在组织工程支架应用上的巨大潜力。有不少研究者基于微孔发泡方法进行了组织工程支架制备与应用的尝试，这些工作主要围绕聚乳酸等具有良好生物相容性的聚合物展开。Kuang 等[63]采用压力诱导流动的方法增强 PLLA 在发泡过程中的结晶与异相形核，制备出了泡孔形貌均匀可控的发泡 PLLA。所制备的开孔 PLLA 组织支架拥有 77.3%的开孔率与高达 92.5%的孔隙率，并展现了优异的压缩强度。小鼠胚胎成纤维细胞的长期培养结果表明，上述 PLLA 组织工程支架具有增强细胞黏附和增殖以及促进营养转运等突出优势。通过热处理和超临界流体发泡，Liu 等[64]设计了一种具有互连网络的双峰开孔结构的聚乙烯醇（PVA）/聚乙二醇（PEG）支架。细胞培养实验结果表明，PVA/PEG 支架是无毒的，L929成纤维细胞能够在 PVA/PEG 支架表面上附着并扩散。Wang 等[65]使用不同比例的聚己内酯（PCL）/聚乳酸（PLA）共混物制备了具有合适多孔尺度的开孔 PCL/PLA 组织工程支架。同时，基于单因素实验方法研究了间歇式微孔发泡工艺中发泡工艺、泡孔形貌和力学行为的关系，通过调整温度、压力和吸附时间等发泡参数，优化了支架的多孔结构和机械强度。为改善组织工程支架的介质吸收和细胞增殖，Ji 等[66]基于二氧化碳发泡技术制备了具有可控孔径的聚-DL-丙交酯/聚乙二醇（PDLLA/PEG）多孔支架。由于 PEG 和孔隙率的存在，与纯 PDLLA 薄膜相比，制造的 PDLLA/PEG 支架的介质吸收和降解率增加。与无孔膜相比，多孔支架还表现出较低的弹性模量和较高的断裂伸长率。制造的 PDLLA/PEG 支架在各种组织工程应用中具有很高的潜力。Lv 等[67]通过釜压发泡工艺获得了可生物降解的开孔聚 ε-己内酯/聚乳酸（PCL/PLA）。泡孔在膨胀过程中的高拉伸应力产生了具有柔性的 PCL 原纤维的互连孔，有助于 CO_2 的快速扩散。在所有发泡条件下，高发泡膨胀下没有泡孔塌陷。在发泡 PCL/PLA 共混体系表面培养的人脐静脉内皮细胞表现出较高的活力和迁移能力。为提高 PLA 的亲水性和发泡性能，Ren 等[68]将 PEG 与 PLA 共混后进行发泡。结果表明，PEG 的引入改善了 PLA 的发泡行为，并形成了开孔结构。所获得的 PLA/PEG 支架表现出高发泡倍率（9.1）、高开孔率（95.2%）和超亲水性（水接触角 0°）。PLA/PEG 支架表面小鼠成纤维细胞 NIH/3T3

细胞的增殖率高于 PLA 支架，表明高度互连的泡孔结构有利于细胞附着与增殖。这种通过将 PEG 添加到 PLA 中获得的亲水性开孔结构在组织工程中具有巨大的应用潜力。

10.6.2　用于压阻传感器的微孔聚合物

压阻传感器能够将被测量的压力信号按照一定规律转换成电信号，在工业生产、医学诊断、生物工程、航空航天与国防军工等领域中应用广泛。最初的压阻传感器工作原理主要基于单晶硅材料的压阻效应，即当力作用于硅晶体时，应力导致能带发生变化，能谷的能量移动，从而使硅的电阻率产生变化。导电聚合物复合材料也可表现出电阻随应力变化的效应，这是因为当导电聚合物复合材料受力变形时，内部导电网络结构发生重排，电阻值会随形变量产生规律性响应，通过对电阻变化进行量化，即可反映所受压力的大小及变化。

与电容式传感器、压电式传感器或摩擦电式传感器相比，压阻传感器具有制作简单、功耗低、易读取、压力传感范围广等优点，被广泛应用于运动检测、健康监测和电子皮肤（e-skin）等领域。而多孔结构能够赋予压阻传感器更低的密度、更好的柔韧性和可变形性、更高的灵敏度及更低的滞后性，从而可以使得轻柔和高灵敏度的压阻式传感器在未来可穿戴电子设备、人工智能、人机交互和软机器人技术应用中大放异彩。目前制备多孔压阻传感器的方法主要有化学气相沉积、冷冻干燥、溶剂涂覆、粒子沥滤和微孔发泡法等。为制造高灵敏度的轻型压力传感器，Sang 等[69]将导电填料、热塑性聚氨酯（TPU）粉末及爆米花盐进行热压成型，然后沥滤除盐从而制造多孔复合材料压力传感器。所获得的 TPU/碳纳米结构（CNS）传感器具有高达 60% 压缩应变的线性电阻响应和 1.5 应变系数（GF），并且显示出可逆和可重复的压阻特性。这种发泡聚合物传感器在指导日常体能训练和呼吸频率监测方面展示了应用潜力。Liu 等[70]通过在 800℃下直接碳化三聚氰胺泡沫（MF），制造了一种基于柔性弹性碳泡沫（ECF）的压力传感器。碳化 ECF 由 3D 互连的三角形碳网络与一小部分破裂的微碳纤维组成，并拥有丰富的微孔和中孔结构。所制备的压力传感器表现出了超高的灵敏度（$100.29\ kPa^{-1}$）、宽广的压力范围（3 Pa～10 kPa）和优异的耐久性（11 000 次循环）。Zhai 等[71]通过单向冷冻干燥工艺制造了具有羽状排列多孔结构的柔性炭黑（CB）/热塑性聚氨酯（TPU）泡沫（CTF）作为压阻传感器。CTF 能够通过相对阻力的变化来区分不同的压缩应变，并对压缩应变的响应行为表现出优异的线性特性，其应变系数高达 1.55。得益于沿取向方向的羽状脉排列的多孔结构，CTF 在压阻测试中显示出快速的响应/松弛时间（150 ms/150 ms）、良好的恢复性、出色的响应稳定性（对应压力为 584.4 kPa）和优异的耐用性（＞10 000 个循环）。由 CTF 组装成的可穿戴传感器可用于监测各种人体运动，如手臂弯曲、蹲下、跳跃等，并显示出良好的检测性能。Ma 等[72]通过超临界 CO_2 发泡结合浸涂和固化方法制备了微孔聚醚嵌段酰胺珠（微孔 Pebax@Ag 珠）压阻传感器。得益于内部的分离结构和微孔结构，所制备的微孔纳米复合压阻传感器拥有优异的压阻性能和较高的灵敏度。同时，上述压阻传感器在重复压缩应变下还展现出出色的长期耐用性和工作稳定性，并在功能性鞋底材料的实际应用中得到验证，这意味着它们在可穿戴电子、人工智能、人机交互和软体机器人等新兴应用中拥有巨大潜力。

10.6.3 用于摩擦发电的微孔聚合物

纳米发电机能够将纳米尺度内的机械能转化为电能，这一概念最早是在 2006 年由佐治亚理工大学的王中林院士提出。近年来，人们围绕纳米发电机进行了大量研究，开发了多种纳米发电机，根据其起电机理的不同可以分为压电纳米发电机、摩擦纳米发电机（TENG）和热释电纳米发电机。其中，摩擦纳米发电机具有成本低、工作可靠性强、输出性能高、能量收集范围广、便携环保等众多优点，可广泛应用于人体动能、波浪能、风能等无规低频能量的收集，以及自供电传感与环境检测等诸多领域，因而受到人们的普遍关注。为收集不同形式的机械能，广大研究者开发了多种摩擦纳米发电机的工作模式，分别为接触式、滑动式、单电极式及自由运动式等。

摩擦纳米发电机的发电原理是利用摩擦起电效应和静电感应效应的耦合将微小的机械能转换为电能。两种电负性存在差异的材料在相互接触时会发生电荷转移，导致上述材料分离时电势差的形成。当连接上述材料的电极后，外电路中会由于电势差的存在而形成电流。在增大摩擦纳米发电机输出效能的途径中，增大摩擦面积是特别重要的一条。在摩擦面上构造微纳结构是增大摩擦面积的主要方式。当前研究者主要采用消失模板法、静电纺丝法等来构建微纳结构。而微孔发泡可以使得聚合物中形成大量泡孔，无疑也能够大大增加摩擦面积，进而显著提高摩擦纳米发电机的输出效能。同时，相比于其他方法，微孔发泡法还具有成本低、效率高、绿色环保等显著优势。基于此，Shao 等[73]报道了一种新颖有效的一体式摩擦纳米发电机理策略。研究者通过超临界二氧化碳发泡制备了橡胶/碳纳米纤维复合材料，基于上述发泡复合材料的摩擦纳米发电机在 42N 的压缩力下，可获得 91 V 的开路电压、2.8 μA 的短路电流和 40 nC 的转移电荷，是相同材料无微孔结构摩擦纳米发电机输出效能的 10 倍。所制备的摩擦纳米发电机可以收集复杂的机械能，如拉伸、扭曲、弯曲和压缩。此外，当粘贴在鞋底上时，它可以从人体运动中获取机械能，输出也可以作为传感信号，用于分析步态和感知运动。该工作为制备一体式摩擦纳米发电机提供了一种可行有效的方法，有利于促进摩擦纳米发电机的工业化生产和广泛应用。为高效绿色制造高性能、耐用的摩擦纳米发电机，Ni 等[74]采用表面约束的超临界二氧化碳发泡制备无皮多孔 TPU 薄膜，以作为摩擦纳米发电机的正摩擦材料。无皮多孔结构分别使输出电压和电流提高了 340% 和 460%。当凹形结构的多孔 TPU 薄膜与凸形结构的聚二甲基硅氧烷（PDMS）配对时，摩擦纳米发电机的输出效能进一步提高了 40% 以上。优化后的摩擦纳米发电机输出电压为 260 V，电流为 46 μA，在 3.3×10^6 Ω 的外部负载上实现了 4.6 W/m^2 的高功率密度，并能够点亮 LED 和为小型电子设备供电。TPU 和 PDMS 卓越的柔韧性和鲁棒性使柔性摩擦纳米发电机具有出色的稳定性和耐用性，并具有作为多功能自供电传感器的能力，可以检测冲击力、各种变形和监测人类步行行为。Xie 等[75]开发了有高耐久性和输出效能的双面自支撑摩擦纳米发电机（DS-TENG）。研究者首先通过热压成型在两片 TPU 薄膜中间嵌入不锈钢网（SSM），然后通过超临界二氧化碳发泡技术来制造具有规则凹凸的多孔复合材料。使用两片硅橡胶包装 DS-TENG 实现了复合材料两面的同时利用，有效防止了 SSM 电极的腐蚀，并显著提高了输出效能和耐用性。此外，研究者还展示了 DS-TENG 在按压和弯曲的自供电感应、监测人类步行和坐姿行为及协助拳击训练方面巨大的潜力。

参 考 文 献

[1] AMELI A，JUNG P U，PARK C B. Electrical properties and electromagnetic interference shielding effectiveness of polypropylene/carbon fiber composite foams[J]. Carbon，2013，60：379-391.

[2] AMELI A，NOFAR M，WANG S，et al. Lightweight polypropylene/stainless-steel fiber composite foams with low percolation for efficient electromagnetic interference shielding[J]. ACS applied materials & interfaces，2014，6（14）：11091-11100.

[3] 张盼盼. 聚酰亚胺复合材料的导电机理与电磁性能研究[D]. 大连：大连理工大学，2018.

[4] 龚洁. PAN 基碳泡沫间歇式发泡制备方法及其结构调控与电化学性能研究[D]. 济南：山东大学，2021.

[5] GONG J，ZHAO G Q，FENG J K，et al. Novel method of fabricating free-standing and nitrogen-doped 3D hierarchically porous carbon monoliths as anodes for high-performance sodium-ion batteries by supercritical CO_2 foaming[J]. ACS applied materials & interfaces，2019，11（9）：9125-9135.

[6] GONG J，ZHAO G Q，FENG J K，et al. Controllable phosphorylation strategy for free-standing phosphorus/nitrogen cofunctionalized porous carbon monoliths as high-performance potassium ion battery anodes[J]. ACS nano，2020，14（10）：14057-14069.

[7] GONG J，ZHAO G Q，FENG J K，et al. Supercritical CO_2 foaming strategy to fabricate nitrogen/oxygen co-doped bi-continuous nanoporous carbon scaffold for high-performance potassium-ion storage[J]. Journal of power sources，2021，507：230275.

[8] GONG J，ZHAO G Q，FENG J K，et al. Control of the structure and composition of nitrogen-doped carbon nanofoams derived from CO_2 foamed polyacrylonitrile as anodes for high-performance potassium-ion batteries[J]. Electrochimica acta，2021，388：138630.

[9] 李婷婷. PMMA/MWCNTs 微孔发泡复合材料制备方法及电磁屏蔽性能研究[D]. 济南：山东大学，2019.

[10] LI T T，ZHAO G Q，WANG G L，et al. Thermal-insulation，electrical，and mechanical properties of highly-expanded PMMA/MWCNT nanocomposite foams fabricated by supercritical CO_2 foaming[J]. Macromolecular materials and engineering，2019，304：1800789.

[11] CHOUDHARY H K，KUMAR R，PAWAR S P，et al. Enhancing absorption dominated microwave shielding in Co@C-PVDF nanocomposites through improved magnetization and graphitization of the C@C-nanoparticles[J]. Physical chemistry chemical physics：PCCP，2019，21（28）：11568-15595.

[12] YU K J，ZENG Y，WANG G L，et al. rGO/Fe_3O_4 hybrid induced ultra-efficient EMI shielding performance of phenolic-based carbon foam[J]. RSC advances，2019，9（36）：2643-2651.

[13] BAGOTIA N，CHOUDHARY V，SHARMA D K. Synergistic effect of graphene/multiwalled carbon nanotube hybrid fillers on mechanical，electrical and EMI shielding properties of polycarbonate/ethylene methyl acrylate nanocomposites[J]. Composites part B：engineering，2019，159：378-388.

[14] JIA L J，PHULE A D，GENG Y，et al. Microcellular conductive carbon black or graphene/PVDF composite foam with 3D conductive channel：A promising lightweight，heat-insulating，and EMI-shielding material[J]. Macromolecular materials and engineering，2021，306（4）：2000759.

[15] ZHANG H M，ZHANG G C，TANG M，et al. Synergistic effect of carbon nanotube and graphene nanoplates on the mechanical，electrical and electromagnetic interference shielding properties of polymer composites and polymer composite foams[J]. Chemical engineering journal，2018，353：381-393.

[16] KONG L，YIN X W，XU H L，et al. Powerful absorbing and lightweight electromagnetic shielding CNTs/RGO composite[J]. Carbon，2019，145：61-66.

[17] LI T T，CHEN A P，HWANG P W，et al. Synergistic effects of micro-/nano-fillers on conductive and electromagnetic shielding properties of polypropylene nanocomposites[J]. Materials and manufacturing processes，2018，33（2）：149-155.

[18] WANG G L，ZHAO G Q，WANG S，et al. Injection-molded microcellular PLA/graphite nanocomposites with dramatically enhanced mechanical and electrical properties for ultra-efficient EMI shielding applications[J]. Journal of materials chemistry C，2018，6（25）：6847-6859.

[19] WANG G L，WANG L，MARK L H，et al. Ultralow-threshold and lightweight biodegradable porous PLA/MWCNT with segregated conductive networks for high-performance thermal insulation and electromagnetic interference shielding applications[J]. ACS applied materials & interfaces，2018，10（1）：1195-1203.

[20] LI X P，WANG G L，YANG C X，et al. Mechanical and EMI shielding properties of solid and microcellular TPU/nanographite composite membranes[J]. Polymer testing，2021，93：106891.

[21] WANG G L，ZHAO J C，GE C B，et al. Nanocellular poly(ether amide)/MWCNT nanocomposite films fabricated by stretching-assisted microcellular foaming for high-performance EMI shielding applications[J]. Journal of materials chemistry C：materials for optical and electronic devices，2021，9（4）：1245-1258.

[22] LIU Y，GUAN Y J，LIN J，et al. Mold-opening foam injection molded strong PP/CF foams with high EMI shielding performance[J]. Journal of materials research and technology，2022，17：700-712.

[23] FU L，LI K，QIN H，et al. Sandwich structured iPP/CNTs nanocomposite foams with high electromagnetic interference shielding performance[J]. Composites science and technology，2022，220：109297.

[24] MA L，HAMIDINEJAD M，ZHAO B，et al. Layered foam/film polymer nanocomposites with highly efficient EMI shielding properties and ultralow reflection[J]. Nano-micro letters，2022，14：19.

[25] DUAN N M，SHI Z Y，WANG J L，et al. Strong and flexible carbon fiber fabric reinforced thermoplastic polyurethane composites for high-performance EMI shielding applications[J]. Macromolecular materials and

engineering，2020，305（6）：1900829.

[26] LI T T，ZHAO G Q，ZHANG L，et al. Ultralow-threshold and efficient EMI shielding PMMA/MWCNTs composite foams with segregated conductive network and gradient cells[J]. Express polymer letters，2020，14（7）：685-703.

[27] 李博. 大倍率聚乳酸开孔泡沫的微孔发泡制备方法及其吸油性能研究[D]. 济南：山东大学，2021.

[28] LI B，MA X Q，ZHAO G Q，et al. Green fabrication method of layered and open-cell polylactide foams for oil-sorption via pre-crystallization and supercritical CO$_2$-induced melting [J]. Journal of supercritical fluids，2020，162：104854.

[29] LI B，ZHAO G Q，WANG G L，et al. Super high-expansion poly(lactic acid) foams with excellent oil-adsorption and thermal-insulation properties fabricated by supercritical CO$_2$ foaming[J]. Advanced sustainable systems，2021，5（5）：2000295.

[30] LEE P C，WANG J，PARK C B. Extruded open-cell foams using two semicrystalline polymers with different crystallization temperatures[J]. Industrial & engineering chemistry research，2006，45：175-181.

[31] RIZVI A，TABATABAEI A，VAHEDI P，et al. Non-crosslinked thermoplastic reticulated polymer foams from crystallization-induced structural heterogeneities[J]. Polymer，2018，135：185-192.

[32] LI D C，LIU T，ZHAO L，et al. Foaming of poly(lactic acid) based on its nonisothermal crystallization behavior under compressed carbon dioxide[J]. Industrial & engineering chemistry research，2011，50：1997-2007.

[33] WANG J，ZHU W L，ZHANG H T，et al. Continuous processing of low-density, microcellular poly(lactic acid) foams with controlled cell morphology and crystallinity[J]. Chemical engineering science，2012，75：390-399.

[34] CHAUVET M，SAUCEAU M，BAILLON F，et al. Mastering the structure of PLA foams made with extrusion assisted by supercritical CO$_2$[J]. Journal of applied polymer science，2017，134（28）：45067.

[35] ISHIHARA S，HIKIMA Y，OHSHIMA M. Preparation of open microcellular polylactic acid foams with a microfibrillar additive using coreback foam injection molding processes[J]. Journal of cellular plastics，2018，54：765-784.

[36] CHEN B Y，WANG Y S，MI H Y，et al. Effect of poly(ethylene glycol) on the properties and foaming behavior of macroporous poly(lactic acid)/sodium chloride scaffold[J]. Journal of applied polymer science，2014，131：41181.

[37] CHEN B Y，JING X，MI H Y，et al. Fabrication of polylactic acid/polyethylene glycol（PLA/PEG）porous scaffold by supercritical CO$_2$ foaming and particle leaching[J]. Polymer engineering & science，2015，55：1339-1348.

[38] PENG X F，MI H Y，YU P，et al. Fabrication of interconnected porous poly(lactic acid) scaffolds based on dynamic elongational flow procedure，batch foaming and particulate leaching[C]. Annual Technical Conference-ANTEC，Conference Proceedings，2016：220-224.

[39] HUANG J N，JING X，GENG L H，et al. A novel multiple soaking temperature（MST）method to prepare polylactic acid foams with bi-modal open-pore structure and their potential in tissue engineering applications[J]. Journal of supercritical fluids，2015，103：28-37.

[40] YU P，MI H Y，HUANG A，et al. Effect of poly(butylenes succinate) on poly(lactic acid) foaming behavior：Formation of open cell structure[J]. Industrial & engineering chemistry research，2015，54：6199-6207.

[41] WANG X X，LI W，KUMAR V. A method for solvent-free fabrication of porous polymer using solid-state foaming and ultrasound for tissue engineering applications[J]. Biomaterials，2006，27：1924-1929.

[42] WANG X X，LI W，KUMAR V. Creating open-celled solid-state foams using ultrasound[J]. Journal of cellular plastics，2009，45：353-369.

[43] HOU J J，ZHAO G Q，ZHANG L，et al. High-expansion polypropylene foam prepared in non-crystalline state and oil adsorption performance of open-cell foam[J]. Journal of colloid and interface science，2019，542：233-242.

[44] 侯俊吉. 聚丙烯泡沫材料的微孔发泡制备工艺及其性能研究[D]. 济南：山东大学，2019.

[45] LI B，ZHAO G Q，WANG G L，et al. Biodegradable PLA/PBS open-cell foam fabricated by supercritical CO_2 foaming for selective oil-adsorption[J]. Separation and purification technology，2021，257：117949.

[46] 杨祖荣. 化工原理[M]. 北京：化学工业出版社，2014.

[47] 包科达. 《中国大百科全书》74 卷 物理学[M]. 2 版. 北京：中国大百科全书出版社，2009.

[48] LOG T，GUSTAFSSON S E. Transient plane source（TPS）technique for measuring thermal transport properties of building materials[J]. Fire & materials，1995，19（1）：43-49.

[49] GONG P J，PARK C B，SANIEI M，et al. Heat transfer in microcellular polystyrene/multi-walled carbon nanotube nanocomposite foams[J]. Carbon，2015，93：819-829.

[50] GLICKSMAN L R. Heat transfer in foams[M]. Berlin：Springer Netherlands，1994.

[51] FERKL P，POKORNÝ R，BOBÁK M，et al. Heat transfer in one-dimensional micro- and nano-cellular foams[J]. Chemical engineering science，2013，97（7）：50-58.

[52] WANG G L，WANG C D，ZHAO J C，et al. Modelling of thermal transport through a nanocellular polymer foam：Toward the generation of a new superinsulating material[J]. Nanoscale，2017，9（18）：5996-6009.

[53] WANG G L，ZHAO J C，MARK L H，et al. Ultra-tough and super thermal-insulation nanocellular PMMA/TPU[J]. Chemical engineering journal，2017，325：632-646.

[54] WANG G L，ZHAO J C，WANG G L，et al. Low-density and structure-tunable microcellular PMMA foams with improved thermal-insulation and compressive mechanical properties[J]. European polymer journal，2017，95：382-393.

[55] WANG G L，ZHAO J C，WANG G Z，et al. Strong and super thermally insulating *in-situ* nanofibrillar PLA/PET composite foam fabricated by high-pressure microcellular injection molding[J]. Chemical engineering journal，2020，390：124520.

[56] ZHAO J C，WANG G L，WANG C D，et al. Ultra-lightweight，super thermal-insulation and strong PP/CNT microcellular foams[J]. Composites science and technology，2020，191：108084.

[57] SCHUETZ M A，GLICKSMAN L R. A basic study of heat transfer through foam insulation[J]. Journal of cellular plastics，1984，20（2）：114-121.

[58] NOTARIO B，PINTO J，SOLORZANO E，et al. Experimental validation of the Knudsen effect in nanocellular polymeric foams[J]. Polymer，2015，56：57-67.

[59] PLACIDO E，ARDUINI-SCHUSTER M C，KUHN J. Thermal properties predictive model for insulating foams[J]. Infrared physics & technology，2005，46（3）：219-231.

[60] KAEMMERLEN A，VO C，ASLLANAJ F，et al. Radiative properties of extruded polystyrene foams：Predictive model and experimental results[J]. Journal of quantitative spectroscopy & radiative transfer，2010，111（6）：865-877.

[61] GONG P J，WANG G L，TRAN M P，et al. Advanced bimodal polystyrene/multi-walled carbon nanotube nanocomposite foams for thermal insulation[J]. Carbon，2017，120：1-10.

[62] HAN Z D，FINA A. Thermal conductivity of carbon nanotubes and their polymer nanocomposites：A review[J]. Progress in polymer science，2011，36（7）：914-944.

[63] KUANG T R，CHEN F，CHANG L Q，et al. Facile preparation of open-cellular porous poly(L-lactic acid) scaffold by supercritical carbon dioxide foaming for potential tissue engineering applications[J]. Chemical engineering journal，2017，307：1017-1025.

[64] LIU P，CHEN W H，LIU C H，et al. A novel poly(vinyl alcohol)/poly(ethylene glycol) scaffold for tissue

engineering with a unique bimodal open-celled structure fabricated using supercritical fluid foaming[J]. Scientific reports，2019，9：9534-9545.

[65] WANG L X, WANG D F, ZHOU Y P, et al. Fabrication of open-porous PCL/PLA tissue engineering scaffolds and the relationship of foaming process，morphology，and mechanical behavior[J]. Polymers for advanced technologies，2019，30：2539-2548.

[66] JI C D, ANNABI N, HOSSEINKHANI M，et al. Fabrication of poly-DL-lactide/polyethylene glycol scaffolds using the gas foaming technique[J]. Acta biomaterialia，2012，8：570-578.

[67] LV Z R, ZHAO N, WU Z M，et al. Fabrication of novel open-cell foams of poly(ε-caprolactone)/poly(lactic acid) blends for tissue-engineering scaffolds[J]. Industrial & engineering chemistry research，2018，57：12951-12958.

[68] REN Q, ZHU X Y, LI W W，et al. Fabrication of super-hydrophilic and highly open-porous poly(lactic acid) scaffolds using supercritical carbon dioxide foaming[J]. International journal of biological macromolecules，2022，205：740-748.

[69] SANG Z, KE K, MANAS-ZLOCZOWER I. Design strategy for porous composites aimed at pressure sensor application[J]. Small，2019，15：1903487-1903495.

[70] LIU W J, LIU N S, YUE Y，et al. A flexible and highly sensitive pressure sensor based on elastic carbon foam[J]. Journal of materials chemistry C，2018，6：1451-1458.

[71] ZHAI Y, YU Y F, ZHOU K K，et al. Flexible and wearable carbon black/thermoplastic polyurethane foam with a pinnate-veined aligned porous structure for multifunctional piezoresistive sensors[J]. Chemical engineering journal，2020，382：122985-122996.

[72] MA Z L, WEI A J, LI Y T, et al. Lightweight，flexible and highly sensitive segregated microcellular nanocomposite piezoresistive sensors for human motion detection[J]. Composites science and technology，2021，203：108571-108582.

[73] SHAO Y，LUO C, DENG B W，et al. Flexible porous silicone rubber-nanofiber nanocomposites generated by supercritical carbon dioxide foaming for harvesting mechanical energy[J]. Nano energy，2020，87：104290-104296.

[74] NI G L, ZHU X S, MI H Y，et al. Skinless porous films generated by supercritical CO_2 foaming for high-performance complementary shaped triboelectric nanogenerators and self-powered sensors[J]. Nano energy，2021，87：106148-106158.

[75] XIE Y B, HU J S, LI H，et al. Green fabrication of double-sided self-supporting triboelectric nanogenerator with high durability for energy harvesting and self-powered sensing[J]. Nano energy，2022，93：106827-106835.

关键词索引

A

阿伦尼乌斯公式 ···················· 38

B

半结晶态 ························· 2
半熔融状态 ······················ 284
半硬质微孔发泡聚合物 ············· 2
棒状微晶 ························· 72
饱和压力 ························· 284
饱和蒸气压 ······················ 15
饱和状态 ························· 5
保压阶段 ························· 9
保压时间 ························· 220
保压压力 ························· 10
爆破片 ··························· 142
背压控制系统 ···················· 144
本构方程 ························· 33
本征型导电聚合物 ··············· 319
比表面积 ························· 291
比冲击强度 ······················ 246
比强度 ··························· 3
比弯曲模量 ······················ 245
比弯曲强度 ······················ 245
闭孔发泡聚合物 ·················· 2
表面粗糙度 ···················· 9, 243

表面光泽度 ·················· 182, 243
表面泡痕 ························· 177
表面缩水 ························· 4
玻璃化转变温度 ·················· 2
薄膜干涉效应 ···················· 352
不发泡层 ························· 162

C

差示扫描量热法 ·················· 40
缠结相对分子质量 ··············· 65
产品成型周期 ···················· 9
场致发射效应 ···················· 321
超临界流体 ······················ 3
超临界流体发生系统 ············· 128
超声振动 ························· 337
超疏水材料 ······················ 338
车身轻量化 ······················ 4
尺寸精度 ························· 4
冲击强度 ···················· 198, 208
充气珠粒 ························· 309
传递现象 ························· 18
磁场屏蔽 ························· 329
磁导率 ··························· 330
磁损耗角正切 ···················· 330
磁悬浮球流变仪 ·················· 35

D

打气头 ································ 144
氮气 ································· 32
氮气吸附-解吸等温线 ············ 291
导电通道理论 ····················· 320
导电网络 ························· 327
等效传输线理论 ·················· 331
电磁波干涉与散射效应 ··········· 350
电磁场屏蔽 ····················· 329
电磁辐射 ························· 329
电磁屏蔽 ····················· 4, 329
电磁屏蔽效能 ··················· 330
电导率 ························· 324
电热管 ························· 154
电热式动态模温控制工艺 ········· 151
迭代形成原则 ··················· 55
定量定流 ························· 133
定量稳流 ························· 131
动态模温辅助 ····················· 9
动态模温控制工艺 ··············· 146
断裂伸长率 ····················· 245
对流扩散方程 ····················· 18
多次反射损耗 ··················· 331
多孔结构 ························· 317
多相流模型 ····················· 105

E

二次发泡 ························· 11
二次形核速率 ····················· 57
二元相互作用参数 ················· 29

F

发泡倍率 ····················· 2, 283
发泡层 ························· 162

发泡层厚度 ····················· 273
发泡剂含量 ····················· 272
发泡温度窗口 ··················· 284
反射损耗 ························· 331
非均相形核 ····················· 82
非均质结构法 ··················· 335
非牛顿流体 ····················· 33
菲克第二定律 ····················· 19
菲涅尔方程 ····················· 352
分解温度 ························· 18
分气道 ························· 255
分子形核理论 ····················· 61
冯·米塞斯理论 ··················· 87
傅里叶变换红外光谱 ··············· 73
氟氯烃类发泡剂 ····················· 3
辐射电磁波 ····················· 346
釜内气体浸渍法 ················· 311
釜压发泡工艺 ··················· 280
复合型导电聚合物 ·········· 320, 325

G

干法发泡 ························· 312
刚度 ···························· 245
高压磁悬浮天平 ·················· 21
高压发泡釜 ························· 5
高压口模挤出流变仪 ··············· 34
高压毛细管流变仪 ················· 34
格拉肖夫系数 ··················· 348
格林-高斯积分变换法 ············· 98
隔离结构 ························· 333
隔热保温 ························· 345
隔热微孔聚合物 ················· 345
隔热性能 ························· 3
隔声 ···························· 3

共轭 π 键 ……………………… 319

光谱测量法 …………………… 26

广角 X 射线衍射 ……………… 71

过饱和 ………………………… 8

H

海岛模型 ……………………… 92

赫姆霍兹共振效应 …………… 228

亨利常数 ……………………… 28

亨利定律 ……………………… 28

化学发泡剂 …………………… 3

化学势 ………………………… 22

混合熵 ………………………… 28

J

挤出发泡 ……………………… 311

挤出机螺杆 …………………… 7

伽辽金加权余量法 …………… 98

尖端钝化 ……………………… 1

间歇发泡成型技术 …………… 5

间歇式发泡工艺 ……………… 280

剪切流场 ……………………… 196

剪切破裂行为 ………………… 277

剪切速率 ……………………… 34

剪切形核理论 ………………… 84

剪切应力 ……………………… 34

接触角 ………………………… 337

结晶度 ………………………… 55

结晶潜热 ……………………… 55

介电常数 …………………… 1, 207

界面形核理论 ………………… 85

经典形核理论 ………………… 82

晶体结构 ……………………… 61

晶体生长速率 ………………… 57

晶体生长速率控制区 ………… 57

晶型转变 ……………………… 71

静电场屏蔽 …………………… 329

聚苯乙烯 ………… 32, 198, 309, 310

聚丙烯 …………………… 32, 208

聚合物的特征比 ……………… 64

聚合物共混理论 ……………… 81

聚合物结晶 …………………… 47

聚合物流变学 ………………… 94

聚甲基丙烯酸甲酯 …… 26, 40, 125

聚醚嵌段酰胺 ………………… 219

聚乳酸 …… 30, 48, 56, 57, 125, 302

聚四氟乙烯 …………………… 212

均相体系 ……………………… 6

均相形核 ……………………… 82

均相形核速率 ………………… 257

均质结构法 …………………… 336

K

开合模 ………………………… 9

开合模辅助微孔发泡注塑

　成型工艺 ………………… 197

开孔发泡聚合物 ……………… 2

开孔结构 ……………………… 300

开孔率 ………………………… 335

开模距离 …………………… 204, 212

开模速度 ……………………… 205

抗冲击性能 …………………… 3

抗压强度 ……………………… 208

可降解聚合物 ………………… 4

克努森效应 …………………… 350

空穴形核 ……………………… 82

孔隙率 ………………………… 335

口模 …………………………… 7

扩链剂 ………………………… 162

扩散活化能 …………………… 63

扩散速率 …………………………… 15
扩散系数 …………………………… 19

L

拉伸强度 ……………………… 208, 245
拉伸韧性 …………………………… 245
朗缪尔孔穴亲和常数 ……………… 28
朗缪尔吸附常数 …………………… 28
冷结晶 ……………………………… 302
冷凝层 ……………………………… 175
粒子沥滤法 ………………………… 336
连续挤出发泡成型技术 …………… 5
连续介质力学 ……………………… 33
链缠结 ……………………………… 302
链内形核 …………………………… 61
两步法发泡工艺 …………………… 288
量子隧穿效应 ……………………… 321
临界半径 …………………………… 83
临界气体反压压力 ………………… 261
临界乳光现象 ……………………… 48
临界温度 …………………………… 15
临界形核自由能 …………………… 63
临界压力 …………………………… 15
临界 Weber 数 …………………… 140
流变 …………………………… 15, 33
流痕 ………………………………… 9
流体动力学 ………………………… 94
孪晶 ………………………………… 53
螺杆 ………………………………… 135
螺旋位错 …………………………… 52
螺旋纹 ……………………………… 247
落球回弹率 ………………………… 226

M

蒙特卡罗模拟 ……………………… 61

幂律本构方程 ……………………… 97
幂律模型 …………………………… 34
模具型腔 …………………………… 10
模具型腔气体压力控制系统 …… 250
模塑成型 …………………………… 310
摩擦纳米发电机 …………………… 360

N

纳米发电机 ………………………… 360
内部气辅 …………………………… 9
内部气体辅助注塑成型技术 …… 233
尼龙弹性体 ………………………… 219
黏度 …………………………… 15, 34
黏弹性 ……………………………… 11

P

旁通回流 …………………………… 129
泡孔合并 …………………………… 284
泡孔结构 …………………………… 1
泡孔密度 ……………… 209, 260, 273
泡孔破裂 …………………………… 285
泡孔破裂现象 ……………………… 261
泡孔直径 ……………………… 209, 273
泡沫铝 ……………………………… 14
偏振光学 …………………………… 48
频率测量法 ………………………… 27
平动自由能 ………………………… 67
平面波屏蔽理论 …………………… 331

Q

气泡破裂 …………………………… 10
气体反压 ……………………… 247, 255
气体反压辅助注塑模具 …………… 247
气体反压压力 ……………………… 260
气体反压作用时间 ………………… 260

气体辅助·······················233

翘曲变形·························4

亲油疏水材料·····················4

亲油疏水性·····················335

球晶··························72

泉涌流动·······················165

泉涌效应·······················244

R

热传导·························345

热传递·························345

热导率······················1, 345

热点形核理论·····················84

热动力学不稳定性···················5

热对流·························345

热辐射·························346

热流道·························187

热塑性弹性体·····················4

热阻尼·························228

韧性··························208

溶解度······················5, 24

溶液共混法·····················332

溶胀··························14

溶胀度·························21

溶胀作用·······················338

熔点··························2

熔化焓·························41

熔接痕·························10

熔融共混法·····················332

熔融降压发泡工艺··················294

熔融流动指数····················236

软质微孔发泡聚合物··················2

S

三相点·························15

扫描电子显微镜····················165

熵致结晶·······················70

熵致相变·······················70

生物相容性·····················358

声子的平均自由程··················350

声子散射·······················356

声子散射效应····················350

湿法发泡·······················311

石墨烯·························326

熟化··························310

数量密度·························1

双峰泡孔法·····················336

双峰泡孔结构····················202

双向拉应力·····················300

瞬态板热源法····················346

四点探针法·····················324

隧穿电流·······················321

隧道效应理论····················320

锁模力·························9

T

碳化处理·······················290

碳纳米管·······················326

碳泡沫·························323

碳纤维·························326

弹性模量·························2

特征热传导方程····················347

W

弯曲强度·······················245

弯曲弹性模量····················245

往复螺杆式微孔发泡注塑

　　成型技术····················122

微孔发泡聚合物····················1

微孔发泡注塑成型工艺 ············ 119
微孔发泡注塑模具 ················ 157
微米级泡孔 ····················· 162
稳定化处理 ····················· 290
稳态测量法 ····················· 346
无规线团 ······················· 61
无机化学发泡剂 ·················· 17
物理交联点 ····················· 304

X

吸附动力学模型 ················· 339
吸收损耗 ······················· 331
细胞模型 ······················· 93
显微光学 ······················· 48
限制形核的作用 ·················· 51
相对分子质量 ··················· 162
相分离 ······················ 62, 81
相互扩散系数 ···················· 22
消音隔声 ······················· 228
小角激光散射 ···················· 48
新能源汽车 ······················ 4
形核 ··························· 5
形核的活化能能垒 ················· 83
形核控制区 ······················ 57
形核限制效应 ··················· 69
形核再促进作用 ·················· 68
形核-长大 ······················ 81
型腔反压辅助 ···················· 9
虚键 ·························· 64
悬浮聚合法 ····················· 310
旋节分离 ······················· 81
旋节强化 ······················· 81
漩涡痕 ························· 9
循环压缩回弹测试 ················ 226

Y

压溃 ·························· 10
压力衰减法 ····················· 25
压缩回弹性 ····················· 225
压缩强度 ······················· 218
压阻效应 ······················· 359
衍射峰 ························· 71
杨氏模量 ······················· 218
液固耦合传热 ··················· 186
一步法发泡工艺 ················· 281
异相形核点 ····················· 162
银纹 ·························· 247
应变张量 ······················· 33
应力集中 ······················· 247
应力开裂 ······················· 198
应力张量 ······················· 33
硬质微孔发泡聚合物 ··············· 2
油水分离微孔聚合物 ·············· 341
有机化学发泡剂 ·················· 17
有限元数值模拟 ·················· 94
逾渗理论 ······················· 320
逾渗现象 ······················· 320
逾渗阈值 ······················· 320
预等温降压发泡工艺 ·············· 302
预发泡 ························· 309
预结晶 ························· 61
原位高压多光学观测系统 ··········· 48
原位聚合法 ····················· 332

Z

载流子 ························· 318
增塑效应 ······················· 40
长大 ··························· 5
蒸汽加热动态模温控制工艺 ······ 147

止逆环 ······················· 139

质量吸附容量 ··············· 338

滞流现象 ······················· 3

重量测试法 ···················· 25

珠粒发泡成型技术 ········· 5, 6, 309

主气道 ······················· 255

注射速率 ···················· 179

注射压力 ···················· 275

注塑发泡成型技术 ············· 5

注塑机 ······················· 157

注塑压力 ······················· 9

柱塞式微孔发泡注塑成型技术 ··· 121

柱塞与螺杆式微孔发泡注塑

　　成型技术 ················· 121

自适应网格技术 ············· 108

自锁喷嘴 ···················· 142

自相似原则 ···················· 55

自由体积 ······················ 21

自由体积理论 ·················· 21

组织工程 ······················· 4

组织工程支架 ··············· 357

最大发泡倍率 ··············· 283

最优发泡温度 ··············· 283

其他

Avrami 方程 ·················· 56

Beer-Lambert 法 ············· 26

BET 法 ······················· 291

Carreau 模型 ··············· 34

Cha-Yoon 模型 ··············· 41

Chow-WLF 黏度预测模型 ········· 38

Chow 模型 ···················· 41

Cohen-Turnbull 理论 ··········· 22

Cross-Arrhenius 模型 ········· 34

Cross-Carreau 黏度模型 ········· 106

Cross-WLF 模型 ··············· 34

Doolittle 自由体积理论 ········· 38

Ellis 模型 ···················· 34

Ergocell®微孔发泡注塑成型技术 124

Flory-Huggins 格子理论 ········· 28

Glicksman 模型 ··············· 354

Jeziorny 法 ·················· 56

Langmuir 公式 ··············· 66

Lauritzen-Hoffman 理论 ········· 57

Lichtenecker 混合法则 ········· 207

MuCell®微孔发泡注塑成型

　　技术 ···················· 8, 122

Navier-Stokes 方程 ··········· 104

Optifoam®微孔发泡注塑

　　成型技术 ················· 123

Ostwald 熟化 ·················· 82

PEBA ························· 219

PIMPLE 算法 ················· 108

PLA ······················· 125, 303

PMMA ····················· 125, 326

PP ························· 208

Profoam®微孔发泡注塑

　　成型技术 ················· 124

PTFE ······················· 212

Sackur-Tetrode 公式 ··········· 67

Sanchez-Lacombe 方程 ········· 28, 63

Turnbull-Fisher 理论 ··········· 63

VOF 方法 ···················· 106

Williams-Landel-Ferry 方程 ······· 64